物理类专业系列教材

理论力学

武青 编著

清华大学出版社
北京

内 容 简 介

本书是作者根据在青岛大学多年从事普通物理和理论力学教学的实践经验，在自编并使用多年的《理论力学》讲义基础上为物理类专业编写的，是继将力学和理论力学课程打通后的教学适用书。

本教材共分9章，包括牛顿力学的方程列解、有心力场、刚体、多自由度系统的微振动、分析力学的静力学、拉格朗日力学、哈密顿正则方程、哈密顿变分原理和狭义相对论。

本教材可作为综合性大学、师范院校、理工科大学物理系一年级下学期的理论力学课教材，也可以供其他专业的师生作教学参考书。

图书在版编目(CIP)数据

理论力学 / 武青编著. —北京：清华大学出版社，2014（2023.1重印）
物理类专业系列教材
ISBN 978-7-302-35346-1

Ⅰ. ①理…　Ⅱ. ①武…　Ⅲ. ①理论力学－高等学校－教材　Ⅳ. ①O31

中国版本图书馆 CIP 数据核字(2014)第 020921 号

责任编辑：邹开颜　赵从棉
封面设计：傅瑞学
责任校对：赵丽敏
责任印制：宋　林

出版发行：清华大学出版社
网　　址：http://www.tup.com.cn，http://www.wqbook.com
地　　址：北京清华大学学研大厦A座　　**邮　　编**：100084
社 总 机：010-83470000　　**邮　　购**：010-62786544
投稿与读者服务：010-62776969，c-service@tup.tsinghua.edu.cn
质量反馈：010-62772015，zhiliang@tup.tsinghua.edu.cn
印 装 者：北京九州迅驰传媒文化有限公司
经　　销：全国新华书店
开　　本：185mm×260mm　　**印　　张**：15.25　　**字　　数**：370千字
版　　次：2014年3月第1版　　**印　　次**：2023年1月第4次印刷
定　　价：45.00元

产品编号：038897-03

前　言

“理论力学”是物理学院学生的一门基础理论课，也是学生第一次综合利用高等数学方法处理物理问题的一门理论物理课。

“理论力学”这门课顾名思义是讲力学的理论的。而“力学”大家不陌生，中学讲过，大学有“力学”课，因此这将是学生第三次接触力学课程，它和前两轮关于力学的学习有什么不同？是否会重复呢？

经典力学有两种不同的理论：牛顿力学和分析力学。而分析力学又可细分为拉格朗日理论和哈密顿理论，前两轮的力学学习主要是基于牛顿力学内容。“理论力学”主要是介绍分析力学内容的，同时它还要继续讲授属于牛顿力学范围的前两轮力学学习未尽部分，所以，这第三轮力学学习在内容上与前两轮截然不同。此外，“理论力学”是大学本科物理类专业教学计划中的中级课程的第一课，它是数学物理方法、热力学与统计物理、电动力学和量子力学的基础课程，这组课程的重点在于培养学生的理性思维能力，所以从内容到性质“理论力学”都是一门全新课程。

编者多年来讲授“理论力学”课程，所选教材是全国统编教材，内容很全面，是很好的教材。但是随着教学改革，尤其是很多大学包括编者所在的大学都已经将“力学”、“理论力学”统一成“经典力学”上、下期的形式进行，这样原来所选择的统编教材在知识内容的相互衔接上就感到不足。同时，由于大学教育方向已经由“精英教育”转到了“大众教育”，如何适应当前国内教学改革的需要，用较少的时间讲授理论力学的基本内容，既节省授课时间，又不降低课程的要求是编者一直在教学中追求的目标。而拥有一本符合教学要求，起点低，内容通俗，逐步提高的教材一直是课程的需要和渴望，在等待了多年后，编者决定将自己多年来的授课讲义加以整理成就此教材。

这本教材还是像大多数理论力学教材那样先牛顿力学再分析力学这样一种顺序，这样先具体后抽象，先易后难，学生易于接受。同时在学习分析力学时也是本着先静力学，再运动学最后动力学的顺序进行，不改变学生熟悉的模式以便于学生与牛顿力学的内容和方法进行对比。

但是，本教材的牛顿力学部分就不再讲授质点的运动，而是重点讲授质点系的一般运动和刚体的定点转动。这样，可以将大部分时间用于分析力学的学习。因为分析力学是以普遍的力学变分原理为基础建立系统的运动微分方程，所以它具有高度的统一性和普遍性，这就不仅便于解决受约束的非自由质点系问题，而且便于扩展到其他学科领域中去，例如回转仪理论、连续介质理论、非线性力学、自动控制、近代物理等都广泛地应用分析力学的基本理论和研究方法。特别地，对于在后续课程里将要用到的知识，如经典散射、微振动、电磁场的拉格朗日方程等都有详细讲述，更便于学生今后的利用。显然，为了给后续课程和诸多专业打下良好的基础需加强对分析力学的讲授。

特别指出的是，由于本门课程改为大一下学期，受到数学基础的限制，我们只能讲授一些简化了的、容易求解的典型例子，同时也将诸如简谐振动基本知识作了简单介绍，便于与后续知识点衔接。然而实际问题大多是“复杂”的，通常难以用一般的解析数学求解，甚至根本不可能用解析数学求得解答。随着科学技术的发展，今后学生面对的实际问题中出现的现象，远远地不是那些简化例子所能反映和包容的。应用电子计算机进行“数值计算”或“数值模拟”的方法则是当前求解这些“复杂问题”最重要的手段。

为了学生知识系统的连贯，本教材还增加了狭义相对论部分的介绍。

本教材共分9章，第1章介绍牛顿力学的方程列解；第2章介绍有心力场；第3章介绍刚体；第4章介绍多自由度系统的微振动；第5章介绍分析力学的静力学；第6章介绍拉格朗日力学；第7章介绍哈密顿正则方程；第8章介绍哈密顿变分原理；第9章介绍狭义相对论。全教材采用国际单位制。

编者认真参考了近年来出版的优秀相关教材，本着既简明扼要又能满足后期课程所需要的基础知识的原则，在自编并使用多年的“理论力学”讲义基础上结合多年的教学实践，为物理类专业编写了此部教材。

编者对关心和支持本教材编写出版的清华大学出版社邹开颜、赵从棉编辑以及有关同行表示衷心感谢，正是由于她们的支持才使本教材完稿并得以出版。编者深感要编写一部易教易学，又有创新的基础课教材是一件相当艰巨的工作，由于编者水平所限，教材中定会有不少错误或不妥之处，恳请广大同行和读者批评指正。

武　青

2014年1月

目　录

引　言

0.1　理论力学研究的对象和内容

力学是研究物质的最基本的运动——机械运动的规律的一门学科，它可以分成**实验力学**和**理论力学**两大类。

理论力学是指在某些公理的基础上用严格的数学推导得出的知识，具有演绎的性质。它处理问题的步骤可分成**力学建模**、**数学建模**、**方程求解**和**分析结论**四个步骤。其中力学建模需要既掌握严格的理论基础知识又具有丰富的实际工作经验的人员才能正确完成，所以对于我们大学的学生来说显然是难以做到的；而数学建模就是根据建好的物理模型采用适当的物理定义、公式建立起方程的过程，这正是我们所重点关注的；建立完成的方程如何得以顺利地求解，也是检验我们掌握的数学工具的灵活程度；如何将得到的方程解进行分析，使枯燥的数学符号变成有物理意义的表达式是最后的步骤——分析结论部分。

根据所采用的公理不同，理论力学又可以分成**矢量力学**和**分析力学**两类。矢量力学又常被称为牛顿力学，是以牛顿在1687年发表的《自然哲学的数学原理》(以下简称为《原理》)为理论基础的，而《原理》的中心思想是牛顿三定律。这三个著名的定律，奠定了力学的理论基础。分析力学起源于1788年拉格朗日写的一本同名书《分析力学》，在这本著作里拉格朗日先生没有借助于以往常用的几何方法，而是完全用数学分析的方法来解决所有的力学问题。分析力学使力学规律具有更严密的数学基础，而且力学问题可以完全用严格的解析数学方法来处理。分析力学对物理学的发展起着重要的推动作用，在理论物理中占有重要的地位。由于分析力学理论形式简洁且富有公理特性，很容易将它推广应用到其他学科中去。

哈密顿先生分别于1834年和1843年推出了哈密顿正则方程和哈密顿变分原理。它们与拉格朗日力学理论共同构成了分析力学的主体。对分析力学理论作出贡献的还有泊松、达朗贝尔、欧拉、高斯和雅可比等人。

0.2　为什么要学习理论力学

“理论力学”是大学本科物理类专业教学计划中的中级课程的第一课，这组课程的重点在于培养学生的理性思维能力。“理论力学”是数学物理方法、热力学与统计物理、电动力学和量子力学等课程的基础课程，可给后续课程和诸多专业打下良好的基础。

矢量力学研究问题的思路是通过研究物理现象→分析归纳→经验规律的得到来进行的，强调感性→理性的认识过程。

分析力学是通过经验规律→创建理性物理世界→逻辑演绎推理→培养学生理性思维能力，可以帮助人们提高抽象、逻辑、创新思维能力。

所谓抽象思维能力是指一种在复杂事物面前去伪存真、抓住本质进行合理简化的能力；

所谓逻辑思维能力是指一种由已知到未知的演绎、推理和判断的能力；所谓创新思维能力是指一种创造新思想、新方法、新产品的能力。

实践证明，在学习理论力学的过程中，通过启发式教育，能激发探索性思维；通过命题变换，能训练发散性思维；通过新颖灵活的思考题，能激发灵感与直觉思维；通过自我构思命题，能培养想象性思维；通过解决实际问题，能培养综合分析能力。

0.3 如何学好理论力学课程

我们开设的理论力学这门课将重点放在了分析力学部分，而牛顿力学中的大部分内容如牛顿力学的基本概念、牛顿三定律、各种常见力、质点的直线和圆周运动、刚体的定轴转动以及质点的动能定理、质点系的功能原理、(角)动量定理、三大守恒定理等已经在“力学”课中学过，我们不再重复，只是将力学课中关于矢量力学未尽部分加以阐述，如质点系一般运动方程的建立和求解、刚体定点转动和多自由度小振动问题等。

课程要求能准确理解基本概念、熟悉基本定理和公式，并能灵活运用掌握一些研究力学问题的基本方法，最后，学会灵活利用两种理论体系解决问题。

理论力学作为理论物理学的第一门课程，它的任务不仅是介绍物体的机械运动规律，还要引导读者如何应用数学去描写和分析物理问题。作为科学，就必须使用数学这种最严谨的方式去表达和描述。理论力学最常用的数学工具是坐标系、矢量代数、微积分和常微分方程，通过本课程的学习，读者可以熟练地应用这些数学工具去描述和求解物体的机械运动。

第 1 章　牛顿力学的方程列解

本章简要介绍了牛顿力学中数学建模的几种具体情况，以牛顿运动定律为基础讨论质点动力学问题，建立其运动方程并简单求解，从而得出解决问题的一般性方法和结论。并简要介绍了几种易解方程的形式。

人们对机械运动的理论探讨，首先是从对质点运动的研究开始。

1.1　矢量力学的理论基础

每一门学科都有自己的理论和实验基础，从而使之得以形成和发展。而每个人都有的诸多亲身实践经验组成了矢量力学的实验基础，矢量力学的理论体系是在伽利略-牛顿时代形成的。

1687 年牛顿(I. Newton，1643—1727)发表的《原理》为矢量力学奠定了坚实的理论基础。牛顿在综合了伽利略等前人工作的基础上，在《原理》中首次对什么是物质、什么是时间、什么是运动做了明确规定，使得物质、时空、运动从一般哲学概念发展为可用数学作定量表述的定义、定律、定理，并迅速地得到了公众的确认，从而奠定了矢量力学的理论基础。

牛顿彻底摒弃了亚里士多德的物质观，复活和发展了原子论的思想。在原子论的基础上，牛顿建立了物质在力学理论中的质点模型，进而又建立了质点系、刚体、流体等力学模型，结合他对质量、动量和力等概念的定义，在这样的物质观的基础上建立起了矢量力学。

牛顿还在其《原理》中对时间、空间的概念作了阐述，构成了矢量力学的时空观。牛顿的时间可表述为：时间是一维的、均匀的、无限的，与空间和物质都没有关系，即**绝对时间**；牛顿的空间可表述为：空间是绝对的，任意一个质点都可以用三个坐标值表示出来，而这个坐标系的原点是静止在绝对空间里的，坐标轴的方向一经选定就不再改变，这样的坐标系就可以代表**绝对空间**，而在这种空间里的物质运动就是**绝对运动**了。牛顿还定义了**惯性参考系**：一切相对于绝对空间作匀速直线运动的参考系就是惯性参考系。

关于运动，著名的牛顿三定律和力学相对性原理构成了力学的最高原理。随着万有引力定律的问世，将天体运动和地面运动统一为服从相同运动规律的物质运动，彻底推翻了亚里士多德的天地有别的神话。在这一发展过程中，牛顿总结了伽利略、胡克等人的成果，将许多互不相关的力学现象归纳为一个统一的理论框架，将力学原理与数学结合起来，使力学成为可以做严格逻辑运算的科学理论。

在矢量力学的描述里，因为质量与时空及其运动无关，牛顿第二定律的数学表达式可表示为

$$\boldsymbol{F} = m\boldsymbol{a} \tag{1.1}$$

其中**瞬时加速度**定义为

$$\boldsymbol{a}=\frac{\mathrm{d}\boldsymbol{v}}{\mathrm{d}t}=\frac{\mathrm{d}^2\boldsymbol{r}}{\mathrm{d}t^2} \tag{1.2}$$

显然，在狭义相对论中上式不再成立，而应以 $\boldsymbol{F}=\frac{\mathrm{d}(m\boldsymbol{v})}{\mathrm{d}t}$ 代替，具体的将在第 9 章中表述。

牛顿三定律是在牛顿的绝对时空观中成立的，而根据伽利略的**力学相对性原理**：在一个系统内部的任何力学试验，都不能决定这一系统是静止还是在作匀速直线运动。这样，牛顿三定律就对所有的惯性参考系成立。但是，牛顿的绝对时空是没有的，而严格的惯性参考系也是不存在的，所以，在实践中总是选择适当的物体作为参考系取代惯性系，常常会选择在充分大的尺寸下平均处于静止的天体为惯性系，而在地球上的实验者眼中，地球足够大且相对静止，所以地球可看成很好的惯性系。

综上所述，牛顿的《原理》中将其物质观、时空观、运动观作了充分的阐述，同时，在《原理》里，牛顿还总结了他多年的科学经验，对自然科学的认识论、方法论作了精辟的论述，提出了四条关于哲学的推理规则，由于语言翻译问题，原文在此不作描述，但是可以将它们理解为：**简单性原理**、**因果性原理**、**统一性原理**和**真理性原理**四条。

所谓简单性原理是说科学上凡是正确的东西都是最简单的；因果性原理就是决定论，直到 20 世纪初量子力学建立之前，因果律都是物理学最牢固的信条之一；统一性原理是指《原理》中所述的物质、时空和运动观对整个自然界都是普遍适应的，这是自然哲学的根本所在，否则就不成其为“哲学”了；而真理性原理是说承认客观真理存在的同时又指出以后可能会出现新的现象使结论更准确，即要有相对的态度看问题。这是牛顿本人在科学研究中总结的认识论和方法论，实际上，正是《原理》中阐述的牛顿思想指引着矢量力学的理论得以发展和完善。

1.2 运动微分方程的建立

牛顿定律的核心是牛顿第二定律，式(1.1)为其数学表达形式。在利用它解决实际问题时，它必须以标量形式出现，特别是将以运动微分形式的方程出现，这就需要借助于选择合适的坐标系。

采用何种坐标系取决于帮助问题得以解决或者更加易于解决，而采用的坐标系不同，会导致数学表达式的形式不同，即方程的形式不同，继而带来解方程的方法不同。所以，牛顿力学中历来以理论容易理解，但方程难解著名，主要源于方程形式的不唯一。已有多种正交坐标系，如直角坐标系、平面极坐标系、柱坐标系、球坐标系和自然坐标系。在这些不同的坐标系中列解式(1.1)的标量表达式，就将求解力学问题变成求解运动微分方程的问题，换句话说，解决物理问题最后就转化成求解数学方程问题。

一般地，力 $\boldsymbol{F}$ 是物体的位置 $\boldsymbol{r}$、速度 $\boldsymbol{v}=\dot{\boldsymbol{r}}$ 和时间 t 的函数 $\boldsymbol{F}=\boldsymbol{F}(\boldsymbol{r},\dot{\boldsymbol{r}},t)$，所以牛顿第二定律的矢量表示为

$$m\ddot{\boldsymbol{r}}=\boldsymbol{F}(\boldsymbol{r},\dot{\boldsymbol{r}},t) \tag{1.3}$$

这是矢量的二阶微分方程。下面就给出式(1.3)在不同坐标系中的具体表示。

1.2.1 直角坐标系

在直角坐标系中，空间任意点 P 的位置可用 x,y,z 三个参数来表示，用 $\boldsymbol{i},\boldsymbol{j},\boldsymbol{k}$ 分别表示沿 x 轴，y 轴和 z 轴的单位矢量，它们的大小和方向都不随时间而改变，质点的**位置**和**速度**可以分别表示为

$$\boldsymbol{r}=x\boldsymbol{i}+y\boldsymbol{j}+z\boldsymbol{k}\quad \text{和}\quad \boldsymbol{v}=\frac{\mathrm{d}\boldsymbol{r}}{\mathrm{d}t}=\dot{x}\boldsymbol{i}+\dot{y}\boldsymbol{j}+\dot{z}\boldsymbol{k}$$

注：也可以用 $\boldsymbol{e}_x,\boldsymbol{e}_y,\boldsymbol{e}_z$ 分别表示沿 x 轴、y 轴和 z 轴的单位矢量。

方程(1.3)可以表示为标量形式

$$\begin{cases} m\ddot{x}=F_x(x,y,z;\dot{x},\dot{y},\dot{z};t)\\ m\ddot{y}=F_y(x,y,z;\dot{x},\dot{y},\dot{z};t)\\ m\ddot{z}=F_z(x,y,z;\dot{x},\dot{y},\dot{z};t)\end{cases}\tag{1.4}$$

例 1.1　半径为 R 的车轮沿直线作纯滚动，设车轮保持在同一竖直平面内运动，且轮心的速度大小为 u，加速度大小为 a。试分析车轮边缘点 M 的运动，并据此建立其运动微分方程。

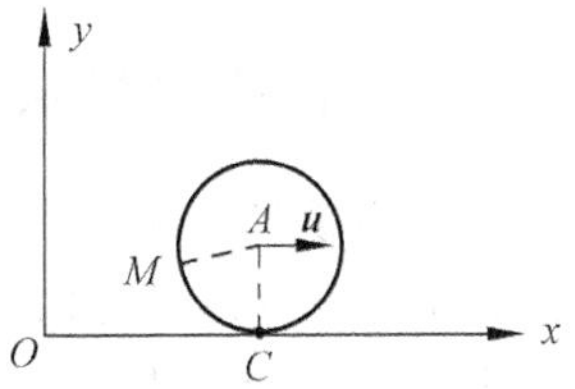

例 1.1 图

解　取车轮所在平面为 Oxy 平面，直线轨道为 x 轴。设 M 点为车轮边缘上的任意一点，在初始时刻 M 点与坐标原点 O 重合。又设任意时刻车轮边缘与地面接触点为 C，则当车轮转过一个角度 θ 后，轮心 A 的坐标为

$$x_0=\overline{OC}=R\theta,\quad y_0=\overline{AC}=R$$

轮心的运动轨迹是直线。因此轮心的速度和加速度方向都沿着 x 轴，分别表示为

$$\boldsymbol{v}_0=u\boldsymbol{i}=\dot{x}_0\boldsymbol{i}=R\dot{\theta}\boldsymbol{i}$$

$$\boldsymbol{a}_0=a\boldsymbol{i}=\ddot{x}_0\boldsymbol{i}=R\ddot{\theta}\boldsymbol{i}$$

由此可以求出

$$\dot{\theta}=\frac{u}{R}\quad \text{和}\quad \ddot{\theta}=\frac{a}{R}$$

M 点的坐标为

$$x=\overline{OC}-\overline{AM}\sin\theta=R(\theta-\sin\theta)$$
$$y=\overline{AC}-\overline{AM}\cos\theta=R(1-\cos\theta)$$

这是旋轮线的参数方程，因此 M 点的轨迹是旋轮线。M 点的矢径为

$$\boldsymbol{r}_M=x\boldsymbol{i}+y\boldsymbol{j}=R(\theta-\sin\theta)\boldsymbol{i}+R(1-\cos\theta)\boldsymbol{j}$$

M 点的速度为

$$\begin{aligned}\boldsymbol{v}_M&=\dot{x}\boldsymbol{i}+\dot{y}\boldsymbol{j}=R\dot{\theta}(1-\cos\theta)\boldsymbol{i}+R\dot{\theta}\sin\theta\boldsymbol{j}\\&=u(1-\cos\theta)\boldsymbol{i}+u\sin\theta\boldsymbol{j}\end{aligned}$$

由题意知，由于纯滚动，当 M 点与地面接触时，$\theta=2k\pi$，M 点的速度为零；当 M 点位于轮子的最高点时，$\theta=(2k+1)\pi$，M 点的速度为 $2u$，方向与轮心速度方向一致。

M 点的加速度为

$$\boldsymbol{a}_M=\ddot{x}\boldsymbol{i}+\ddot{y}\boldsymbol{j}=R[\ddot{\theta}(1-\cos\theta)+\dot{\theta}^2\sin\theta]\boldsymbol{i}+R(\ddot{\theta}\sin\theta+\dot{\theta}^2\cos\theta)\boldsymbol{j}$$

$$= \left[a(1-\cos\theta)+\frac{u^2}{R}\sin\theta\right]\boldsymbol{i}+\left(a\sin\theta+\frac{u^2}{R}\cos\theta\right)\boldsymbol{j}$$

运动微分方程为

$$\begin{cases} F_x = m\left[a(1-\cos\theta)+\dfrac{u^2}{R}\sin\theta\right] \\ F_y = m\left(a\sin\theta+\dfrac{u^2}{R}\cos\theta\right) \end{cases}$$

讨论

(1) 当 M 点与地面接触时，$\theta=2k\pi$，M 点的加速度不为零，其大小为$\frac{u^2}{R}$，方向竖直向上，指向轮心；

(2) 当 M 点位于轮子的最高点时，$\theta=(2k+1)\pi$，M 点的加速度大小也为$\frac{u^2}{R}$，方向竖直向下，指向轮心。

1.2.2 平面极坐标系

在平面极坐标系中，空间任意点 P 的位置可用 r,θ 来表示，用 $\boldsymbol{e}_r,\boldsymbol{e}_\theta$ 分别表示矢径 $\boldsymbol{r}$ 增加方向和极角 θ 增加方向的单位矢量。它们都将随时间而改变，如图 1.1 所示。

质点的位置和速度可以分别表示为

$$\boldsymbol{r}=r\boldsymbol{e}_r \quad 和 \quad \boldsymbol{v}=\frac{\mathrm{d}}{\mathrm{d}t}(r\boldsymbol{e}_r)$$

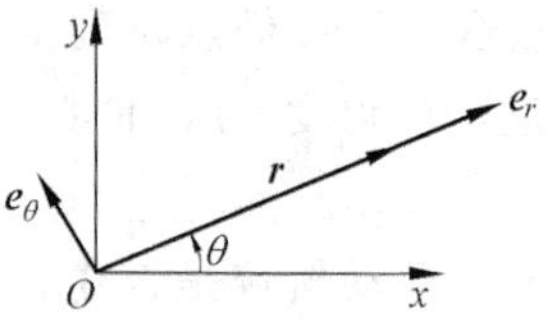

图 1.1

方程(1.3)可以表示为

$$\begin{cases} ma_r = F_r(r,\theta;\dot{r},\dot{\theta};t) \\ ma_\theta = F_\theta(r,\theta;\dot{r},\dot{\theta};t) \end{cases} \tag{1.5}$$

其中 a_r,a_θ 的具体表示可推导如下。

方法一　由图 1.1 可以看出

$$\begin{cases} \boldsymbol{e}_r = \boldsymbol{i}\cos\theta+\boldsymbol{j}\sin\theta \\ \boldsymbol{e}_\theta = -\boldsymbol{i}\sin\theta+\boldsymbol{j}\cos\theta \end{cases}$$

将上式对时间求导数，可以得到平面极坐标单位矢量的时间变化率表达式

$$\begin{cases} \dot{\boldsymbol{e}}_r = \dfrac{\mathrm{d}\boldsymbol{e}_r}{\mathrm{d}t} = \dfrac{\mathrm{d}\boldsymbol{e}_r}{\mathrm{d}\theta}\dfrac{\mathrm{d}\theta}{\mathrm{d}t} = \dot{\theta}\boldsymbol{e}_\theta \\ \dot{\boldsymbol{e}}_\theta = \dfrac{\mathrm{d}\boldsymbol{e}_\theta}{\mathrm{d}t} = \dfrac{\mathrm{d}\boldsymbol{e}_\theta}{\mathrm{d}\theta}\dfrac{\mathrm{d}\theta}{\mathrm{d}t} = -\dot{\theta}\boldsymbol{e}_r \end{cases} \tag{1.6}$$

这样质点的速度和加速度可分别表示为

$$\boldsymbol{v}=\frac{\mathrm{d}}{\mathrm{d}t}(r\boldsymbol{e}_r)=\dot{r}\boldsymbol{e}_r+r\dot{\theta}\boldsymbol{e}_\theta$$

$$\boldsymbol{a}=\frac{\mathrm{d}\boldsymbol{v}}{\mathrm{d}t}=(\ddot{r}-r\dot{\theta}^2)\boldsymbol{e}_r+(r\ddot{\theta}+2\dot{r}\dot{\theta})\boldsymbol{e}_\theta$$

这样就将速度和加速度都分别分成了沿 $\boldsymbol{e}_r,\boldsymbol{e}_\theta$ 方向的两个分量，分别称作**径向**和**横向**部分，所以牛顿第二定律可表示为

$$\begin{cases} m(\ddot{r}-r\dot{\theta}^2)=F_r(r,\theta;\dot{r},\dot{\theta};t) \\ m(r\ddot{\theta}+2\dot{r}\dot{\theta})=F_\theta(r,\theta;\dot{r},\dot{\theta};t) \end{cases} \tag{1.7}$$

其中 F_r, F_θ 分别表示力 $\boldsymbol{F}$ 在 $\boldsymbol{e}_r, \boldsymbol{e}_\theta$ 方向上的投影。

此类方程经常用于解决有心力场问题，例如对行星运动轨道的研究，将在第 2 章中用到该方程。

其实式(1.6)的推导并不唯一，除了上述利用与直角坐标关系解析得到外，还可以通过以下两种方式得到，下面简单推导。

方法二　利用图示法推导。如图 1.2 所示，显见

$$|\Delta\boldsymbol{e}_r| \approx \Delta\theta|\boldsymbol{e}_r| \approx \Delta\theta$$

当 $\Delta t\to 0$，$\Delta\theta\to 0$，此时 $\Delta\boldsymbol{e}_r\perp\boldsymbol{e}_r$，且 $\Delta\boldsymbol{e}_r$ 沿 $\boldsymbol{e}_\theta$ 方向，大小等于 $\Delta\theta$，即

$$\Delta\boldsymbol{e}_r \approx \Delta\theta\boldsymbol{e}_\theta$$

上式左右两边同时取极限

$$\lim_{\Delta t\to 0}\frac{\Delta\boldsymbol{e}_r}{\Delta t}=\lim_{\Delta t\to 0}\frac{\Delta\theta\boldsymbol{e}_\theta}{\Delta t}$$

即

$$\dot{\boldsymbol{e}}_r=\dot{\theta}\boldsymbol{e}_\theta$$

同理可求出

$$\dot{\boldsymbol{e}}_\theta=-\dot{\theta}\boldsymbol{e}_r$$

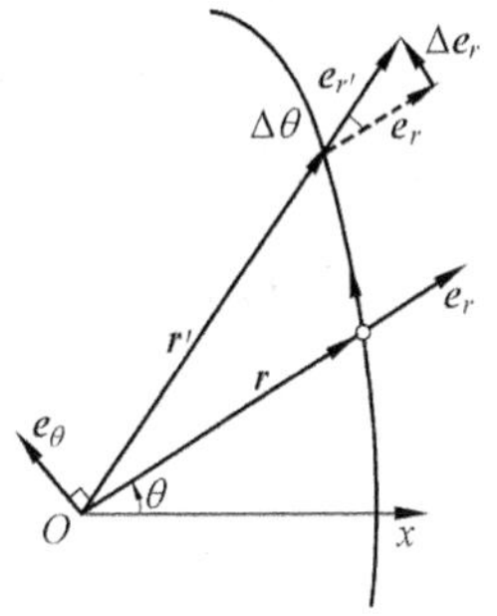

图　1.2

方法三　利用线速度和角速度的关系式 $\boldsymbol{v}=\boldsymbol{\omega}\times\boldsymbol{r}$，其中 $\boldsymbol{\omega}$ 代表物体转动的角速度。根据速度的定义改写上式，得到

$$\frac{\mathrm{d}\boldsymbol{r}}{\mathrm{d}t}=\dot{\boldsymbol{r}}=\boldsymbol{\omega}\times\boldsymbol{r}$$

其中 $\boldsymbol{r}$ 是位置矢量，当然包括单位矢量。自然地得到下列的关系式

$$\begin{cases} \dot{\boldsymbol{e}}_r=\boldsymbol{\omega}\times\boldsymbol{e}_r \\ \dot{\boldsymbol{e}}_\theta=\boldsymbol{\omega}\times\boldsymbol{e}_\theta \end{cases}$$

其中 $\boldsymbol{\omega}=\dot{\theta}\boldsymbol{e}_\omega$，$\boldsymbol{e}_\omega$ 方向垂直于 $\boldsymbol{e}_r$、$\boldsymbol{e}_\theta$ 所在平面，指向读者。上式表示，**基本矢量对时间的微商等于该矢量转动的角速度矢量与自身的叉积**。这是一个十分有用的普遍结论。

这样

$$\begin{cases} \dot{\boldsymbol{e}}_r=\dot{\theta}\boldsymbol{e}_\omega\times\boldsymbol{e}_r \\ \dot{\boldsymbol{e}}_\theta=\dot{\theta}\boldsymbol{e}_\omega\times\boldsymbol{e}_\theta \end{cases}$$

根据图 1.1 读者不难算出接下来的结果 $\begin{cases} \dot{\boldsymbol{e}}_r=\dot{\theta}\boldsymbol{e}_\theta \\ \dot{\boldsymbol{e}}_\theta=-\dot{\theta}\boldsymbol{e}_r \end{cases}$。

1.2.3　柱坐标系

如图 1.3 所示，柱坐标可以看成是由平面极坐标 ρ,φ 和直角坐标 z 组合而成的，用 $\boldsymbol{e}_\rho$，$\boldsymbol{e}_\varphi$，$\boldsymbol{k}$ 分别表示三个坐标的单位矢量，其中前两个随时间变化，$\boldsymbol{k}$ 不随时间变化。显见，柱坐

标单位矢量的时间变化率为

$$\begin{cases}\dot{\boldsymbol{e}}_\rho = \dot{\varphi}\boldsymbol{e}_\varphi \\ \dot{\boldsymbol{e}}_\varphi = -\dot{\varphi}\boldsymbol{e}_\rho \\ \dot{\boldsymbol{k}} = \boldsymbol{0}\end{cases}$$

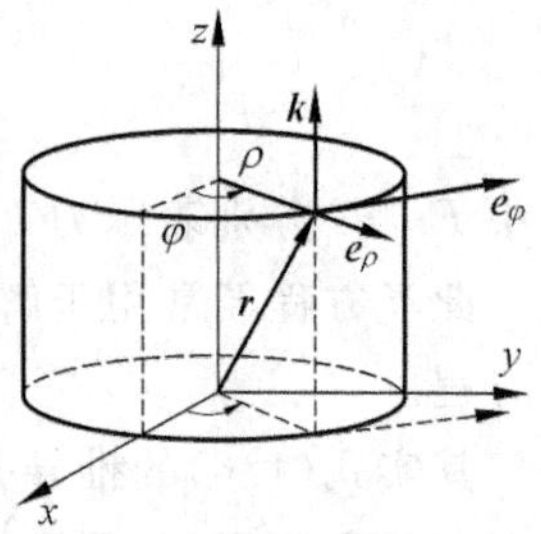

图 1.3

则质点的位置和速度可以分别表示为

$$\boldsymbol{r} = \rho\boldsymbol{e}_\rho + z\boldsymbol{k} \quad 和 \quad \boldsymbol{v} = \frac{\mathrm{d}}{\mathrm{d}t}(\rho\boldsymbol{e}_\rho + z\boldsymbol{k}) = \dot{\rho}\boldsymbol{e}_\rho + \rho\dot{\varphi}\boldsymbol{e}_\varphi + \dot{z}\boldsymbol{k}$$

式(1.3)可以表示为

$$\begin{cases}m(\ddot{\rho} - \rho\dot{\varphi}^2) = F_\rho(\rho,\varphi,z;\dot{\rho},\dot{\varphi},\dot{z};t) \\ m(\rho\ddot{\varphi} + 2\dot{\rho}\dot{\varphi}) = F_\varphi(\rho,\varphi,z;\dot{\rho},\dot{\varphi},\dot{z};t) \\ m\ddot{z} = F_z(\rho,\varphi,z;\dot{\rho},\dot{\varphi},\dot{z};t)\end{cases} \tag{1.8}$$

此类方程经常用于解决电子在电磁场中的螺旋线运动等三维运动问题。

1.2.4 球坐标系

在球坐标系中，空间任意点 P 的位置可用 r,θ,φ 三个参数来表示，用 $\boldsymbol{e}_r,\boldsymbol{e}_\theta,\boldsymbol{e}_\varphi$ 分别表示 r,θ,φ 三个参数增加方向的单位矢量。它们都随时间而改变，如图 1.4 所示，可以看到各单位矢量与直角坐标间的关系

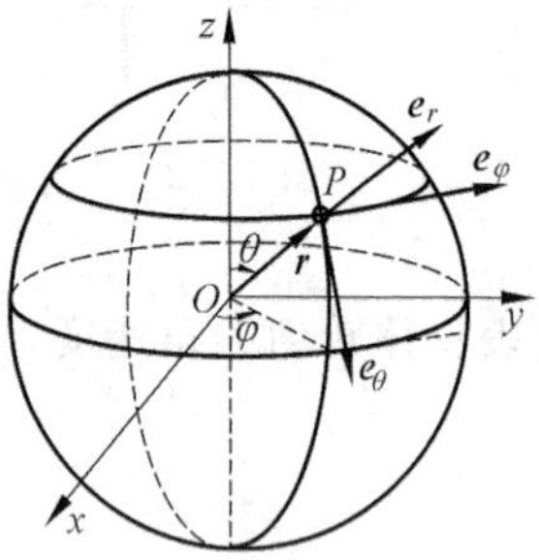

图 1.4

$$\boldsymbol{e}_r = \boldsymbol{i}\sin\theta\cos\varphi + \boldsymbol{j}\sin\theta\sin\varphi + \boldsymbol{k}\cos\theta$$
$$\boldsymbol{e}_\theta = \boldsymbol{i}\cos\theta\cos\varphi + \boldsymbol{j}\cos\theta\sin\varphi - \boldsymbol{k}\sin\theta$$

而

$$\boldsymbol{e}_\varphi = \boldsymbol{e}_r \times \boldsymbol{e}_\theta = -\boldsymbol{i}\sin\varphi + \boldsymbol{j}\cos\varphi$$

注 (1) 还可以采用将 $\boldsymbol{e}_r$ 旋转 90°的方法获得 $\boldsymbol{e}_\theta$，即在 φ 不变的情况下，将 $\theta \to \theta + \frac{\pi}{2}$，则新的 $\boldsymbol{e}_r$ 方向即为 $\boldsymbol{e}_\theta$ 的方向：$\boldsymbol{e}_\theta = \boldsymbol{e}_r/_{\theta\to\theta+\frac{\pi}{2}}$，结果一致。

(2) 保持 $\theta=90°$，将 $\boldsymbol{e}_r$ 转过 90° 时即为原来的 $\boldsymbol{e}_\varphi$，即 $\boldsymbol{e}_\varphi = \boldsymbol{e}_r/_{\theta=90°;\varphi\to\varphi+\frac{\pi}{2}}$。

这样可以轻易计算出球坐标系下单位矢量的时间变化率：

$$\begin{cases}\dot{\boldsymbol{e}}_r = \dot{\theta}\boldsymbol{e}_\theta + \dot{\varphi}\sin\theta\boldsymbol{e}_\varphi \\ \dot{\boldsymbol{e}}_\theta = -\dot{\theta}\boldsymbol{e}_r + \dot{\varphi}\cos\theta\boldsymbol{e}_\varphi \\ \dot{\boldsymbol{e}}_\varphi = -\sin\theta\dot{\varphi}\boldsymbol{e}_r - \dot{\varphi}\cos\theta\boldsymbol{e}_\theta\end{cases} \tag{1.9}$$

毫无疑问，类似地也可以利用线速度和角速度的关系式通过矢量的叉积得到相同的结论，读者感兴趣的话，可以尝试一下。不过读者在推导过程中要注意的是，此时的角速度将会是两个转动提供的合角速度，即 $\boldsymbol{\omega} = \dot{\boldsymbol{\theta}} + \dot{\boldsymbol{\varphi}}$，当然方向是矢量合成方向。

球坐标系下质点的位置和速度可以分别表示为

$$\boldsymbol{r} = r\boldsymbol{e}_r \quad 和 \quad \boldsymbol{v} = \frac{\mathrm{d}}{\mathrm{d}t}(r\boldsymbol{e}_r) = \dot{r}\boldsymbol{e}_r + r\dot{\theta}\boldsymbol{e}_\theta + r\dot{\varphi}\sin\theta\boldsymbol{e}_\varphi$$

此时方程(1.3)可以改写为

$$\begin{cases}m(\ddot{r}-r\dot{\theta}^2-r\dot{\varphi}^2\sin^2\theta)=F_r(r,\theta,\varphi;\dot{r},\dot{\theta},\dot{\varphi};t)\\m(r\ddot{\theta}+2\dot{r}\dot{\theta}-r\dot{\varphi}^2\sin\theta\cos\theta)=F_\theta(r,\theta,\varphi;\dot{r},\dot{\theta},\dot{\varphi};t)\\m(r\ddot{\varphi}\sin\theta+2\dot{r}\dot{\varphi}\sin\theta+2r\dot{\varphi}\dot{\theta}\cos\theta)=F_\varphi(r,\theta,\varphi;\dot{r},\dot{\theta},\dot{\varphi};t)\end{cases}\tag{1.10}$$

1.2.5　自然坐标系

在前面的几种坐标系中，直角坐标系的单位矢量与运动完全无关，而平面极坐标、柱坐标系和球坐标系的单位矢量与质点运动的位置有关，即随时间变化。下面要讨论的坐标系，其单位矢量是由质点速度的方向决定的，称为**自然坐标系**，而相应的牛顿第二定律的数学表达式称为**内禀方程**。

若质点轨道为平面曲线，可以用 $\boldsymbol{e}_t,\boldsymbol{e}_n$ 表示轨道**切线**和**法线**方向的单位矢量，如图 1.5 所示，其中 $\boldsymbol{e}_n$ 指向曲线的凹侧为正方向，则质点的速度和加速度可以表示为

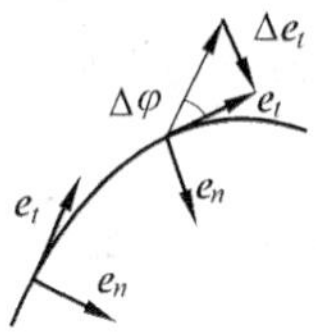

图　1.5

$$\boldsymbol{v}=v\boldsymbol{e}_t$$

和

$$\boldsymbol{a}=\frac{\mathrm{d}}{\mathrm{d}t}(v\boldsymbol{e}_t)=\dot{v}\boldsymbol{e}_t+v\dot{\boldsymbol{e}}_t$$

显见 $\Delta t\to0$，$\Delta\boldsymbol{e}_t\approx\boldsymbol{e}_n\Delta\varphi$，即

$$\mathrm{d}\boldsymbol{e}_t=\boldsymbol{e}_n\mathrm{d}\varphi$$

所以

$$\frac{\mathrm{d}\boldsymbol{e}_t}{\mathrm{d}t}=\boldsymbol{e}_n\frac{\mathrm{d}\varphi}{\mathrm{d}t}=\boldsymbol{e}_n\frac{\mathrm{d}\varphi}{\mathrm{d}s}\frac{\mathrm{d}s}{\mathrm{d}t}$$

利用速率和曲率半径的定义知

$$v=\frac{\mathrm{d}s}{\mathrm{d}t}\quad 和\quad \rho=\frac{\mathrm{d}s}{\mathrm{d}\varphi}$$

则

$$\dot{\boldsymbol{e}}_t=\frac{v}{\rho}\boldsymbol{e}_n\tag{1.11}$$

所以

$$\boldsymbol{a}=\frac{\mathrm{d}v}{\mathrm{d}t}\boldsymbol{e}_t+\frac{v^2}{\rho}\boldsymbol{e}_n=\boldsymbol{a}_t+\boldsymbol{a}_n$$

这样就将质点的加速度分解成了沿切向和法向的两部分，其中法向加速度的方向是变化的曲率中心，则牛顿第二定律变为

$$\begin{cases}m\dfrac{\mathrm{d}v}{\mathrm{d}t}=F_t\\m\dfrac{v^2}{\rho}=F_n\end{cases}\tag{1.12}$$

若质点轨道为空间曲线，将利用 $\boldsymbol{e}_t,\boldsymbol{e}_n$ 定义其第三个单位矢量 $\boldsymbol{e}_b$，称为**副法向**

$$\boldsymbol{e}_b=\boldsymbol{e}_t\times\boldsymbol{e}_n$$

在此方向上加速度的分量恒为零，所以加速度公式仍然可用平面曲线的加速度公式表示

$$\boldsymbol{a}=\frac{\mathrm{d}v}{\mathrm{d}t}\boldsymbol{e}_t+\frac{v^2}{\rho}\boldsymbol{e}_n$$

则牛顿第二定律变为

$$\begin{cases}m\dfrac{\mathrm{d}v}{\mathrm{d}t}=F_t\\m\dfrac{v^2}{\rho}=F_n\\0=F_b\end{cases}\tag{1.13}$$

式(1.12)和式(1.13)就是质点运动的**内禀方程**,此类方程经常应用于沿已知轨道运动的质点和介质阻力不能忽略时的运动。根据流体力学的理论,介质阻力恒与运动方向相反,所以阻力只是出现在内禀方程的第一个方程中,这样问题处理起来就变得简单。

另外,式(1.12)和式(1.13)中的力的形式与前面四种坐标系中的表示形式不同,它不再写成自变量函数的形式。因为内禀方程通常用来解决有约束的问题,所以这里的力通常具有约束力性质。

1.3 运动微分方程较易求解的几种类型

理论力学的主要任务就是分析具体问题后,建立并求解运动微分方程组,得到所求。质点的运动微分方程给出了质点的运动与它所受力之间的关系。如果质点所受的力已知,则质点的运动情况就转化成求解二阶微分方程的问题,每个二阶方程的解将包含两个积分常数。前面讲过,作用在质点上的力一般都是位置、速度和时间的函数,这种微分方程组的求解可能十分困难,但在某些具体问题中,力常常只是其中某一个变量的函数,例如只是时间的函数 $\boldsymbol{F}=\boldsymbol{F}(t)$;亦或是位置的函数 $\boldsymbol{F}=\boldsymbol{F}(\boldsymbol{r})$或 $\boldsymbol{F}=\boldsymbol{F}(x)$;或者是速度的函数 $\boldsymbol{F}=\boldsymbol{F}(\boldsymbol{v})$,这样问题会变简单。下面列出较易求解的几种类型并分述之。

1.3.1 形如 $F=F(t)$的情形

例如自由电子在沿 x 轴的振荡电场中的运动。设电子速度远小于光速,沿 x 轴的电场强度为 $E_x=E_0\cos(\omega t+\theta)$,所以电子所受的力为

$$F=-eE_x=-eE_0\cos(\omega t+\theta)$$

其中$-e$ 是电子所带的电荷,E_0 是电场强度的最大值,ω 为角频率,θ 为初相,它们都是常数。根据牛顿第二定律,电子运动的微分方程为

$$m\ddot{x}=-eE_0\cos(\omega t+\theta)\tag{1.14}$$

将式(1.14)乘以 $\mathrm{d}t$ 并一次积分,得

$$v=\frac{\mathrm{d}x}{\mathrm{d}t}=-\frac{eE_0}{m\omega}\sin(\omega t+\theta)+C_1$$

再次积分,得

$$x=C_1t+\frac{eE_0}{m\omega^2}\cos(\omega t+\theta)+C_2$$

将初始条件 $t=0,v=v_0,x=x_0$ 代入上两式,求出 C_1 和 C_2 得

$$\begin{cases}v=v_0+\dfrac{eE_0}{m\omega}\sin\theta-\dfrac{eE_0}{m\omega}\sin(\omega t+\theta)\\x=x_0-\dfrac{eE_0}{m\omega^2}\cos\theta+\left(\boldsymbol{v}_0+\dfrac{eE_0}{m\omega}\sin\theta\right)t+\dfrac{eE_0}{m\omega^2}\cos(\omega t+\theta)\end{cases}\tag{1.15}$$

当无线电波在含有高密度自由电子的电离层中传播时,就类似于上面所讨论的情况。

1.3.2 形如 $F=F(x)$ 的情形

此类方程除了常规的二次积分外,一般采用$\frac{\mathrm{d}v}{\mathrm{d}t}=\frac{\mathrm{d}v}{\mathrm{d}x}\frac{\mathrm{d}x}{\mathrm{d}t}=v\frac{\mathrm{d}v}{\mathrm{d}x}$的方式求解。

$$m\frac{\mathrm{d}v}{\mathrm{d}t}=F_x=F(x)$$

即

$$mv\mathrm{d}v=F(x)\mathrm{d}x$$

积分得到

$$\frac{1}{2}mv^2-\frac{1}{2}mv_0^2=\int_{x_0}^{x}F(x)\mathrm{d}x$$

即求出

$$v=v(x)$$

再将 v 换成$\frac{\mathrm{d}x}{\mathrm{d}t}$,可继续求得 $x=x(t)$。

例如三维谐振动这类问题可以用原子在晶体点阵中的运动作为代表,简单情况下,力只是坐标 x,y,z 的函数,且互相分立,所以牛顿第二定律的方程可写为

$$\begin{cases}m\ddot{x}=F_x=-k_xx\\ m\ddot{y}=F_y=-k_yy\\ m\ddot{z}=F_z=-k_zz\end{cases}\tag{1.16}$$

式中 m 是原子的质量,k_x,k_y,k_z 为劲度系数。

由式(1.16)中的第一式改写可得

$$\ddot{x}=-\frac{k_x}{m}x=-\omega_x^2x,\quad \omega_x\text{ 为角频率}$$

即

$$\ddot{x}+\omega_x^2x=0$$

为常系数线性二阶齐次方程,其通解可记为

$$x=A_x\sin(\omega_xt+C)=A_x\cos(\omega_xt+\theta_x)$$

式中,A 和 θ 都是积分常数,可由初始条件决定。同理,对于另外两个方程,以同样的方法可得到解答

$$\begin{cases}x=A_x\cos(\omega_xt+\theta_x),\quad \omega_x^2=\dfrac{k_x}{m}\\ y=A_y\cos(\omega_yt+\theta_y),\quad \omega_y^2=\dfrac{k_y}{m}\\ z=A_z\cos(\omega_zt+\theta_z),\quad \omega_z^2=\dfrac{k_z}{m}\end{cases}\tag{1.17}$$

式中 A_x,A_y,A_z 代表振动的振幅,即三个方向位移的最大值,而 $\theta_x,\theta_y,\theta_z$ 则为初相。若为一维问题,那就是通常的线性谐振子的简谐振动。

1.3.3 形如 F= F(v)的情形

可由下列几条途径求解此类运动微分方程：

(1) 由 $m\frac{\mathrm{d}v}{\mathrm{d}t}=F(v)$，理论上经$\int_{v_0}^{v}\frac{m\mathrm{d}v'}{F(v')}=t-t_0$ 可以解出 $v=v(t)$；再利用 $v=\frac{\mathrm{d}x}{\mathrm{d}t}$，经 $x=x_0+\int_0^t v(t')\mathrm{d}t'$ 解得 $x=x(t)$。

(2) 将$\frac{\mathrm{d}v}{\mathrm{d}t}$换成$\frac{\mathrm{d}v}{\mathrm{d}x}\frac{\mathrm{d}x}{\mathrm{d}t}=v\frac{\mathrm{d}v}{\mathrm{d}x}$后，由 $mv\frac{\mathrm{d}v}{\mathrm{d}x}=F(v)$，经 $x=x_0+\int_{v_0}^{v}\frac{mv'}{F(v')}\mathrm{d}v'$ 解得 $x=x(v)$；再将 v 换成$\frac{\mathrm{d}x}{\mathrm{d}t}$可继续求得 $x=x(t)$。

在具有阻力的介质中运动的抛物体运动(斜抛或竖直上抛)常常采用此方法。

抛物体通常是在空气中运动的，在运动中总要受到空气阻力的作用。在实际问题中，常常要研究子弹或炮弹在离开枪管或炮管后的运动问题，子弹或炮弹在离开枪管或炮管后，都是以一定的初速度在空气阻力和重力作用下作抛体运动。由于空气阻力非常复杂，所以研究抛体运动问题是专门的学科，而在此只是对这类问题的大概情况做简单介绍。

一般的抛体运动是一个平面运动，而空气阻力总是沿着轨道切线，并与运动速度方向相反，空气阻力只是速度的函数 $\boldsymbol{R}=\boldsymbol{R}(\boldsymbol{v})$，所以解决此类问题一般用内禀方程较为方便。

如果速度较小，则可近似地认为阻力只与速度 $\boldsymbol{v}$ 的量值成正比，即

$$\boldsymbol{R}=-b\boldsymbol{v}$$

若抛射体作斜抛运动，设在 xy 平面内运动，重力在 y 方向上，则其运动微分方程为

$$\begin{cases}m\ddot{x}=-b\dot{x}\\ m\ddot{y}=-b\dot{y}-mg\end{cases}\tag{1.18}$$

若抛射体作上抛运动，则其运动微分方程为

$$m\ddot{y}=-b\dot{y}-mg$$

例 1.2 求解质量为 m 的物体以初速度 $\boldsymbol{v}_0$ 竖直上抛，落回原处时的速度和经过的时间。

解 取地面为参考系，x 轴竖直向上，抛出点为坐标原点。只要质点向上运动和向下运动时受的力有同样的表达式，就可以用统一的运动微分方程来处理整个运动过程，不必对向上、向下运动分列，更不必取不同的坐标。

为让以后的式子简单些，把阻力写成$-mk\dot{x}$ $(k>0)$，向上和向下运动均能适用，故整个运动过程的运动微分方程为

$$m\ddot{x}=-mk\dot{x}-mg$$

方法一　采用上述第一条途径，运动微分方程写成

$$\frac{\mathrm{d}v}{\mathrm{d}t}=-kv-g$$

$$\frac{\mathrm{d}v}{-(kv+g)}=\mathrm{d}t$$

利用初始条件 $t=t_0$ 时，$v=v_0$，积分可得

$$v=\left(v_0+\frac{g}{k}\right)\mathrm{e}^{-kt}-\frac{g}{k}$$

即

$$\mathrm{d}x = \left[\left(v_0 + \frac{g}{k}\right)\mathrm{e}^{-kt} - \frac{g}{k}\right]\mathrm{d}t$$

继续利用初始条件 $t=t_0$ 时，$x=0$，积分可得

$$x = \frac{1}{k}\left(v_0 + \frac{g}{k}\right)(1 - \mathrm{e}^{-kt}) - \frac{g}{k}t$$

代入 k, v_0, g 的具体数值后，就可以得到题目要求的重新回到 $x=0$ 时的 t, v 值。

可以验证，$k \to 0$ 时有

$$v = v_0 - gt, \quad x = v_0 t - \frac{1}{2}gt^2$$

的确是无阻尼时的上抛运动应有的结果。

方法二　采用上述第二条途径，运动微分方程可写成

$$v\frac{\mathrm{d}v}{\mathrm{d}x} = -(kv + g)$$

$$\frac{v\mathrm{d}v}{(kv + g)} = -\mathrm{d}x$$

$$-\left[\frac{1}{k}\frac{kv + g}{(kv + g)} - \frac{1}{k}\frac{g}{(kv + g)}\right]\mathrm{d}v = \mathrm{d}x$$

利用初始条件 $x=0$ 时，$v=v_0$，积分可得

$$x = -\frac{1}{k}(v - v_0) + \frac{g}{k^2}\ln\frac{kv + g}{kv_0 + g}$$

可解出 $x=x(v)$。

注：当抛射体的速度接近炮弹速度时，可以认为阻力与速度的平方成正比；但是当抛射体速度接近声速时，阻力与速度的关系就不是简单的函数关系，所以确定轨道也就非常困难，只能用图解法或近似解法。

1.3.4　形如 $F = F(r)e_r$ 的情形

在这种力的作用下，不论质点的初始条件是怎样的，根据牛顿第二定律可知，质点的运动一定位于初速度和位矢所张的平面内。由于力是矢径的函数，所以采用极坐标，根据公式(1.7)得到

$$\begin{cases} m(\ddot{r} - r\dot{\theta}^2) = F(r) \\ m(r\ddot{\theta} + 2\dot{r}\dot{\theta}) = 0 \end{cases} \tag{1.19}$$

考虑函数 $r^2\dot{\theta}$，将其对时间 t 求导数

$$\frac{\mathrm{d}}{\mathrm{d}t}(r^2\dot{\theta}) = r(r\ddot{\theta} + 2\dot{r}\dot{\theta})$$

显见上式等于零，所以函数 $r^2\dot{\theta}$ 是与时间无关的常量，即

$$r^2\dot{\theta} = r_0^2\dot{\theta}_0 = h \tag{1.20}$$

其中 $r_0, \dot{\theta}_0$ 为初始条件，h 为常量，代入式(1.19)的第一式中，可得

$$\ddot{r} = \frac{F(r)}{m} + \frac{(r_0^2\dot{\theta}_0)^2}{r^3}$$

或者

$$\ddot{r}-\frac{h^2}{r^3}=\frac{F(r)}{m} \tag{1.21}$$

变成 1.3.2 节中所述的可解类型 $\boldsymbol{F}=\boldsymbol{F}(x)$ 方程，这类问题将在今后的有心力场中详细叙述。

1.3.5 一维运动的常系数线性齐次方程

以上几种情况比较简单和常见，还有一般的情况，例如，考虑质点受介质阻尼的受迫振动，力就是三个变量(坐标、速度和时间)的函数 $\boldsymbol{F}(\boldsymbol{r},\dot{\boldsymbol{r}},t)$，这类问题的求解是相当困难的。而对于其中的一维问题 $\boldsymbol{F}(x,\dot{x},t)$，其运动微分方程常具有如下形式

$$m\ddot{x}=-b\dot{x}-kx+F(t) \tag{1.22}$$

式中，m 是质点质量，$-b\dot{x}$ 为介质阻力，$-kx$ 为弹性力，而 $F(t)$ 为驱动力。当 $F(t)$ 等于零时，方程(1.22)称为**二阶常系数线性齐次方程**。而若 $F(t)$ 不等于零，则方程(1.22)称为**二阶常系数线性非齐次方程**。

下面以方程 $A\ddot{x}+B\dot{x}+Cx=F(t)$ 为例说明此类方程的解法，式中 A,B,C 均为常量。先解二阶常系数线性齐次方程 $A\ddot{x}+B\dot{x}+Cx=0$，若 $B^2-4AC\geqslant 0$，其通解有两种情况：

(1) $x=c_1\mathrm{e}^{r_1t}+c_2\mathrm{e}^{r_2t}$，$r_1,r_2$ 是特征方程 $Ar^2+Br+C=0$ 的两个不同根

$$r_{1,2}=\frac{-B\pm\sqrt{B^2-4AC}}{2A}$$

(2) $x=c_1\mathrm{e}^{rt}+c_2t\mathrm{e}^{rt}$，$r$ 是上述特征方程的重根

$$r=\frac{-B}{2A}$$

而若 $B^2-4AC<0$，此时，其特征方程的两个根是一对共轭复数，方程的通解可写成

$$x(t)=A_0\mathrm{e}^{-\beta t}\cos(\omega_d t+\alpha) \tag{1.23}$$

式中两个待定常数 A_0,α 都由初始条件决定。而式中 β,ω_d 分别为

$$\beta=\frac{B}{2A},\quad \omega_d=\frac{\sqrt{4AC-B^2}}{2A}$$

阻尼振动问题中常常利用这种方程。

对于二阶常系数线性非齐次方程 $A\ddot{x}+B\dot{x}+Cx=F(t)$ 的解，是在相应的齐次方程的通解上再加一个特解。

例 1.3 下面用解常系数线性齐次微分方程的特殊解法再解质量为 m 的物体以初速度 $\boldsymbol{v}_0$ 竖直上抛的问题，求质点落回原处时的速度和经过的时间。

解 运动方程依旧为

$$m\ddot{x}+mk\dot{x}=-mg$$

作变量代换，变成标准的齐次方程形式。令 $y=\dot{x}+\frac{g}{k}$，方程变为

$$\dot{y}+ky=0$$

特征方程为

$$r+k=0$$

所以

$$y=c_1\mathrm{e}^{-kt}$$

即

$$\dot{x}+\frac{g}{k}=c_1\mathrm{e}^{-kt}$$

分离变量后积分可得

$$x=-\frac{c_1}{k}\mathrm{e}^{-kt}-\frac{g}{k}t+c_2$$

用初始条件 $t=0$ 时，$x=0$，$\dot{x}=\boldsymbol{v}_0$ 可以确定两个常数 c_1，c_2，从而可以得到相同的结论。

例 1.4 向相互垂直的匀强电磁场 $\boldsymbol{E}$，$\boldsymbol{B}$ 中发射一电子，并设电子的初始速度 $\boldsymbol{v}$ 与 $\boldsymbol{E}$ 及 $\boldsymbol{B}$ 垂直。试求电子的运动规律。

分析 因为电磁场 $\boldsymbol{E}$ 及 $\boldsymbol{B}$ 互相垂直，所以建立图示直角坐标系，并令初速度 $\boldsymbol{v}$ 沿 x 轴正向。电场可以使得电子速度大小改变，而磁场不改变电子速度大小，却可以改变电子的运动方向，所以一旦电子沿 x 正向进入此电磁场，必将在 xy 平面内运动，即电子的速度将会有 x 和 y 分量。

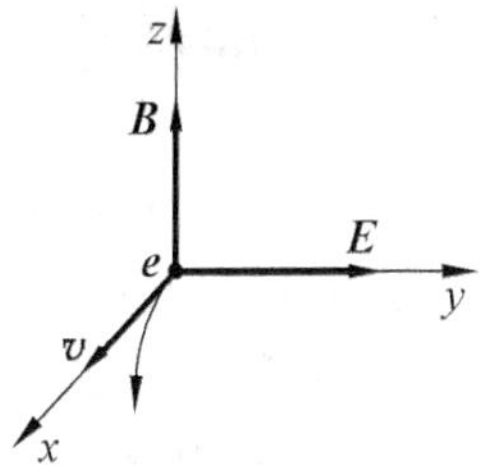

例 1.4 图

解 电子受电磁场力合力为 $\boldsymbol{F}=e\boldsymbol{E}+e\boldsymbol{v}\times\boldsymbol{B}$，则

$$\boldsymbol{F}=eE\boldsymbol{j}+e\begin{vmatrix}\boldsymbol{i}&\boldsymbol{j}&\boldsymbol{k}\\v_x&v_y&v_z\\B_x&B_y&B_z\end{vmatrix}=eE\boldsymbol{j}+e\begin{vmatrix}\boldsymbol{i}&\boldsymbol{j}&\boldsymbol{k}\\v_x&v_y&0\\0&0&B\end{vmatrix}$$
$$=eBv_y\boldsymbol{i}+e(E-Bv_x)\boldsymbol{j}$$

根据公式(1.4)列出运动微分方程为

$$\begin{cases}m\ddot{x}=eB\dot{y} & (1)\\ m\ddot{y}=eE-eB\dot{x} & (2)\\ m\ddot{z}=0 & (3)\end{cases}$$

由式(2)知

$$\mathrm{d}\dot{y}=\frac{eE}{m}\mathrm{d}t-\frac{eB}{m}\mathrm{d}x$$

两边积分

$$\int_0^{v_y}\mathrm{d}\dot{y}=\int_0^t\frac{eE}{m}\mathrm{d}t-\int_0^x\frac{eB}{m}\mathrm{d}x$$

即

$$\dot{y}=\frac{eE}{m}t-\frac{eB}{m}x=v_y$$

代回式(1)中得到

$$\ddot{x}+\frac{e^2B^2}{m^2}x=\frac{e^2BE}{m^2}t$$

这是二阶常系数线性的非齐次方程，令 $\omega^2=\dfrac{e^2B^2}{m^2}$，则其通解为

$$x=c_1\cos\omega t+c_2\sin\omega t+\frac{E}{B}t$$

当 $t=0$ 时$\begin{cases}x=0\\ \dot{x}=v\end{cases}$，代入上式即得到$\begin{cases}0=c_1+0+0\\ v=0+c_2\omega+E/B\end{cases}$，可定出常数 c_1 和 c_2，求得

$$c_1 = 0, \quad c_2 = \frac{1}{\omega}\left(v - \frac{E}{B}\right) = \frac{m}{eB}\left(v - \frac{E}{B}\right)$$

最后得到

$$x = \frac{m}{eB}\left(v - \frac{E}{B}\right)\sin\frac{eB}{m}t + \frac{E}{B}t \tag{4}$$

将式(4)代入式(2)中可以求出 y,

$$y = \frac{m}{eB}\left(v - \frac{E}{B}\right)\cos\frac{eB}{m}t + \frac{mE}{eB^2} - \frac{mv}{eB} \tag{5}$$

这就是入射电子的运动方程。当然也可以先由方程(1)求出 $\dot{x}$ 代入方程(2)中求 y,然后再代回(1)中求 x,结果一致,具体推导过程供读者做练习。

1.4 其他数学方法介绍

除了上述几种解方程的简单方法外,理论力学中还有很多运用数学工具处理复杂问题的方法,我们只简单列举几种数学方法,不做详述。

(1) 常数变易法;

(2) 引入积分因子变成恰当积分法;

(3) 参数表示法;

(4) 拉普拉斯变换法;

(5) 傅里叶级数解法;

(6) 微扰法。

1.5 有约束存在时的运动

1.5.1 约束及其分类

如果质点受到某种约束,例如被限制在某曲线或曲面上运动,不能脱离该线或该面而作任意的运动并占据空间任意的位置,则叫**非自由质点**。此时,该线或该面叫**约束**,而该线或该面的方程叫**约束方程**。

若讨论非自由质点情况,由于约束的存在,需将约束去掉,一般地是去掉约束而代之以**约束反作用力**,从而将问题转化成对自由质点的作用问题。约束反作用力一般都是未知的,与普通的力不同,它不完全决定于约束本身,并不能引起质点的任何运动,所以又常被称为**约束力**或**被动力**。而不是约束力的那些力称为主动力,主动力是已知的普通力。

这样可以将质量系统受力情况分成主动力和约束力(被动力)两大类,分别以 $\boldsymbol{F}$ 和 $\boldsymbol{R}$ 代表,此时公式(1.3)可以表示为

$$m\ddot{\boldsymbol{r}} = \boldsymbol{F}(\boldsymbol{r}, \dot{\boldsymbol{r}}, t) + \boldsymbol{R} \tag{1.24}$$

其中 $\boldsymbol{F}(\boldsymbol{r}, \dot{\boldsymbol{r}}, t)$ 称为主动力,$\boldsymbol{R}$ 称为约束力。

一般地,约束反力都作用在接触点上,无摩擦时在法向上,有摩擦时,与法向有一定角度的偏移。

约束是使质点的坐标、速度、加速度、坐标对时间更高级的导数受到限制的作用,其数学

表达式又称为**约束方程**，表示为

$$f(\boldsymbol{r},\dot{\boldsymbol{r}},t)=0 \tag{1.25}$$

或

$$f(\boldsymbol{r},\dot{\boldsymbol{r}})=0 \tag{1.26}$$

前者称为**含时约束**或**不稳定约束**，后者称为**不含时约束**或**稳定约束**。

如果约束只对质点的坐标有所限制，即 $f(\boldsymbol{r},t)=0$ 或 $f(\boldsymbol{r})=0$，称为**几何约束**或**空间约束**，否则称为**微分约束**或**运动约束**。

例如，质点只能在某个固定的曲面上运动，该曲面的方程为 $f(x,y,z)=0$，即任何时刻质点的坐标 (x,y,z) 必须满足此方程；如果质点只能在某个运动的或变形的曲面上运动，即在变化的曲面上运动，则 t 时刻质点的坐标 (x,y,z) 必须满足该时刻的曲面方程 $f(x,y,z,t)=0$。

又比如质点只能在一个曲面的一方运动，则质点所受的约束方程为

$$f(x,y,z)\geqslant 0 \tag{1.27}$$

或者

$$f(x,y,z)\leqslant 0 \tag{1.28}$$

例如质点可在固定的球面上或者球面外运动，其坐标就必须满足方程(1.27)；而如果质点通过一个不可伸长的绳子拴于固定点或者质点只能在一个容器内部运动，其坐标就受到方程(1.28)的限制。质点的坐标还可能受到下列约束之一：

$$f(x,y,z,t)\geqslant 0 \tag{1.29}$$

或者

$$f(x,y,z,t)\leqslant 0 \tag{1.30}$$

上面的式(1.25)～式(1.30)都是约束方程。约束方程式表示为等式的约束称为**双面约束**或**不可解(脱)约束**，表示为不等式的约束称为**单面约束**或**可解(脱)约束**。处理可解(脱)约束可以分段作为不可解(脱)约束和无约束处理，即当质点位于曲面上时有不可解约束，脱离曲面后就将无约束。

只对坐标有所限制的不可解约束，称为**完整约束**，其他称为**非完整约束**或**不完整约束**。非完整约束有两种情况，一种是约束方程中含有坐标对时间的导数的约束，另一种是约束方程是不等式的约束。如果说完整约束只对系统的坐标有所限制，对系统的速度没有任何限制，这种说法不全面，因为，如果将完整约束的约束方程对 t 求导，就得到形似非完整约束的约束方程，可见完整约束并非对系统的速度没有限制，而是这种限制已经包含在系统坐标的限制当中了。

反之，含有坐标对时间导数的约束方程，若不能通过积分变成不含坐标对时间导数的约束方程的才是非完整约束，否则还是完整约束。对于只受完整约束的系统，称为**完整系统**。非完整系统的理论还不成熟和完善，现只讨论完整约束下的系统运动情况。

问题 1　纯滚动条件是完整约束吗？

问题 2　完整约束对系统的速度有限制吗？

上面两个问题的回答都是肯定的！纯滚动的条件写成 $\dot{x}=R\dot{\theta}$，显然上式在数学上是可完全积分的，通过积分可转化为 $x=R\theta$，即为完整约束方程，因此可完全积分的微分约束方程与完整约束方程实质上是等价的。

1.5.2 约束力

约束物给予质点的作用力称为**约束反作用力**，简称为**约束反力**或**约束力**。约束力一般都是未知的，与普通的力不同，它不完全决定于约束本身，并不能引起质点的任何运动，所以又常被称为**被动力**。

不是约束力的那些力称为**主动力**，主动力是已知它与质点的位置、速度、时间的函数关系的力，但是在解运动微分方程之前不能知道它对质点的坐标、速度等有什么影响。

两种力的不同可以大致分为下面三方面加以区分：

第一，主动力一般是已知的，即遵从的定律是已知的。例如万有引力遵从万有引力定律，弹性力遵从胡克定律，带电粒子间的作用力遵从库仑定律，而在流体中运动的质点受到的阻力与质点的速度的关系也是已知的，所以它们都具有 $\boldsymbol{F}=\boldsymbol{F}(\boldsymbol{r},\dot{\boldsymbol{r}},t)$ 的形式，且函数关系是已知的，这类力对质点运动的影响必须通过解运动微分方程才能知道，而且与初始条件有关。

约束力 $\boldsymbol{R}$ 遵从什么定律不一定清楚，而且至多只是知道约束力的方向，有时还只是知道其作用点，大小未知，因此增加了新的作用量。

第二，主动力与 $(\boldsymbol{r},\dot{\boldsymbol{r}},t)$ 的函数关系不受另一个主动力、约束力的影响。在某时刻，如果知道质点处于某种运动状态 $(\boldsymbol{r},\dot{\boldsymbol{r}})$，这个主动力对质点的作用力的大小和方向就是确定的。

约束力对质点的作用，其大小和方向并不是由质点的运动状态 $(\boldsymbol{r},\dot{\boldsymbol{r}})$ 和时间 t 所能决定的，而与其他力的作用情况有关，还与质点在此刻的加速度有关。

第三，约束力对质点运动的限制由约束方程给出，就其对质点运动的限制而言是不需解运动微分方程就知道的，而且与初始条件、受主动力的情况无关。

若想知道主动力对质点运动的影响，则需解运动微分方程，而且与其他力（包括主动力和约束力）、初始条件都有关。

1.5.3 滑动摩擦力是否为约束力？

质点与约束物之间有相对运动时的滑动摩擦力既具有约束力的某些特征，又具有主动力的某些特征，将它**看作具有某些约束力特征的主动力更好些**。

说它是主动力，它不能表示成 $\boldsymbol{F}(\boldsymbol{r},\dot{\boldsymbol{r}},t)$ 的形式，所以不能根据某时刻质点的运动状态 $(\boldsymbol{r},\dot{\boldsymbol{r}})$ 来确定这个力，这是它呈现约束力的一面，但是它又没有具体的约束方程。

说它是约束力，它还受其他力如正压力的影响，具有一个摩擦定律，有一个 $\boldsymbol{F}=\mu\boldsymbol{N}$ 的函数关系，虽然含有一个未知量 $\boldsymbol{N}$，但它没有增加新的变量，$\boldsymbol{N}$ 是与另一个约束有关的未知变量。有相对运动的滑动摩擦力的指向在列运动微分方程时就必须给定，有时难以判断，可假定一个指向，解出方程后如出现不合理结果，说明原假定的指向不正确，再改成另一个指向重新解方程，这些都是主动力的特征。

所以，将滑动摩擦力归为主动力更合适一些，即为具有某些约束力特征的主动力。在分析力学中，将把有相对运动时的滑动摩擦力当主动力处理。

1.5.4 系统的自由度

描述一个系统的位置的独立坐标数，称为系统的**自由度数**（**自由度**）。不受约束的质点有三个自由度，需要三个相互独立的坐标表示它的位置。如受到一个完整约束方程的限制，则三个坐标中只有两个独立的坐标，自由度即为两个。有几个独立的完整约束，自由度数就减少几个。

非完整约束方程不能通过积分变成仅是坐标和时间的约束方程，不能减少描述系统位置的独立坐标数，即不减少自由度数。这也正是只处理完整系统问题的原因。

约束(k)越多，自由度(s)越少，但是加上约束方程，需要求解的牛顿方程数反而更多。若系统由 n 个质点组成，则有

$$s = 3n - k \tag{1.31}$$

分析力学将引入独立的广义坐标(s 个)来建立拉格朗日方程。这样拉格朗日微分方程形式不但唯一，而且其方程数量由自由度数确定，大大减少了需要求解的方程数量，而且拉格朗日方程虽然来源于力学，却不只适于力学领域，它适应于整个物理学。另外，还有许多优点将在后续的分析力学中逐一介绍。

例 1.5　在以下约束方程中，属于完整约束的有((1)(3)(4))；属于非完整约束的有((2)(5))；属于稳定约束的有((1)(2)(3)(5))；属于非稳定约束的有((4))。

(1) $x^2 + y^2 = 4$；　(2) $x^2 + y^2 < 4$；　(3) $\dot{x} - r\dot{\theta} = 0$；　(4) $x^2 + y^2 = 10t^2$；

(5) $(\dot{x}_1 + \dot{x}_2)(y_1 + y_2) = (\dot{y}_1 + \dot{y}_2)(x_1 - x_2)$。

1.5.5　有约束存在时运动方程的建立

有约束存在时运动方程可由牛顿第二定律表示为

$$m\ddot{\boldsymbol{r}} = \boldsymbol{F}(\boldsymbol{r}, \dot{\boldsymbol{r}}, t) + \boldsymbol{R} \tag{1.32}$$

其中 $\boldsymbol{F}(\boldsymbol{r}, \dot{\boldsymbol{r}}, t)$ 称为主动力，$\boldsymbol{R}$ 称为约束力。

这样物理问题就转化为数学问题，具体地说转化为解数学方程问题，即变为常系数二阶微分方程的积分问题。其中每个二阶方程的通解都将包含两个积分常数。

通常将积分问题称为动力学的正问题，而求导问题称为动力学的逆问题。

例 1.6　小环质量为 m，套在一条光滑的钢索上，钢索的方程式为 $x^2 = 4ay$。试求小环自 $x = 2a$ 处自由滑至抛物线顶点时的速度及小环在此时受到的约束反作用力。

解　小环受垂直向下的重力 $m\boldsymbol{g}$ 和约束力 $\boldsymbol{R}$ 作用，$\boldsymbol{R}$ 的方向应沿着抛物线的法向，如图示。

由式(1.12)，可写出小环在任意位置 P 处的运动微分方程

$$m\frac{\mathrm{d}v}{\mathrm{d}t} = mg\sin\theta \tag{1}$$

$$m\frac{v^2}{r} = R - mg\cos\theta \tag{2}$$

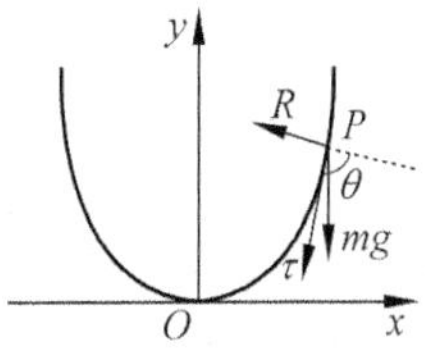

例 1.6 图

因为

$$\frac{\mathrm{d}v}{\mathrm{d}t} = \frac{\mathrm{d}v}{\mathrm{d}s}\frac{\mathrm{d}s}{\mathrm{d}t} = v\frac{\mathrm{d}v}{\mathrm{d}s}$$

而

$$\sin\theta = -\frac{\mathrm{d}y}{\mathrm{d}s}$$

故式(1)变为

$$mv\frac{dv}{ds}=-mg\frac{dy}{ds}$$

即

$$vdv=-gdy \tag{3}$$

因为 $x=2a$，$y=a$，上式两边定积分后得到

$$v=\sqrt{2ag} \tag{4}$$

这就是小环自 $x=2a$ 处自由滑至抛物线顶点时的速度。

由 $x^2=4ay$ 知道

$$y'=\frac{dy}{dx}=\frac{x}{2a},\quad y''=\frac{d^2y}{dx}=\frac{1}{2a}$$

在抛物线顶点处

$$x=0,\quad y=0,\quad y'=0,\quad y''=\frac{1}{2a}$$

而

$$\frac{1}{\rho}=\frac{|y''|}{(1+y'^2)^{3/2}}$$

得此处的曲率半径

$$\rho=2a$$

代入式(2)中得到

$$R=m\frac{v^2}{\rho}+mg\cos\theta=m\frac{2ag}{2a}+mg=2mg \tag{5}$$

所以，小环滑到抛物线的顶点时，所受的约束反作用力为 $2mg$。

例 1.7 如图示，位于竖直面内半径为 r 的光滑钢丝圆圈，圆圈上套一重为 W 的小环。若钢丝圆圈以匀加速度 $\boldsymbol{a}$ 沿竖直方向运动，求小环的相对速度 v 及圆圈对小环的反作用力 R。

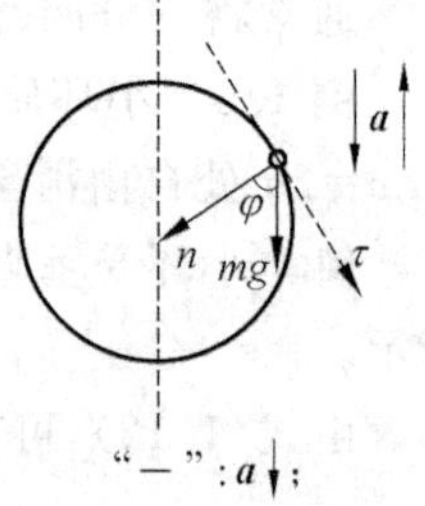

例 1.7 图

解 设钢丝圆圈以匀加速度 $\boldsymbol{a}$ 向上运动，以钢丝圆圈为参考系，在圆圈这个非惯性系中讨论问题，则小环 $\left(m=\dfrac{W}{g}\right)$ 将受到一个向下的大小为 ma 的惯性力作用，小环的运动微分方程为

$$\begin{cases} m\dfrac{dv}{dt}=mg\sin\varphi+ma\sin\varphi & (1) \\ m\dfrac{v^2}{r}=R+mg\cos\varphi+ma\cos\varphi & (2) \end{cases}$$

式(1)两边分别乘以 v 和 $\dfrac{rd\varphi}{dt}$，得到

$$v\frac{dv}{dt}=(g\sin\varphi+a\sin\varphi)\cdot r\frac{d\varphi}{dt}$$

两边积分

$$\int_{v_0}^{v}vdv=\int_{\varphi_0}^{\varphi}(g\sin\varphi+a\sin\varphi)\cdot rd\varphi$$

得

$$v^2 = v_0^2 + 2(g+a)(\cos\varphi_0 - \cos\varphi)r$$

代入式(2)中，得

$$\begin{aligned} R &= m\frac{v^2}{r} - m(g+a)\cos\varphi \\ &= m\frac{v_0^2}{r} + 2m(g+a)\cos\varphi_0 - 3m(g+a)\cos\varphi \\ &= \frac{W}{g}\left[\frac{v_0^2}{r} + g\left(1+\frac{a}{g}\right)(2\cos\varphi_0 - 3\cos\varphi)\right] \end{aligned}$$

若钢丝圆圈以匀加速度 $\boldsymbol{a}$ 向下运动，则小环将受到一个向上的大小为 ma 的惯性力作用，小环的运动微分方程为

$$\begin{cases} m\dfrac{\mathrm{d}v}{\mathrm{d}t} = mg\sin\varphi - ma\sin\varphi & (3) \\ m\dfrac{v^2}{r} = R + mg\cos\varphi - ma\cos\varphi & (4) \end{cases}$$

同理得到

$$v^2 = v_0^2 + 2(g-a)(\cos\varphi_0 - \cos\varphi)r$$

和

$$R = \frac{W}{g}\left[\frac{v_0^2}{r} + g\left(1-\frac{a}{g}\right)(2\cos\varphi_0 - 3\cos\varphi)\right]$$

另外，若根据能量守恒

$$\frac{1}{2}mv^2 + m(g\pm a)r\cos\varphi = \frac{1}{2}mv_0^2 + m(g\pm a)r\cos\varphi_0$$

得到

$$v^2 = v_0^2 + 2(g\pm a)(\cos\varphi_0 - \cos\varphi)r$$

再利用圆周运动

$$\frac{mv^2}{r} = R + m(g\pm a)\cos\varphi$$

得

$$\begin{aligned} R &= m\frac{v^2}{r} - m(g\pm a)\cos\varphi \\ &= \frac{W}{g}\left[\frac{v_0^2}{r} + g\left(1\pm\frac{a}{g}\right)(2\cos\varphi_0 - 3\cos\varphi)\right] \end{aligned}$$

结果一样。

思考题

1.1　在极坐标系中，$v_r = \dot{r}, v_\theta = r\dot{\theta}$，为什么 $a_r = \ddot{r} - r\dot{\theta}^2$ 而非 $\ddot{r}$，$a_\theta = r\ddot{\theta} + 2\dot{r}\dot{\theta}$ 而非 $r\ddot{\theta} + \dot{r}\dot{\theta}$？

1.2　在内禀方程中，a_n 是怎样产生的？为什么在空间曲线中它总是沿着主法线的方向？

1.3　在怎样的运动中只有 a_t 而无 a_n？在怎样的运动中又只有 a_n 而无 a_t？在怎样的运动中既有 a_t 又有 a_n？

1.4 质点仅因重力作用而沿光滑静止曲线下滑，达到任意一点时的速度只与什么有关？假如不是光滑的又将如何？

1.5 为什么质点被约束在一光滑静止的曲线上运动时，约束力不做功？利用动能定理能否求出约束力？如不能，应该怎样去求？

1.6 物体运动的速度是否总是和所受的外力方向一致？为什么？

1.7 什么是完整约束？非完整约束都有哪几种？

1.8 主动力与约束力各有什么特点？

习题

1.1 分别用直角坐标解析法、图示法和角速度与速度关系方法推导平面极坐标单位矢量的导数表达式 $\begin{cases}\dot{\boldsymbol{e}}_r = \dot{\theta}\boldsymbol{e}_\theta \\ \dot{\boldsymbol{e}}_\theta = -\dot{\theta}\boldsymbol{e}_r\end{cases}$。

1.2 试自 $x = r\cos\theta, y = r\sin\theta$ 出发，计算 $\ddot{x}$ 和 $\ddot{y}$，并由此推出径向加速度 a_r 和横向加速度 a_θ。

1.3 质点作平面运动，速率保持为常数。试证明其速度矢量 $\boldsymbol{v}$ 与加速度矢量 $\boldsymbol{a}$ 正交。

1.4 质量为 m 的质点，约束在半径为 R 的光滑半球形碗的内壁中运动，试应用牛顿第二定律用柱坐标写出质点的运动微分方程。

1.5 重为 W 的小球不受摩擦而沿半长轴为 a、半短轴为 b 的椭圆弧滑下，此椭圆的短轴是竖直的。如小球自长轴的端点开始运动时，其初速为零，试求小球在到达椭圆的最低点时它对椭圆的压力。

1.6 质点沿着半径为 r 的圆周运动，其加速度矢量与速度矢量间的夹角 α 保持不变，求质点的速度随时间而变化的规律。已知初速度为 v_0。

1.7 上题中，试证其速度可表示为 $v = v_0 e^{(\theta-\theta_0)\cos\alpha}$，式中 θ 为速度矢量与 x 轴之间的夹角，且当 $t = 0$ 时，$\theta = \theta_0$。

1.8 直线 FM 在给定的椭圆平面内以匀角速度 ω 绕其焦点 F 转动，求此直线与椭圆的交点 M 的速度。已知以焦点为坐标原点的椭圆的极坐标方程为 $r = \dfrac{a(1-e^2)}{1+e\cos\theta}$，式中 a 为椭圆的半长轴，e 为偏心率，都是常数。

1.9 一质点沿着抛物线 $y^2 = 2px$ 运动，其切线加速度的量值为法向加速度量值的 $-2k$ 倍。若此质点从正焦弦的一端 $\left(\dfrac{p}{2}, p\right)$ 以速度 u 出发，试求其达到正焦弦的另一端时的速率。

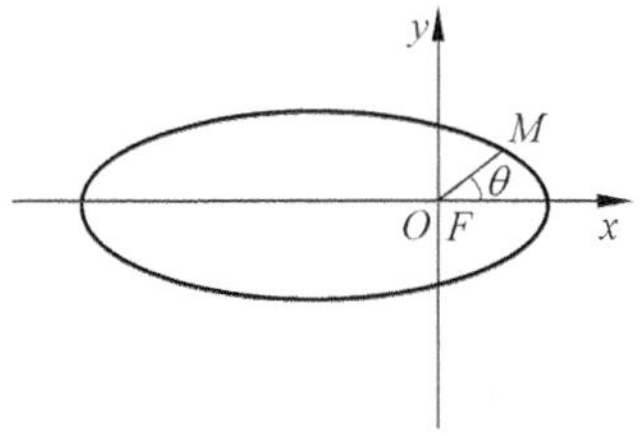

习题 1.8 图

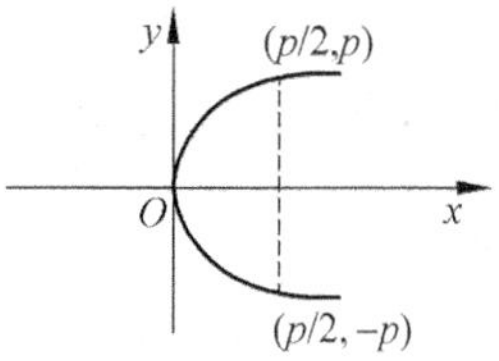

习题 1.9 图

1.10　将质量为 m 的质点以初速度 $\boldsymbol{v}_0$ 竖直上抛于有阻力的媒质中，设阻力为 $R=mk^2gv^2$，试证此质点又落回到投掷点时的速度为 $v_1=\dfrac{v_0}{\sqrt{1+k^2v_0^2}}$。

1.11　将一质量为 m 的质点以初速度 $\boldsymbol{v}_0$ 抛出，$\boldsymbol{v}_0$ 与水平线所成之角为 α，此质点所受的阻力为其速度的 mk 倍，k 为比例常数。试求当此质点的速度与水平线所成之角又为 α 时所需要的时间。

1.12　一子弹以仰角 α、初速度 $\boldsymbol{v}_0$ 自倾角为 β 的斜面的下端被发射。试证子弹击中斜面的地方和发射点的距离 d(沿斜面量取)及此距离的最大值分别为

$$d=\frac{2v_0^2\cos\alpha\sin(\alpha-\beta)}{g\cos^2\beta};\quad d_{\max}=\frac{v_0^2}{2g}\sec^2\left(\frac{\pi}{4}-\frac{\beta}{2}\right)$$

1.13　试求出例 1.4 中提到的另外一种解题步骤。

1.14　试证明例 1.4 中，若无磁场，则电子的轨道为竖直平面(xy 面)的抛物线；若无电场，则电子的轨道为半径等于$\dfrac{mv}{eB}$的圆。

1.15　例 1.4 中若电子初速为 $\boldsymbol{v}=\dot{x}_0\boldsymbol{i}+\dot{y}_0\boldsymbol{j}+\dot{z}_0\boldsymbol{k}$，带电量为 q 的粒子在坐标系原点处进入电磁场，情况会怎样？又或者磁场还有 x 分量又将如何？试讨论之。

1.16　一质点自一水平放置的光滑圆柱凸面的最高点自由滑下。问滑至何处，此质点将离开圆柱面？假设圆柱体的半径为 r。

1.17　一质量为 m 的质点自光滑圆滚线的尖端无初速的下滑。试证在任意点的压力为 $2mg\cos\theta$，式中 θ 为水平线和质点运动方向间的夹角。已知圆滚线方程为

$$x=a(2\theta+\sin2\theta),\quad y=-a(1+\cos2\theta)$$

部分习题答案

1.4　$\begin{cases}m(\ddot{r}-r\dot{\theta}^2)=-F_{\mathrm{N}}\sin\theta\\ m(r\ddot{\theta}+2\dot{r}\dot{\theta})=0\\ m\ddot{z}=+F_{\mathrm{N}}\cos\theta-mg\end{cases}$，再加上约束方程 $r^2+z^2=R^2$

1.5　$P=W\left(1+2\dfrac{b^2}{a^2}\right)$

1.6 $\frac{1}{v}=\frac{1}{v_0}-\frac{t}{r}\cot\alpha$

1.8 $v=\frac{r\omega}{b}\sqrt{r(2a-r)}$，其中 b 为椭圆的短半轴，有 $b^2=(1-e^2)a^2$

1.9 $v=ue^{k\pi}$

1.11 $t=\frac{1}{k}\ln\left(1+\frac{2k\boldsymbol{v}_0\sin\alpha}{g}\right)$

1.16 质点离开时与竖直方向的夹角为 $\theta=\arccos\frac{2}{3}$

1.17 $W\left(1+2\frac{b^2}{a^2}\right)$

第2章 有心运动

本章简述了有心力的基本性质和特点，详述了两种重要的平方反比力的情况，最后简单介绍了空间科学技术的发展和基本知识。

有心运动是自然界中大量存在的一种重要的运动。如果作用于质点的合力的作用线始终通过一个固定的点，则质点在这种合力作用下的运动，称为**有心运动**。这种作用线始终通过一个固定点的力称为**有心力**，而作用线通过的这个固定点称为**力心**。

对有心力的研究在科学技术发展史上有过重要作用，从开普勒三定律的解释、万有引力的发现、卢瑟福 α 粒子散射实验，到今天的洲际导弹、人造卫星的发射、宇宙航空航行等都是有心力问题。鉴于它的重要性，在此专列一章详细讲述。

2.1 有心运动的共同特点

有心运动有以下几个共同特点：

(1) 有心力在量值上，一般是矢径(即质点到力心间的距离)$\boldsymbol{r}$ 的函数，而力的方向则始终沿着质点和力心的连线，力的方向趋向力心的是引力，离开力心的是斥力。

以力心为坐标原点，因为 $\boldsymbol{F}$ 与位矢 $\boldsymbol{r}$ 共线，则 $\boldsymbol{F}$ 对力心的力矩为

$$\boldsymbol{M} = \boldsymbol{r} \times \boldsymbol{F} = \boldsymbol{0}$$

所以，角动量 $\boldsymbol{J}$ 为恒矢量。

(2) 在有心力的作用下，质点始终在一平面内运动。这是因为力矩为零，角动量守恒，所以质点只能在垂直于角动量的平面内运动，因此下面将以平面坐标(x,y)或(r,θ)描述它的运动。

(3) 用平面极坐标来描述有心运动是非常方便的。因为角动量守恒，若采用平面极坐标

$$\boldsymbol{r} = r\boldsymbol{e}_r, \quad \boldsymbol{P} = m(\dot{r}\boldsymbol{e}_r + r\dot{\theta}\boldsymbol{e}_\theta)$$

则

$$\boldsymbol{J} = \boldsymbol{r} \times \boldsymbol{P} = \begin{vmatrix} \boldsymbol{e}_r & \boldsymbol{e}_\theta & \boldsymbol{k} \\ r & 0 & 0 \\ m\dot{r} & mr\dot{\theta} & 0 \end{vmatrix} = mr^2\dot{\theta}\boldsymbol{k}$$

即

$$mr^2\dot{\theta} = \text{常量}$$

另外，若把质点的运动微分方程

$$\begin{cases} m(\ddot{r} - r\dot{\theta}^2) = F(r) \\ m(r\ddot{\theta} + 2\dot{r}\dot{\theta}) = 0 \end{cases} \tag{2.1}$$

中的第二个公式改写为

$$\frac{m}{r}\frac{\mathrm{d}}{\mathrm{d}t}(r^2\dot{\theta})=0$$

则

$$mr^2\dot{\theta}=mh \tag{2.2}$$

h 为与时间无关的常量。

由式(2.2)可知$\dot{\theta}$与 r 的关系，代入到式(2.1)中的第一公式中，就得到只含 r 及其时间导数$\dot{r}$ 的方程：

$$m\ddot{r}=F(r)+\frac{mh^2}{r^3} \tag{2.3}$$

这是只含有一个未知变量的二阶常系数的微分方程，理论上可解。

(4) 从有心力的定义知其作用线通过力心，所以有心力可以是 θ 的函数，即 $\boldsymbol{F}=\boldsymbol{F}(r,\theta)$，但是万有引力、库仑力、分子力、弹簧的弹性力这些有心力的力源对参考系来说都是固定点时，其大小只与 r 有关，即 $\boldsymbol{F}=\boldsymbol{F}(r)$。**只与 r 有关的有心力场是保守力场**，可引入有心力势能 $V(r)$，表示为

$$F(r)=-\frac{\mathrm{d}V(r)}{\mathrm{d}r},\quad V(r)=-\int F(r)\mathrm{d}r+C$$

假设无穷远处势能为零，有能量积分

$$\frac{1}{2}m(\dot{r}^2+r^2\dot{\theta}^2)+V(r)=\text{常量 } E_0 \tag{2.4}$$

即机械能守恒。将式(2.2)代入能量守恒表达式(2.4)中可得到：

$$\frac{1}{2}m\dot{r}^2+V(r)+\frac{mh^2}{2r^2}=E_0 \tag{2.5}$$

关于只是矢径 r 的函数的有心力一定是保守力，它所做的功与路径无关的证明可简单推证如下：

质点受变力作用而沿曲线运动时，有心力所做的功为

$$W=\int_A^B\boldsymbol{F}\cdot\mathrm{d}\boldsymbol{r}$$

在极坐标系下，所有矢量都沿径向和横向分解且 $F_\theta=0$，故

$$W=\int_A^B(F_r\mathrm{d}r+rF_\theta\mathrm{d}\theta)=\int_A^B F_r\mathrm{d}r$$

这个定积分的值显然只取决于起点和终点的矢径，而与中间所经过的路径无关，可证**有心力是保守力**。

矢量分析中说，势能 $V(r)$存在的充要条件是$\nabla\times\boldsymbol{F}=\boldsymbol{0}$，即

$$\frac{\partial F_z}{\partial y}-\frac{\partial F_y}{\partial z}=0;\frac{\partial F_x}{\partial z}-\frac{\partial F_z}{\partial x}=0;\frac{\partial F_x}{\partial y}-\frac{\partial F_y}{\partial x}=0\quad\text{(直角坐标系下)}$$

或者

$$\frac{\partial(rF_\theta)}{\partial r}-\frac{\partial F_r}{\partial\theta}=0\quad\text{(平面极坐标系下)}$$

所以满足条件$\nabla\times\boldsymbol{F}=\boldsymbol{0}$，则此力就一定是保守力，而它所做的功就一定与路径无关，也一定会存在某一个标量函数 $V(r)$，它就是质点的势能。

2.2 运动微分方程的解

化简能量守恒表达式(2.5)，得

$$\frac{1}{2}m\dot{r}^2 = E_0 - V(r) - \frac{mh^2}{2r^2}$$

$$\frac{\mathrm{d}r}{\mathrm{d}t} = \pm\left[\frac{2}{m}\left(E_0 - V - \frac{mh^2}{2r^2}\right)\right]^{\frac{1}{2}} \tag{2.6}$$

对上式积分得

$$t - t_0 = \pm\int_{r_0}^{r}\frac{\mathrm{d}r}{\left[\frac{2}{m}\left(E_0 - V - \frac{mh^2}{2r^2}\right)\right]^{\frac{1}{2}}} \tag{2.7}$$

$\mathrm{d}r>0$ 时取正号，$\mathrm{d}r<0$ 时取负号。据此可解出 $r=r(t)$。

再代回到式(2.2)中，积分得

$$\theta - \theta_0 = \int_{t_0}^{t}\frac{h}{r^2}\mathrm{d}t \tag{2.8}$$

可解出 $\theta=\theta(t)$。

至此解出运动方程 $r=r(t)$ 和 $\theta=\theta(t)$，通常它们都是关于时间的隐函数。或者，由式(2.5)和式(2.2)得到

$$\frac{\mathrm{d}r}{\mathrm{d}\theta} = \pm\left[\frac{2}{m}\left(E_0 - V - \frac{mh^2}{2r^2}\right)\right]^{\frac{1}{2}}\frac{1}{\dot{\theta}} = \pm\frac{r^2}{h}\sqrt{\frac{2}{m}\left(E_0 - V - \frac{mh^2}{2r^2}\right)} \tag{2.9}$$

$\mathrm{d}r>0$ 时取正号，$\mathrm{d}r<0$ 时取负号。

积分得

$$\theta - \theta_0 = \pm\int_{r_0}^{r}\frac{h}{r^2\sqrt{\frac{2}{m}\left(E_0 - V - \frac{mh^2}{2r^2}\right)}}\mathrm{d}r \tag{2.10}$$

得到轨道方程 $r=r(\theta)$。

2.3 轨道

2.3.1 有心运动轨道方程——比耐(Bient)公式

上面已经讲述了如何求解有心运动的运动方程 $r=r(t)$ 和 $\theta=\theta(t)$，理论上就可以通过上述两个方程削去公因子 t 获得坐标 r 和 θ 的关系式，即有心运动的轨道方程。但是由于上述的运动方程通常是 t 的隐函数，实际计算不易做到，所以下面避开这个数学难题，另外介绍一个关于得到轨道方程的方法——**比耐公式**。

为了计算方便，下面用 r 的倒数 u 来代替 r，由 $r^2\dot{\theta}=h$，以 $u=\frac{1}{r}$代替 r，则得到

$$\dot{\theta} = hu^2 \tag{2.11}$$

而

$$\dot{r}=\frac{\mathrm{d}r}{\mathrm{d}t}=\frac{\mathrm{d}r}{\mathrm{d}\theta}\frac{\mathrm{d}\theta}{\mathrm{d}t}=\frac{\mathrm{d}}{\mathrm{d}\theta}\left(\frac{1}{u}\right)\frac{\mathrm{d}\theta}{\mathrm{d}t}=-\frac{1}{u^2}\frac{\mathrm{d}u}{\mathrm{d}\theta}\dot{\theta}=-h\frac{\mathrm{d}u}{\mathrm{d}\theta}$$

$$\ddot{r}=\frac{\mathrm{d}\dot{r}}{\mathrm{d}t}=-h\frac{\mathrm{d}}{\mathrm{d}t}\left(\frac{\mathrm{d}u}{\mathrm{d}\theta}\right)=-h\frac{\mathrm{d}}{\mathrm{d}\theta}\left(\frac{\mathrm{d}u}{\mathrm{d}\theta}\right)\dot{\theta}=-h^2u^2\frac{\mathrm{d}^2u}{\mathrm{d}\theta^2}$$

将 $\ddot{r}$ 代入式(2.3)中，化简得到

$$h^2u^2\left(\frac{\mathrm{d}^2u}{\mathrm{d}\theta^2}+u\right)=-\frac{F}{m} \tag{2.12}$$

这就是所要求的轨道微分方程，通常叫做**比耐公式**。式中，当 $\boldsymbol{F}$ 为引力时 $\boldsymbol{F}$ 自带负号，斥力时 $\boldsymbol{F}$ 自带正号。

利用比耐公式，除了在已知力的情况下求轨道方程外，还可以从已知质点在有心力作用下的轨道方程，求出有心力的具体表达式。

例 2.1 如质点受有心力作用而作双纽线 $r^2=a^2\cos2\theta$ 运动，则有心力为 $F=-\frac{3mh^2a^4}{r^7}$，试证明之。

解 由比耐公式 $-\frac{F}{m}=h^2u^2\left(\frac{\mathrm{d}^2u}{\mathrm{d}\theta^2}+u\right)$ 知，只要将 u 和 $\frac{\mathrm{d}^2u}{\mathrm{d}\theta^2}$ 的表示代入就可计算出所求。因为

$$r^2=a^2\cos2\theta$$

所以

$$u=\frac{1}{r}=\frac{1}{a\sqrt{\cos2\theta}}$$

对上式两边求导数，得

$$\frac{\mathrm{d}u}{\mathrm{d}\theta}=\frac{1}{a}\sin2\theta(\cos2\theta)^{-\frac{3}{2}}$$

$$\frac{\mathrm{d}^2u}{\mathrm{d}\theta^2}=\frac{1}{a}\left[2(\cos2\theta)^{-\frac{1}{2}}+3\sin^22\theta(\cos2\theta)^{-\frac{5}{2}}\right]$$

则

$$\begin{aligned}F&=\frac{-mh^2}{a^2\cos2\theta}\frac{1}{a}\left[2(\cos2\theta)^{-\frac{1}{2}}+3\sin^22\theta(\cos2\theta)^{-\frac{5}{2}}+(\cos2\theta)^{-\frac{1}{2}}\right]\\&=-\frac{3mh^2}{a^3}(\cos2\theta)^{-\frac{3}{2}}(1+\sin^22\theta\cos^{-2}2\theta)\\&=-\frac{3mh^2}{a^3}(\cos2\theta)^{-\frac{7}{2}}=-\frac{3mh^2}{a^3}\left(\frac{r^2}{a^2}\right)^{-\frac{7}{2}}\\&=-\frac{3mh^2}{a^3}\left(\frac{a^7}{r^7}\right)=-\frac{3mh^2a^4}{r^7}\end{aligned}$$

得证

例 2.2 质量为 m 的质点在有心力的作用下作长、短半径分别为 a 和 b 的椭圆轨道运动，力心与椭圆中心重合。取 $r=0$ 为势能的零点时，质点的机械能为 E_0，求：(1)质点的方程；(2)力的大小与质点离力心的距离之间的关系。

解 方法一 (1) 取力心为坐标原点，x，y 轴分别与椭圆轨道的长，短半轴重合，则轨道方程为

$$\frac{x^2}{a^2}+\frac{y^2}{b^2}=1$$

改为极坐标,作变换

$$\begin{cases} x = r\cos\varphi \\ y = r\sin\varphi \end{cases}$$

得到

$$r = \frac{1}{\sqrt{\dfrac{\cos^2\varphi}{a^2} + \dfrac{\sin^2\varphi}{b^2}}} = \frac{b}{\sqrt{1 - \dfrac{a^2 - b^2}{a^2}\cos^2\varphi}} = \frac{b}{\sqrt{1 - e^2\cos^2\varphi}}$$

其中 $e=\sqrt{\dfrac{a^2-b^2}{a^2}}$ 为椭圆的**偏心率**。

(2) 直接积分求力。利用式(2.9)可以求得 $V(r)$

$$V = E_0 - \frac{mh^2}{2r^4}\left(\frac{\mathrm{d}r}{\mathrm{d}\varphi}\right)^2 - \frac{mh^2}{2r^2}$$

而

$$\frac{1}{r^2}\frac{\mathrm{d}r}{\mathrm{d}\varphi} = -\frac{\mathrm{d}}{\mathrm{d}\varphi}\left(\frac{1}{r}\right) = -\frac{\mathrm{d}u}{\mathrm{d}\varphi}$$

得到

$$V = E_0 - \frac{mh^2}{2}\left(\frac{\mathrm{d}u}{\mathrm{d}\varphi}\right)^2 - \frac{mh^2}{2r^2} \tag{2.13}$$

因为

$$u = \frac{1}{r} = \frac{1}{b}\sqrt{1 - e^2\cos^2\varphi}$$

所以

$$\frac{\mathrm{d}u}{\mathrm{d}\varphi} = \frac{e^2}{b}\frac{\cos\varphi\sin\varphi}{\sqrt{1 - e^2\cos^2\varphi}} = \frac{e^2}{b^2}r\cos\varphi\sin\varphi$$

且

$$\cos^2\varphi = \frac{1}{e^2}(1 - b^2u^2); \quad \sin^2\varphi = \frac{1}{e^2}(e^2 - 1 + b^2u^2)$$

所以式(2.13)可以改写为

$$V = E_0 - \frac{mh^2}{2b^4}(e^2 - 1)r^2 - \frac{mh^2}{2b^2}(2 - e^2)$$

考虑到 $r=0$ 时,$V=0$,且 $e=\sqrt{\dfrac{a^2-b^2}{a^2}}$,得到

$$E_0 = \frac{mh^2}{2b^2}(2 - e^2)$$

或者

$$h^2 = \frac{2b^2E_0}{m(2 - e^2)} = \frac{2a^2b^2E_0}{m(a^2 + b^2)}$$

所以

$$V = -\frac{mh^2}{2b^4}(e^2 - 1)r^2$$

利用保守力和势能的关系,得到

$$F=-\frac{\mathrm{d}V}{\mathrm{d}r}=\frac{mh^2}{b^4}(e^2-1)r$$

即

$$F(r)=-\frac{2E_0}{a^2+b^2}r$$

方法二　利用比耐公式(2.12)。已知

$$u=\frac{1}{r}=\frac{1}{b}\sqrt{1-e^2\cos^2\varphi}$$

所以

$$\frac{\mathrm{d}u}{\mathrm{d}\varphi}=\frac{1}{2b}\frac{e^2\times 2\cos\varphi\sin\varphi}{\sqrt{1-e^2\cos^2\varphi}}=\frac{e^2}{2b}\frac{\sin 2\varphi}{\sqrt{1-e^2\cos^2\varphi}}$$

$$\frac{\mathrm{d}^2u}{\mathrm{d}\varphi^2}=\frac{e^2}{2b}\frac{2\cos 2\varphi\sqrt{1-e^2\cos^2\varphi}-\sin 2\varphi\times\frac{1}{2}\times\frac{e^2\times 2\cos\varphi\sin\varphi}{\sqrt{1-e^2\cos^2\varphi}}}{1-e^2\cos^2\varphi}$$

$$=\frac{e^2}{2b}\left[2\cos 2\varphi(1-e^2\cos^2\varphi)^{-\frac{1}{2}}-\frac{e^2}{2}\sin^2 2\varphi(1-e^2\cos^2\varphi)^{-\frac{3}{2}}\right]$$

得到

$$F=-mh^2u^2\left(\frac{\mathrm{d}^2u}{\mathrm{d}\varphi^2}+u\right)=-mh^2u\frac{\sqrt{1-e^2\cos^2\varphi}}{b}\left[\frac{e^2}{2b}\left(\frac{2\cos 2\varphi}{\sqrt{1-e^2\cos^2\varphi}}\right.\right.$$

$$\left.\left.-\frac{e^2}{2}\frac{\sin^2 2\varphi}{\sqrt{1-e^2\cos^2\varphi}\sqrt{1-e^2\cos^2\varphi}^2}\right)+\frac{1}{b}\sqrt{1-e^2\cos^2\varphi}\right]$$

$$=\frac{-mh^2u}{b^2}\left[e^2\cos 2\varphi-\frac{e^4\sin^2 2\varphi}{4\sqrt{1-e^2\cos^2\varphi}^2}+\sqrt{1-e^2\cos^2\varphi}^2\right]$$

$$=\frac{-mh^2u}{b^2}\left[e^2(2\cos^2\varphi-1)+(1-e^2\cos^2\varphi)-\frac{e^4\sin^2 2\varphi}{4\sqrt{1-e^2\cos^2\varphi}^2}\right]$$

$$=-m\frac{h^2u}{b^2}\left[(1-e^2\sin^2\varphi)-\frac{e^4\sin^2\varphi\cos^2\varphi}{(1-e^2\cos^2\varphi)}\right]$$

$$=-m\frac{h^2u}{b^4u^2}[(1-e^2\cos^2\varphi)(1-e^2\sin^2\varphi)-e^4\sin^2\varphi\cos^2\varphi]$$

$$=-\frac{mh^2}{b^4u}(1-e^2)=-\frac{mh^2(1-e^2)}{b^4}r=F(r)$$

其中的常量 h 可利用初始条件确定。具体可计算如下：

上述保守力对应的势能为

$$V=-\int_0^r F\mathrm{d}r=\frac{mh^2(1-e^2)}{2b^4}r^2$$

在 $r=b$ 处势能为 $V_b=\frac{mh^2(1-e^2)}{2b^2}$，而此处质点的速度为

$$\boldsymbol{v}_b=\boldsymbol{v}_{b\theta}=r\dot{\varphi}\Big|_{r=b}=\frac{h}{r}\Big|_{r=b}$$

所以此处质点的动能为

$$T_b=\frac{1}{2}m\left(\frac{h}{b}\right)^2$$

根据能量守恒得到

$$E_0 = E_b = T_b + V_b$$
$$= \frac{mh^2}{2b^2}(2 - e^2) = \frac{mh^2(a^2 + b^2)}{2a^2b^2}$$

从而计算出

$$h^2 = \frac{2a^2b^2E_0}{m(a^2 + b^2)}$$

得到

$$F(r) = -\frac{2E_0}{a^2 + b^2}r$$

结果与方法一一致。

2.3.2 轨道形状

给定了有心力和初始条件，原则上可以求出轨道方程 $r=r(\theta)$ 或者运动方程 $r=r(t)$ 和 $\theta=\theta(t)$，但是具体的计算过程会非常困难。不过即使在这种情况下，仍能获得运动的很多信息，比如从能量守恒式(2.5)可以得到$\dot{r}$，从角动量守恒式(2.2)可得$\dot{\theta}(r)=\frac{h}{r^2}$。据此可以知道质点与力心距离为 r 时速度的大小以及相对于矢径的方向。还可以对有心运动的轨道加以分类，获知运动轨道的若干信息。

以 $U(r)=V(r)+\frac{mh^2}{2r^2}$代入能量守恒式(2.5)中可得到

$$\frac{1}{2}m\dot{r}^2 + U(r) = E_0 \tag{2.14}$$

称 $\boldsymbol{U(r)}$为**有效势能**，它包括真实力势能 $V(r)$ 和惯性离心力势能$\frac{mh^2}{2r^2}$。惯性离心力一定是斥力，而有心力可以是引力也可以是斥力。

轨道有转折点，转折点就是$\dot{r}>0$ 变为$\dot{r}<0$ 或$\dot{r}<0$ 变为$\dot{r}>0$ 的点，所以转折点位于$\dot{r}=0$ 处，代入式(2.14)中，得到转折点满足的方程

$$U(r) = E_0$$

或者

$$V(r) + \frac{mh^2}{2r^2} = E_0 \tag{2.15}$$

注：关于轨道形状的进一步讨论可参考强元棨编著《经典力学》(第二版)相关章节。

2.4 平方反比率下的有心运动

在有心力问题中，力与质点到力心间的距离 r 的平方成反比(以下简称平方反比律)是一个重要的问题。前面已经在理论上对有心力的问题做了讨论，下面选择两个典型的平方反比律的例子作应用练习，一方面熟悉理论，另一方面这两个例子又是天体物理和近代物理的标志性问题，可以学习相关的物理思想和知识。

两质点间的万有引力和两个正电荷之间的库仑力，都是平方反比律的作用力，可分别用

来研究**人造星体的运动**和 **α 粒子散射实验**。前者是引力，后者是斥力。

这一节研究万有引力——人造星体的运动问题。而 α 粒子散射鉴于它的重要性将会在下一节讨论。

人造星体的运动是在万有引力即平方反比引力的作用下的运动，前面关于有心力的求解方法和结论均适应，但必须作必要的、合理的简化假设。首先，假设人造星体除受地球或太阳(一个力心)的作用外，不受其他星球的引力和空气阻力等作用；其次，不讨论人造星体推进器熄火后人造星体在一定初始条件下的运动轨道。

2.4.1 轨道方程的推导

令太阳的质量为 M，星体的质量为 m，则由万有引力定律知，星体与太阳间的作用力可以写成

$$F=-\frac{GMm}{r^2}=-\frac{k^2m}{r^2}$$

其中 $k^2=GM$ 是一个与星体无关的量，称为太阳的**高斯常数**，r 为星体与太阳间的距离。

方法一 直接积分法

万有引力势能

$$V(r)=-\int \boldsymbol{F}(r)\mathbf{d}\boldsymbol{r}=-\int -\frac{GMm}{r^2}\mathrm{d}r=-\frac{GMm}{r}$$

而

$$\dot{r}=\frac{\mathrm{d}r}{\mathrm{d}t}=\frac{\mathrm{d}r}{\mathrm{d}\theta}\frac{\mathrm{d}\theta}{\mathrm{d}t}=\frac{\mathrm{d}r}{\mathrm{d}\theta}\dot{\theta}=\frac{h}{r^2}\frac{\mathrm{d}r}{\mathrm{d}\theta}$$

代入式(2.5)中得到

$$\frac{m}{2}\left[\frac{h^2}{r^4}\left(\frac{\mathrm{d}r}{\mathrm{d}\theta}\right)^2+\frac{h^2}{r^2}-\frac{2GM}{r}\right]=E_0$$

解出$\frac{\mathrm{d}r}{\mathrm{d}\theta}$并分离变量，得

$$\frac{h\mathrm{d}r}{r\sqrt{\frac{2E_0}{m}r^2+2GMr-h^2}}=\mathrm{d}\theta$$

两边分别积分得

$$r=\frac{h^2/GM}{1+\sqrt{1+2h^2E_0/G^2M^2m}\cos(\theta-\theta_0)}$$

可以转动极轴使得 $\theta_0=0$，从而得到

$$r=\frac{h^2/GM}{1+\sqrt{1+2h^2E_0/G^2M^2m}\cos\theta}$$

参照极坐标下标准的**圆锥曲线**方程

$$r=\frac{p}{1+e\cos\theta}$$

其中 e 称为**圆锥偏心率**，p 是圆锥曲线**正焦弦**长度的一半，θ 从焦点至**准线**所作的垂线量起。而且若 $e<1$，轨道为椭圆；$e=1$，轨道为抛物线；$e>1$，轨道为双曲线。

经过比较得知，轨道是原点在焦点上的圆锥曲线，力心位于焦点上，且

$$e = \sqrt{1+2h^2E_0/k^4m} = \sqrt{1+\frac{2E_0}{m}\left(\frac{h}{k^2}\right)^2}$$

显见偏心率 e 中包含了总能量 E_0。

由此得到用总能量 E_0 作为轨道类别的判据，因为$\frac{2}{m}\left(\frac{h}{k^2}\right)^2$ 恒大于零，所以，

如果 $E<0$，则 $e<1$，轨道为椭圆；

如果 $E=0$，则 $e=1$，轨道为抛物线；

如果 $E>0$，则 $e>1$，轨道为双曲线。

这样可以根据人造星体的总能量来判断出人造星体的运行轨迹；或者根据星体的运动轨迹的形状来判断其总能量的情况并加以研究。

在圆锥曲线中，离力心最近的点叫**近日点**；在椭圆中，离力心最远的点叫**远日点**。在抛物线和双曲线中都没有远日点。

方法二　比耐公式

由万有引力定律知道行星与太阳间的作用力可以写成

$$F = -\frac{k^2m}{r^2} = -mk^2u^2$$

代入比耐公式(2.12)中

$$h^2u^2\left(\frac{d^2u}{d\theta^2}+u\right) = k^2u^2$$

即

$$\frac{d^2u}{d\theta^2}+u = \frac{k^2}{h^2}$$

作变量代换

$$u = \xi + \frac{k^2}{h^2}$$

代入得到

$$\frac{d^2\xi}{d\theta^2}+\xi = 0$$

这是典型的二阶常系数线性齐次方程，也是在简谐振动中已经熟悉的方程。其解可记为

$$\xi = A\cos(\theta-\theta_0)$$

即

$$u = A\cos(\theta-\theta_0)+\frac{k^2}{h^2}$$

或

$$r = \frac{1}{u} = \frac{1}{A\cos(\theta-\theta_0)+\frac{k^2}{h^2}} = \frac{h^2/k^2}{1+Ah^2/k^2\cos(\theta-\theta_0)}$$

式中 A 和 θ_0 是两个积分常数，可以转动极轴使得 $\theta_0=0$，从而得到

$$r = \frac{h^2/k^2}{1+Ah^2/k^2\cos\theta}$$

这样同样得到了圆锥轨道方程。其中偏心率为 $e=\frac{Ah^2}{k^2}$，$p=\frac{h^2}{k^2}$，接下来同样可以通过研究 e 的大小知道行星运行的轨道形状。

由于 e 中积分参数 A 的存在，e 的大小是由初始条件决定的。但是 e 是几何常数，而物理中更希望用动力学常数来作轨道类别的判据。换句话说，更倾向于利用能量 E_0 作判据。

2.4.2 三个宇宙速度

2012 年 6 月 16 日，"神舟"九号载人飞船成功发射，并于同月 29 日飞船返回舱成功降落，由此为中国航天事业掀开突破性的一章，向着太空筑巢之梦迈出了关键的一步。2013 年 6 月 11 日 17 时 38 分，"神舟"十号载人飞船成功发射，并于同月 26 日 8 时 7 分许飞船返回舱成功降落。"神舟"十号载人飞船成功发射，无疑为中国在不远的将来拥有永久的空间实验室又迈出了一步，为探索未知宇宙的梦想和实践又翻开了新的一页。

早在 20 世纪 50 年代末期，人造地球卫星和宇宙飞船相继发射成功。现在人类已经克服万有引力的作用，乘坐宇宙飞船，围绕地球飞行或在月球上着陆，并且还在不断地改进宇航手段。要成功发射人造地球卫星和宇宙飞船，牵涉很多科学技术方面的知识，已经形成了一门综合性的新兴学科——**空间科学技术**。其中最重要的是发射速度问题，随着 20 世纪中期的火箭技术发展，人们才得以实现多年的飞天梦想。发射速度通常叫做**宇宙速度**。下面推出三个著名的宇宙速度。

万有引力势能为

$$V(r)=-\frac{GMm}{r}=-\frac{k^2m}{r}$$

代入式(2.5)中，得

$$\frac{1}{2}m\left(\dot{r}^2+\frac{h^2}{r^2}\right)-\frac{k^2m}{r}=E_0 \tag{2.16}$$

讨论

(1) 若轨道为椭圆，则在近日点，由 $r=a(1-e)$ 知 $\dot{r}=0$，其中 a 为椭圆长半轴，代入式(2.16)中，并利用 $\frac{h^2}{k^2}=p$ 和 $p=a(1-e^2)$ 的关系，得到

$$E_0=\frac{mh^2}{2r^2}-\frac{k^2m}{r}=\frac{mk^2a(1-e^2)}{2a^2(1-e)^2}-\frac{k^2m}{a(1-e)}=-\frac{k^2m}{2a}$$

则机械能变为

$$\frac{1}{2}mv^2-\frac{k^2m}{r}=-\frac{k^2m}{2a} \tag{2.17}$$

上式说明，平方反比引力作用下轨道为椭圆的质点机械能只与椭圆的长半轴 a 有关。

(2) 若轨道为抛物线，则在近日点，将 $\dot{r}=0$，$r=q$，$p=2q$ 代入式(2.16)中得到

$$E_0=\frac{mh^2}{2q^2}-\frac{k^2m}{q}=\frac{mk^2 2q}{2q^2}-\frac{k^2m}{q}=0$$

(3) 若轨道为双曲线，则在近日点，将 $\dot{r}=0$，$r=a(e-1)$ 代入式(2.16)中得到

$$E_0=\frac{mh^2}{2r^2}-\frac{k^2m}{r}=\frac{mk^2a(e^2-1)}{2a^2(e-1)^2}-\frac{k^2m}{a(e-1)}=\frac{k^2m}{2a}$$

这样就可以计算从地球表面上发射人造地球卫星或宇宙火箭所需要的最低速度。

第一宇宙速度 $\boldsymbol{v}_1$ 是指人造地球卫星在地球表面附近绕地球作圆周运动时所需要的速度，此时卫星轨道为椭圆轨道。第一宇宙速度又叫**环绕速度**。

在力学中知道，第一宇宙速度 $\boldsymbol{v}_1$ 满足

$$\frac{k^2 m}{R_e^2} = m\frac{v_1^2}{R_e}$$

其中 R_e 为地球半径，由此解出

$$v_1 = \sqrt{\frac{k^2}{R_e}} = \sqrt{\frac{GM}{R_e}} \approx 7.9\text{km/s} \tag{2.18}$$

在式(2.17)中，令 $R_e = r = a$，可得到同样结果。

第二宇宙速度 $\boldsymbol{v}_2$ 是指人造地球卫星要最终脱离地球引力时，在地球表面附近所需的最小速度，此时卫星轨道为抛物线轨道，所以 $e=1$。

即

$$E_0 = \frac{1}{2}mv_2^2 + \left(-\frac{GMm}{R_e}\right) = 0$$

由此解出

$$v_2 = \sqrt{\frac{2GM}{R_e}} \approx 11.2\text{km/s} \tag{2.19}$$

在式(2.17)中，令 $a=\infty$，可得到同样结果。

若物体发射时的速度等于或大于 $\boldsymbol{v}_2$，物体就可以脱离地球引力的作用而不再回来，或者绕着太阳运转，称为一个人造行星，所以第二宇宙速度又叫**逃逸速度**。但是具有逃逸速度的物体还不能脱离太阳引力的作用，不能离开太阳系。

第三宇宙速度 $\boldsymbol{v}_3$ 是指人造地球卫星不仅要脱离地球引力而且要脱离太阳引力时，在地球表面附近所需的最小速度。

脱离地球和太阳的引力、飞出太阳系是一个十分复杂的过程。为了求出 $\boldsymbol{v}_3$ 的数量级，可将这个过程简化为两个步骤：

第一步脱离地球的引力区，在这一步中不考虑太阳和月球的引力；

第二步脱离太阳的引力区，在这一步中不考虑地球和其他星球的引力。

这种简化主要基于地球和太阳之间的距离约为地球半径的 23300 倍。与地心的距离为 $100R_e$ 的范围内为地球引力区，在此区域内只考虑地球引力的作用；而将 $100R_e \sim 23300R_e$ 间的范围看做太阳引力区，在此范围内只考虑太阳引力的作用。

先考虑第二步，人造星体脱离太阳引力所需的最小速度为该处相对于太阳的第二宇宙速度 $\boldsymbol{v}_2'$，则

$$v_2' = \sqrt{\frac{GM_s}{R}} \approx 42.2\text{km/s}$$

式中 M_s 为太阳的质量，R 为太阳半径，$R=23300R_e$。因为地球绕太阳公转，所以脱离太阳系的发射速度并不需要这么大。若 v_2' 与地球绕太阳的公转速度 $v_e=29.8\text{km/s}$ 的方向相同，则人造星体相对于地球的速度为 $v=v_2'-v_e\approx 12.4\text{km/s}$，便可脱离太阳系。不过，物体是在地球上发射的，所以还要克服地球的引力。

再考虑第一步，在第一步中，人造星体相对于地球机械能守恒，即

$$\frac{1}{2}mv_3^2-\frac{GMm}{R_e}=\frac{1}{2}m\boldsymbol{v}^2-\frac{GMm}{100R_e}$$

右边第二项是小量可略去，而等号左侧的第二项等于$\frac{1}{2}mv_2^2$，因此

$$v_3=\sqrt{v^2+v_2^2}=\sqrt{12.4^2+11.2^2}\approx 16.7\text{km/s} \tag{2.20}$$

这就是第三宇宙速度 v_3。

以上得到的结果均为速度的大小，是使人造星体实现三种不同的轨道所需的最小速率，实际发射时还需控制速度方向。例如，要使人造星体绕地球作圆周运动，$\boldsymbol{v}_1$ 的方向应为水平方向；要使人造星体脱离地球引力，$\boldsymbol{v}_2$ 的方向应为水平方向或超过水平向上；要使人造星体脱离太阳系，$\boldsymbol{v}_3$ 的方向应使人造星体脱离地球引力时的速率方向与地球绕太阳的公转方向一致。值得注意的是，速率符合要求，速度方向却达不到要求，还是难以实现预定的轨道。

自从 1957 年第一颗人造地球卫星上天后，各国都开始重视空间科学技术的研究，竞相发射人造地球卫星。目前，太空中人造地球卫星的数量非常之多。有的用于科学研究、气象观测和卫星转播，有的用于军事探测。卫星的高度也越来越大，因而留在太空中的时间越来越长。还有“同步卫星”，它的运转周期和地球自转的周期相同，因而从地球上来看，它始终停留在某地的上方，就好像它不旋转一样。

20 世纪中期后，空间科学技术发展迅速，发射的速度也能达到第二宇宙速度。因而，人造太阳行星、载人卫星式飞船、飞往月球的宇宙火箭，都相继发射成功，载人的宇宙飞船首次在月球上登陆。进入 20 世纪 70 年代后，飞往金星和火星的探测器也分别在这两个离地球较近的星球上着陆。

我国在 1970 年 4 月 24 日发射了第一颗人造地球卫星，近地点是 639km，远地点是 2384km。由于卫星的轨道平面和地球赤道平面的夹角是 68.5°，所以地球上大部分地区都能看到这颗卫星，它所放的“东方红”乐曲也响遍世界各地。

2.5 有心力场中的散射

英国物理学家卢瑟福于 1899 年发现铀盐放射出 α，β 射线，提出天然放射性元素的衰变理论和定律。又根据 α 粒子散射实验，提出了原子的有核模型，把原子结构的研究引上了正确的轨道，因而卢瑟福被誉为原子物理之父。基于 α 粒子散射实验在近代物理中的重要性，将此部分单独另列一节。

有心力场中的散射是讨论在有心力作用下其速度发生改变的问题，在任何力的作用下，根据牛顿运动第二定律，质点有加速度，速度当然要发生改变。有心力场中的散射不是讨论有界的有心运动中速度任何改变的问题，而是讨论无界的有心运动在有心力场作用下速度方向发生多大改变的问题。

在无穷远处，有心力为零或趋近于零，质点从无穷远处以初速度入射，进入有心力场后，在有心力作用下速度不断改变或者突然改变，最终以末速度出射，回到无穷远处。根据机械能守恒，速度大小最终没有变化，只是方向发生了改变，出射方向相对于入射方向偏转的角度称为**散射角**。

作用于质点的有心力可以是有限大小的但是持续一段时间，也可以是无限大小的但持续时间极短。例如质点在刚球面上发生弹性碰撞就是这样的散射。有心力是已知的，可以讨论粒子的散射角与其初始条件的关系；也有有心力是未知的，由分析散射实验测得的结果来获得有心力场的信息，探索原子内部结构的**卢瑟福 α 粒子散射实验**就是这种情况。

2.5.1 散射截面和微分散射截面

除了上述的散射角以外，描述散射的物理量还有散射截面和微分散射截面。

α 粒子是带正电 $2e$(e 是电子所带电量的数值)的氦核，具有两个质子和两个中子。将加速后的 α 粒子射向用原子序数为 Z 的物质做成的靶，这样 α 粒子就受到靶的原子核的库仑斥力的作用而发生散射。由于原子核的质量比 α 粒子的质量大得多，所以可以近似地认为原子核是不动的，可以将原子核作为力心。力心到入射 α 粒子的速度方向的垂直距离称为**瞄准距离**，入射线与出射线间的夹角 φ 称为**散射角**。如图 2.1 所示，轨道的渐近线与 x 轴正向间夹角 φ 为散射角，ρ 为瞄准距离。

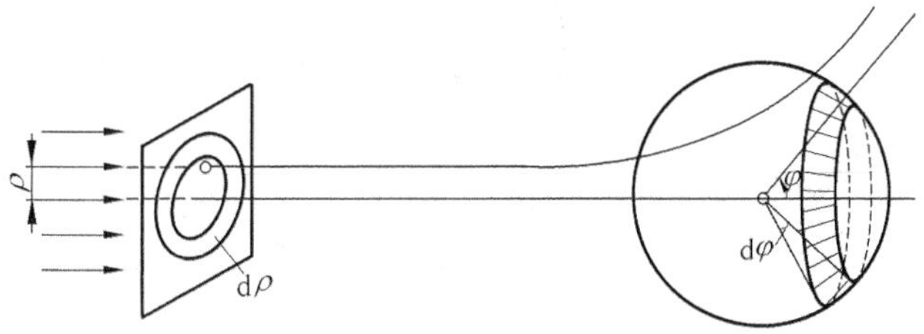

图 2.1

令一束密度均匀的具有相同速率 v 或能量 E 的 α 粒子轰击薄金属箔，不同的粒子有着不同的瞄准距离，因而它们在飞过力心后所发生偏转角度 φ 也不同。在距力心(核心)为 ρ、宽为 $\mathrm{d}\rho$ 的圆环内的粒子将散射到散射角从 φ 到 $\varphi+\mathrm{d}\varphi$ 的立体角 $\mathrm{d}\Omega$ 中去。用 $\mathrm{d}N$ 表示单位时间内散射到 $\mathrm{d}\Omega$ 中的粒子数，所以

$$\mathrm{d}N = n(2\pi\rho)\mathrm{d}\rho$$

其中 n 是在单位时间内通过垂直于粒子束的单位截面积的粒子数，称为粒子**数密度**。而比率 $\dfrac{\mathrm{d}N}{n}=(2\pi\rho)\mathrm{d}\rho$ 与粒子密度数无关，仅与瞄准距离 ρ(或散射角 φ)有关，而且它具有面积的量纲。所以定义

$$\mathrm{d}\sigma = \frac{\mathrm{d}N}{n} = (2\pi\rho)\mathrm{d}\rho \tag{2.21}$$

为**立体角 $\mathrm{d}\Omega$ 内的散射截面**。它完全由散射场的性质所决定，是可以按定义式测出的，它是散射过程中的一个重要物理量。

而根据图 2.2 可以知道立体角 $\mathrm{d}\Omega$ 为

$$\mathrm{d}\Omega = 2\pi\sin\varphi\mathrm{d}\varphi$$

所以单位立体角的散射截面即**微分散射截面**为

$$\left|\frac{\mathrm{d}\sigma}{\mathrm{d}\Omega}\right| = \left|\frac{(2\pi\rho)\mathrm{d}\rho}{2\pi\sin\varphi\mathrm{d}\varphi}\right| = \frac{\rho}{\sin\varphi}\left|\frac{\mathrm{d}\rho}{\mathrm{d}\varphi}\right|$$

其中，因为随着 ρ 的增加 φ 将减少，所以加以绝对值约束。用 $\sigma(v,\varphi)$ 表示，则得到

$$\sigma(v,\varphi)=\frac{\rho}{\sin\varphi}\left|\frac{\mathrm{d}\rho}{\mathrm{d}\varphi}\right| \tag{2.22}$$

另外,还可以从直观的可实验室测量的角度去认识**总散射截面(或散射截面)**。如图 2.3 和图 2.4 所示,设力心位于直角坐标的原点,粒子以速度 v 沿 z 轴正方向入射,设在有心力场作用下,粒子的 x,y 坐标初始值位于图示的以 O 为圆心的某一半径的圆内将发生散射,在圆外不发生散射,保持原来的速度方向不变,则这个圆的面积被定义为**总散射截面(或散射截面)**。它是入射粒子速度的函数,以 $\sigma(v)$ 表示,由于入射粒子具有机械能 E,所以又可以表示为 $\sigma(E)$。**散射截面**是宏观量,实验可测,即对于给定的速率或机械能的散射截面是可以用实验测定的。

$$\sigma(v)=\sigma(v,\varphi)\mathrm{d}\Omega=\sigma(v,\varphi)2\pi\sin\varphi\mathrm{d}\varphi \tag{2.23}$$

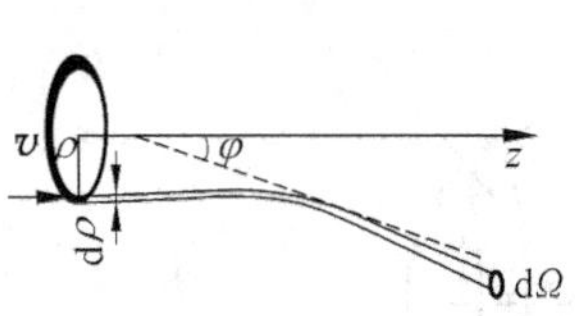

图 2.2

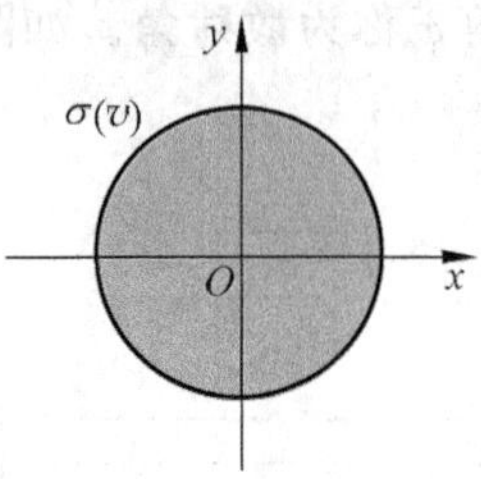

图 2.3

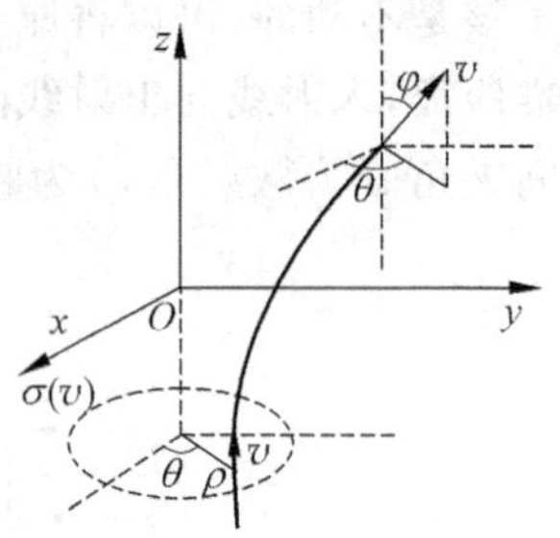

图 2.4

对于有心力场,粒子束的横截面积(垂直于粒子束的面积)S 要足够得大,即大于散射截面,若测出粒子束中被散射的粒子占总粒子数的比例为 F,则有

$$\sigma(v)\quad 或者\quad \sigma(E)=FS$$

2.5.2 轨道形状

设 α 粒子质量为 m,以原子核为力心,建立平面极坐标系(r,θ),所受库仑力大小为

$$F=\frac{1}{4\pi\varepsilon_0}\cdot\frac{2Ze^2}{r^2}=\frac{Ze^2}{2\pi\varepsilon_0 r^2}=\frac{k'^2}{r^2} \tag{2.24}$$

其中

$$k'^2=\frac{Ze^2}{2\pi\varepsilon_0}>0$$

具有势能

$$V(r)=-\int_r F(r)\mathrm{d}r=\frac{k'^2}{r}$$

故 α 粒子的能量为

$$\frac{1}{2}m(\dot{r}^2+r^2\dot{\theta}^2)+\frac{k'^2}{r}=E$$

显见:恒有 $E>0$,α 粒子的运动轨道为双曲线的一支,力心在轨道凸的一边(在引力作用下的双曲线的力心在轨道凹的一边)。如图 2.5 所示,散射角 $\varphi=\pi-2\theta_0$。θ_0 为轨道两条渐近线之间的半角。显见,α 粒子入射时,$r\to\infty$,$\theta=\pi$;α 粒子

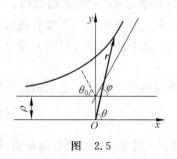

图 2.5

出射时，$r\to\infty$，$\theta\to\varphi$。

2.5.3 轨道方程

将库仑力 $F=\frac{1}{4\pi\varepsilon_0}\frac{2Ze^2}{r^2}=\frac{Ze^2}{2\pi\varepsilon_0 r^2}=\frac{k'^2}{r^2}$ 写成 $F=k'^2u^2$ 形式代入比耐公式(2.12)中，得

$$h^2u^2\left(\frac{\mathrm{d}^2u}{\mathrm{d}\theta^2}+u\right)=-\frac{k'^2u^2}{m}$$

即

$$\frac{\mathrm{d}^2u}{\mathrm{d}\theta^2}+u=-\frac{k'^2}{mh^2}$$

作变量代换

$$\xi=u+\frac{k^2}{mh^2}$$

代入得到

$$\frac{\mathrm{d}^2\xi}{\mathrm{d}\theta^2}+\xi=0$$

这是典型的二阶常系数线性齐次方程，也是在简谐振动中已经熟悉的方程。其解为

$$\xi=A\cos(\theta-\theta_0)$$

或者

$$\xi=A\cos\theta+B\sin\theta$$

其中 A，θ_0 和 A、B 为两个积分常数，可用初始条件决定，为便于计算采用后者。则

$$u=\frac{1}{r}=A\cos\theta+B\sin\theta-\frac{k'^2}{mh^2} \tag{2.25}$$

(1) 当 α 粒子入射时 $\theta=\pi$，$r\to\infty$，$u\to0$，得到

$$A=-\frac{k'^2}{mh^2}$$

所以式(2.25)变为

$$u=-\frac{k'^2}{mh^2}\cos\theta+B\sin\theta-\frac{k'^2}{mh^2} \tag{2.26}$$

(2) 选轨道上任一点，则有 $y=r\sin\theta=\frac{1}{u}\sin\theta$，所以式(2.26)变为

$$\frac{\sin\theta}{y}=-\frac{k'^2}{mh^2}\cos\theta+B\sin\theta-\frac{k'^2}{mh^2}$$

即

$$\frac{1}{y}=B+\left(-\frac{k'^2}{mh^2}\right)\frac{(1+\cos\theta)}{\sin\theta}$$

当 α 粒子入射时 $\theta=\pi$，$y=\rho$，得到 $B=\frac{1}{\rho}$，代入式(2.26)中得到

$$u=-\frac{k'^2}{mh^2}(1+\cos\theta)+\frac{1}{\rho}\sin\theta \tag{2.27}$$

再利用 $r=\frac{1}{u}$ 可知轨道方程 $r=r(\theta)$。

2.5.4 散射角与瞄准距离间的关系

可根据式(2.27)写出 α 粒子的散射角与瞄准距离间的关系。

当 α 粒子出射时，$u \to 0, \theta \to \varphi$，所以式(2.27)为

$$0 = -\frac{k'^2}{mh^2}(1+\cos\varphi) + \frac{\sin\varphi}{\rho}$$

化简后得到

$$\frac{mh^2}{\rho k'^2} = \frac{1+\cos\varphi}{\sin\varphi} = \cot\frac{\varphi}{2}$$

又因为角动量守恒，有

$$m\rho v_\infty = mr(r\dot{\theta}) = mh$$

即

$$\rho v_\infty = h$$

得到

$$\rho = \frac{k'^2}{mv_\infty^2}\cot\frac{\varphi}{2} = \frac{Ze^2}{2\pi\varepsilon_0 mv_\infty^2}\cot\frac{\varphi}{2} \tag{2.28}$$

这就是 α 粒子的瞄准距离 ρ 和 α 粒子飞过力心后所发生的散射角 φ 之间的关系。由公式可以定性看出，ρ 越大，φ 越小，而 ρ 越小，φ 越大。当瞄准距离 ρ 小到一定程度时，可能实现向后散射，即 α 粒子被核弹回。而且根据这个公式还可定量估算出：当散射角等于 90° 时，瞄准距离约为 10^{-14} m，表明原子中的正电荷必集中在半径小于 10^{-14} m 的范围内，即原子应为有核结构。

但是这个公式对单个粒子来说很难用实验验证。为了得到可以有实验直接验证的公式，得借助散射截面这个物理量。

2.5.5 卢瑟福散射公式

将式(2.28)代入式(2.22)中，得到

微分散射截面

$$\sigma(v,\varphi) = \left(\frac{Ze^2}{4\pi\varepsilon_0 mv_\infty^2}\right)^2 \frac{1}{\sin^4\frac{\varphi}{2}} \tag{2.29}$$

散射截面

$$\sigma(v) = \left(\frac{Ze^2}{4\pi\varepsilon_0 mv_\infty^2}\right)^2 \frac{2\pi\sin\varphi}{\sin^4\frac{\varphi}{2}}\mathrm{d}\varphi \tag{2.30}$$

这就是著名的**卢瑟福(Rutherford)散射公式**，于 1911 年提出，是易于用实验验证的公式，只需测出不同的 φ 值的粒子数的相对值，而无需测出它的绝对值。1913 年为盖革和马士登的实验所证实。

实验证明，多数 α 粒子的散射角小于 90°，但仍有约两千分之一的粒子的散射角大于 90°，被反弹回来。而且根据实验，当 α 粒子接近较重原子核到达 10^{-14} m 时，上述关系和实验仍基本符合。由此可以看出：原子(原子尺寸为 10^{-10} m)中的原子核确实集中在 10^{-14} m

一个很小的区域内，与卢瑟福预期的结果一致。在非相对论量子力学中，散射截面与用经典力学所得到的结果相同。

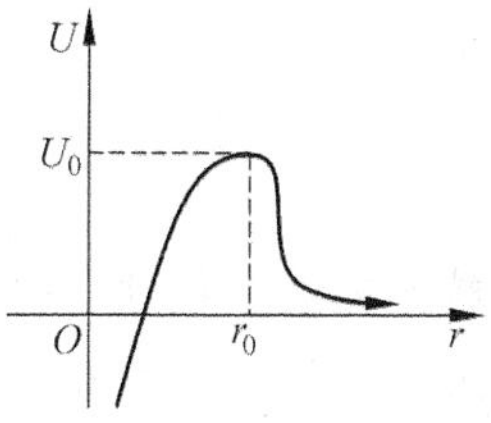

例 2.3 图

例 2.3　如图示，质量为 m 的粒子受到势场 $V(r)=-\dfrac{a}{r^4}$ $(a>0)$ 作用。求俘获以初速度 $\boldsymbol{v}$ 从无穷远射来的粒子的总截面。

解　方法一　如果可以俘获，说明粒子可趋近于力心，而从无穷远射来的粒子要能趋近于力心，其能量必须大于等于有效势能的最大值。即

$$E \geqslant U_0$$

其中 $E=\dfrac{1}{2}mv^2$，U_0 为转折点的有效势能。由机械能守恒可得

$$\frac{1}{2}m\dot{r}^2+V(r)+\frac{mh^2}{2r^2}=E$$

或者

$$\frac{1}{2}m\dot{r}^2+U(r)=E$$

其中有效势能

$$U(r)=V(r)+\frac{mh^2}{2r^2}$$

根据$\dfrac{\mathrm{d}U}{\mathrm{d}r}=0$，即

$$\frac{4a}{r_0^5}-\frac{mh^2}{r_0^3}=0$$

得到转折点

$$r_0=\sqrt{\frac{4a}{mh^2}}$$

得到转折点的有效势能

$$U_0=U(r)_{r=r_0}=-\frac{a}{r_0^4}+\frac{mh^2}{2r_0^2}=\frac{(mh^2)^2}{16a}$$

所以

$$\frac{1}{2}mv^2\geqslant\frac{(mh^2)^2}{16a}=\frac{(m\rho^2v^2)^2}{16a}$$

其中

$$h=\rho v_\infty=\rho v$$

得到

$$\rho^2\leqslant\frac{2}{v}\sqrt{\frac{2a}{m}}$$

总俘获截面

$$\sigma=\pi\rho_{\max}^2=\frac{2\pi}{v}\sqrt{\frac{2a}{m}}$$

方法二　粒子轨道有转折点的条件是：$U=E$。即

$$\frac{1}{2}mv^2 = -\frac{a}{r^4} + \frac{m\rho^2 v^2}{2r^2}$$

得到

$$r^4 - \rho^2 r^2 + \frac{2a}{mv^2} = 0$$

因粒子能被俘获，所以粒子可以无限趋近于力心，这样轨道就不能有极小值，无转折点。所以上述方程一定无实数解，则有

$$B^2 - 4AC < 0$$

即

$$\rho^4 - 4\frac{2a}{mv^2} \leqslant 0$$

所以

$$\rho^2 \leqslant \frac{2}{v}\sqrt{\frac{2a}{m}}$$

这样，总俘获截面为

$$\sigma = \pi\rho_{\max}^2 = \frac{2\pi}{v}\sqrt{\frac{2a}{m}}, \quad \text{结果一样}$$

思考题

2.1 什么是有心力？有什么特点？

2.2 为什么对有心力的研究采用平面极坐标系？

2.3 若作用于质点的力是有心力，且此力与极坐标的 r 和 θ 都有关，若取极坐标原点与力心重合，能否作出结论：这种有心力一定是非保守力？

2.4 如何将具有 $F=F(r)$形式的有心力，从“二维问题变为一维问题”？

2.5 研究有心力有什么意义？

2.6 利用比耐公式可以解决什么问题？

2.7 有心力场的角动量守恒，它的动量也守恒吗？

2.8 在平方反比引力问题中，势能曲线应具有什么样的形状？

2.9 为什么有心力是保守力？

2.10 卢瑟福公式对库仑引力场也能适应吗？为什么？

习题

2.1 检验下述力是否为保守力，若是，则求出其势能。

(1) $F_x=6abyz^3-20bx^3y^2, F_y=6abxz^3-10bx^4y, F_z=18abxyz^2$；

(2) $\boldsymbol{F}=\boldsymbol{i}F(x)+\boldsymbol{j}F(y)+\boldsymbol{k}F(z)$。

2.2 已知中子与质子之间的引力具有下述形式的势能：$V(r)=\dfrac{k\mathrm{e}^{-ar}}{r}\ (k<0)$，试求：

(1) 中子与质子之间的引力表达式；

(2) 质量为 m 的粒子作半径为 a 的圆运动的角动量和能量 E。

2.3 质量为 m 的粒子在势场 $V(r)=\frac{k}{r^2}$(常量 $k>0$)中运动,求用轨道参数 E_0 和 h 表述的轨道方程。

2.4 一个质量为 m 的粒子在力的大小为$\frac{2m}{r^3}$的有心引力场中运动。$t=0$ 时,$r=2$,速度的径向和横向分量分别为$\sqrt{\frac{3}{4}}$和 1,证明 $\ddot{r}=\frac{2}{r^3}$,并求 $r(t)$。

2.5 一个质量为 m 的质点以初速率 v 从无穷远沿一直线运动,力心 P 与此直线的最短距离为 a。有心引力使质点在轨道 $r=c\cot\varphi$ 中运动,求 $F(r)$和 $\varphi(t)$。

2.6 一个质量为 m 的质点在有心力 $F=-\frac{k}{r^3}$(常量 $k>0$)作用下运动,选择总能量 E 和角动量 J 的什么值时,它的轨道有 $r=ae^{b\varphi}$(a,b 为常量)形式。

2.7 求使一个粒子在 $r=a(1+\cos\varphi)$的轨道上运动的有心力。

2.8 一个质量为 m 的质点在有心力 $F(r)=-\frac{mk^2a^4}{r^3}$($k,a$ 均为常量)作用下运动。$t=0$ 时,$r=a,\varphi=\pi$,速度的径向和横向分量分别为$-\frac{ka}{\pi}$和 ka。求轨道方程 $r(\varphi)$和运动学方程 $r(t),\varphi(t)$。

2.9 导出有心力量值的公式 $F=\frac{mh^2}{2}\frac{\mathrm{d}p^{-2}}{\mathrm{d}r}$,式中 m 为质点的质量,r 为质点到力心的距离,h 为角动量与质量之比,p 为力心到轨道切线的垂直距离。

2.10 一个单位质量的物体在一有心力场中运动,它的轨道为 $r=ae^{-b\varphi}$(a,b 为常量)。$t=0$ 时,位于离力心 $r=a$ 处,径向速度为 k。求有心力的势能。

2.11 一个质量为 m 的质点受到的有心力为 $F=-m\left(\frac{\mu^2}{r^2}+\frac{\nu^2}{r^3}\right)$($\mu,\nu$ 都是常数)。证明当 $h^2>\nu^2$ 时,其轨道方程有 $r=\frac{a}{(1+e\cos k\varphi)}$的形式,并给出 a,e,k 和 $h,r_{\min}$的关系。

2.12 一质点受一与距离的$\frac{3}{2}$次方成反比的引力作用在一直线上运动。试证此质点从无穷远到达 a 时的速率和自 a 静止出发到达$\frac{a}{4}$时的速率相同。

2.13 一质点受一与距离成反比的引力作用在一直线上运动,质点的质量为 m,比例系数为 k。若此质点从距离原点 O 为 a 的地方由静止开始运动,求其到达 O 点所需要的时间。

2.14 质点在有心力作用下运动,此力的量值为质点到力心距离 r 的函数,而质点的速率则与此距离成反比,即 $v=\frac{a}{r}$。若 $a^2>h^2$ ($h=r^2\dot{\theta}$),求点的轨道方程。设 $r=r_0$ 时 $\theta=0$。

2.15 推导比耐公式。

2.16 质量为 m 的质点在有心斥力场$\frac{mc}{r^3}$中运动，式中 r 为质点到力心 O 点的距离，c 为常数。当质点离 O 点很远时，质点的速度为 $\boldsymbol{v}_\infty$，而其渐近线与 O 点的垂直距离为 ρ（即瞄准距离）。试求质点与 O 点的最近距离 a。

2.17 用比耐公式推导散射瞄准距离与散射角的关系。

2.18 质量为 m 的粒子以初速 v 从无穷远向势能大小为$\frac{a}{r^n}$$(a>0)$的引力场运动。求粒子被俘获的总截面。

2.19 求一个粒子被半径为 a 的钢球弹性散射的微分散射截面和总截面。

2.20 求一个粒子被大小为$\frac{k}{r^2}$（k 为常量）的斥力散射的微分散射截面。

2.21 已知一个由具有电荷 e 的核和一个在半径为 r_0 的圆形轨道上的单电子组成的氘原子的经典模型。突然这个核发射出一个电子，其电荷变为 $2e$。这个被发射的电子很快地逃逸了，可不考虑它，在轨道上的那个电子立即有个新状态。

(1) 求发射后与发射前电子能量之比（规定无穷远处势能为零）；

(2) 求新轨道的离核最近和最远的距离，以 r_0 为单位；

(3) 以 r_0 表示出新轨道的长轴和短轴。

部分习题答案

2.1 (1) $V=5bx^4y^2-6abxyz^3$；

(2) $V=-\int_{x_A}^{x_B}F_x\,\mathrm{d}x-\int_{y_A}^{y_B}F_y\,\mathrm{d}y-\int_{z_A}^{z_B}F_z\,\mathrm{d}z$

2.2 (1) $F=\frac{k(1+\alpha r)\mathrm{e}^{-\alpha r}}{r^2}$；

(2) $J=\sqrt{-mka(1+\alpha a)\mathrm{e}^{-\alpha a}}$，$E=\frac{k(1-\alpha a)\mathrm{e}^{-\alpha a}}{2a}$

2.3 $r=\sqrt{\frac{2k+mh^2}{2E_0}}\csc\left(\varphi\sqrt{1+\frac{2k}{mh^2}}\right)$

2.4 $r(t)=\sqrt{\frac{5}{4}t^2+2\sqrt{3}t+4}$

2.5 $F=-ma^2v^2\left(\frac{3}{r^3}+\frac{2c^2}{r^5}\right)$；$\varphi-\cot\varphi=\varphi_0-\cot\varphi_0+\frac{av}{c^2}t$

2.6 $E=0$，$J=\sqrt{\frac{mk}{1+b^2}}$

2.7 $F=-\frac{3mah^2}{r^4}$

2.8 $r=\frac{a\pi}{\varphi}$；$r=\frac{a}{\pi}(\pi-kt)$，$\varphi=\frac{\pi^2}{\pi-kt}$

2.10 $V(r)=-\frac{k^2a^2(b^2+1)}{2b^2r^2}$

2.11 $k=\frac{\sqrt{h^2-\nu^2}}{h}, a=\frac{h^2-\nu^2}{h^2}, e=\frac{a-r_{\min}}{r_{\min}}$

2.13 $t=a\sqrt{\frac{m\pi}{2k}}$

2.14 $r=r_0 e^{\pm\sqrt{\left(\frac{a^2}{h^2}-1\right)}\cdot\theta}$

2.16 $a=\sqrt{\rho^2+\frac{c}{v_\infty^2}}$

2.17 $\rho=\frac{k'}{mv_\infty^2}\cot\frac{\varphi}{2}$

2.18 $\sigma=\pi n\ (n-2)^{\frac{2-n}{n}}\left(\frac{a}{mv^2}\right)^{\frac{2}{n}}$

2.19 $\sigma(v,\theta)=\frac{a^2}{4}; \sigma(v)=\pi a^2$

2.20 $\sigma(v,\theta)=\left[\frac{k}{2mv^2\ \sin^2\left(\frac{\theta}{2}\right)}\right]^2$

2.21 $\frac{E_2}{E_1}=3; r_{\min}=\frac{r_0}{3}; r_{\max}=r_0$； $2a=\frac{4r_0}{3}, 2b=\frac{2\sqrt{3}r_0}{3}$

第3章 刚　　体

本章详述了刚体的定点转动，介绍了欧拉角、惯量张量等新概念，推出了欧拉运动学和动力学方程。

刚体和质点一样，是一种理想的模型，一种抽象。刚体可以被看成是一种特殊的质点组，具有一种特殊的性质，即在质点组里任何两个质点间的距离不因力的作用而改变。所以，在研究实际问题中，只有当物体的大小和形状的变化可以忽略不计时，才可以把它当作刚体。

3.1 刚体运动的分类

刚体的运动大致可以分为**平动**、**定轴转动**、**平面平行运动**、**定点转动**和**自由运动**几大类。而刚体的自由运动可以看成是通过其上任一点(称为基点)的平动和绕该点的定点转动两种运动合成来描述。在运动学中，基点的选择可以视具体问题而选定；在动力学中，为便于计算，一般选刚体质心为基点。由于力学课已经学习过前面三种运动形式，所以理论力学课中将重点讲述后面两种情况，即刚体的定点转动和刚体的自由运动。

研究宏观物体机械运动的规律，最主要是要确定在外力作用下，物体的位置随时间变化的情况，亦即确定它的运动规律。这样首先需要知道研究对象的**自由度**，即决定这个物体空间位置所需要的最少的坐标个数或称独立坐标个数。关于刚体自由度的个数，还要看刚体实际运动时所受到的约束或者限制情况，下面分别说明。

3.1.1 刚体的平动

刚体运动时，如果在任意时刻，刚体中任何一条直线始终彼此平行，那么这种运动叫做**平动**。此时，刚体中所有的质点都具有相同的速度和加速度，任何一点的运动都可以作为刚体的代表，与质点的情况没有分别，只要研究一个质点的情况就可以。因此，刚体作平动时只需要三个自由度，这样，独立坐标可以选择为

$$\begin{cases} x = x(t) \\ y = y(t) \\ z = z(t) \end{cases} \quad \text{或者} \quad \begin{cases} \rho = \rho(t) \\ \varphi = \varphi(t) \\ z = z(t) \end{cases} \quad \text{亦或者} \quad \begin{cases} r = r(t) \\ \theta = \theta(t) \\ \varphi = \varphi(t) \end{cases}$$

3.1.2 刚体的定轴转动

如果刚体运动时，其上有两个质点始终不动，那么由于两点决定一线，线上的点始终固定不动，整个刚体就绕着这个直线转动，这条直线叫做**转动轴**，刚体就作**定轴转动**。只要知道刚体绕此轴转动了多少角度，就可以确定刚体的位置。所以刚体定轴转动只有一个独立变量，即具有一个自由度，可选 $\varphi=\varphi(t)$ 或者 $\theta=\theta(t)$。

3.1.3 刚体的平面平行运动

刚体运动时，如果刚体中任意一点均在各自的平面上运动，这些平面互相平行，则叫**平面平行运动**。取静坐标系的 xy 平面与这些平面平行。在同一时刻，x，y 值相同而 z 值不同的各点具有完全相同的运动状态(速度、角速度)，各点的 z 坐标在运动过程中保持不变。

可以将运动分解成某一平面内任意一点的平动(两个独立变量)及绕过此点并垂直于固定平面的固定轴的转动(一个独立变量)，所以，刚体作平面平行运动时只需要三个独立变量。即有三个自由度(图 3.1)，可选

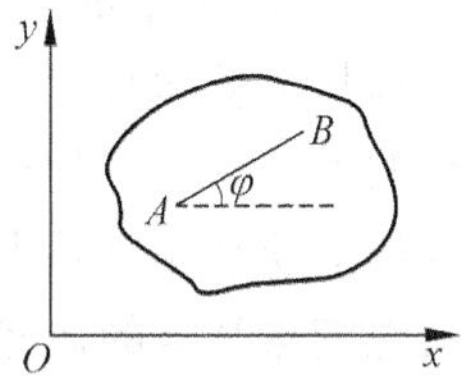

图 3.1

$$x = x(t); \quad y = y(t); \quad \varphi = \varphi(t)$$

3.1.4 刚体的定点转动

如果刚体运动时，只有一点固定不动，整个刚体围绕着通过此点的瞬时轴线转动，则叫**定点转动**。此时转动轴并不固定于空间，只有一个定点。用两个独立变量确定这个轴线在空间的取向，再用一个独立变量来确定刚体绕这根轴转过多少角度，所以刚体作定点转动时也只有三个独立变量，即有三个自由度。

那么如何根据自由度数选择合适的坐标呢？

选法一　取固定点以外的刚体上任何两点的直角坐标(x_1, y_1, z_1)、(x_2, y_2, z_2)，这样会有六个坐标和三个约束条件。这种选法，涉及六个坐标(又称为**原用坐标**)，而且还有三个约束方程，计算量大。

选法二　选刚体上某直线的三个方向余弦，以及围绕此直线的转角 φ。这样会有四个坐标和一个约束条件，$\cos^2\alpha+\cos^2\beta+\cos^2\gamma=1$，保证了三个自由度，较选法一简单。

采用现有的常用坐标，造成计算量大，都很不理想。1776 年，欧拉先生提出用三个独立的角坐标 φ, θ, ψ 来表述定点转动的刚体的位置，人们将这三个角称为**欧拉角**，见图 3.2。这三个角度就是人们熟知的进动、章动和自转角，如图 3.3 所示。刚体定点转动可以看成这三个角运动的合成，每个角运动都会产生一个相应的角速度，三个角速度的矢量和便是刚体作定点转动的角速度。而描述刚体定点转动的运动学方程和动力学方程分别称为**欧拉运动学方程**和**欧拉动力学方程**。将分别在 3.3 节中和 3.6 节中详述。

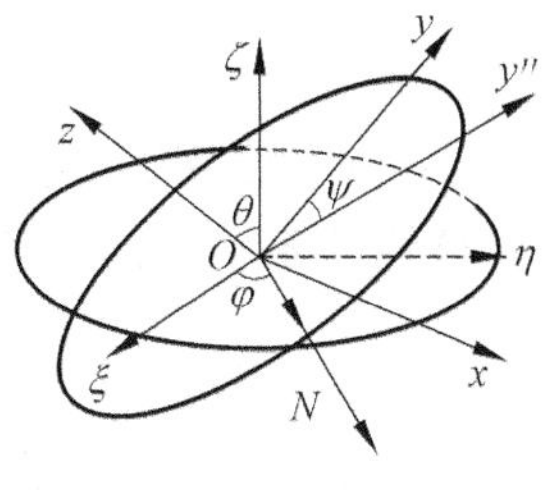

图 3.2

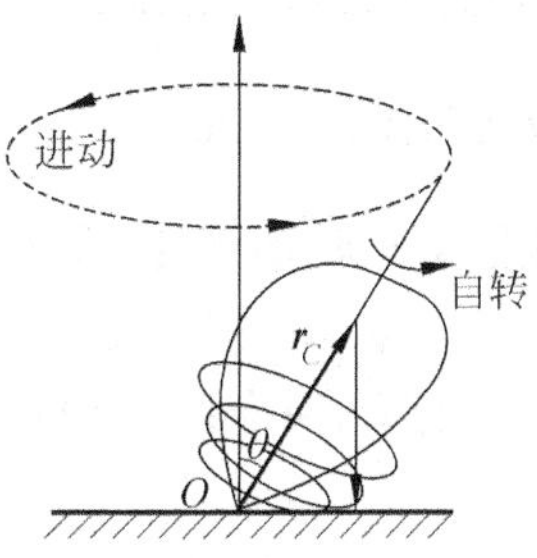

图 3.3

3.1.5 刚体的自由运动

刚体不受任何约束，可以在空间任意运动。刚体的一般运动可以看作跟随动坐标系原点（固连于刚体上的点，这里称为基点）的平动和围绕原点（基点）的定点转动合成的。基点的选择从运动学角度上讲无关紧要，但是，基点选得不好，可以将一个简单的运动变成一个复杂的运动。为了计算方便，一般选质心为基点。总之，刚体的任何运动总可以分解为跟随基点的平动和围绕基点的转动两种运动的合成。而且可以证明，**在任何时刻，围绕基点的转动角速度与基点的选择无关**（证明在 3.2.4 节）。

刚体的一般运动的运动学方程由质心的平动（3 个独立变量）与围绕质心的定点转动（3 个独立变量）方程组成。因此，刚体作自由运动时有 6 个独立变量，运动方程表示为

$$\begin{cases} x = x(t) \\ y = y(t) \\ z = z(t) \end{cases} + \begin{cases} \theta = \theta(t) \\ \varphi = \varphi(t) \\ \psi = \psi(t) \end{cases}$$

其中 θ,φ,ψ 是固连于刚体的以基点为原点的动坐标系和以基点为原点的平动坐标系构成的欧拉角。

3.2 角速度矢量

设刚体以角速度 $\boldsymbol{\omega}$ 绕定点 O 转动，则其上任意一质点 $\mathrm{d}m$ 的速度为

$$\boldsymbol{v} = \boldsymbol{\omega} \times \boldsymbol{r} \tag{3.1}$$

这一公式对刚体绕质心转动的情况也适应。所以，下面所有的讨论既适应于刚体绕定点的转动，也适应于刚体在质心系中的运动。

式(3.1)虽然形式上与刚体定轴转动的角速度公式一样，但是其中角速度的意义完全不同。与刚体定轴转动不同，刚体定点转动时的转动轴，虽然恒通过定点 O，但却随时间改变它在空间的取向，故某一时刻的转轴不是固定轴，叫做这时刻的**转动瞬轴**，又叫**瞬轴**。角速度矢量就沿着该时刻的转动瞬轴。由于作定点转动的刚体会有三个角度的变化，所以其角速度会是三个角度变化分别产生的角速度的矢量和，即

$$\boldsymbol{\omega} = \boldsymbol{\omega}_1 + \boldsymbol{\omega}_2 + \boldsymbol{\omega}_3$$

角速度 $\boldsymbol{\omega}$ 为整个刚体所公有，但速度 $\boldsymbol{v}$ 只是刚体内某一点的线速度（因与位矢 $\boldsymbol{r}$ 有关）。显然，在**瞬轴上的各点线速度都是零，但是角速度却仍然不变**。

3.2.1 欧拉角的定义

对刚体的定点转动，欧拉采用三个独立变化的角坐标 θ,φ,ψ 来描述刚体的空间位置，其中两个用来描述刚体上任一轴线的空间方位，另一个描述刚体绕这根轴线的转角。

如图 3.4 所示，两套原点 O 固连的右手正交坐标系

$$O\xi\eta\zeta \quad \text{和} \quad Oxyz$$

前者为空间固定坐标系，称为**静坐标系**，后者为固定在刚体上随刚体一起转动的坐标系，称为**动坐标系**。z 轴为任意选定的转轴。$Oxyz$ 坐标系可以任选，但是为了计算方便，建议选主轴坐标系。

平面 $O\xi\eta$ 与 Oxy 平面的交线 ON 称为**节线**，其单位矢量记为 $\boldsymbol{e}_n$。$O\xi$ 与节线 ON 间的夹角 φ 称为**进动角**，其变化范围为任意的，即 $0\leqslant\varphi\leqslant2\pi$。$O\zeta$ 与 z 轴间的夹角 θ 称为**章动角**，其变化范围为 $0\leqslant\theta\leqslant\pi$。节线 ON 与 Ox 之间的夹角 ψ 称为**自转角**，其变化范围为 $0\leqslant\psi\leqslant2\pi$。这些角度的名称来源于陀螺的运动。

读者往往对如何画出这三个角感到棘手，下面介绍一种相对简单的步骤，相信对大家正确掌握如何改变三个角的数值进而得到可能的刚体位置有所帮助。

第一步　**进动**　绕 ζ 轴转动 φ 角，φ 称为进动角；坐标系变化 $Oxyz\to Ox'y'z$，如图 3.5 所示。$\boldsymbol{\omega}_1=\dot{\varphi}\,\boldsymbol{e}_\zeta$。

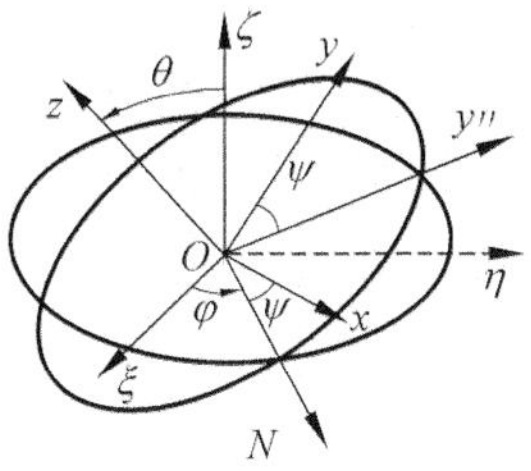

图　3.4

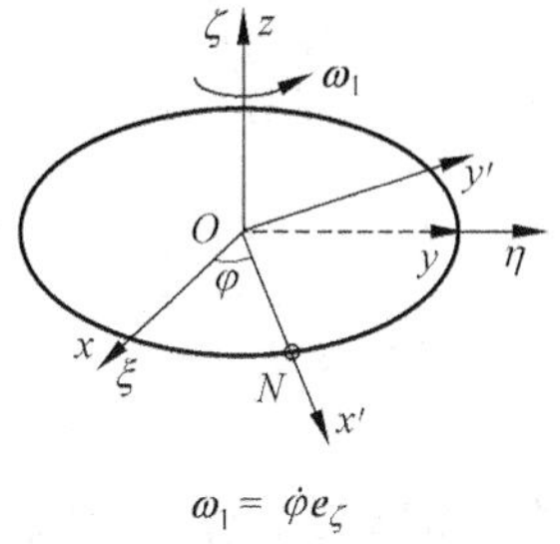

图　3.5

第二步　**章动**　绕 ON 轴转动 θ 角，θ 称为章动角；坐标轴变化 $y'\to y''$，$z'\to z$，如图 3.6 所示。$\boldsymbol{\omega}_2=\dot{\theta}\boldsymbol{e}_n$。

第三步　**自转**　绕 z 轴转动 ψ 角，ψ 称为自转角；坐标轴变化 $x'\to x$；$y''\to y$，如图 3.7 所示。$\boldsymbol{\omega}_3=\dot{\psi}\,\boldsymbol{e}_z$。

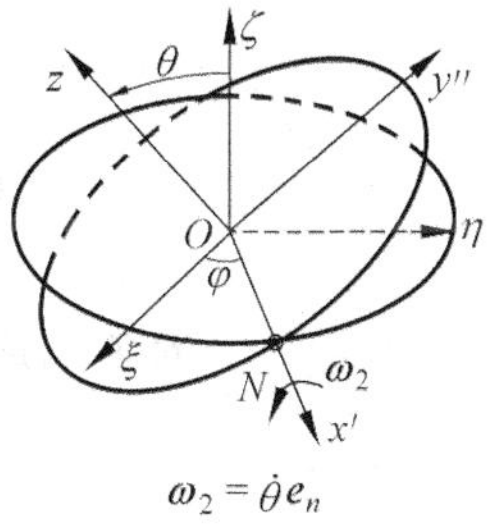

图　3.6

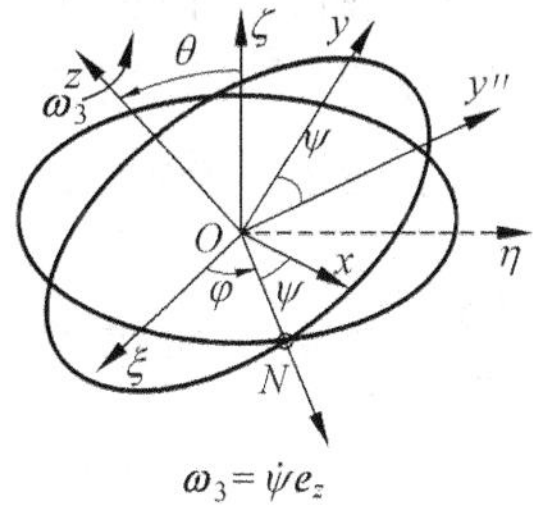

图　3.7

3.2.2　角速度

刚体定点转动的角速度是由三个分运动（进动、章动和自转）角速度的合成，表示为

$$\boldsymbol{\omega}=\boldsymbol{\omega}_1+\boldsymbol{\omega}_2+\boldsymbol{\omega}_3=\dot{\boldsymbol{\theta}}+\dot{\boldsymbol{\varphi}}+\dot{\boldsymbol{\psi}}$$

$$=\dot{\varphi}\boldsymbol{e}_\zeta+\dot{\theta}\boldsymbol{e}_n+\dot{\psi}\boldsymbol{e}_z \tag{3.2}$$

特别地，当章动角保持恒量时，$\dot{\theta}=0$ 称为**规则进动**，如图 3.8 所示，此时角速度为

$$\boldsymbol{\omega}=\dot{\varphi}\boldsymbol{e}_\zeta+\dot{\psi}\boldsymbol{e}_z \tag{3.3}$$

定点转动的转动轴即转动瞬轴虽过定点，但随时间而改变它在空间的取向，所以附在其上的角速度量值的大小和方向都是时间的函数。转动瞬轴的一个重要特点是其上任一点的线速度都为零，但角速度大小不为零，方向沿瞬轴。这样，转动瞬轴在空间和刚体内将各描绘出一个顶点在 O 的锥面，分别称为**空间极面**和**本体极面**，所以**刚体的定点转动可看成是本体极面在空间极面上作无滑动滚动**，如图 3.9 所示。

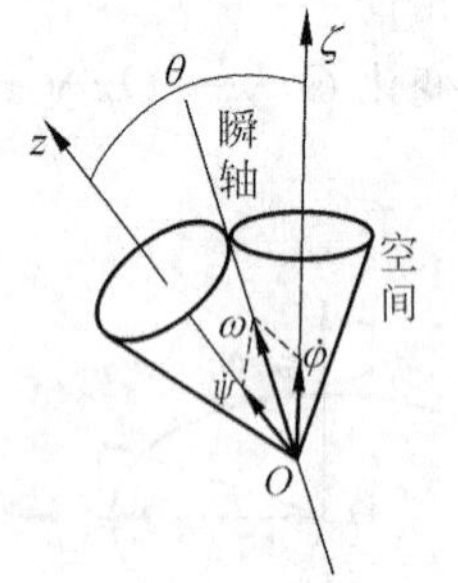

图 3.8

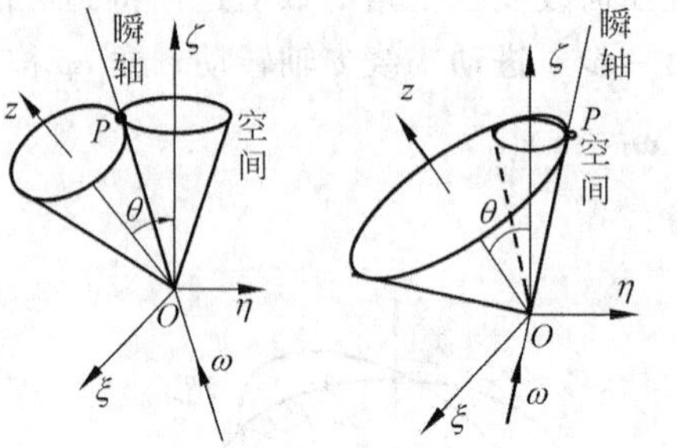

图 3.9

3.2.3 刚体定点转动的速度和加速度

设在某一瞬时，刚体的角速度是 $\boldsymbol{\omega}$，如图 3.10 所示。它的取向沿着该时刻的转动瞬轴，在此瞬时刚体内任一点 P 的线速度为

$$\boldsymbol{v}=\frac{\mathrm{d}\boldsymbol{r}}{\mathrm{d}t}=\boldsymbol{\omega}\times\boldsymbol{r} \tag{3.4}$$

式中 $\boldsymbol{r}$ 为任意一点对定点 O 的位矢。由于 $\boldsymbol{r}$ 的不同，任意瞬时刚体内各点的线速度都不同，但角速度却都是此瞬时的 $\boldsymbol{\omega}$。所以只要一个矢量函数 $\boldsymbol{\omega}=\boldsymbol{\omega}(t)$ 就足以描述刚体绕固定点的转动。

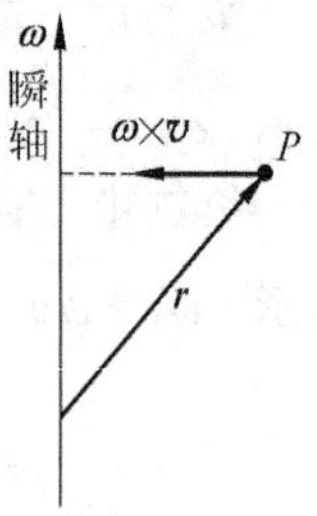

图 3.10

刚体上任一点的线加速度公式为

$$\boldsymbol{a}=\frac{\mathrm{d}\boldsymbol{v}}{\mathrm{d}t}=\frac{\mathrm{d}\boldsymbol{\omega}}{\mathrm{d}t}\times\boldsymbol{r}+\boldsymbol{\omega}\times\frac{\mathrm{d}\boldsymbol{r}}{\mathrm{d}t}=\boldsymbol{\beta}\times\boldsymbol{r}+\boldsymbol{\omega}\times\boldsymbol{v} \tag{3.5}$$

式中第一项 $\frac{\mathrm{d}\boldsymbol{\omega}}{\mathrm{d}t}\times\boldsymbol{r}=\boldsymbol{\beta}\times\boldsymbol{r}$ 叫做**转动加速度**，第二项 $\boldsymbol{\omega}\times\frac{\mathrm{d}\boldsymbol{r}}{\mathrm{d}t}=\boldsymbol{\omega}\times\boldsymbol{v}$ 叫做**向轴加速度**。由于

$$\boldsymbol{\omega}\times\boldsymbol{v}=\boldsymbol{\omega}\times(\boldsymbol{\omega}\times\boldsymbol{r})=\boldsymbol{\omega}(\boldsymbol{\omega}\cdot\boldsymbol{r})-\omega^2\boldsymbol{r}$$

式(3.5)改写为

$$\boldsymbol{a}=\boldsymbol{\beta}\times\boldsymbol{r}+\boldsymbol{\omega}(\boldsymbol{\omega}\cdot\boldsymbol{r})-\omega^2\boldsymbol{r} \tag{3.6}$$

欧拉角是互相独立的，而独立坐标数等于自由度数，故定点转动时的运动学方程为

$$\begin{cases}\theta=\theta(t)\\ \varphi=\varphi(t)\\ \psi=\psi(t)\end{cases} \tag{3.7}$$

具体的运动学方程——欧拉运动学方程将在后面详述，下面练习如何确定角速度的三个运动成分。

例 3.1 具有固定顶点 O 的圆锥在平面上滚动而不滑动。锥高 $OC=h$，顶角 $AOB=90°$，圆锥底面中心 C 等速率地运动，每过一秒回到原处一次。

试求　在图示位置时（OA 在平面上），直径 AB 的端点 B 的速度、圆锥的角加速度及 A、B 两点的加速度。

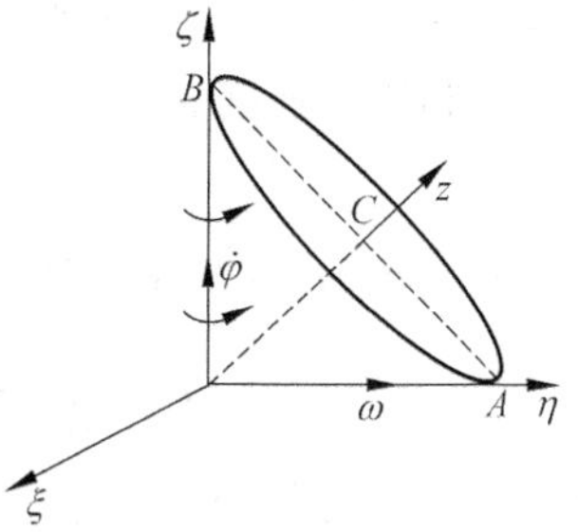

例 3.1 图(a)

解　如例 3.1 图(a)所示，建立静止坐标系 $O\xi\eta\zeta$ 和以 z 轴为自转轴的动坐标系 $Oxyz$，先求圆锥的角速度 $\boldsymbol{\omega}$。由题意知

进动角速度

$$\boldsymbol{\omega}_1=\dot{\varphi}\boldsymbol{e}_\zeta=2\pi\boldsymbol{e}_\zeta=\dot{\boldsymbol{\varphi}}$$

章动角速度

$$\boldsymbol{\omega}_2=\dot{\theta}\boldsymbol{e}_n=\boldsymbol{0}$$

自转角速度

$$\boldsymbol{\omega}_3=\dot{\psi}\boldsymbol{k}=\dot{\boldsymbol{\psi}}$$

在图示位置，OA 线上各点线速度均为零（滚而不滑），所以 OA 为刚体的瞬轴，且此时刻 OA 沿 $\boldsymbol{e}_\eta$ 方向。任何时刻，OA 都是瞬轴，设 $\boldsymbol{\omega}=\omega\boldsymbol{e}_{OA}$，其中 $\boldsymbol{e}_{OA}$ 表示沿有向线段$\overline{OA}$的单位矢量，所以

$$\boldsymbol{\omega}=\boldsymbol{\omega}_1+\boldsymbol{\omega}_2+\boldsymbol{\omega}_3=2\pi\boldsymbol{e}_\zeta+\dot{\psi}\boldsymbol{k}=\dot{\boldsymbol{\varphi}}+\dot{\boldsymbol{\psi}}=\omega\boldsymbol{e}_{OA}$$ （假设，此时刻方向沿 $\boldsymbol{e}_\eta$ 的正方向）

方法一　可通过 C 点求出角速度 $\boldsymbol{\omega}$ 的大小

因为$\overrightarrow{OC}=\dfrac{\sqrt{2}h}{2}(\boldsymbol{e}_\eta+\boldsymbol{e}_\zeta)$以 $\boldsymbol{\omega}_1$ 的角速度转动，则

$$\boldsymbol{v}_C=\dot{\boldsymbol{\varphi}}\times\overrightarrow{OC}=2\pi\boldsymbol{e}_\zeta\times\frac{\sqrt{2}h}{2}(\boldsymbol{e}_\eta+\boldsymbol{e}_\zeta)=-\sqrt{2}\pi h\boldsymbol{e}_\xi$$

而作为刚体上的一点，C 将以 $\boldsymbol{\omega}$ 转动，则

$$\boldsymbol{v}_C=\boldsymbol{\omega}\times\overrightarrow{OC}=\omega\boldsymbol{e}_\eta\times\frac{\sqrt{2}h}{2}(\boldsymbol{e}_\eta+\boldsymbol{e}_\zeta)=\frac{\sqrt{2}}{2}\omega h\boldsymbol{e}_\xi$$

所以

$$\omega=-2\pi$$

即刚体角速度为

$$\boldsymbol{\omega}=-2\pi\boldsymbol{e}_\eta$$

解得自转角速度

$$\boldsymbol{\omega}_3=\boldsymbol{\omega}-\boldsymbol{\omega}_1=-2\pi(\boldsymbol{e}_\eta+\boldsymbol{e}_\zeta)=-2\sqrt{2}\pi\boldsymbol{k}$$

方法二　亦可通过 A 点求出角速度 $\boldsymbol{\omega}$ 的大小，因为

$$\boldsymbol{v}_A=\boldsymbol{\omega}\times\overrightarrow{OA}=\boldsymbol{0}$$

即

$$(\dot{\boldsymbol{\varphi}}+\dot{\boldsymbol{\psi}})\times\overrightarrow{OA}=\boldsymbol{0}$$

则

$$2\pi\boldsymbol{e}_\zeta\times\sqrt{2}h\boldsymbol{e}_\eta+\dot{\boldsymbol{\psi}}\times(\overrightarrow{OC}+\overrightarrow{CA})=\boldsymbol{0}$$

$$-2\sqrt{2}h\pi\boldsymbol{e}_\xi-h\dot{\psi}\boldsymbol{e}_\xi=\boldsymbol{0}$$

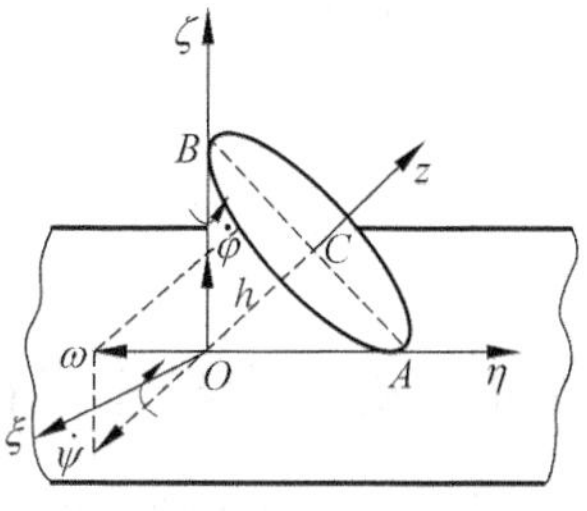

例 3.1 图(b)

解得

$$\dot{\psi}=-2\sqrt{2}\pi$$

所以 $\omega=\sqrt{\dot{\psi}^2-\dot{\varphi}^2}=2\pi$，沿图示的 $\boldsymbol{e}_\eta$ 负方向。

再利用角速度 $\boldsymbol{\omega}$ 求 B 点的速度、圆锥的角加速度及 A、B 两点的加速度。具体如下

$$\boldsymbol{v}_B=\boldsymbol{\omega}\times\overrightarrow{OB}=-2\pi\boldsymbol{e}_\eta\times\sqrt{2}h\boldsymbol{e}_\zeta=-2\sqrt{2}\pi h\boldsymbol{e}_\xi$$

因为 $\boldsymbol{\omega}=-2\pi\boldsymbol{e}_{OA}$ 对任何时刻都成立，角加速度

$$\boldsymbol{\beta}=\frac{\mathrm{d}\boldsymbol{\omega}}{\mathrm{d}t}=-2\pi\frac{\mathrm{d}\boldsymbol{e}_{OA}}{\mathrm{d}t}=-2\pi\dot{\boldsymbol{\varphi}}\times\boldsymbol{e}_{OA}=-4\pi^2\boldsymbol{e}_\zeta\times\boldsymbol{e}_{OA}$$

在图示位置时刻，$\boldsymbol{e}_{OA}=\boldsymbol{e}_\eta$，所以

$$\boldsymbol{\beta}=4\pi^2\boldsymbol{e}_\xi$$

其中 OA 轴绕 ζ 轴以 $\dot{\boldsymbol{\varphi}}$ 转动，所以

$$\frac{\mathrm{d}\boldsymbol{e}_{OA}}{\mathrm{d}t}=\dot{\boldsymbol{\varphi}}\times\boldsymbol{e}_{OA}$$

线加速度

$$\boldsymbol{a}=\frac{\mathrm{d}\boldsymbol{v}}{\mathrm{d}t}=\boldsymbol{\beta}\times\boldsymbol{r}+\boldsymbol{\omega}\times\boldsymbol{v}$$

对 A 点，$\boldsymbol{r}=\overrightarrow{OA}=\sqrt{2}h\boldsymbol{e}_\eta$，可解得

$$\boldsymbol{a}_A=\boldsymbol{\beta}\times\overrightarrow{OA}+\boldsymbol{\omega}\times\boldsymbol{v}_A=4\pi^2\boldsymbol{e}_\xi\times\sqrt{2}h\boldsymbol{e}_\eta+\boldsymbol{0}=4\sqrt{2}\pi^2h\boldsymbol{e}_\zeta$$

对 B 点，若 $\boldsymbol{r}=\overrightarrow{OB}=\sqrt{2}h\boldsymbol{e}_\zeta$，可解得

$$\begin{aligned}\boldsymbol{a}_B&=\boldsymbol{\beta}\times\overrightarrow{OB}+\boldsymbol{\omega}\times\boldsymbol{v}_B=4\pi^2\boldsymbol{e}_\xi\times\sqrt{2}h\boldsymbol{e}_\zeta+(-2\pi\boldsymbol{e}_\eta)\times(-2\sqrt{2}\pi h\boldsymbol{e}_\xi)\\&=-4\sqrt{2}\pi^2h(\boldsymbol{e}_\eta-\boldsymbol{e}_\zeta)\end{aligned}$$

例 3.2 写出上题的运动学方程。

解 如例 3.1 图(b)所示，已知

进动角速度

$$\dot{\boldsymbol{\varphi}}=2\pi\boldsymbol{e}_\zeta$$

章动角速度

$$\dot{\boldsymbol{\theta}}=\dot{\theta}\boldsymbol{e}_n=\boldsymbol{0}$$

自转角速度

$$\dot{\boldsymbol{\psi}}=-2\sqrt{2}\pi\boldsymbol{k}$$

设初始时刻三个欧拉角为 $\boldsymbol{\varphi}_0,\boldsymbol{\theta}_0,\boldsymbol{\psi}_0$，则运动学方程为

$$\begin{cases}\varphi=\varphi_0+2\pi t\\\theta=45^\circ\\\psi=\psi_0-2\sqrt{2}\pi t\end{cases}$$

3.2.4 角速度与基点的选择无关

刚体的任何运动总可以看做跟随基点的平动和围绕基点的定点转动合成的运动。但是**无论选什么基点，围绕基点的转动角速度是一样的**。证明如下。

在刚体上任意选择两点 A,B 分别作为基点，对刚体上任一点 P，有

$$\boldsymbol{v}_p=\boldsymbol{v}_A+\boldsymbol{\omega}_A\times(\boldsymbol{r}_p-\boldsymbol{r}_A)\tag{3.8}$$

$$\boldsymbol{v}_p = \boldsymbol{v}_B + \boldsymbol{\omega}_B \times (\boldsymbol{r}_p - \boldsymbol{r}_B) \tag{3.9}$$

$\boldsymbol{\omega}_A$,$\boldsymbol{\omega}_B$ 是分别以 A,B 为基点时,在各基点平动参考系中围绕各基点的转动角速度。同样,取 A 为基点,B 点的速度为

$$\boldsymbol{v}_B = \boldsymbol{v}_A + \boldsymbol{\omega}_A \times (\boldsymbol{r}_B - \boldsymbol{r}_A) \tag{3.10}$$

将式(3.10)代入式(3.9)中后与式(3.8)相减,移项可得

$$(\boldsymbol{\omega}_A - \boldsymbol{\omega}_B) \times (\boldsymbol{r}_p - \boldsymbol{r}_B) = \boldsymbol{0} \tag{3.11}$$

P 点不是 B 点,所以 $\boldsymbol{r}_p \neq \boldsymbol{r}_B$,若上式成立须有

$$\boldsymbol{\omega}_A = \boldsymbol{\omega}_B$$

或者

$$(\boldsymbol{\omega}_A - \boldsymbol{\omega}_B) \parallel (\boldsymbol{r}_p - \boldsymbol{r}_B)$$

因为 P 点的任意性,即($\boldsymbol{\omega}_A - \boldsymbol{\omega}_B$)与 P 点无关,而($\boldsymbol{r}_p - \boldsymbol{r}_B$)与 P 点有关,则只有

$$\boldsymbol{\omega}_A = \boldsymbol{\omega}_B \tag{3.12}$$

由于 A 点和 B 点选取的任意性,证明刚体**角速度与基点的选择无关,只与刚体运动有关。**

3.3 刚体定点转动的基本方程——欧拉运动学方程

对于刚体的定点转动,如何从已知的欧拉角来求出刚体上任一点的速度、加速度呢?

前面说过刚体定点转动角速度为整个刚体所共有,等于三个分角速度的矢量和,即式(3.2)所示

$$\boldsymbol{\omega} = \boldsymbol{\omega}_1 + \boldsymbol{\omega}_2 + \boldsymbol{\omega}_3 = \dot{\varphi}\boldsymbol{e}_\zeta + \dot{\theta}\boldsymbol{e}_n + \dot{\psi}\boldsymbol{e}_z$$

见图 3.11。显见,在 $\boldsymbol{\omega}$ 矢量合成的表达式中同时存在着动、静两套坐标系的参数。同时用不同坐标系的基本矢量来表示角速度是很不方便的,最好采用同一坐标系的基本矢量。可以选动坐标系中的三个基本矢量也可以选择静坐标系的三个基本矢量来描述。一般选用动坐标系 $Oxyz$ 中角速度的表示方式

$$\boldsymbol{\omega} = \omega_x \boldsymbol{i} + \omega_y \boldsymbol{j} + \omega_z \boldsymbol{k}$$

下面将 $\boldsymbol{\omega}_1$,$\boldsymbol{\omega}_2$,$\boldsymbol{\omega}_3$ 按动坐标系的三个坐标矢量分解,则

$$\boldsymbol{\omega}_3 = \dot{\psi}\boldsymbol{e}_z = \dot{\psi}\boldsymbol{k}$$

$$\boldsymbol{\omega}_2 = \dot{\theta}\boldsymbol{e}_n = \dot{\theta}(\cos\psi\boldsymbol{i} - \sin\psi\boldsymbol{j})$$

参见图 3.12 所示。

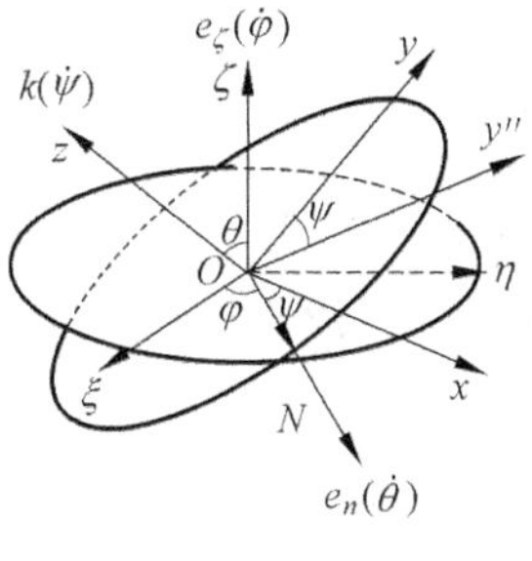

图 3.11

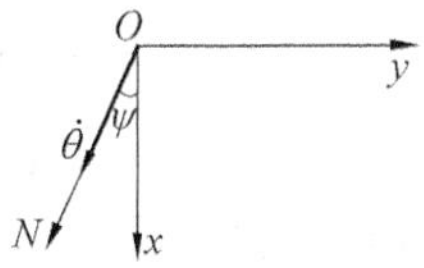

图 3.12

为得到进动角速度 $\boldsymbol{\omega}_1$ 的动坐标系表示，先将 $\boldsymbol{\omega}_1=\dot{\varphi}\boldsymbol{e}_\zeta$ 投影到 $\boldsymbol{k}$ 轴和与之垂直的 xy 平面上，得到 $\dot{\varphi}\cos\theta\boldsymbol{k}$ 和 $\dot{\varphi}\sin\theta\boldsymbol{e}_{xy}$ 两个分量。因为 $\boldsymbol{k},\zeta,\boldsymbol{e}_{xy}$ 三轴共面，所以 $\dot{\varphi}\sin\theta\boldsymbol{e}_{xy}$ 分解到 x,y 轴上的分量分别为

$$\dot{\varphi}\sin\theta\sin\psi\boldsymbol{i} \text{ 和 } \dot{\varphi}\sin\theta\cos\psi\boldsymbol{j}$$

得到

$$\boldsymbol{\omega}_1=\dot{\varphi}\boldsymbol{e}_\zeta=\dot{\varphi}[\sin\theta\sin\psi\boldsymbol{i}+\sin\theta\cos\psi\boldsymbol{j}+\cos\theta\boldsymbol{k}]$$

综上得到

$$\boldsymbol{\omega}=[\dot{\theta}\cos\psi+\dot{\varphi}\sin\theta\sin\psi]\boldsymbol{i}+[-\dot{\theta}\sin\psi+\dot{\varphi}\sin\theta\cos\psi]\boldsymbol{j}+[\dot{\psi}+\dot{\varphi}\cos\theta]\boldsymbol{k} \tag{3.13}$$

即

$$\begin{cases}\omega_x=\dot{\varphi}\sin\theta\sin\psi+\dot{\theta}\cos\psi\\ \omega_y=\dot{\varphi}\sin\theta\cos\psi-\dot{\theta}\sin\psi\\ \omega_z=\dot{\varphi}\cos\theta+\dot{\psi}\end{cases} \tag{3.14}$$

这样，角速度 $\boldsymbol{\omega}$ 可以用三个欧拉角的函数表示，而式(3.13)和式(3.14)称为**欧拉运动学方程**在动坐标系 $Oxyz$ 中的表示。

同样，也可把 $\boldsymbol{\omega}_1,\boldsymbol{\omega}_2,\boldsymbol{\omega}_3$ 按静坐标系的三个坐标矢量分解，即

$$\boldsymbol{\omega}=\omega_\xi\boldsymbol{e}_\xi+\omega_\eta\boldsymbol{e}_\eta+\omega_\zeta\boldsymbol{e}_\zeta \tag{3.15}$$

得

$$\begin{cases}\omega_\xi=\dot{\theta}\cos\varphi+\dot{\psi}\sin\theta\sin\varphi\\ \omega_\eta=\dot{\theta}\sin\varphi-\dot{\psi}\sin\theta\cos\varphi\\ \omega_\zeta=\dot{\varphi}+\dot{\psi}\cos\theta\end{cases} \tag{3.16}$$

式(3.15)和式(3.16)即**欧拉运动学方程**在空间坐标系 $O\xi\eta\zeta$ 中的表示。

例 3.3 写出例 3.1 的欧拉运动学方程及 B 点的速度。

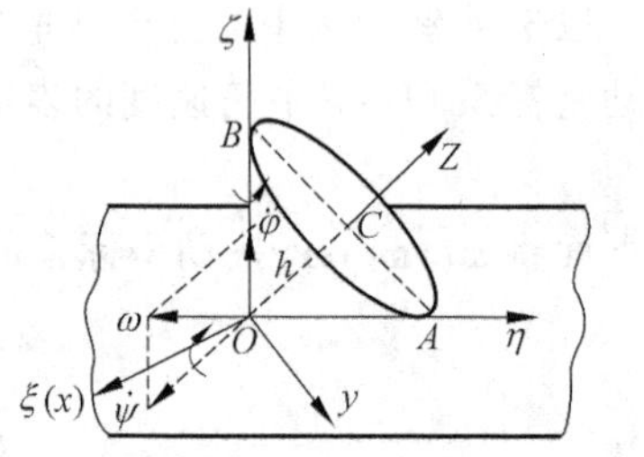

例 3.3 图

解 建立动、静坐标系，$t=0$ 时两坐标系的位置如图所示，ξ,x 轴重合，η,ζ,y,z 轴都在同一平面内，已知刚体运动学方程为

$$\begin{cases}\varphi=\varphi_0+2\pi t\\ \theta=45^\circ\\ \psi=\psi_0-2\sqrt{2}\pi t\end{cases}$$

代入欧拉运动学方程式(3.14)中，得动参考系中的角速度分量为

$$\begin{cases}\omega_x=\dot{\varphi}\sin\theta\sin\psi+\dot{\theta}\cos\psi=\sqrt{2}\pi\sin(\psi_0-2\sqrt{2}\pi t)\\ \omega_y=\dot{\varphi}\sin\theta\cos\psi-\dot{\theta}\sin\psi=\sqrt{2}\pi\cos(\psi_0-2\sqrt{2}\pi t)\\ \omega_z=\dot{\varphi}\cos\theta+\dot{\psi}=\sqrt{2}\pi\end{cases}$$

B 点对 O 点的位矢为

$$\boldsymbol{r}_B=-h\boldsymbol{j}+h\boldsymbol{k}$$

所以

$$\begin{aligned}\boldsymbol{v}_B &= \boldsymbol{\omega}\times\boldsymbol{r}_B = (\omega_x\boldsymbol{i}+\omega_y\boldsymbol{j}+\omega_z\boldsymbol{k})\times(-h\boldsymbol{j}+h\boldsymbol{k})\\ &= \sqrt{2}\pi h[\cos(\varphi_0-2\sqrt{2}\pi t)-1]\boldsymbol{i}-\sqrt{2}\pi h\sin[(\varphi_0-2\sqrt{2}\pi t)-1](\boldsymbol{j}+\boldsymbol{k})\end{aligned}$$

3.4 刚体动力学方程

在动力学中，一般选刚体质心为作自由运动刚体的基点，这是因为在牛顿力学中质心的运动规律仅由质心运动定律来决定

$$\boldsymbol{F}_e = \sum_i \boldsymbol{F}_{ei} = M\frac{\mathrm{d}\boldsymbol{v}_C}{\mathrm{d}t} \tag{3.17}$$

其中 $\boldsymbol{F}_e$ 为合外力，M 为刚体质量，$\boldsymbol{v}_C$ 为质心的速度。而刚体的转动将由刚体相对于质心的动量矩定理决定

$$\boldsymbol{M} = \sum_i \boldsymbol{r}'_i\times\boldsymbol{F}_{ei} = \frac{\mathrm{d}\boldsymbol{L}}{\mathrm{d}t} = \frac{\mathrm{d}}{\mathrm{d}t}\left(\sum_i \boldsymbol{r}'_i\times m\boldsymbol{v}'_i\right) \tag{3.18}$$

这样，只要知道了刚体所受的所有外力 $\boldsymbol{F}_{ei}$ 及其作用点位置 $\boldsymbol{r}'_i(i=1,2,3,\cdots)$，就可以通过方程(3.17)和(3.18)完全求解出刚体的运动，所以称方程(3.17)和(3.18)为**刚体动力学的基本方程**。由于方程数量大而繁，在实际应用解题时会相当困难，特别是对多质点体系。对于刚体作定点转动，常用的方程是**欧拉动力学方程**，将在 3.6 节中详述。

刚体静力学中描述刚体的平衡问题则可以看成上述两个方程在合外力和和外力矩均为零的特殊情况，即

$$\begin{cases}\sum_i \boldsymbol{F}_{ei} = \boldsymbol{0}\\ \sum_i \boldsymbol{r}'_i\times\boldsymbol{F}_{ei} = \boldsymbol{0}\end{cases} \tag{3.19}$$

从而得到平衡条件。

需要说明的是，以上概念和方法属于矢量力学的范畴，都将面临大量方程组求解问题。与之相反，分析力学的求解方法就避开了大量方程组的求解问题，关于分析力学方法将于第 5 章开始详述。

注：分析力学的处理方式一般是，先选定广义坐标，再写出刚体的动能、势能和拉格朗日函数，通过考察拉格朗日函数来判断是否存在广义能量积分或者广义动量积分，若不存在，就利用拉格朗日方程求解刚体的运动。对静力学问题，分析力学方法是采用虚功原理进行分析。

矢量力学的刚体动力学的基本方程与分析力学的拉格朗日方程在求解刚体动力学问题时各有优缺点，一般来说具有如下特点：

(1) 前者分析问题时物理图像和意义清晰明了，后者解决问题的方法和步骤简单统一；

(2) 前者包括所有外力，因而可以同时解出约束力，后者则事先将约束力排除在外，因而简化了运动的求解；

(3) 为了得到运动守恒量或者运动微分方程的初积分，前者需要在物理上仔细分析外力或外力矩的特殊性质或在数学上对动力学微分方程进行积分，而后者只需写出拉格朗日函数便一目了然。

3.5 转动惯量与惯量张量

3.5.1 转动惯量

设刚体中任一质量元为 dm,其对 O 点的位矢为 $\boldsymbol{r}$,则**刚体对 O 点的动量矩(角动量)**为

$$\boldsymbol{L}=\int \boldsymbol{r}\times \boldsymbol{v}\mathrm{d}m=\int \boldsymbol{r}\times (\boldsymbol{\omega}\times \boldsymbol{r})\mathrm{d}m$$

而 $\boldsymbol{\omega}$ 与 dm 无关,且

$$\boldsymbol{r}\times (\boldsymbol{\omega}\times \boldsymbol{r})=\boldsymbol{\omega}r^2-\boldsymbol{r}(\boldsymbol{\omega}\cdot \boldsymbol{r})$$

所以

$$\boldsymbol{L}=\int \boldsymbol{r}\times \boldsymbol{v}\mathrm{d}m=\boldsymbol{\omega}\int r^2\mathrm{d}m-\int \boldsymbol{r}(\boldsymbol{\omega}\cdot \boldsymbol{r})\mathrm{d}m \tag{3.20}$$

可见,作定点转动刚体的角动量 $\boldsymbol{L}$ 不一定与角速度 $\boldsymbol{\omega}$ 同向,还有 $\boldsymbol{r}$ 方向的制约。只有当 $\boldsymbol{\omega}\perp \boldsymbol{r}$ 时,角动量才与角速度方向平行,所以一般情况下,即使物体作匀角速率的定轴转动,角动量方向也不一定与角速度方向平行,即 $\boldsymbol{L}\nparallel\boldsymbol{\omega}$。经过后面的讨论将发现,只有**转轴沿惯量主轴方向时,刚体定点转动时的角动量方向才与角速度方向平行。**

具体地,角动量 $\boldsymbol{L}$ 的三个直角坐标分量分别为

$$\begin{aligned}L_x&=\omega_x\int r^2\mathrm{d}m-\int x(\boldsymbol{\omega}\cdot \boldsymbol{r})\mathrm{d}m\\&=\omega_x\int r^2\mathrm{d}m-\int x(\omega_x x+\omega_y y+\omega_z z)\mathrm{d}m\\&=\omega_x\int (r^2-x^2)\mathrm{d}m-\int xy\omega_y\mathrm{d}m-\int xz\omega_z\mathrm{d}m\\&=\omega_x\int (y^2+z^2)\mathrm{d}m-\int xy\omega_y\mathrm{d}m-\int xz\omega_z\mathrm{d}m\end{aligned}$$

利用刚体对 x 轴的转动惯量的定义

$$I_x=\int (y^2+z^2)\mathrm{d}m$$

和**惯量积**的定义

$$I_{xy}=I_{yx}=\int xy\mathrm{d}m,\quad I_{xz}=I_{zx}=\int xz\mathrm{d}m,\quad I_{yz}=I_{zy}=\int yz\mathrm{d}m$$

得到

$$L_x=I_x\omega_x-I_{xy}\omega_y-I_{xz}\omega_z$$

同理,可得到

$$\begin{cases}L_y=-I_{yx}\omega_x+I_y\omega_y-I_{yz}\omega_z\\L_z=-I_{zx}\omega_x-I_{zy}\omega_y+I_z\omega_z\end{cases} \tag{3.21}$$

其中,$I_y=\int (x^2+z^2)\mathrm{d}m$,$I_z=\int (x^2+y^2)\mathrm{d}m$ 分别是刚体对 y 轴、z 轴的转动惯量。可用矩阵形式表示式(3.21),得到

$$\begin{pmatrix}L_x\\L_y\\L_z\end{pmatrix}=\begin{pmatrix}I_x&-I_{xy}&-I_{xz}\\-I_{xy}&I_y&-I_{yz}\\-I_{xz}&-I_{yz}&I_z\end{pmatrix}\begin{pmatrix}\omega_x\\\omega_y\\\omega_z\end{pmatrix} \tag{3.22}$$

其中等式右面的 3×3 矩阵称为对 O 点的**惯量张量**，记为

$$\boldsymbol{I} = \begin{pmatrix} I_x & -I_{xy} & -I_{xz} \\ -I_{xy} & I_y & -I_{yz} \\ -I_{xz} & -I_{yz} & I_z \end{pmatrix} \tag{3.23}$$

用 $\boldsymbol{L}$、$\boldsymbol{\omega}$ 分别代表上述两个列矩阵

$$\boldsymbol{L} = \begin{pmatrix} L_x \\ L_y \\ L_z \end{pmatrix}, \quad \boldsymbol{\omega} = \begin{pmatrix} \omega_x \\ \omega_y \\ \omega_z \end{pmatrix} \tag{3.24}$$

式(3.22)改写为

$$\boldsymbol{L} = \boldsymbol{I} \cdot \boldsymbol{\omega} \tag{3.25}$$

式(3.25)说明，一般情况下 $\boldsymbol{L}$ 与 $\boldsymbol{\omega}$ 不是通过一个标量联系起来的简单的线性关系，而是由惯量张量联系起来的复杂关系。特别地，可以证明绕固定点转动时，对固定点的角动量在瞬轴方向的分量，有

$$L = I \cdot \omega$$

其中 I 是绕该瞬轴的转动惯量。

定点转动刚体的角速度 $\boldsymbol{\omega}$ 和转动点 O 确定后，$\boldsymbol{L}$ 与 $\boldsymbol{\omega}$ 的关系就是确定的，即 $\boldsymbol{I}$ 作为整体是确定的。但是根据定义知道，组成惯量张量 $\boldsymbol{I}$ 的九个组成元素是随坐标的选择不同而变化的，就好似一个矢量本身与坐标系无关，而矢量的分量却因坐标系的选择不同而不同是一个道理。另外，惯量张量是针对刚体作定点转动而存在的，组成它的九个分量是针对九个转动轴的，所以惯量张量是由九个轴转动惯量组成的。如何在无数个转动瞬轴中选出九个轴及轴转动惯量以便于计算，将在下一节介绍。

同样如果选择刚体中任一点为 m_i，它距离定点为 $\boldsymbol{r}_i$，也可以算出**刚体的转动动能**为

$$\begin{aligned} T &= \frac{1}{2}\sum_{i=1}^{n} m_i \dot{\boldsymbol{r}}_i^2 = \frac{1}{2}\sum_{i=1}^{n} m_i \boldsymbol{v}_i \cdot \boldsymbol{v}_i = \frac{1}{2}\sum_{i=1}^{n} m_i \boldsymbol{v}_i \cdot (\boldsymbol{\omega} \times \boldsymbol{r}_i) \\ &= \frac{1}{2}\boldsymbol{\omega} \cdot \sum_{i=1}^{n} (\boldsymbol{r}_i \times m_i \boldsymbol{v}_i) = \frac{1}{2}\boldsymbol{\omega} \cdot \boldsymbol{L} \\ &= \frac{1}{2}(\omega_x L_x + \omega_y L_y + \omega_z L_z) \\ &= \frac{1}{2}(I_x\omega_x^2 + I_y\omega_y^2 + I_z\omega_z^2 - 2I_{xy}\omega_x\omega_y - 2I_{xz}\omega_x\omega_z - 2I_{zy}\omega_z\omega_y) \end{aligned} \tag{3.26}$$

另外，刚体的转动动能还可以写成

$$\begin{aligned} T &= \frac{1}{2}\sum_{i=1}^{n} m_i \dot{\boldsymbol{r}}_i^2 = \frac{1}{2}\sum_{i=1}^{n} m_i (\boldsymbol{\omega} \times \boldsymbol{r}_i) \cdot (\boldsymbol{\omega} \times \boldsymbol{r}_i) \\ &= \frac{1}{2}\sum_{i=1}^{n} m_i \omega^2 r_i^2 \sin^2\theta_i = \frac{1}{2}\sum_{i=1}^{n} m_i \omega^2 \rho_i^2 \\ &= \frac{1}{2} I\omega^2 \end{aligned} \tag{3.27}$$

其中 θ_i 为质点位矢 $\boldsymbol{r}_i$ 与角速度矢量 $\boldsymbol{\omega}$ 间的夹角，ρ_i 为质点到转动瞬轴(即矢量 $\boldsymbol{\omega}$ 的作用线)的垂直距离(如图 3.13 所示)。而 I 是此时对转轴的转动惯量，这个转轴可以是瞬时的也可

以是固定的。

将式(3.26)和式(3.27)组合得到

$$I=\frac{1}{\omega^2}(I_x\omega_x^2+I_y\omega_y^2+I_z\omega_z^2-2I_{xy}\omega_x\omega_y-2I_{xz}\omega_x\omega_z-2I_{zy}\omega_z\omega_y)$$
$$=I_x\alpha^2+I_y\beta^2+I_z\gamma^2-2I_{xy}\alpha\beta-2I_{xz}\alpha\gamma-2I_{zy}\beta\gamma \tag{3.28}$$

式中 α,β,γ 为任一转轴关于坐标轴的方向余弦,则有

$$\omega_x=\alpha\omega,\quad \omega_y=\beta\omega,\quad \omega_z=\gamma\omega$$

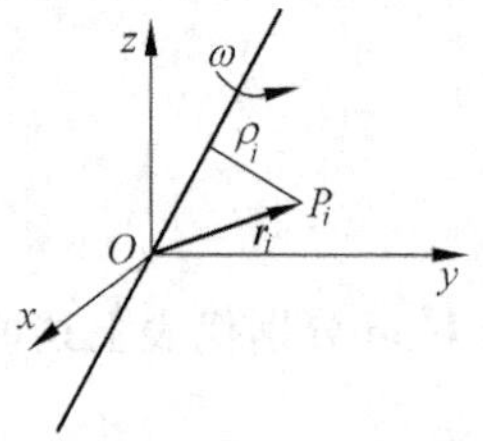

图 3.13

注:刚体的定点转动动能表达式可与质点的动能表达式相类比,如下表。

质点的动能	刚体的定点转动动能
$T=\frac{1}{2}mv^2$	$T=\frac{1}{2}I\omega^2$
$T=\frac{1}{2}m\boldsymbol{v}\cdot\boldsymbol{v}=\frac{1}{2}\boldsymbol{v}\cdot\boldsymbol{p}$	$T=\frac{1}{2}\boldsymbol{I}\boldsymbol{\omega}\cdot\boldsymbol{\omega}=\frac{1}{2}\boldsymbol{\omega}\cdot\boldsymbol{L}$
$T=\frac{1}{2}\boldsymbol{v}\cdot\boldsymbol{m}\cdot\boldsymbol{v}$	$T=\frac{1}{2}\boldsymbol{\omega}\cdot\boldsymbol{I}\cdot\boldsymbol{\omega}$
$T=\frac{1}{2}(v_x\ \ v_y\ \ v_z)\begin{pmatrix}m&0&0\\0&m&0\\0&0&m\end{pmatrix}\begin{pmatrix}v_x\\v_y\\v_z\end{pmatrix}$	$T=\frac{1}{2}(\omega_x\ \ \omega_y\ \ \omega_z)\begin{pmatrix}I_x&-I_{xy}&-I_{xz}\\-I_{xy}&I_y&-I_{yz}\\-I_{xz}&-I_{yz}&I_z\end{pmatrix}\begin{pmatrix}\omega_x\\\omega_y\\\omega_z\end{pmatrix}$

由表看出一一对应关系,$\boldsymbol{I}$ 与 $\boldsymbol{m}$(把它看成张量,其元素为 $m\delta_{ij}$)之间也有对应关系。也可以看出,I 称为转动惯量和 $\boldsymbol{I}$ 称为惯量张量的理由,m 是质点惯性的量度,I 和 $\boldsymbol{I}$ 是刚体转动惯量的量度;由于 m 是标量,$\boldsymbol{I}$ 是张量,$\boldsymbol{p}$ 与 $\boldsymbol{v}$ 方向一定相同,但是 $\boldsymbol{L}$ 与 $\boldsymbol{\omega}$ 一般不同向。

3.5.2 惯量椭球

惯量张量是由三个轴转动惯量和六个惯量积组成的,这九个组成元素叫做惯量张量的**组元**,也叫**惯量系数**。

由于惯量系数是点坐标的函数,如果采用静止的坐标系,那么刚体转动时,惯量系数也将随之改变,这显然是很不方便的。因此,通常采用的坐标是固连在刚体上且随刚体一同转动的动坐标系,这样,**以动坐标系表示的惯量系数都将是常数**。

动坐标系的原点和坐标轴只需固定在刚体上即可,而坐标轴的取向就完全可以任意选取。因此,可以利用这个性质将所有的惯量积通通消去,即让惯量积为零,这样就可以将问题简化,便于计算。

一般**选择惯量主轴作为坐标轴以消去惯量积**,具体做法如下。

在转动轴上截取一线段$\overline{OQ}$,并令$\overline{OQ}=\frac{1}{\sqrt{I}}=R$(即 $R^2I=1$ 且 $I\neq0$),其中 I 为刚体绕该轴的转动惯量,则 Q 点的坐标为 $x=R\alpha,y=R\beta,z=R\gamma$。

因为通过 O 点有很多转轴,用上面所讲的方法,就应该有很多 Q 点,而参照式(3.28)知道 Q 的坐标都会满足关系式

$$1=(I_xx^2+I_yy^2+I_zz^2-2I_{xy}xy-2I_{xz}xz-2I_{zy}yz) \tag{3.29}$$

这是一个中心在 O 点的椭球面方程，称为**惯量椭球**。通过 O 点的任一方向的轴与该椭球面的交点 Q 至 O 点的距离的平方的倒数数值上等于对该轴的转动惯量。按照上式可以画出椭球轨迹，再根据 $R^2I=1$ 的关系，由某轴上矢径 $\boldsymbol{R}$ 的长度，求出刚体绕该轴转动时的转动惯量。

如果将刚体的质心选在 O 点，那么该椭球叫**中心惯量椭球**。

大家知道，每一个椭球都有三条相互垂直的主轴。如果以此三个主轴作为坐标轴建立坐标系，椭球方程中含有的所有异坐标相乘的项统统消失(实际上是它们前面的系数都等于零，而这些系数正好是惯量积)。**惯量椭球**的主轴叫**惯量主轴**，而对于惯量主轴的转动惯量叫**主转动惯量**。刚体以惯量主轴为坐标轴作定点转动时，所有的惯量积均为零，只有主转动惯量存在，即 $I_{xy}=I_{yz}=I_{xz}=0$，$I_{xx}\neq 0$，$I_{yy}\neq 0$，$I_{zz}\neq 0$。而且，只有转轴为惯量主轴时，才有 $\boldsymbol{L}=I\boldsymbol{\omega}$，即对该转轴的角动量等于对该轴的转动惯量和角速度的乘积。

注：对固定点的角动量一般与该时刻绕该点的转动角速度不同向，即 $\boldsymbol{L}\nparallel\boldsymbol{\omega}$，只有当 $I_{xy}=I_{yz}=I_{xz}=0$ 且 $I_{xx}=I_{yy}=I_{zz}$ 的轴或者绕有关的惯量积均为零的轴(该轴称为惯量主轴)转动时，才有 $\boldsymbol{L}\parallel\boldsymbol{\omega}$ 或者 $\boldsymbol{L}=I\boldsymbol{\omega}$。

这样在惯量主轴坐标系中所表示的椭球方程就简化为

$$I_x x^2+I_y y^2+I_z z^2=1 \tag{3.30}$$

而且刚体绕固定点 O 转动的角动量和转动动能也可以简化为

$$\boldsymbol{L}=I_x\omega_x\boldsymbol{i}+I_y\omega_y\boldsymbol{j}+I_z\omega_z\boldsymbol{k} \tag{3.31}$$

$$T=\frac{1}{2}(I_x\omega_x^2+I_y\omega_y^2+I_z\omega_z^2) \tag{3.32}$$

此时刚体惯量张量均可表示为

$$I=(I_x\alpha^2+I_y\beta^2+I_z\gamma^2) \tag{3.33}$$

这里的惯量张量变成惯量系数为常数而且惯量积为零的简单形式

$$\boldsymbol{I}=\begin{pmatrix} I_x & 0 & 0 \\ 0 & I_y & 0 \\ 0 & 0 & I_z \end{pmatrix} \tag{3.34}$$

一般记为

$$\boldsymbol{I}=\begin{pmatrix} I_1 & 0 & 0 \\ 0 & I_2 & 0 \\ 0 & 0 & I_3 \end{pmatrix}$$

特别的，当刚体作定轴转动时，若选择转轴沿 Z 方向，即 $\omega_x=\omega_y=0$，有 $\omega=\omega_z$，将得到 $L=I_z\boldsymbol{\omega}_z$ 和 $T=\frac{1}{2}I_z\omega_z^2$，其中 I_z 为刚体绕 Z 轴的转动惯量。这就是大家所熟悉的定轴转动的公式了。

3.5.3　惯量主轴的选法

在主轴坐标系中，角动量、转动动能和惯量张量的表达式(3.31)、式(3.32)和式(3.34)特别简单，对任一轴的转动惯量也可以通过主转动惯量求得，因此确定刚体的主轴方向和建立主轴坐标系就十分必要。

理论上，对于任意质量分布的物体都可以通过求本征值和本征矢量的方法来确定主转动惯量。先在任意坐标系 $Oxyz$ 中计算出九个惯量系数，然后求问题 $\boldsymbol{I}\cdot\boldsymbol{\omega}=\lambda\boldsymbol{\omega}$ 的本征值 λ 和本征矢量 $\boldsymbol{\omega}$，上式即

$$\begin{pmatrix} I_x-\lambda & -I_{xy} & -I_{xz} \\ -I_{xy} & I_y-\lambda & -I_{yz} \\ -I_{xz} & -I_{yz} & I_z-\lambda \end{pmatrix}\begin{pmatrix}\omega_x \\ \omega_y \\ \omega_z\end{pmatrix}=0$$

上述方程有非零解的充要条件是其系数行列式为零，即

$$\begin{vmatrix} I_x-\lambda & -I_{xy} & -I_{xz} \\ -I_{xy} & I_y-\lambda & -I_{yz} \\ -I_{xz} & -I_{yz} & I_z-\lambda \end{vmatrix}=0$$

这是关于 λ 的三次方程，从中可解出三个本征值 $\lambda_1,\lambda_2,\lambda_3$，就是相应的三个主转动惯量 I_1,I_2,I_3。

实际上，对于质量分布均匀且简单的物体，可以根据一些简单的判据方便地确定主轴方向。原因是上述理论方法中得到的本征矢量是存在和唯一的，而且主轴坐标系中惯量积必为零，即**坐标原点确定后主轴方向是唯一确定的**。

确定惯量主轴的判据大致可总结为：

(1) 如果研究的是一个均匀刚体，它的密度处处相同，而且此均匀刚体有对称轴，那么此对称轴就将是惯量主轴。例如，若 x 轴为对称轴，则其必为主轴。

(2) 刚体质量分布的对称面的垂直轴必为主轴。例如，若 Oxy 面为对称面，则 z 轴必为主轴。

(3) 与两根相互垂直的主轴均垂直的第三根轴必为主轴，这是由主轴坐标系的唯一性决定的。例如，若 x 轴和 y 轴都是主轴，则 z 轴必为主轴。

(4) 如果 $I_x=I_y$，那么椭球将变为旋转椭球，在 xy 平面内的各轴都将是主轴；如果 $I_x=I_y=I_z$，那么椭球将变为球，所有通过 O 点的轴都是主轴。

特别地，对于质量分布均匀的等边三角形，由于它的对称性，过其质心且在板面内的任一轴都是惯量主轴。同时，根据转动惯量的垂直轴定理，可知垂直此等边三角形所在平面的轴也是惯量主轴。

例 3.4 求一均质的边长为 a、质量为 m 的正三角形薄板对质心 C 的惯量主轴和主转动惯量。

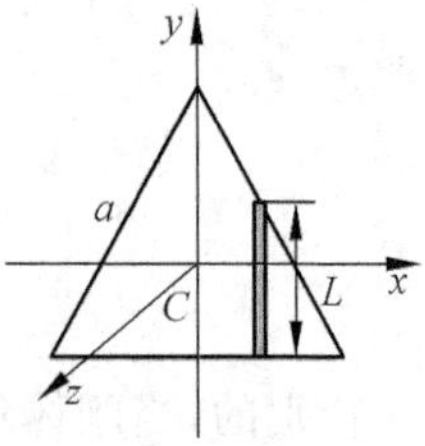

例 3.4 图

解 薄板平面是质量对称面，故其任一垂线为惯量主轴，选过质心的轴为坐标 z 轴，z 轴即惯量主轴；在薄板面内过质心任取两互相垂直的轴作为 x,y 轴，满足直角坐标系要求，则 x,y 轴均将为惯量主轴。如图所示，选质量元 $\mathrm{d}m$，则

$$\mathrm{d}m=\frac{m}{\frac{a}{2}\cdot\frac{\sqrt{3}}{2}a}\left[\sqrt{3}\left(\frac{a}{2}-x\right)\right]\cdot\mathrm{d}x=\frac{4m}{a^2}\left(\frac{a}{2}-x\right)\mathrm{d}x$$

$$I_x=I_y=\int x^2\,\mathrm{d}m=\int_{-\frac{a}{2}}^{\frac{a}{2}}\frac{4m}{a^2}\left(\frac{a}{2}-x\right)x^2\,\mathrm{d}x=\frac{ma^2}{24}$$

由垂直轴定理得到

$$I_z = I_x + I_y = \frac{ma^2}{12}$$

例 3.5 如图所示，求一边长为 a、质量为 m 的均质正三角形薄板边上任意点，例如与边的中心距离为 b 的 O 点的惯量主轴和主转动惯量。

解 根据例 3.4 的结果知道 y 轴是一惯量主轴；过所求点 O 与 y 轴垂直的 x 轴也是一惯量主轴；过 O 点与板面垂直的 z 轴也是惯量主轴。

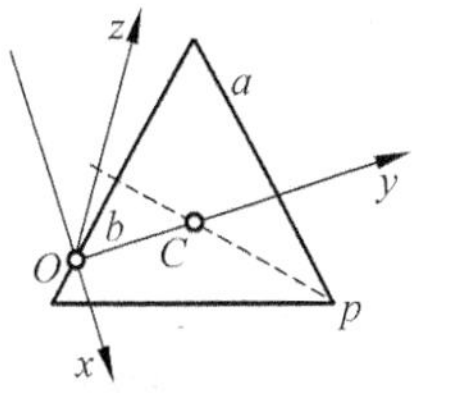

例 3.5 图

所以

$$I_y = \frac{ma^2}{24}$$

由平行轴定理

$$I_x = I_y + md^2$$

其中 d 为点 O 与 C 之间的距离，得

$$I_x = \frac{ma^2}{24} + m\left[b^2 + \left(\frac{1}{3}\cdot\frac{\sqrt{3}}{2}a\right)^2\right]$$

$$= m\left(b^2 + \frac{a^2}{8}\right)$$

又根据垂直轴定理，得到

$$I_z = I_x + I_y = m\left(b^2 + \frac{a^2}{6}\right)$$

3.6 欧拉动力学方程

根据 3.4 节中的讨论，刚体绕定点 O 转动时，动力学方程即对 O 点的动量矩(角动量)定理

$$\boldsymbol{M} = \frac{\mathrm{d}\boldsymbol{L}}{\mathrm{d}t}$$

为了便于求解，需要选定一个坐标系将上述的矢量表达式写成分量形式。前面讲过动量矩可以写成惯量张量与角速度的乘积，而惯量张量在不同的坐标系中其表现形式将不同，选择固定在刚体上且随刚体一起转动的动坐标系，其中主轴坐标系 $Oxyz$ 中的惯量张量形式最简单(不仅九个元素都是常数，而且六个惯量积全为零。如果选择静坐标系，惯量张量的各元素将会因刚体相对于静坐标系的位置变化而变化，显然这样对计算不利)。但是需要注意的是，相对于静坐标系，此时动坐标系的三个主轴都随时间以角速度 $\boldsymbol{\omega}$ 与刚体一起转动，所以有

$$\boldsymbol{M} = \frac{\mathrm{d}\boldsymbol{L}}{\mathrm{d}t} = \frac{\mathrm{d}\tilde{\boldsymbol{L}}}{\mathrm{d}t} + \boldsymbol{\omega}\times\boldsymbol{L} \tag{3.35}$$

式中第一项表示对动量矩数值大小的求导，而第二项代表对动量矩的方向求导。将 $\boldsymbol{\omega}$ 和动量矩的数值代入上式

$$\boldsymbol{\omega} = \omega_x\boldsymbol{i} + \omega_y\boldsymbol{j} + \omega_z\boldsymbol{k}$$

$$\boldsymbol{L} = I_x\omega_x\boldsymbol{i} + I_y\omega_y\boldsymbol{j} + I_z\omega_z\boldsymbol{k}$$

将得到

$$\boldsymbol{M}=[I_x\dot{\omega}_x-(I_y-I_z)\omega_y\omega_z]\boldsymbol{i}+[I_y\dot{\omega}_y-(I_z-I_x)\omega_z\omega_x]\boldsymbol{j}$$
$$+[I_z\dot{\omega}_z-(I_x-I_y)\omega_x\omega_y]\boldsymbol{k} \tag{3.36}$$

分量形式

$$\begin{cases}I_x\dot{\omega}_x-(I_y-I_z)\omega_y\omega_z=M_x\\ I_y\dot{\omega}_y-(I_z-I_x)\omega_z\omega_x=M_y\\ I_z\dot{\omega}_z-(I_x-I_y)\omega_x\omega_y=M_z\end{cases} \tag{3.37}$$

式(3.37)就是**欧拉动力学方程**在动坐标系 $Oxyz$ 中的表示。

上述推导中用了两次简化：

(1) 选用动坐标系可使惯性系数为常数；

(2) 选用 O 点的惯量主轴为动坐标系的坐标轴，可使惯量积为零。

注意：运动的描述最后还是要从固定坐标系中观察为准。

关于式(3.35)，还可以直接利用基本矢量的导数关系

$$\dot{\boldsymbol{e}}_r=\boldsymbol{\omega}\times\boldsymbol{e}_r$$

得到

$$\begin{cases}\dfrac{\mathrm{d}\boldsymbol{i}}{\mathrm{d}t}=\boldsymbol{\omega}\times\boldsymbol{i}=\omega_z\boldsymbol{j}-\omega_y\boldsymbol{k}\\ \dfrac{\mathrm{d}\boldsymbol{j}}{\mathrm{d}t}=\boldsymbol{\omega}\times\boldsymbol{j}=\omega_x\boldsymbol{k}-\omega_z\boldsymbol{i}\\ \dfrac{\mathrm{d}\boldsymbol{k}}{\mathrm{d}t}=\boldsymbol{\omega}\times\boldsymbol{k}=\omega_y\boldsymbol{i}-\omega_x\boldsymbol{j}\end{cases} \tag{3.38}$$

代入 $\boldsymbol{M}=\dfrac{\mathrm{d}\boldsymbol{L}}{\mathrm{d}t}$ 中直接计算，结果将一致，即

$$\begin{aligned}\boldsymbol{M}&=\frac{\mathrm{d}}{\mathrm{d}t}(I_x\omega_x\boldsymbol{i}+I_y\omega_y\boldsymbol{j}+I_z\omega_z\boldsymbol{k})\\ &=I_x\dot{\omega}_x\boldsymbol{i}+I_y\dot{\omega}_y\boldsymbol{j}+I_z\dot{\omega}_z\boldsymbol{k}+I_x\omega_x\frac{\mathrm{d}\boldsymbol{i}}{\mathrm{d}t}+I_y\omega_y\frac{\mathrm{d}\boldsymbol{j}}{\mathrm{d}t}+I_z\omega_z\frac{\mathrm{d}\boldsymbol{k}}{\mathrm{d}t}\\ &=[I_x\dot{\omega}_x-(I_y-I_z)\omega_y\omega_z]\boldsymbol{i}+[I_y\dot{\omega}_y-(I_z-I_x)\omega_z\omega_x]\boldsymbol{j}\\ &\quad+[I_z\dot{\omega}_z-(I_x-I_y)\omega_x\omega_y]\boldsymbol{k}\end{aligned}$$

同样得到式(3.36)，它是动量矩定理在主轴坐标系下的表达式。只要知道角速度随时间的变化，就可以求出合外力矩。

三个欧拉运动学方程(3.14)与三个欧拉动力学方程(3.37)联立将得到六个非线性常微分方程。利用这一方程组若能消去 $\omega_x,\omega_y,\omega_z$，就能得到关于三个欧拉角 φ,θ,ψ 的二阶常微分方程，解这个方程组可以求出 φ,θ,ψ 与时间 t 的关系，这样理论上可以求出刚体在任意时刻的位置。但实际计算起来很繁杂，甚至不可能。只有对几种简单情况下的重刚体(即除约束力外，只受到重力作用)才能求出它的解析解，这几种可解情况总结为：

(1) **刚体的定点自由运动**(又称欧拉-潘索情形)，这时刚体所受的外力通过定点，因而其对定点的外力矩为零，称为刚体绕定点自由运动，例如回转仪、地球自转等。将在下一节单独介绍具体解决方法。

(2) **对称重刚体绕定点转动**(又称拉格朗日-泊松情形),这时刚体为旋转对称的刚体(若设 z 轴为对称轴,则有 $I_x=I_y\neq I_z$),仅受重力作用,且重力力矩不为零,因此称为对称重刚体绕定点运动,比如重力陀螺仪。

(3) 第(2)种情形中若 $I_x=I_y=2I_z$,称为**柯凡夫斯卡雅情形**。

3.7 刚体绕定点的自由运动

若刚体绕定点自由运动,即刚体所受外力矩为零时,欧拉动力学方程(3.37)简化为

$$\begin{cases} I_x\dot{\omega}_x-(I_y-I_z)\omega_y\omega_z=0 \\ I_y\dot{\omega}_y-(I_z-I_x)\omega_z\omega_x=0 \\ I_z\dot{\omega}_z-(I_x-I_y)\omega_x\omega_y=0 \end{cases} \tag{3.39}$$

解 上述方程即对上述方程进行积分,可以由下述三种方法得到初积分。

方法一 数学上直接积分

将式(3.39)中的三个方程分别乘以 $\omega_x,\omega_y,\omega_z$,相加后再积分得到

$$\frac{1}{2}(I_x\omega_x^2+I_y\omega_y^2+I_z\omega_z^2)=T_0 \quad (\text{常量}) \tag{3.40}$$

此式表示刚体绕定点自由运动时能量守恒。

将式(3.39)中的三个方程分别乘以 $I_x\omega_x,I_y\omega_y,I_z\omega_z$ 相加后再积分得到

$$I_x^2\omega_x^2+I_y^2\omega_y^2+I_z^2\omega_z^2=L_0^2 \quad (\text{常量}) \tag{3.41}$$

此式表示刚体绕定点自由运动时角动量守恒。

一般的,因为上述能量守恒和角动量守恒关系是从式(3.39)中推导出的,所以式(3.40)和式(3.41)可以替代式(3.39)中的任一方程。

方法二 物理分析

根据给定条件进行物理分析并找出守恒量。此问题中,因外力通过定点但不做功,所以刚体的动能守恒。又由于外力矩为零,所以动量矩守恒,将这两个守恒用数学表达式表示出来,就是式(3.40)和式(3.41)表示的初积分。

*** 方法三 采用分析力学方法**

此问题中因外力通过定点,故势能保持不变。将欧拉角 φ,θ,ψ 作为广义坐标,体系的**拉格朗日函数**表示为

$$L=T-V=\frac{1}{2}(I_x\omega_x^2+I_y\omega_y^2+I_z\omega_z^2)-V=T_2-V$$

因为 L 中不显含时间 t,所以广义能量积分 T_2-T_0+V 为常量,即

$$T_2=\frac{1}{2}(I_x\omega_x^2+I_y\omega_y^2+I_z\omega_z^2)=T_{20} \quad (\text{常量})$$

此即为公式(3.40),表示动能守恒。

另外,因为 L 中不显含 φ,所以有广义动量积分存在

$$\begin{aligned} p_\varphi &= \frac{\partial L}{\partial\dot{\varphi}}=I_x\omega_x\frac{\partial\omega_x}{\partial\dot{\varphi}}+I_y\omega_y\frac{\partial\omega_y}{\partial\dot{\varphi}}+I_z\omega_z\frac{\partial\omega_z}{\partial\dot{\varphi}} \\ &= I_x\omega_x\sin\theta\sin\psi+I_y\omega_y\sin\theta\cos\psi+I_z\omega_z\cos\theta \\ &= \boldsymbol{L}\cdot\boldsymbol{e}_\zeta=p_0 \quad (\text{常量}) \end{aligned}$$

因为 e_ζ 为空间任意确定的方向，要使上式成立，只有令 $\boldsymbol{L}=\boldsymbol{L}_0$ 为常矢量，即 $\boldsymbol{L}^2=\boldsymbol{L}_0^2$，这就是式(3.41)，表示角动量守恒。

例 3.6 试讨论对称刚体绕定点自由运动的运动规律。

分析 对称刚体即 $I_x=I_y$。利用式(3.39)的初积分得到 $\omega_x,\omega_y,\omega_z$ 随时间变化的规律，然后与欧拉运动学方程结合继续积分，得到 φ,θ,ψ 与时间的关系。

解 对称刚体有对称轴，设为 $I_x=I_y$，则式(3.40)和式(3.41)变为

$$\begin{cases} I_x(\omega_x^2+\omega_y^2)+I_z\omega_z^2=2T_0 \\ I_x^2(\omega_x^2+\omega_y^2)+I_z^2\omega_z^2=L_0^2 \end{cases}$$

解以上两式可以得到第三个初积分

$$\omega_z=\pm\sqrt{\left|\frac{L_0^2-2I_xT_0}{I_z(I_z-I_x)}\right|}=\omega_{z0}\quad（常量）\tag{3.42}$$

和

$$\sqrt{\omega_x^2+\omega_y^2}=\sqrt{\left|\frac{L_0^2-2I_zT_0}{I_x(I_x-I_z)}\right|}=\Omega_0\quad（常量）\tag{3.43}$$

以上两式表明，$\boldsymbol{\omega}$ 在对称轴 z 方向的投影不变，在 Oxy 平面上的投影的大小 $\sqrt{\omega_x^2+\omega_y^2}$ 也不变。

另外，在上述相同条件下也可以利用式(3.39)中的第三个式子直接积分得到第三个积分

$$\omega_z=\omega_{z0}\quad（常量）$$

再将上式代入式(3.39)的前两个式子得到

$$\begin{cases} \dot{\omega}_x-\dfrac{I_x-I_z}{I_x}\omega_{z0}\omega_y=0 \\ \dot{\omega}_y-\dfrac{I_z-I_x}{I_x}\omega_{z0}\omega_x=0 \end{cases}\tag{3.44}$$

将式(3.44)中第一式对时间微商一次，并利用其第二式可得到关于 ω_x 的二阶微分方程

$$\ddot{\omega}_x-\left(\frac{I_x-I_z}{I_x}\omega_{z0}\right)^2\omega_x=0$$

这是典型的二阶常系数线性齐次微分方程，其解为

$$\omega_x=\omega_{x0}\cos\left(\left|\frac{I_x-I_z}{I_x}\omega_{z0}\right|t+\alpha\right)$$

其中系数 ω_{x0}，α 由初始条件决定。

将 ω_x 的值代入式(3.44)中第二式可解出 ω_y

$$\omega_y=\omega_{y0}\left(\frac{I_x-I_z}{|I_x-I_z|}\right)\sin\left(\left|\frac{I_x-I_z}{I_x}\omega_{z0}\right|t+\alpha\right)$$

由此求出了 $\omega_x,\omega_y,\omega_z$ 随时间变化的规律，接下来可利用欧拉运动学方程求 φ,θ,ψ 与时间的关系。

由于作定点自由运动的刚体的角动量守恒 $L=L_0$，可以选择其角动量方向沿静坐标系的 ζ 轴，所以角动量在动坐标系的 z 轴上的分量为

$$L_z=L\cos\theta=I_z\omega_z=I_z\omega_{z0}$$

得到 $\cos\theta=\frac{I_z\omega_{z0}}{L_0}$，即

$$\theta=\theta_0 \quad 或 \quad \dot{\theta}=0 \tag{3.45}$$

利用欧拉运动学方程(3.14)和式(3.43)，得到

$$\omega_x^2+\omega_y^2=\dot{\varphi}^2\sin^2\theta+\dot{\theta}^2=\Omega_0^2$$

所以

$$\dot{\varphi}=\frac{\Omega_0}{\sin\theta}=\dot{\varphi}_0 \tag{3.46}$$

所以

$$\dot{\psi}=\omega_{z0}-\dot{\varphi}_0\cos\theta_0=\dot{\psi}_0 \tag{3.47}$$

至此，又求出了 φ,θ,ψ 与时间的关系并得到了其运动规律：章动角不变，进动角速度和自转角速度都是常量，这种运动就是**规则进动**，其角速度为

$$\boldsymbol{\omega}=\dot{\varphi}\boldsymbol{e}_\zeta+\dot{\psi}\boldsymbol{e}_z$$

而前面假设 $\boldsymbol{L}=L\boldsymbol{e}_\zeta$，所以 $\boldsymbol{\omega}$，$\boldsymbol{L}$ 和 z 轴共面，由于角动量守恒，而 z 轴以恒定角速度 $\dot{\boldsymbol{\varphi}}$ 绕 $\boldsymbol{e}_\zeta$ 轴转动，所以 $\boldsymbol{\omega}$ 轴也将以同样的角速度 $\dot{\boldsymbol{\varphi}}$ 绕 $\boldsymbol{e}_\zeta$ 轴转动，即转动瞬轴将在空间描绘出一个锥面，称为**空间极面**。

从上面的讨论也可以说明定向陀螺和回转仪的工作原理：在外力矩为零条件下，当 $t=0$ 时，角速度和角动量都在对称轴的方向上，即 $\boldsymbol{\omega}=\omega_z\boldsymbol{e}_z$，$\boldsymbol{L}=I_z\boldsymbol{\omega}$，因为角动量守恒，所以角速度和角动量的大小和方向都将保持不变。

3.8 对称重刚体的定点的运动

刚体除约束反力外只在重力作用下作定点转动，这种刚体叫**重刚体**。此类问题的典型例子是陀螺。由于计算繁琐，只作简单介绍。

3.8.1 重力陀螺仪

重力陀螺仪是对称重刚体定点运动的典型例子。其自转沿 z 轴($I_x=I_y$)，质心 C 在对称轴上，其位矢为 $\boldsymbol{r}_C$，选主轴坐标系 $Oxyz$ 为动坐标系，$O\xi\eta\zeta$ 为空间固定坐标系即静坐标系。为描述重力，选竖直向上的方向为 ζ 轴，这样，重力矩为

$$\boldsymbol{M}=\boldsymbol{r}_C\times m\boldsymbol{g} \tag{3.48}$$

显见 $\boldsymbol{M}$ 垂直于 $\boldsymbol{e}_z$ 和 $\boldsymbol{e}_\zeta$ 轴。在这样的条件下，利用欧拉运动学方程和欧拉动力学方程来求解初积分。

可以采用数学上直接积分或物理上分析守恒量的方法，也可以采用分析力学的方法处理，后者计算相对简单，将在后面的分析力学部分中介绍。

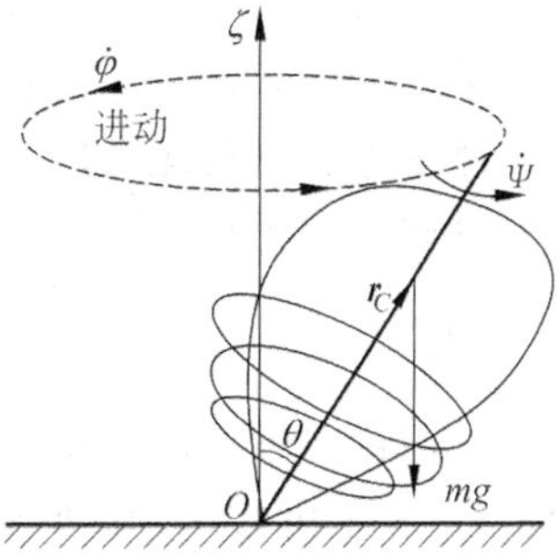

图 3.14

3.8.2 高速陀螺

高速陀螺是指轴对称刚体绕对称轴高速转动，这里只简单讨论高速陀螺的**回转效应**。其动量矩为

$$\boldsymbol{L}=I_z\boldsymbol{\omega}_z$$

基本上沿转轴(即对称轴)方向。

当外力矩为零时，由动量矩定理知道其动量矩(角动量)是常量，则其角速度也近似为常矢量，即转轴的空间指向也保持不变，这就是外力矩为零时高速陀螺的定向效用。

利用这个性质，可以制造定向仪，现代卫星上通常装有电动机带动的回转仪，因为无外力作用到回转仪上，所以其转轴的方向不会改变。当卫星中中轴方向由于某种扰动发生改变时，自动检测装置检测到卫星中轴与回转仪转轴的偏差，便会启动有关的动力装置，使卫星中轴回到原来的方向上。所以，快速转动的回转仪，可以作为自动导航之用。

另外，当高速陀螺绕它的对称轴快速旋转时，如果受到外力矩的作用，它们将表现出独特的性质。重力矩 $\boldsymbol{M}$ 按理是应该使陀螺向下倾倒，但是实际上是它的对称轴 Oz 绕竖直轴 $O\zeta$ 进动，这种绕对称轴以大角度高速旋转的对称陀螺不按照外力矩的“意志”行事的现象，叫做**回转效应**。

但是，在快速转动的部件上，又由于回转效应所产生的力矩(叫**回转力矩**)将带给轴承以很大的附加压力。例如，轮船上都装有巨大的涡轮机，它在水平面内绕对称轴以很大的角速度 $\boldsymbol{\omega}_1$ 转动，当轮船以角速度 $\boldsymbol{\omega}_2$ 转弯时，等于涡轮机的轴以角速度 $\boldsymbol{\omega}_2$ 进动，故轮船一般不应很快的转弯，以免损坏涡轮机的轴承。

思考题

3.1 刚体是个质点系，是否对其中的每一个质点都要逐一加以说明呢？

3.2 刚体一般是由 n 个质点组成的，为什么刚体的独立变量不是 $3n$ 而是 6 或者更少？

3.3 什么是力学系统的自由度？

3.4 刚体的运动可基本上分为哪几种？自由度分别是多少？

3.5 什么是刚体定点转动的欧拉描述？

3.6 关于欧拉角，你能说出它的来源、用处吗？

3.7 为什么说只要一个矢量函数 $\boldsymbol{\omega}(t)$，就足以描述刚体绕固定轴的转动？

3.8 刚体作怎样的运动时，刚体内任一点的线速度才可写为 $\boldsymbol{\omega}\times\boldsymbol{r}$？这时 $\boldsymbol{r}$ 是否为该质点到转动轴的垂直距离？为什么？

3.9 刚体作定点运动时，$\dfrac{\mathrm{d}\boldsymbol{\omega}}{\mathrm{d}t}\times\boldsymbol{r}$ 为什么叫做转动加速度而不叫切向加速度？又 $\boldsymbol{\omega}\times\boldsymbol{v}$ 为什么叫做向轴加速度而不叫向心加速度？

3.10 在欧拉方程中，既然坐标轴是固定在刚体上的，随着刚体一起转动，为什么还可以用这种坐标系来研究刚体的运动？

3.11 什么是惯量张量？它与转动惯量有什么关系？

3.12 什么是惯量椭球？据此怎样求出某方向的转动惯量？

3.13 欧拉动力学方程中的第二项 $(I_1-I_2)\boldsymbol{\omega}_x\boldsymbol{\omega}_y$ 是怎样产生的？它的物理意义又是什么？

3.14 什么是回转效应？有什么实际应用？

3.15 至少说出三种求解定向仪问题的方法？

习题

3.1 半径为 r 的光滑半球形碗，固定在水平面上。一均质棒斜靠在碗缘，碗内部分长度为 c，试证棒的全长为 $\frac{4(c^2-2r^2)}{c}$。

3.2 相同的两个均质光滑球悬在结于定点 O 的两根光滑绳上，此两球同时又支持一个等重的均质球，如图示。求 α,β 两角间的关系。

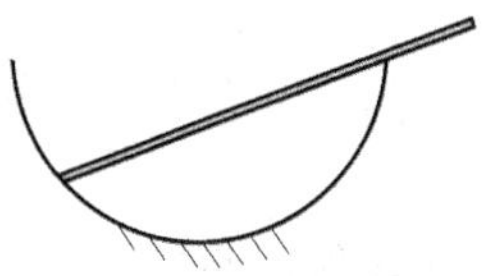

习题 3.1 图

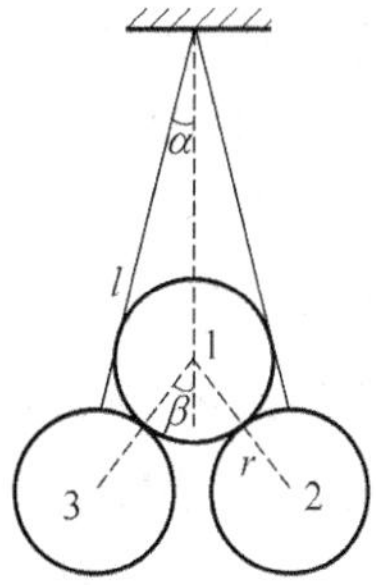

习题 3.2 图

3.3 求底面半径为 r、高为 h 的均质圆锥体相对于中心轴的转动惯量以及相对于任意直径的转动惯量。

3.4 两根均质棒于棒端固连成直角后组成一摆，棒长分别为 $2a$ 和 $2b(a>b)$，摆的水平转动轴通过此直角的顶点。摆在竖直平面的位置，由较短的棒与竖直线所成的角 φ 决定，如开始时 $\varphi=0,\dot{\varphi}=0$，求 φ 的最大值。

3.5 一质量和半径分别为 m、a 的圆球置于一半径为 b 的固定球面上，从静止开始自由滚下。试证明当两球连心线与竖直向上的直线间所成的角度等于 $\arccos\frac{10}{17}$时，此两球将互相分离。

3.6 一均质质量为 m 的椭球，若椭球方程为$\frac{x^2}{a^2}+\frac{y^2}{b^2}+\frac{z^2}{c^2}=1$，试求此椭球绕其三个中心主轴转动时的中心主转动惯量。

3.7 试证明刚体上任意两点的速度在它们连线上的投影相等(速度投影定理)。

3.8 碾磨机碾轮的边缘沿水平面作纯滚动，轮的水平轴则以匀角速度 $\boldsymbol{\omega}$ 绕铅直轴 OB 转动。如 $OA=c$，$OB=b$，试求轮上最高点 M 的速度及加速度的量值。

3.9 转轮 AB 绕 OC 轴转动的角速度为 ω_1，而 OC 绕竖直线 OE 转动的角速度为 ω_2。若 $AD=DB=a$，$OD=b$，$\angle EOC=\theta$，试求转轮最低点 B 的速度。

3.10 高为 h、顶角为 2α 的圆锥在一平面上滚动而不滑动。如已知此圆锥以匀角速度 ω 绕 $O\zeta$ 轴转动，试求圆锥底面上 A 点的转动加速度 a_1 和向轴加速度 a_2 的大小。

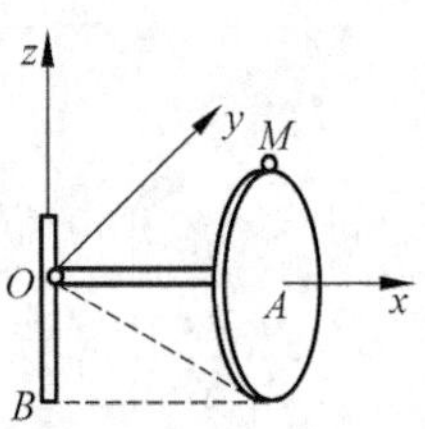

习题 3.8 图

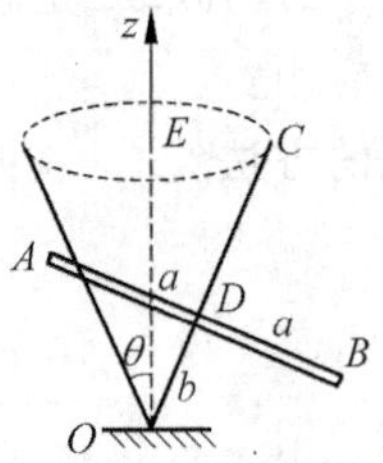

习题 3.9 图

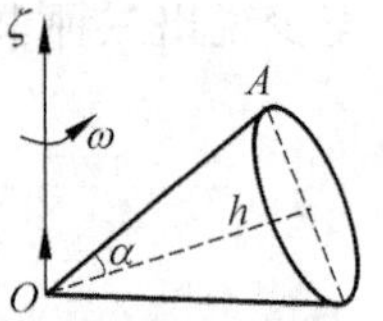

习题 3.10 图

3.11 当飞机在空中以定值速度 V 沿半径为 R 的水平圆形轨道 C 转弯时，求当螺旋桨(长度 $AB=l$)尖端 B 与中心 A 的连线与竖直线成 θ 角时，B 点的速度和加速度。设螺旋桨自转角速度为 ω_1。

3.12 若作定点转动的刚体的运动学方程为 $\varphi=at,\psi=bt,\theta=c$，式中 a,b,c 均为常量，φ,ψ,θ 为欧拉角，求角速度、角加速度在动、静坐标系中的分量。

3.13 刚体作上题所述的运动，求刚体上(1,0,0)点及位于空间(1,0,0)的刚体上的点在 t 时刻的速度和加速度。

3.14 用什么样的动系，可以将刚体作定点转动时用到的 $\dot{\varphi}\ \dot{\theta}\ \dot{\psi}$ 三个角速度中的一个作为相对角速度，而另两个作为牵连角速度?

3.15 一回转仪，$I_x=I_y=2I_z$，依惯性绕重心转动。已知此回转仪的自转角速度为 ω_1，并知其自转轴与进动轴间的夹角为 $\theta=60°$，求进动角速度 ω_2 的量值。

3.16 试用欧拉动力学方程证明在欧拉一潘索情况中，角动量与动能都是常数。

3.17 对称陀螺的轴位于竖直位置，陀螺以很大的角速度 ω_1 作稳定的自转，今突然于距离顶点(也是定点)d 处受到一与陀螺对称轴相垂直的冲量 I 作用。试证明，陀螺在以后的运动中，最大章动角近似地为 $2\arctan\left(\dfrac{Id}{I_3\omega_1}\right)$，其中，$I_3$ 是陀螺绕对称轴转动的转动惯量。

3.18 一个 $I_x=I_y\neq I_z$ 的刚体，绕其重心作定点转动。已知作用在刚体上的阻尼力是一力偶，位于与转动轴相垂直的平面内，其力偶矩与瞬时角速度成正比，比例常数为 $I_3\lambda$。试证明刚体的瞬时角速度在三惯量主轴上的分量为

$$\omega_x = a\mathrm{e}^{\frac{-\lambda I_3}{I_1}}\sin\left(\frac{n}{\lambda}\mathrm{e}^{-\lambda}+\varepsilon\right)$$

$$\omega_y = a\mathrm{e}^{\frac{-\lambda I_3}{I_1}}\cos\left(\frac{n}{\lambda}\mathrm{e}^{-\lambda}+\varepsilon\right),\quad \text{其中 } a,\varepsilon,\omega_0 \text{ 都是常数，而 } n=\frac{I_3-I_1}{I_1}\omega_0$$

$$\omega_z = \omega_0\mathrm{e}^{-\lambda}$$

3.19 一个质量为 m、半径为 a 的圆盘绕通过质心与其垂线成 α 角的轴以角速度 Ω 转动，圆盘突然被释放，绕其质心自由转动。(1)试证明转轴在空间描绘出一个圆锥，相对于圆盘也描绘出一个圆锥；(2)试计算转轴描绘出两个圆锥分别所需要的时间。

3.20 掌握欧拉角的画法并指出三个欧拉角的导数方向；推导欧拉运动学方程。

部分习题答案

3.2 $\tan\beta = 3\tan\alpha$

3.3 $I_1 = \frac{3}{10}mr^2, I_2 = \frac{1}{20}m(3r^2 + 2h^2)$

3.4 $\varphi_{\max} = 2\varphi_0$，其中 φ_0 为摆平衡时的角度

3.6 $I_1 = \frac{m}{5}(b^2 + c^2), I_2 = \frac{m}{5}(a^2 + c^2), I_3 = \frac{m}{5}(b^2 + c^2)$

3.8 $\boldsymbol{v} = 2c\omega, a = c\omega^2\sqrt{9 + \frac{c^2}{b^2}}$

3.9 $a\omega_1 + \omega_2(a\cos\theta + b\sin\theta)$，方向垂直纸面背离读者

3.10 $a_1 = \frac{h}{\sin\alpha}\omega^2, a_2 = 2a_1\cos^2\alpha$

3.11 $\boldsymbol{v} = \sqrt{\omega_1^2 l^2 + V^2\left(1 + \frac{l}{R}\sin\theta\right)^2}$；

$$a = \sqrt{\left(\omega_1^2 l\sin\theta + \frac{V^2}{R} + \frac{V^2 l}{R^2}\sin\theta\right)^2 + \left(\frac{2V\omega_1 l}{R}\cos\theta\right)^2 + (\omega_1^2 l\cos\theta)^2}$$

3.12 $\begin{cases} \omega_x = a\sin c\sin bt \\ \omega_y = a\sin c\cos bt; \\ \omega_z = b + a\cos c \end{cases} \begin{cases} \beta_x = ab\sin c\cos bt \\ \beta_y = -ab\sin c\sin bt \\ \beta_z = 0 \end{cases}$

$\begin{cases} \omega_\xi = b\sin c\sin at \\ \omega_\eta = -b\sin c\cos at; \\ \omega_\zeta = a + b\cos c \end{cases} \begin{cases} \beta_\xi = ab\sin c\cos bt \\ \beta_\eta = -ab\sin c\sin bt \\ \beta_\zeta = 0 \end{cases}$

3.13 t 时刻刚体上(1,0,0)点 $\boldsymbol{v} = (b + a\cos c)\boldsymbol{j} - a\sin c\cos bt\boldsymbol{k}$

$a = -[(b + a\cos c)^2 + (a\sin c\cos bt)^2]\boldsymbol{i} + (a\sin c)^2\sin bt\cos bt\boldsymbol{j} + a\sin c(2b + a\cos c)\sin bt\boldsymbol{k}$

t 时刻空间上(1,0,0)点 $\boldsymbol{v} = (a + b\cos c)\boldsymbol{e}_\eta + (b\sin c\cos at)\boldsymbol{e}_\zeta$

$a = -[(a + b\cos c)^2 + (b\sin c\cos at)^2]\boldsymbol{e}_\xi - (b\sin c)^2\sin at\cos at\boldsymbol{e}_\eta + b^2\sin c\cos c\sin at\boldsymbol{e}_\zeta$

3.15 $\omega_2 = 2\omega_1$

3.19 $T_1 = \frac{2\pi}{\Omega\sqrt{1 + 3\cos^2\alpha}}, T_2 = \frac{2\pi}{\omega_z} = \frac{2\pi}{\Omega\cos\alpha}$

第4章　多自由度系统的微振动

本章系统地介绍了简谐振动、阻尼振动和受迫振动,详述了振动的合成与分解。最后简单介绍了非线性振动和多自由度微振动的情况,为第6章的分析力学处理多自由度微振动问题打下了基础。

振动和波动都是自然界中常见的现象,在工程技术和科学研究中无处不在。许多工程设计和制造业都必须考虑可能遇到的振动问题,如汽车、船舶、飞机等交通工具的设计制造;桥梁、水坝等土木、水力工程的设计。机器制造业就更不用说了,机械振动常常是机械机构和零部件损坏、失效的重要原因。

振动如果采取措施并加以控制利用,可帮助生产和助于研究,如振动筛选、振动打桩、地震仪、传感器。除了上述的机械振动外,还有电磁振动,如晶体内原子、分子的振动。

在物理学中,凡描述物质运动状态的物理量,在某一数值附近作循环往复的变化,都叫做振动。最简单的振动方式是简谐振动,机械的和非机械的振动虽然遵循不同的规律,但都具有相同的微分方程形式。

读者已经学习过简谐振动的相关知识,简谐振动是单自由度的振动,在叙述多自由度系统的微振动之前,为了知识的连贯性,先简短地陈述单自由度的振动情况。关于这部分的学习是必要的,这里所学的许多结论与后续课程中的结论是一致的。

4.1　振动

每个系统都能发生振动,系统可以是连续的,也可以是离散的。大多数的连续系统经过适当处理后可以变成离散系统。从自由度来分,又可以分成单自由度系统、多自由度系统和无限自由度系统。

4.1.1　振动的分类

一般的,将一个物理量时而增大时而变小反复变化的运动,称为**振动**。如果随时间变化具有周期性,称为周期运动或**周期**振动;如果振动不具有随时间的周期性,称为**非周期**运动或非周期振动。

在外界激发振动的力(简称激振力)作用下的运动称为**受迫**振动;在无外界激发振动的力作用下的运动称为**自由**振动;在既没有激振力又没有阻力作用下发生的振动称为**固有**振动。

按振动所遵从的微分方程来区分,有**线性**振动和非线性振动。

按振动的运动学方程来分,有**简谐振动**和非简谐振动。

4.1.2 简谐振动

对于复杂的振动，可以采用分解的方式（在数学上可以采用傅里叶级数展开的方式，分解成最简单数学式的组合）将振动分解成最基本、最简单的形式，而最基本、最简单的振动形式称为**简谐振动**。换言之，任何复杂的振动都是多个不同频率的简谐振动的合成。

对于单自由度的简谐振动的例子很多：水平弹簧振子、竖直弹簧振子、单摆和复摆，这些都是在小范围或者小角度内的运动形式，故又称为**微幅振动**。

对于单自由度的简谐振动，可以有三个判据来判断一个振动是否是简谐振动。因为所有的实例都表明，只要选平衡位置为坐标原点，作简谐振动的物理量就有同样的运动学方程

$$x = A\cos(\omega t + \varphi) \tag{4.1}$$

x 可以是坐标、角度、速度、加速度、角速度、角加速度或者其他物理量。它们遵从相同形式的动力学方程，为二阶线性常系数的奇次微分方程

$$\ddot{x} + \omega^2 x = 0 \tag{4.2}$$

作简谐振动的物理量，在偏离平衡位置后，都将受到一个“恢复力”的作用。（恢复力矩也可视为“恢复力”，如物理量是速度 $\dot{x}$，$-k\dot{x}$ 也是“恢复力”）“恢复力”大小与偏离平衡位置的物理量的“位移”大小成正比，符号总与“位移”的符号相反，即满足

$$\boldsymbol{F} = -k\boldsymbol{x} \tag{4.3}$$

故任何一个运动或者一个物理量只要满足了式(4.1)、式(4.2)、式(4.3)中任何一式，就一定会满足其他两式，所以据此可以简单判别单自由度的振动是否是简谐振动。式(4.1)为简谐振动的运动学判据，式(4.2)为简谐振动的动力学判据，式(4.3)为简谐振动的力学判据。按照前面关于振动的各种分类方法，**简谐振动是单自由度的、线性的、周期性的、自由的和固有的振动**。

4.1.3 表征简谐振动的物理量

描述简谐振动的物理量除了振幅、角频率和初相位外，还有周期和频率。简谐振动的运动学方程(4.1)中，A 为**振幅**，ω 称为**角频率**，φ 为**初相位**，$\omega t+\varphi$ 为 t 时刻的**相位**。描述系统运动的各个物理量都回到开始的值所经历的最短时间称为周期运动的**周期**，通常用 T 表示

$$T = \frac{2\pi}{\omega}$$

系统回到原来的状态一次称为完成一次振动，周期是完成一次振动所经历的时间。其倒数是单位时间内完成振动的次数，称为振动的**频率**，用 ν 表示，则有

$$\nu = \frac{1}{T}$$

ω，ν 的单位分别是弧度/秒(rad/s)和赫兹(Hz)。

常称振幅、角频率和初相位为简谐振动运动学方程的三要素，其中角频率（包含周期）是系统性质决定的，又称其为**固有角频率**（**固有周期**），而振幅和初相位由振动的初始条件决定。

前面讲的弹簧振子、单摆和复摆的（固有）周期分别为

$T=2\pi\sqrt{\dfrac{m}{k}}$，其中，$k$ 为弹簧的弹性系数。

$T=2\pi\sqrt{\dfrac{l}{g}}$，其中，$l$ 为摆长。

$T=2\pi\sqrt{\dfrac{J}{mgh}}$，其中，$J$ 为物体的轴转动惯量，h 为转动轴到物体质心的距离。

4.1.4 简谐振动的表示方法

最常用的方法有三种。

1. 函数法

简谐振动运动学方程的表示法最常用：$x=A\cos(\omega t+\varphi)$。

2. 图示法

用 x-t 曲线表示。

如图 4.1 所示，显见当 $t=0$ 时，$x=0$，$\dot{x}<0$，故有 $\cos\varphi=0$，$\sin\varphi>0$，说明 $\varphi=\dfrac{\pi}{2}$。

图示法虽然直观，但是初相位表示得不够明显。

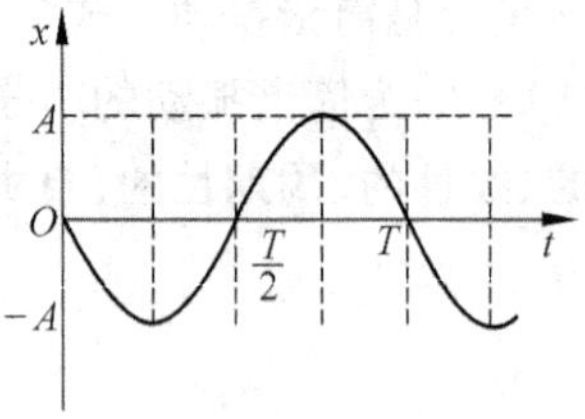

图 4.1

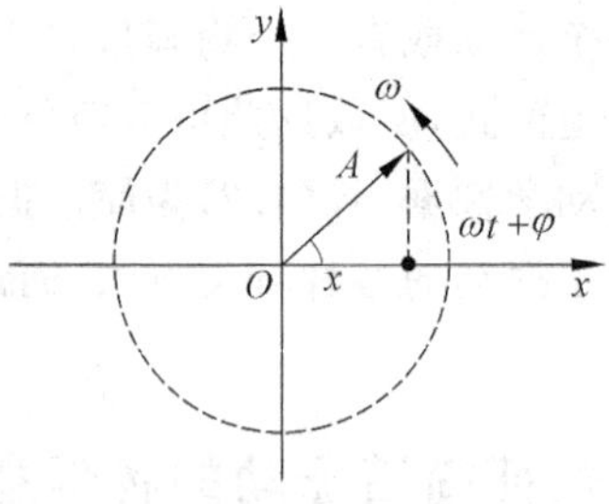

图 4.2

3. 旋转矢量法

以坐标原点为矢量原点，振幅 A 为矢量长度，设计一个矢量，使其以角速度 ω 沿逆时针旋转，称此矢量 $\boldsymbol{A}$ 为**旋转矢量**。当 $t=0$ 时，旋转矢量所在的位置与 x 轴的夹角 φ 为初相位，而旋转矢量任意时刻所在的位置与 x 轴的夹角 $\omega t+\varphi$ 为相位，旋转矢量任意时刻在 x 轴上的投影为

$$x=A\cos(\omega t+\varphi)$$

这正是简谐振动的运动学方程。显见，这种方法可以形象地描述简谐振动，称此种方法为**旋转矢量法**。用此方法表示的初相位一目了然，这是它的主要优点。另外，在振动的合成与分解方面，这种方法也十分简便。

作旋转矢量图时要注意的是，图 4.2 中的 x 轴必须与 x-t 图中的 x 轴一致。另外，判断相位时还要注意速度的方向，因为图中的每一个 x 位置可能对应于两个不同的象限。

还有一种可以清楚地表示初相位的方法是复数法。

4. 复数法

采用复数 $z=Ae^{i(\omega t+\varphi)}$，或者 $z=\hat{A}e^{i\omega t}$，其中 $\hat{A}=Ae^{i\varphi}$。因为

$$z = Ae^{i(\omega t+\varphi)} = A\cos(\omega t+\varphi)+iA\sin(\omega t+\varphi)$$

它的实部 $\mathrm{Re}(z)=A\cos(\omega t+\varphi)$就是描述简谐振动的表达式，即

$$x = \mathrm{Re}(z)$$

可以验证，对于所有的简谐振动，上述关系都是成立的，例如

$$\dot{x} = -\omega A\sin(\omega t+\varphi) = A\omega\cos\left(\omega t+\varphi+\frac{\pi}{2}\right)$$

而

$$\dot{z} = i\omega A\,e^{i(\omega t+\varphi)} = A\omega\,e^{i\left(\omega t+\varphi+\frac{\pi}{2}\right)}$$

所以 $\dot{x}=\mathrm{Re}(\dot{z})$。

4.1.5 简谐振动的能量

以弹簧振子为例来说明简谐振动的能量。设在某一时刻，物体的速度为 v，则系统的动能为

$$E_k = \frac{1}{2}mv^2 = \frac{1}{2}m\omega^2A^2\sin^2(\omega t+\varphi)$$
$$= \frac{1}{2}kA^2\sin^2(\omega t+\varphi_0)$$

若该时刻物体的位移为 x，则系统的弹性势能为

$$E_p = \frac{1}{2}kx^2 = \frac{1}{2}kA^2\cos^2(\omega t+\varphi_0)$$

显见，物体的动能和势能都随时间 t 作周期性的变化。当物体的位移最大时，势能达到最大值，但此时动能为零；当物体的位移是零时，势能为零，而动能却达到最大值。

系统的总能量

$$E = E_k + E_p = \frac{1}{2}kA^2 = \frac{1}{2}m\omega^2A^2 \tag{4.4}$$

弹簧振子作简谐振动的总能量保持常数，且**总能量与振幅的二次方成正比**。这是由于在简谐振动过程中，只有系统的保守力(如弹性力)做功，其他非保守内力和外来力均不做功，所以，系统作简谐振动的总能量必然守恒。系统的动能和势能不断地相互转化，总能量却保持恒定。

上述结论虽然来自于弹簧振子，但是同样适用于非弹簧振子系统。简谐振动的总能量保持恒定，体现在振动过程中振幅保持不变，所以简谐振动是一种等幅振动。振幅不仅给出简谐振动运动的范围，而且还反映了振动系统总能量的大小及振动的强度。

可以利用能量守恒来推出振幅和简谐振动的微分方程，具体计算如下：

因为振幅是由初始条件决定的，设初始时刻系统动能和势能分别为

$$E_{k0} = \frac{1}{2}mv_0^2, \quad E_{p0} = \frac{1}{2}kx_0^2$$

则根据能量守恒，有

$$E_{k0}+E_{p0}=\frac{1}{2}mv_0^2+\frac{1}{2}kx_0^2=\frac{1}{2}kA^2$$

利用 $\omega^2=\frac{k}{m}$，解得

$$A=\sqrt{x_0^2+\frac{v_0^2}{\omega^2}}$$

又因为系统的总能量守恒，有

$$E=\frac{1}{2}mv^2+\frac{1}{2}kx^2=\text{常量}$$

将上式对时间求导，有

$$mv\frac{dv}{dt}+kx\frac{dx}{dt}=0$$

即

$$mv\frac{d^2x}{dt^2}+kxv=0$$

得到

$$\frac{d^2x}{dt^2}+\frac{k}{m}x=0$$

显见，在不适宜力学分析的时候，从能量守恒的角度考虑问题是十分有利的。

另外，利用数学关系

$$\frac{1}{T}\int_0^T\sin^2(\omega t+\varphi_0)dt=\frac{1}{T}\int_0^T\cos^2(\omega t+\varphi_0)dt=\frac{1}{2}$$

可以算出简谐振动的动能和势能在一个振动周期里的时间平均值分别为：

$$\overline{E_k}=\frac{1}{T}\int_0^T\frac{1}{2}kA^2\sin^2(\omega t+\varphi_0)dt=\frac{1}{4}kA^2$$

$$\overline{E_p}=\frac{1}{T}\int_0^T\frac{1}{2}kA^2\cos^2(\omega t+\varphi_0)dt=\frac{1}{4}kA^2$$

它们各占总能量的一半。

例 4.1 质量为 0.10kg 的物体，以振幅 1.0×10^{-2} m 作简谐振动，其最大加速度为 4.0m/s^2，求：(1)振动的周期；(2)通过平衡位置时的动能；(3)总能量；(4)物体在何处其动能和势能相等？

解 (1) 根据简谐振动方程(4.1)，得到振动的加速度为

$$a=\ddot{x}=-A\omega^2\cos(\omega t+\varphi)$$

所以最大加速度为 $a_{max}=A\omega^2$，解得

$$\omega=\sqrt{\frac{a_{max}}{A}}=20\text{s}^{-1}\text{，周期为 }T\approx0.314\text{s}$$

(2) 物体通过平衡位置时速度最大，对应的动能为

$$E_{kmax}=\frac{1}{2}kA^2=2.0\times10^{-3}\text{J}$$

(3) 总能量

$$E=E_{kmax}=\frac{1}{2}kA^2=2.0\times10^{-3}\text{J}$$

(4) 若动能和势能相等，则

$$E_p = \frac{E}{2} = 1.0 \times 10^{-3}\text{J}$$

根据 $E_p = \frac{1}{2}kx^2$，解得

$$x = \sqrt{\frac{2E_p}{k}} = \sqrt{\frac{2E_p}{m\omega^2}} = \pm 0.707\text{cm}$$

4.2 简谐振动的合成与分解

简谐振动是最简单、最基本的振动形式，任何复杂的振动都可以看成是多个简谐振动的线性或非线性的叠加。

4.2.1 简谐振动的合成

如果同一个系统受到了两个或两个以上产生简谐振动的作用或扰动，根据运动的合成作用，会产生什么效果？换言之，两个一起作用着的扰动所产生的位移是否等于它们单独产生的位移的矢量叠加？答案可能是也可能不是。下面讨论几种可以矢量叠加的特殊问题。

1. 两个同方向的同频率的简谐振动的合成

在 x 方向上，设物体参与两个具有相同角速度 ω 的简谐振动的运动，两个简谐振动的运动方程分别是

$$x_1 = A_1\cos(\omega t + \varphi_1), \quad x_2 = A_2\cos(\omega t + \varphi_2)$$

合成后的振动的位移也一定在 x 方向上，且等于两个分振动的代数和，即

$$x = x_1 + x_2 = A_1\cos(\omega t + \varphi_1) + A_2\cos(\omega t + \varphi_2)$$

利用三角关系不难用分析法得到下列形式的表达式

$$x = A\cos(\omega t + \varphi)$$

但是更方便的方法是采用旋转矢量法或复数法。

两个振动的频率相同，利用旋转矢量可知两个矢量 $\boldsymbol{A}_1$，$\boldsymbol{A}_2$ 同步旋转，两矢量间夹角始终保持不变，在 $t=0$ 时刻，两矢量位置如图 4.3 所示。

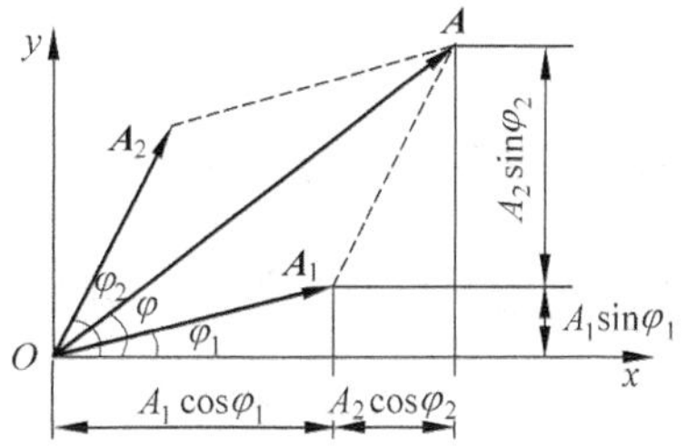

图　4.3

根据矢量加法的平行四边形法则或者三角形法则

$$A = \sqrt{A_1^2 + A_2^2 + 2A_1A_2\cos(\varphi_2 - \varphi_1)}$$

$$\tan\varphi = \frac{A_1\sin\varphi_1 + A_2\sin\varphi_2}{A_1\cos\varphi_1 + A_2\cos\varphi_2}$$

也可以利用复数法：

$$\begin{aligned} z &= z_1 + z_2 = A_1 e^{i(\omega t+\varphi_1)} + A_2 e^{i(\omega t+\varphi_2)} \\ &= e^{i\omega t}(A_1\cos\varphi_1 + iA_1\sin\varphi_1 + A_2\cos\varphi_2 + iA_2\sin\varphi_2) \\ &= e^{i\omega t}[(A_1\cos\varphi_1 + A_2\cos\varphi_2) + i(A_1\sin\varphi_1 + iA_2\sin\varphi_2)] \\ &= e^{i\omega t}A e^{i\varphi} \end{aligned}$$

当然，也可以用图解法得到合振动的 x-t 图。

可以推广得知，N 个同方向、同频率的简谐振动的合成，特别是当所有振动的振幅也相同，相位还依次相差一个固定值 $\Delta\varphi$ 时（这是光学中光的衍射时常常遇到的情况），合振动依然是简谐振动。

2. 两个相互垂直的同频率的简谐振动的合成

设物体受到两个分别在 x, y 轴上的振动，振动方程为

$$x_1 = A_1\cos(\omega t + \varphi_1), \quad y_2 = A_2\cos(\omega t + \varphi_2)$$

消去上式中的时间 t，得到合振动的轨迹方程为

$$\frac{x^2}{A_1^2} + \frac{y^2}{A_2^2} - \frac{2xy}{A_1 A_2}\cos(\varphi_2 - \varphi_1) = \sin^2(\varphi_2 - \varphi_1)$$

这是椭圆方程，具体的形状由相位差 $\varphi_2 - \varphi_1$ 和两分振动的振幅决定。

特别的，当 $\varphi_2 - \varphi_1 = \frac{\pi}{2}$ 时，方程变为

$$\frac{x^2}{A_1^2} + \frac{y^2}{A_2^2} = 1$$

合振动的轨迹为一个正椭圆。当 $A_1 = A_2$ 时，为圆方程。

3. 两个同方向的、不同频率的简谐振动的合成　拍

一般而言，两个同方向、不同频率的谐振动叠加后已非简谐振动。下面只研究频率相差不大的两个简谐振动的叠加。

如果有两个频率相差很小的音叉同时振动时，就会听到时而加强，时而减弱的声音，叫做“拍音”，在吹奏双簧管时，由于簧管两个簧片的频率略有差别，就能听到时强时弱的悦耳的拍音。下面从数学上的计算出发来说明这个物理现象。

为计算方便，假设两分振动的初相位相等，则合振动为

$$\begin{aligned} x = x_1 + x_2 &= A\cos(\omega_1 t + \varphi_0) + A\cos(\omega_2 t + \varphi_0) \\ &= 2A\cos\frac{(\omega_2 - \omega_1)t}{2}\cos\left[\frac{(\omega_2 + \omega_1)}{2}t + \varphi_0\right] \end{aligned}$$

当 ω_1, ω_2 都很大且两者相差甚微时，$\omega_1 \approx \omega_2 = \omega$，即 $|\omega_2 - \omega_1| \ll \omega_1 + \omega_2$，且

$$\frac{\omega_2 + \omega_1}{2} \approx \omega_1 \approx \omega_2 = \omega$$

可将上式中第一部分 $2A\cos\frac{(\omega_2 - \omega_1)t}{2} = A'$ 视为振幅变化部分，这样，在 t 时刻，合成振动可以近似看成是以 $\omega = \frac{\omega_1 + \omega_2}{2}$ 为角频率的简谐振动，即仍有

$$x = A'\cos(\omega t + \varphi)$$

这样，合振动仍可看成作角频率为 ω 的简谐振动，但振幅是周期函数，时而加强，时而减弱。合振动振幅随时间作缓慢的周期性的变化，振幅出现时强时弱的现象称为**拍现象**。单位时间内振动加强或减弱的次数叫**拍频**，即振幅的变化频率。

合振幅的数值在 $0 \sim 2A$ 范围，由于余弦函数的绝对值以 π 为周期，所以“拍”的变化频率为两倍的 $\frac{(\omega_2 - \omega_1)}{2}$，即 $\omega_{拍} = \omega_2 - \omega_1$，利用 $\omega = 2\pi\nu$，所以**拍频**为

$$\nu = |\nu_2 - \nu_1|$$

而拍的周期是指振幅相邻两次加强或减弱的时间间隔。

下面,以频率分别为 16 和 18 的两个同方向的简谐振动的合成为例,利用 x-t 图说明"拍"现象。显见拍频为 $\nu=\nu_2-\nu_1=2$,在图 4.4 中形象地见到了两个振幅峰值。

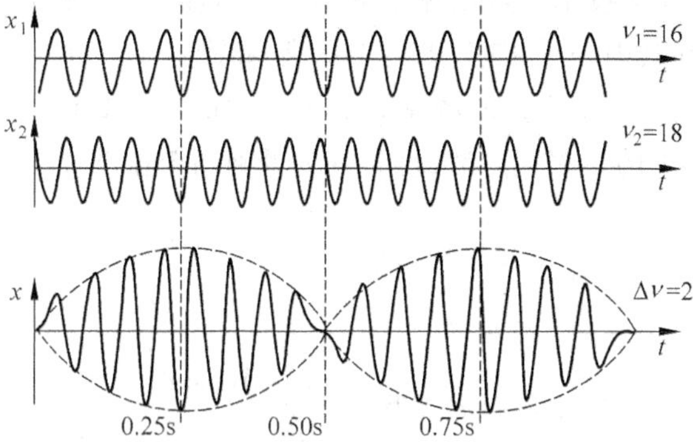

图　4.4

对于两个频率相接近的振动,若其中一个频率为已知,那么通过拍频的测量就可以知道另一个待测振动的频率。这种方法常用于声学、速度测量、无线电技术和卫星跟踪等领域。

若 $A_1\neq A_2$,则合振动的振幅和频率都随时间而改变,不再视为简谐振动。简单计算如下:

$$\begin{aligned}x&=x_1+x_2=A_1\cos(\omega_1 t+\varphi_0)+A_2\cos(\omega_2 t+\varphi_0)\\&=\frac{A_1+A_2}{2}[\cos(\omega_1 t+\varphi_0)+\cos(\omega_2 t+\varphi_0)]\\&\quad+\frac{A_1-A_2}{2}[\cos(\omega_1 t+\varphi_0)-\cos(\omega_2 t+\varphi_0)]\\&=(A_1+A_2)\cos\frac{\omega_1-\omega_2}{2}t\cos\left(\frac{\omega_1+\omega_2}{2}t+\varphi_0\right)\\&\quad-(A_1-A_2)\sin\left(\frac{\omega_1-\omega_2}{2}\right)t\sin\left(\frac{\omega_1+\omega_2}{2}t+\varphi_0\right)\end{aligned}$$

显见,合振动是相当复杂的振动。

用旋转矢量法,可以轻松地得到合振动的振幅的大小和振幅与 x 轴间的夹角 α:

$$A=\sqrt{A_1^2+A_2^2+2A_1A_2\cos[(\omega_2-\omega_1)t+\varphi_2-\varphi_1]}$$

$$\alpha=\arctan\frac{A_1\sin(\omega_1 t+\varphi_1)+A_2\sin(\omega_2 t+\varphi_2)}{A_1\cos(\omega_1 t+\varphi_1)+A_2\cos(\omega_2 t+\varphi_2)}$$

振幅 A 是 t 的函数和 $\frac{d\alpha}{dt}\neq 0$ 都说明合振动振幅矢量的大小和旋转角速度都随时间变化。

4. 两个相互垂直的不同频率的简谐振动的合成

用旋转矢量法可以讨论任意两个简谐振动的叠加,当 $\frac{\omega_1}{\omega_2}$ 的值不再是有理数时,合运动不再是周期运动,轨道曲线不闭合;当 $\frac{\omega_1}{\omega_2}$ 的值是有理数时,合运动是周期运动,轨道曲线闭合。

如果两个互相垂直的振动频率成整数比，合成运动的轨道是稳定的封闭曲线，运动也具有周期，这种运动轨迹的图形称为**李萨如图形**。李萨如图是一种测量和比较频率的有效方法，图形仅与相位差有关，而且与每个振动的初位相有关。

用李萨如图形在无线电技术中可以测量频率：在示波器上，水平方向 x 与垂直方向 y 同时输入两个振动，已知其中一个频率，则可根据所成图形与已知标准的李萨如图形去比较，就可得知另一个未知的频率。如果得到的图形如图 4.5 所示，根据图形上 x 和 y 方向上的最多截点数量比 1∶2 得到两个振动周期比为

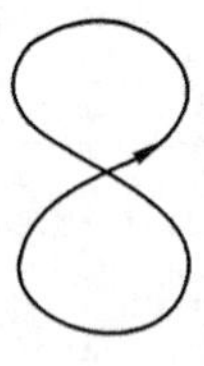

图 4.5

$$T_x : T_y = 1 : 2$$

或者

$$\nu_x : \nu_y = 2 : 1$$

例如两个简谐振动，为方便，假设它们的方程为 $\begin{cases} x = A\cos m\omega t \\ y = A\cos(n\omega t + \varphi_0) \end{cases}$，两频率比 $\frac{m}{n}$ 为有理数时，就可以形成上述图形。

综上所述，两个简谐振动的合振动，不论两个分振动的振动方向是否在一条直线上，如果它们的频率之比是有理数，则合振动是周期运动。

4.2.2 复杂振动的分解

根据前面的讨论不难知道，如果合振动是周期运动，且分振动的频率 ω_n 都是最低分振动频率 ω_1 的整数倍的话，就有

$$\omega_n = n\omega_1, \quad T_1 = nT_n$$

称 ω_1 为**基频**，而 ω_n 为**倍频**。由于振动往往是波源，如声振动就会产生声波，这些倍频的简谐振动，也可称为**谐波**。

反过来，一个以 T 为周期的周期运动，其运动学方程 $x = f(t)$ 满足

$$f(t) = f(t + T)$$

其中 T 是满足上式的最小时间间隔，则该周期运动必能分解成作基频 $\omega_1 = \frac{2\pi}{T_1}$ 的简谐振动和作其倍频的简谐振动的叠加。

$$f(t) = A_0 + \sum_{n=1}^{\infty} A_n \cos(n\omega_1 t + \alpha_n)$$

其中 $A_0 = \frac{1}{T}\int_t^{t+T} f(t)\,\mathrm{d}t$ 是在一个周期中 x 的平均值，A_n，α_n 是作角频率 ω_n 的简谐振动的振幅和初相位。

将上式改写成傅里叶级数的形式

$$f(t) = \frac{a_0}{2} + \sum_{n=1}^{\infty} (a_n \cos n\omega_1 t + b_n \sin n\omega_1 t)$$

其中

$$A_0 = \frac{a_0}{2}, \quad a_n = A_n \cos\alpha_n, \quad b_n = -A_n \sin\alpha_n$$

显然

$$A_n = \sqrt{a_n^2 + b_n^2},\quad \alpha_n = -\arctan\frac{b_n}{a_n}$$

根据三角函数序列在$(0,2\pi)$上构成正交函数系

$$\int_0^{2\pi}\cos mx\cos nx\,\mathrm{d}x = \begin{cases}0, & m\neq n\\ \pi, & m=n\end{cases},\quad m,n=0,1,2,\cdots$$

$$\int_0^{2\pi}\sin mx\sin nx\,\mathrm{d}x = \begin{cases}0, & m\neq n\\ \pi, & m=n\end{cases},\quad m,n=0,1,2,\cdots$$

$$\int_0^{2\pi}\cos mx\sin nx\,\mathrm{d}x = 0,\quad m,n=0,1,2,\cdots$$

可求出傅里叶级数展开式中的各系数

$$\begin{cases}a_n = \dfrac{2}{T}\displaystyle\int_0^T f(t)\cos n\omega_1 t\,\mathrm{d}t, & n=0,1,2,\cdots\\ b_n = \dfrac{2}{T}\displaystyle\int_0^T f(t)\sin n\omega_1 t\,\mathrm{d}t, & n=1,2,\cdots\end{cases}$$

这样，就可以知道一个周期运动中包含了哪些频率的简谐振动。决定各简谐振动强弱的只是振幅，与其初相位无关。所谓振动的**频谱**是指以频率 ω 为横坐标，以 A_n 为纵坐标画出的函数图形。这个图形显示出周期运动包含了哪些简谐振动，强度如何。

总之，周期运动可以作傅里叶级数展开，分解为一系列简谐振动的叠加。周期运动的频谱是离散谱，将一个振动作这样的分解，称为**频谱分析**。

不同的乐器奏出的同一个音，只是其基频相同，各谐波与基波的强度比并不相同，因而音色不同。由此，人们能辨别出弹奏的是什么乐器。

对于非周期的运动，可以看作周期 $T\to\infty$ 或 $\omega\to 0$ 的周期运动，基频越小，其倍频在 ω 轴上的分布越密集，当基频趋近于零时，其倍频在 ω 轴上将趋于连续分布。

一般的，非周期运动的频谱是连续谱，它由频率为连续分布的简谐振动合成。又正如周期运动不一定具有所有倍频的简谐振动一样，非周期运动的频谱也可能是分立的。

周期运动用傅里叶级数展开作频谱分析，非周期运动需要用傅里叶积分进行频谱分析。假设一质点的位移可用两个简谐振动 $x_A = A\cos\left(\omega t - \dfrac{\pi}{2}\right)$，$x_B = B\cos\left(2\omega t - \dfrac{\pi}{2}\right)$的叠加来表示，其振幅 $A=2B$，则质点的合振动为 $x = x_A + x_B = A\sin\omega t + B\sin 2\omega t$，显见合振动不是简谐振动，合振动的 x-t 图如图 4.6 所示。

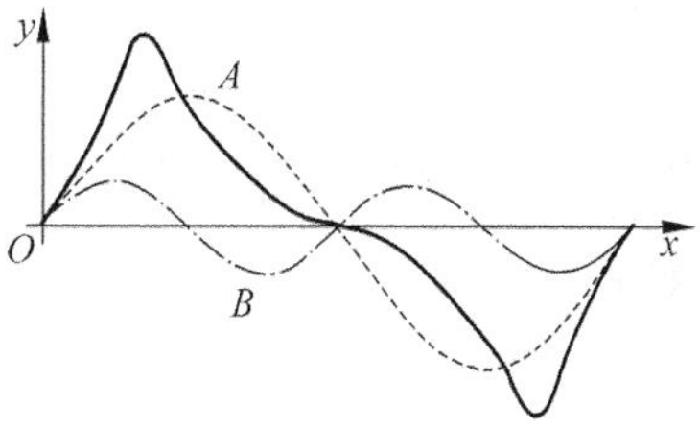

图　4.6

质点的速度

$$v = \frac{\mathrm{d}x}{\mathrm{d}t} = A\omega\cos\omega t + B\sin 2\omega t$$

质点的加速度

$$a = \frac{\mathrm{d}^2 x}{\mathrm{d}t^2} = -A\omega^2\sin\omega t - 4B\omega^2\sin 2\omega t$$

4.3 单自由度非自由的微振动

4.3.1 阻尼振动

简谐振动在振动过程中系统的机械能保持不变，是一种无阻尼的自由振动，是一种理想的情况。然而实际的振动总是要受到阻力的影响，由于克服阻力做功，振动系统的能量不断地减少；同时，由于振动系统与其弹性介质之间的相互作用而向外传播形成波，随着波的传播，振动系统的能量也不断地减少，由于能量与振幅的二次方成正比，因此，振幅将逐渐地减小。所以，实际的振动系统除了受到恢复力(或恢复力矩)的作用外，都不可避免地受到耗散机械能的阻力作用，如果没有外界机械能的补充，任何振动系统都不可能永远维持下去。只有在阻力比恢复力小很多、作用时间不太长的一段时间内，才可以近似看作简谐振动。将这种受到的阻力比恢复力小很多，又得不到外界能量补充的振动称为**自由的阻尼振动**。

掌握阻尼振动的规律是非常必要的，因为许多场合下希望振动能长期进行下去，应尽量减少阻力；也有些场合，例如用万用电表、灵敏电流计进行电测量时，为提高工作效率，希望指针尽快停在平衡位置，需要有意设置适当的阻力。

流体力学中指出，物体在粘性介质中运动时，受到的阻力与物体的速率有下述关系

$$\boldsymbol{R} = -(\gamma v + \beta v^2)\boldsymbol{e}_v$$

其中，$\boldsymbol{e}_v$ 为速度方向矢量。即，阻力方向与物体速度方向相反，大小有两项，一项与速率成正比；另一项与速率的平方成正比。

当物体速度很小时，阻力可简单地记为

$$\boldsymbol{R} = -\gamma \boldsymbol{v}$$

这样，利用牛顿第二定律知，受恢复力和阻力作用的物体的振动方程如下所示

$$-kx - \gamma \dot{x} = m\ddot{x}$$

整理得到

$$\ddot{x} + \frac{\gamma}{m}\dot{x} + \frac{k}{m}x = 0$$

对弹簧振子系统，$\frac{k}{m} = \omega_0$ 是振动系统的固有角频率。令 $\frac{\gamma}{m} = 2\delta$，称 δ 为**阻尼系数**，则上述方程变为

$$\ddot{x} + 2\delta\dot{x} + \omega_0^2 x = 0$$

(1) 当 $\delta^2 < \omega_0^2$ 时，方程的解为

$$x = A\mathrm{e}^{-\delta t}\cos(\omega t + \varphi)$$

其中，$\omega = \sqrt{\omega_0^2 - \delta^2}$，而 A，φ 为积分常数，由初始条件决定。

可以看成是振幅为 $A\mathrm{e}^{-\delta t}$、角频率为 ω 的振动。阻尼越大，振幅衰减的越快，所以，阻尼振动不是简谐振动，但有一定的周期性；但是当阻尼不大时，可近似地看成是一种振幅逐渐减小的简谐振动。$\delta^2 < \omega_0^2$ 时又称为**欠阻尼**。

(2) 当 $\delta^2 \geqslant \omega_0^2$ 时，物体不再作往复运动，没有周期性。称 $\delta^2 > \omega_0^2$ 时为**过阻尼**；$\delta^2 = \omega_0^2$ 时为**临界阻尼**，是不再作往复运动的临界情况。

4.3.2 受迫振动

在实际的振动系统中，阻尼总是客观存在的，要使振动持续地进行下去，需对系统施以周期性的外力(**驱动力**)。系统在周期性外力下所进行的振动，叫**受迫振动**。

而在许多实际情况中，振动系统除了受恢复力、阻力作用外，还常常不可避免地受到给定变化规律的力的作用，例如，电话机中膜的振动、扬声器纸盒的振动、乐器木板的振动、车辆通过桥梁时桥面的振动、上下梯子时梯子的振动等。

怎样使受迫振动造福于人类，而不是给人类带来灾难，必须掌握受迫振动的规律。

设周期性外力具有简谐变化的形式

$$F\cos\omega_{\mathrm{p}}t$$

其中，F 为驱动力的力幅，ω_{p} 为驱动力的角频率。根据牛顿第二定律有

$$-kx-\gamma\dot{x}+F\cos\omega_{\mathrm{p}}t=m\ddot{x}$$

整理得到

$$\ddot{x}+\frac{\gamma}{m}\dot{x}+\frac{k}{m}x=F\cos\omega_{\mathrm{p}}t$$

对弹簧振子系统，$\frac{k}{m}=\omega_0$ 是振动系统的固有角频率，$\delta=\frac{\gamma}{2m}$为阻尼系数，令$\frac{F}{m}=f$，则上述方程变为

$$\ddot{x}+2\delta\dot{x}+\omega_0^2x=f\cos\omega_{\mathrm{p}}t$$

这就是二阶的、线性的、常系数的非奇次的微分方程。其解为非奇次方程的任一个特解与相应的奇次方程的通解之和。

当阻尼力与恢复力和驱动力相比很小时，$\delta^2<\omega_0^2$，方程的解为

$$x=A_0\mathrm{e}^{-\delta t}\cos(\omega t+\varphi)+A\cos(\omega_{\mathrm{p}}t+\psi)$$

即受迫振动是阻尼振动 $A_0\mathrm{e}^{-\delta t}\cos(\omega t+\varphi)$和简谐振动 $A\cos(\omega_{\mathrm{p}}t+\psi)$合成的。

实际上，在驱动力开始作用时受迫振动的情况是相当复杂的。经过不太长的时间，阻尼振动就可以衰减到可以忽略不计，此时受迫振动达到稳定状态。这时，振动的周期就是驱动力的周期，振动的振幅保持不变，于是受迫振动变成简谐振动，有

$$x=A\cos(\omega_{\mathrm{p}}t+\psi)$$

式中的 A,ψ 由下式决定

$$A=\frac{f}{\sqrt{(\omega_0^2-\omega_{\mathrm{p}}^2)^2+4\delta^2\omega_{\mathrm{p}}^2}},\quad \tan\psi=\frac{-2\delta\omega_{\mathrm{p}}}{\omega_0^2-\omega_{\mathrm{p}}^2}$$

从能量角度来看，当受迫振动达到稳定后，周期性外力在一个周期内对振动系统做功所提供的能量，恰好用来补偿系统在一个周期内克服阻力做功所消耗的能量，因而，使受迫振动的振幅保持不变。

4.3.3 共振

将振幅 $A=\frac{f}{\sqrt{(\omega_0^2-\omega_{\mathrm{p}}^2)^2+4\delta^2\omega_{\mathrm{p}}^2}}$对 ω_{p} 求导数后令其为零，就得到振幅 A 对于某个特定 $\omega_{\mathrm{p}}=\omega_{\mathrm{T}}$ 的极值，此时，振幅 A 有极大值。**把驱动力的角频率为某一定值时，受迫振动的振幅**

达到极大的现象称为**共振**。此时的角频率为共振角频率，以 ω_T 表示。

$$\frac{dA}{d\omega_p}=\frac{d}{d\omega_p}\left(\frac{f}{\sqrt{(\omega_0^2-\omega_p^2)^2+4\delta^2\omega_p^2}}\right)$$

$$=\frac{2\omega_p f}{(\sqrt{(\omega_0^2-\omega_p^2)^2+4\delta^2\omega_p^2})^3}(\omega_0^2-2\delta^2-\omega_p^2)=0$$

解得

$$\omega_T=\sqrt{\omega_0^2-2\delta^2}$$

此时，振幅 A 有极大值

$$A_T=\frac{f}{2\delta\sqrt{\omega_0^2-\delta^2}}$$

显见，阻尼系数越小，共振角频率越接近系统的固有角频率，同时共振的振幅也越大；若阻尼系数趋于零，共振角频率趋近于系统的固有角频率，共振的振幅将达到无限大。

共振时，振动系统的振幅过大，会造成建筑物、机器设备的损坏；若汽车行驶时发动机运转的频率接近于车身的固有频率，车身也会由于强烈的共振而损坏。可以采取破坏外力的周期性、改变物体的固有频率、改变外力的频率和增大系统的阻尼来解决问题。

要利用还是避免共振，需要调节 ω_0，ω_p，δ。扬声器为了使声音中包含的各种频率的振动再现，必须抑制共振，采取的措施是使 ω_0 远离声波的频率。而收音机选台调谐是利用共振的例子。

另外，要指出的是，若驱动力不是简谐变化的，但是仍具有周期性的话(因为周期运动可以作傅里叶级数展开，分解为一系列简谐振动的叠加)，则可以将此周期性的驱动力作傅里叶展开，分解为一系列简谐的驱动力的叠加。这样，根据叠加原理，在周期变化的驱动力的激励下的受迫振动系统的稳态解等于所包含的各个简谐的驱动力作用下的稳态解的叠加。

速度共振　当振子作定态受迫振动时，其定态位移为

$$x=B\cos(\omega_d t+\varphi_d)$$

所以振子的速度为

$$u=\frac{dx}{dt}=B\omega_d\cos\left(\omega_d t+\varphi_d+\frac{\pi}{2}\right)$$

速度振幅为

$$B_v=B\omega_d=\frac{\alpha\omega_d}{\sqrt{(\omega_0^2-\omega_d^2)^2+4\beta^2\omega_d^2}}$$

显见，驱动力的角频率 ω_d 等于系统的固有角频率 ω_0 时，速度振幅取极大值，这种现象称为**速度共振**，速度相位比位移相位超前 $\pi/2$。

*4.4　非线性振动

前面所讲的振动、恢复力和阻力都是线性函数，运动遵从线性微分方程。这样的系统称为**线性系统**，其振动是线性振动。否则就是非线性的。

凡线性系统都有这样的特征：动力学行为可以由一组线性微分方程表示，其解满足线性叠加原理；结合初始条件和边界条件，其解能够精确地反映动力学的过程。但是，线性系

统只是理想的、近似的，它是真实系统在特定状态附近的线性化结果。绝大多数实际系统是非线性的，比如大角度的单摆。在那里

$$\sin\theta \neq \theta$$

而是非线性的形式

$$\sin\theta = \theta - \frac{\theta^3}{3!} + \frac{\theta^5}{5!} + \cdots$$

其方程的解也不再是简谐振动形式，而是

$$\theta = \theta_0 \cos\omega t + \frac{\theta_0^3}{c_3}\cos 3\omega t + \cdots$$

即由一个频率为 ω 的简谐振动和一个频率为 3ω 的振动及其更高级别的倍频的振动的叠加了，并且初始条件还会影响到物体的运动形式。

对于非线性系统，与线性振动不同的是：

(1) 叠加原理对非线性系统不成立；

(2) 对于无阻尼的自由运动，线性振动只有一个平衡位置，而非线性系统可能有几个平衡位置；

(3) 单自由度的非线性系统的固有频率不止一个，且可能与振幅有关；

(4) 自由的有阻尼的非线性系统可能产生自激振动，有稳定的周期运动；

(5) 非线性的受迫振动系统的稳态振动，除含有与驱动力同频率的成分外，还有其他复杂的成分存在。

4.5　多自由度微振动简介

前面学习的都是一个自由度的振动，可以统称为一维的线性振动。而在生活中遇到的都是多维的振动情况。例如，海面上行驶的船，除了受到海浪的上下颠簸外，还因为复杂的环境影响，有左右和前后的振动，至少这样就有三维的振动情况发生。

绝大多数工程实际问题中的振动系统也必须用多自由度系统作为简化模型。例如，如果只研究汽车车身作为刚体上下平动的振动，只要简化为一个自由度系统就可以了。如果还要研究车身在铅直面内相对重心的摆动，就必须简化为两个自由度的模型。

在研究非一维的振动时需要大量的数学物理知识，而牛顿力学(矢量力学)知识来解决多维或者多自由度的问题已显力不从心，需要借助于其他理论，分析力学知识就可以更加方便地解决这类问题。

所以，在学习了分析力学后再解决现在的问题，会避开繁琐的数学计算而更好地了解物理的本质，同时也能证明分析力学理论的重要性。

同矢量力学一样，用分析力学中的拉格朗日方程列出的微分方程未必都能积分获得解析解，可是，对于有限多自由度系统的微振动，运用拉格朗日方程得到的运动微分方程一定可以得到完全的解答。这一点在第 6 章利用拉格朗日方程解决多自由度系统在平衡位置附近的小振动问题中再做详述。

下面只讨论两个自由度的自由振动情况。

如图 4.7 所示为一张紧的弦上有两个质量都为 m 的质点 A 和 B，弦的张力为 T。下面

分析该系统横向微振动的运动规律。

该系统有两个自由度，选 y_1 和 y_2 为广义坐标。因为研究的是微振动，可以认为在振动过程中弦的张力 T 保持不变，如图 4.8 所示。

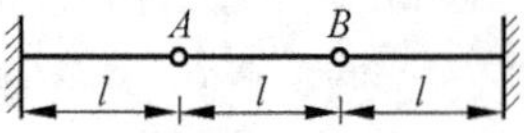

图 4.7

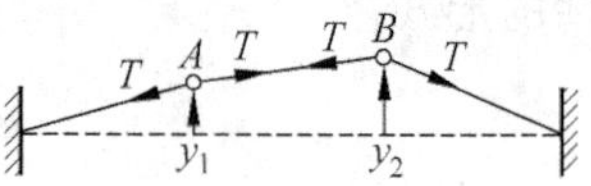

图 4.8

利用牛顿第二定律可以得到两个质点的运动微分方程

$$\begin{cases} m\ddot{y}_1 = -T\dfrac{y_1}{l} + T\dfrac{y_2 - y_1}{l} \\ m\ddot{y}_2 = -T\dfrac{y_2 - y_1}{l} - T\dfrac{y_2}{l} \end{cases} \tag{4.5}$$

引入 $k=\dfrac{T}{l}$，并将上式写成矩阵的形式

$$\boldsymbol{M}\ddot{\boldsymbol{X}} + \boldsymbol{K}\boldsymbol{X} = \boldsymbol{0} \tag{4.6}$$

上式是一个相互耦合的二阶线性奇次方程组，其中 $\boldsymbol{M}$ 和 $\boldsymbol{K}$ 均为对称矩阵，分别称为质量矩阵和刚度矩阵，$\boldsymbol{X}$ 为坐标列阵，即

$$\boldsymbol{M} = \begin{pmatrix} m & 0 \\ 0 & m \end{pmatrix},\quad \boldsymbol{K} = \begin{pmatrix} 2k & -k \\ -k & 2k \end{pmatrix},\quad \boldsymbol{X} = \begin{bmatrix} y_1 \\ y_2 \end{bmatrix}$$

根据微分方程理论，可设上述方程组的特解为

$$X = A\sin(\omega t + \alpha) \tag{4.7}$$

式中，$\boldsymbol{A}=[A_1, A_2]^{\mathrm{T}}$，$A_1$ 和 A_2 是振幅，ω 是圆频率，α 为初相位。将此特解代入上述方程组中得到

$$(\boldsymbol{K} - \omega^2\boldsymbol{M})\boldsymbol{A} = \boldsymbol{0} \tag{4.8}$$

其中，$\boldsymbol{A}$ 称为**特征向量**。上面方程组存在非零解的充分必要条件是系数行列式为零，即

$$|\boldsymbol{K} - \omega^2\boldsymbol{M}| = 0 \tag{4.9}$$

上式称为系统的**特征方程**，其左端的行列式展开后是关于 ω^2 的二次代数多项式，称为**特征多项式**，ω^2 称为**特征根**或**特征值**。由此可解出弦振动的两个固有频率为

$$\omega_1 = \sqrt{\frac{k}{m}},\quad \omega_2 = \sqrt{\frac{3k}{m}}$$

显然，特征值仅取决于系统本身的刚度、质量等物理参数。ω_i 称为第 i 阶**固有频率**。记 $\boldsymbol{A}_i$ 为对应于特征值 ω_i^2 的**特征向量**。

n 个自由度系统有 n 个固有频率和 n 个特征向量，这是与单自由度系统的不同。

将 $\omega^2=\omega_i^2=\dfrac{k}{m}$ 代入式(4.8)中，得

$$\begin{pmatrix} 2k & -k \\ -k & 2k \end{pmatrix}\begin{bmatrix} A_1^{(1)} \\ A_2^{(1)} \end{bmatrix} = 0$$

上式两个方程中只有一个是独立的，只能解出一个未知数。取 $A_1^{(1)}=1$，可求得对应于第一个固有频率 ω_1 的特征向量

$$\boldsymbol{A}_1 = \begin{Bmatrix} A_1^{(1)} \\ A_2^{(1)} \end{Bmatrix} = \begin{pmatrix} 1 \\ 1 \end{pmatrix}$$

同理，将 $\omega^2=\omega_i^2=\dfrac{3k}{m}$ 代入式(4.8)中，得

$$\begin{pmatrix} 2k & -k \\ -k & 2k \end{pmatrix} \begin{Bmatrix} A_1^{(2)} \\ A_2^{(2)} \end{Bmatrix} = 0$$

上式两个方程中只有一个是独立的，只能解出一个未知数。取 $A_2^{(2)}=1$，可求得对应于第二个固有频率 ω_2 的特征向量

$$\boldsymbol{A}_2 = \begin{bmatrix} A_1^{(2)} \\ A_2^{(2)} \end{bmatrix} = \begin{bmatrix} -1 \\ 1 \end{bmatrix}$$

将 $\omega=\omega_i$，$\boldsymbol{A}=\boldsymbol{A}_i$ 代入式(4.7)中，并将 α 改为 α_i，得到系统的两个特解为

$$\boldsymbol{X}_i = \boldsymbol{A}_i \sin(\omega_i t + \alpha_i), \quad i = 1,2 \tag{4.10}$$

上式称为第 i 阶**主振动**，此时，系统在各个坐标上都将以第 i 阶固有频率作简谐振动，并同时通过静平衡位置。

式(4.10)表示，$\boldsymbol{A}_i$ 表示了当系统按第 i 阶固有频率作主振动时各位移振幅的相对比值，它描述了系统作第 i 阶主振动时具有的振动形态，称为**主振型**或**主模态**。主振型这种物理概念是单自由度系统所没有的。图 4.9 和图 4.10 给出了弦振动的第 1 阶和第 2 阶主振型。尽管各位移振幅的绝对值并没有确定(需要由初始条件确定)，但是由 $\boldsymbol{A}_i$ 所描述的系统振动形态已确定，它和固有频率一样也是由系统本身决定的物理参数。

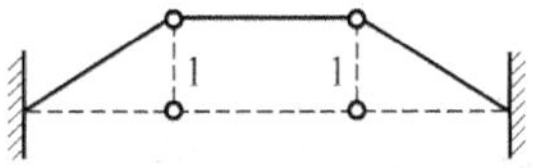

图 4.9

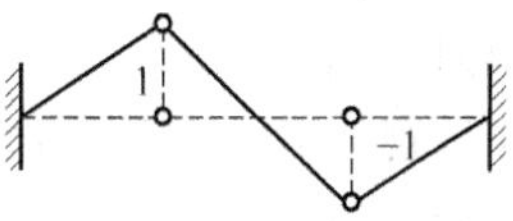

图 4.10

根据微分方程理论，自由振动微分方程(4.6)的全解应为第 1 主振动和第 2 主振动的线性组合，即

$$\boldsymbol{X} = a_1 \boldsymbol{A}_1 \sin(\omega_1 t + \alpha_1) + a_2 \boldsymbol{A}_2 \sin(\omega_2 t + \alpha_2)$$

式中包含了四个待定常数 $a_1, a_2, \alpha_1, \alpha_2$，它们由初始条件 y_{10}, y_{20} 和 $\dot{y}_{10}, \dot{y}_{20}$ 确定。由上式表示的自由振动是由两个不同频率的简谐振动合成的。在一般情况下，它不是简谐振动，也不一定是周期振动。只有当两个简谐振动频率 ω_1 和 ω_2 比是有理数时合成后的振动才是简谐振动。当初始条件对应于某阶主振型时，系统的自由振动就是该阶主振动。

由各阶主振型 $\boldsymbol{A}_i$ 为列组成的矩阵 $\boldsymbol{\Phi}$ 称为**振型矩阵或模态矩阵**，即

$$\boldsymbol{\Phi} = [\boldsymbol{A}_1 \quad \boldsymbol{A}_2]$$

可以证明主振型具有正交性，即

$$\boldsymbol{\Phi}^{\mathrm{T}} \boldsymbol{K} \boldsymbol{\Phi} = \mathrm{diag}(K_{pi}), \quad \boldsymbol{\Phi}^{\mathrm{T}} \boldsymbol{M} \boldsymbol{\Phi} = \mathrm{diag}(M_{pi}), \quad 且 \frac{K_{pi}}{M_{pi}} = \omega_i^2$$

式中常数 K_{pi} 和 M_{pi} 分别称为第 i 阶**主刚度**和第 i 阶**主质量**。将振型矩阵作为坐标变换矩阵，引入坐标变换

$$\boldsymbol{X} = \boldsymbol{\Phi} \boldsymbol{q} \tag{4.11}$$

式中，$\boldsymbol{q}$ 称为**模态坐标**。将上式代入运动微分方程(4.6)中，并左乘 $\boldsymbol{\Phi}^{\mathrm{T}}$，得到

$$\boldsymbol{\Phi}^{\mathrm{T}}\boldsymbol{M}\boldsymbol{\Phi}\ddot{\boldsymbol{q}}+\boldsymbol{\Phi}^{\mathrm{T}}\boldsymbol{K}\boldsymbol{\Phi}\boldsymbol{q}=\mathbf{0}$$

根据主振型的正交性，$\boldsymbol{\Phi}^{\mathrm{T}}\boldsymbol{M}\boldsymbol{\Phi}$ 和 $\boldsymbol{\Phi}^{\mathrm{T}}\boldsymbol{K}\boldsymbol{\Phi}$ 均为对角矩阵。这样，通过坐标变换将原来相互耦合的两个自由度系统的振动变换为模态坐标下的两个独立的单自由度系统振动

$$M_{pi}\ddot{q}_i+K_{pi}q_i=0$$

求解上式得到模态坐标下表示 q_i 后再利用坐标变换式(4.11)即可得到系统在原坐标下的表示。这种方法称为**模态叠加法或振型叠加法**。

通过上述对两个自由度系统自由振动特性的分析，可以总结出多自由度系统自由振动的一些特点：

(1) n 自由度系统具有 n 个固有频率，固有频率只与系统的质量和刚度参数有关；

(2) 对应于 n 个固有频率存在 n 个主振型，它描述了系统作第 i 阶主振动时具有的振动形态，其形状只与系统的质量和刚度参数有关；

(3) 自由振动一般是以 n 个固有频率作简谐振动的主振动的叠加，每个主振动的振幅和相位都与初始条件有关。n 个不同频率简谐振动的叠加一般不再是简谐振动，也不一定是周期振动。

思考题

4.1 有人说简谐振子是指作简谐运动的物体；也有人说简谐振子是指一个振动系统，你的看法如何？试表述之。

4.2 符合什么规律的运动是简谐振动？

4.3 判断下述运动是否是简谐振动：(1)完全弹性球在硬地面上的跳动；(2)活塞的往复运动；(3)竖直弹簧上挂一重物，把重物从平衡位置拉下一段距离(弹性限度内)，然后放手任其运动。

4.4 把一劲度系数为 k 的弹簧均分为两段，每段弹簧的劲度系数还是 k 吗？将这两段串联和并联后的组合劲度系数分别为多少？

4.5 同一个弹簧振子，放在水平桌面上和竖直悬挂情况下作简谐振动，其振动频率有什么不同？放在斜坡上呢？三种情况下到底是什么发生了变化？

4.6 把单摆从平衡位置拉开一个小角度 θ，然后放手任其摆动，并在此时刻计时，问 θ 是否是它的初相位？单摆的角速度是否是振动的角频率？

4.7 试求：作简谐振动的弹簧振子，分别在下列位置时的速度、加速度、动能和势能的大小情况？①通过平衡位置时；②达到最大位移时。

4.8 怎样利用拍音来测量音叉的频率？

4.9 稳定状态受迫振动的频率由什么决定？这个频率与振动系统本身的性质有何关系？

4.10 同一弹簧在简谐驱动力作用下的稳态受迫振动也是简谐振动，与弹簧无阻尼自由振动的简谐振动有什么不同？

习题

4.1 当质点以频率 ν 作简谐振动时,它的动能变化频率为多少?

4.2 若简谐振动方程为 $x=0.10\cos\left(20\pi t+\dfrac{\pi}{3}\right)$(SI),求振幅、频率、角频率、初相和 $t=2\mathrm{s}$ 时的位移、速度和加速度。

4.3 一质量为 m 的货轮浮在水面上,其横截面积为 S,若不计水的粘滞系数,设水的密度为 ρ,试证明货轮在水面上作幅度很小的上下振动为简谐振动,并求其振动周期。

4.4 设地球是一个半径为 R 的均匀球体,密度为 $\rho=5.5\times10^3\mathrm{kg\cdot m^{-3}}$。现假定沿直径凿通一条隧道,若有一质量为 m 的质点在此隧道内作无摩擦的运动,试证明此质点的运动为简谐振动,并求其振动周期。

4.5 一水平弹簧振子作简谐振动,振幅和周期分别为 $A=0.02\mathrm{m}$,$T=0.5\mathrm{s}$,当 $t=0$ 时:(1)物体在正方向端点;(2)物体在平衡位置,向负方向运动;(3)物体在 $x=0.01\mathrm{m}$ 处,向负方向运动;(4)物体在 $x=-0.01\mathrm{m}$ 处,向正方向运动。求以上各情况的运动方程。

4.6 一竖直弹簧下悬挂的物体质量为 m,作简谐振动,伸长量为 0.098m,若使物体上下运动,且规定向下为正方向。当 $t=0$ 时:(1)物体在平衡位置正上方 0.08m 处,由静止开始向下运动;(2)物体在平衡位置并以 0.60m/s 的速度向上运动;求以上各情况的运动方程。

4.7 作简谐振动的物体,由平衡位置向 x 轴正方向运动,试问经过下列路程所需的最短时间各为周期的几分之几?(1)由平衡位置到最大位移处;(2)由平衡位置到 $x=\dfrac{A}{2}$ 处;(3)由 $x=\dfrac{A}{2}$ 到平衡位置处。

4.8 宇航员将"秒摆"(周期为 2s)带到月球上去,若测得的周期为 4.9s,则月球表面的重力加速度为多少?(设地球表面的重力加速度为 $g=9.8\mathrm{m/s^2}$)

4.9 将频率为 348Hz 的标准音叉振动与一待定音叉振动合成,测得拍频为 3.0Hz。若在待测音叉一端加上一小块物体,则拍频将减少。求待测音叉的固有频率。

4.10 一竖直弹簧(k)下悬挂的物体质量为 m_1,作简谐振动,现有一质量为 m_2 的小物体从正上方 h 高度处自由落下并粘在 m_1 上一起振动,问:(1)此时的振动周期有何变化;(2)此时的振幅为多大?

4.11 一水平弹簧(k)下悬挂的物体质量为 m_1,作简谐振动,现有一质量为 m_2 的粘土从正上方 h 高度处自由落下,并粘在 m_1 上一起振动,分别以在物体通过平衡位置时、物体在最大位移处、落在物体上讨论:(1)此时的振动周期有何变化;(2)此时的振幅为多大?

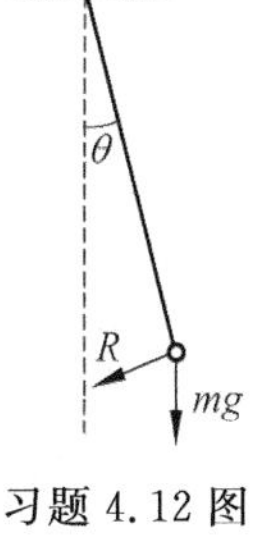

习题 4.12 图

4.12 假定单摆在有阻力的媒质中振动,并假定振幅很小,故阻力与 $\dot{\theta}$ 成正比,且可写为 $R=-2mkl\dot{\theta}$,式中 m 为摆锤的质量,l 为摆长,k 为比例常数。试证当 $k^2<\dfrac{g}{l}$ 时，单摆的振动周期为 $\tau=2\pi\sqrt{\dfrac{l}{g-k^2l}}$。

部分习题答案

4.1 2ν

4.3 $2\pi\sqrt{m/\rho g}$

4.4 5070s

4.5 $x=0.02\cos(4\pi t)$；$x=0.02\cos\left(4\pi t+\dfrac{\pi}{2}\right)$；

$x=0.02\cos\left(4\pi t+\dfrac{\pi}{3}\right)$；$x=0.02\cos\left(4\pi t+\dfrac{4\pi}{3}\right)$

4.6 $x=0.08\cos(10t+\pi)$ (SI)；$x=0.06\cos\left(10t+\dfrac{\pi}{2}\right)$ (SI)

4.7 1/4；1/12；1/6

4.8 $g=1.63\text{m/s}^2$

4.9 351Hz

4.10 变大；$\dfrac{m_2 g}{k}\sqrt{1+\dfrac{2kh}{(m_1+m_2)g}}$

4.11 周期均变大；振幅变小与不变

第 5 章　分析力学的静力学

本章详细介绍了分析力学中的虚功原理，并引出了虚位移、广义力、理想约束等概念。利用虚功原理除了可以判断系统是否平衡外，还可以求解主动力、约束力、广义力，甚至还可以估算平衡静定问题中的支撑力大小。虚功原理与牛顿力学的平衡方程地位相当。

至此，一直以牛顿运动定律来研究力学问题。牛顿力学有它极大的成功一面，但是它也具有不足之处，尤其是对多质点系统，大量的方程数量给求解方程带来极大的困难。是否可以避开困难，以另外的方法解决同样的问题呢？有人从能量角度出发处理问题，形成一个新的处理问题系统，由此给出一类新的经典力学基础方程来代替牛顿方程。这类新方程就是拉格朗日方程和哈密顿方程。

5.1　从牛顿力学到拉格朗日力学

牛顿力学的建立为科学技术的发展奠定了基础，拉格朗日改进了牛顿力学的表达方式，演化为拉格朗日力学，1788 年拉格朗日写了一本大型著作《分析力学》。哈密顿又进一步演化，形成了哈密顿力学。力学理论的后两种表达形式构成了**分析力学**，但它仍来源于牛顿力学的理论基础。分析力学在量子力学、统计物理及固体物理中讨论晶格振动问题上有很重要的作用。

分析力学所注重的不是力和加速度这些纯力学特征，而是能量；同时分析力学又扩大了坐标的概念，提出**广义坐标**，因而这种方法和结论便于应用到物理学的其他领域中。

分析力学与牛顿力学有很大的不同，首先，在研究方法上，分析力学主要侧重于分析法而不是几何法；在研究观点上，分析力学主要侧重于能量而不是力。分析力学以普遍的力学变分原理(微分形式和积分形式)为基础，导出运动微分方程，并研究方程本身和它们的积分求解方法。同时它还具有高度的统一性，这就不仅便于解决受约束的非自由质点系问题，而且便于扩展到其他学科领域中去，例如振动理论、回转仪理论、连续介质理论、非线性力学、自动控制及近代物理都广泛地利用分析力学的基本理论和研究方法。

5.1.1　牛顿力学回顾

为了更加清楚分析力学与牛顿力学的沿袭关系，有必要简单回顾一下牛顿力学。

(1) 牛顿力学的核心是牛顿第二定律，其微分表达形式为牛顿运动微分方程，它反映了机械运动的普遍规律

$$\boldsymbol{F}_i = m_i \frac{\mathrm{d}^2 \boldsymbol{r}_i}{\mathrm{d}t^2}, \quad i = 1,2,\cdots,n \tag{5.1}$$

式中 m_i、$\boldsymbol{F}_i$、$\boldsymbol{r}_i$ 分别代表系统中第 i 个质点的质量、所受的合外力和矢径。通过求解式(5.1)可以得到质点运动的所有信息，包括运动轨迹、速度和约束力等。如果所讨论的是由 n 个质

点组成的质点系，则可通过求解 $i=1,2,\cdots,n$ 这个方程组($3n$ 个标量方程的方程组)，得到质点系的所有信息。显见，随着质点数的增加，方程求解的难度将大大增加。

(2) 牛顿第二定律的积分表达形式为各定理，包括动量定理、动能定理和角动量定理。在特定的条件下，各定理又转化为相应的守恒定律，包括动量守恒、机械能守恒和角动量守恒。从力学的学习可以知道它们都是运动微分方程(5.1)的变形。或者，是用新的物理量($\boldsymbol{p}, T, \boldsymbol{L}$)来重新表示式(5.1)。其中

$$\boldsymbol{p}=m\boldsymbol{v},\quad T=\frac{1}{2}m\boldsymbol{v}^2,\quad \boldsymbol{L}=\boldsymbol{r}\times\boldsymbol{p}$$

分别代表动量、动能和角动量，角动量又称动量矩，则动量定理表示为

$$\frac{\mathrm{d}\boldsymbol{p}_i}{\mathrm{d}t}=\frac{\mathrm{d}m_i\boldsymbol{v}_i}{\mathrm{d}t}=m_i\frac{\mathrm{d}^2\boldsymbol{r}_i}{\mathrm{d}t^2}=\boldsymbol{F}_i \tag{5.2}$$

动量守恒定律表示为：当 $\boldsymbol{F}_i=\boldsymbol{0}$ 时，质点的动量 $\boldsymbol{p}_i$ 为常矢量，即自由质点不受外力的作用时，它的动量保持不变。对于质点系统来说，表示为

$$\boldsymbol{p}=\sum_{i=1}^{n}\boldsymbol{p}_i=\sum_{i=1}^{n}m_i\boldsymbol{v}_i=\text{恒量}$$

动能定理表示为

$$\mathrm{d}T_i=\mathrm{d}\left(\frac{1}{2}m\boldsymbol{v}^2\right)=\boldsymbol{F}_i\cdot\mathrm{d}\boldsymbol{r}_i \tag{5.3}$$

角动量定理表示为

$$\frac{\mathrm{d}\boldsymbol{L}_i}{\mathrm{d}t}=\boldsymbol{M}_i \tag{5.4}$$

其中 $\boldsymbol{M}_i=\boldsymbol{r}_i\times\boldsymbol{F}_i$ 为质点所受的力矩。

角动量守恒定律表示为：当 $\boldsymbol{M}_i=\boldsymbol{0}$ 时，质点的角动量 $\boldsymbol{L}_i$ 为常矢量。对于质点系来说，系统的角动量守恒定律表示为：$\boldsymbol{L}=\sum_{i=1}^{n}\boldsymbol{L}_i=\sum_{i=1}^{n}\boldsymbol{r}_i\times m_i\boldsymbol{v}_i=\text{恒量}$。

5.1.2 分析力学的优势

前面说过，对于多质点系统，按照牛顿第二运动定律列出的标量方程数量将会是三倍的质点数量，显然这个方程组的求解过程是相当困难的。

另外，牛顿运动方程($\boldsymbol{F}=m\ddot{\boldsymbol{r}}$)只在笛卡儿坐标系下保持形式不变($F_{xi}=m\ddot{x}_i$)，在其他坐标系如极坐标中，牛顿运动方程不再具有此形式。**牛顿运动方程在不同坐标系中表达形式不唯一**，这是牛顿运动方程的缺陷。

拉格朗日等人经过大量的工作，找到了在任何坐标系下都保持形式不变的运动方程——**拉格朗日方程**。同时，由于拉格朗日方程数量与质点系的自由度数一致，所以方程组中方程的数量将会大幅下降，从而求解方程也不再是难事。

拉格朗日方程是分析力学中的动力学方程，而虚功原理是分析力学中的静力学方程。

5.2 约束力与广义坐标

5.2.1 约束的概念和分类

在1.5节介绍的关于质点所受约束的概念同样也适应于这里的质点系(**系统或者体**

系)。**约束**是指力学系统中存在着一些制约各质点自由运动的条件。描述有约束存在的系统的运动时采用去掉约束代之以约束(反)力的作法。

约束力不同于前面学习过的**主动力**,主动力遵从的规律是已知的,例如万有引力遵从万有引力定律;弹性力遵从胡克定律;带电粒子间的力遵从库仑定律;在流体中运动的质点受到的阻力与质点的速度的关系是已知的……。而约束力对质点运动的影响必须通过求解微分方程才能知道,而且与初始条件无关。综合起来约束力具有下述性质:

(1) 约束力所遵循的规律未知;

(2) 约束力不能写出类似形式 $\boldsymbol{F}=\boldsymbol{F}(\boldsymbol{r},\ddot{\boldsymbol{r}},t)$;

(3) 约束力由约束方程给出 $f(\boldsymbol{r}_i,\ddot{\boldsymbol{r}}_i,t)=0, i=1,2,\cdots,n$;

(4) 约束力与初始条件及主动力均无关。

不可伸长的绳、支承面的支撑力、静摩擦力是常见的几个约束力。而滑动摩擦力通常被当做主动力。

关于**约束方程**、**约束的分类**等知识在1.5节已经有详细的介绍,这里不再赘述。约束不只对质点的坐标有限制,还对质点的速度、加速度、坐标对时间的最高阶导数有限制。这里只讨论对坐标的约束,只对坐标有所限制的不可解约束,称为**完整约束**。只受完整约束的系统称为**完整系统**,今后主要研究完整系统的力学问题,因为至今为止,对非完整系统提出的各种理论尚不成熟。

5.2.2 自由度和广义坐标

同样在1.5节中还学习了自由度的概念。约束越多,自由度(s)越少,但是加上约束方程,需要求解的牛顿方程数反而更多。

引入彼此独立的**广义坐标**(s个)来建立拉格朗日方程。这样拉格朗日微分方程数量由自由度数确定,大大减少了需要求解的方程数量。

如何选取这一组坐标呢?选择得合适将有助于问题的解决。可以在**原用坐标**中选择,也可以部分或全部另外选取,被选用的坐标称为**广义坐标**。之所以称为广义坐标,是因为它不限于上述的直角坐标、球、柱和其他曲线坐标,还可以用欧拉角、能量、角动量和时间等作为坐标。

如果系统由 n 个质点构成,描述各个质点所需要的原用坐标数将为 $3n$ 个,假如各个质点间的相互作用关系(约束)有 k 个,则描述此系统的独立坐标个数就为 $3n-k$,$3n-k$ 即为此系统的**自由度数**。

令 $s=3n-k$,选择 s 个相互独立参数 $q_1,q_2,\cdots,q_s$ 联合时间参数 t 组成一组坐标,称为**拉格朗日广义坐标**(简称**广义坐标**)。不同于原用坐标分属于各个质点,广义坐标属于整个系统所共有。

在完整、不可解的不稳定约束下,广义坐标与原用坐标之间的关系可写成形式

$$\begin{cases}x_i=x_i(q_1,q_2,\cdots,q_s,t)\\ y_i=y_i(q_1,q_2,\cdots,q_s,t),\quad i=1,2,\cdots,n,s<3n\\ z_i=z_i(q_1,q_2,\cdots,q_s,t)\end{cases}\tag{5.5}$$

方程(5.5)又称为**坐标变换方程**。它不是约束方程,但是隐含了约束条件。式(5.5)说明 $3n$ 个原用坐标完全可以用 $3n-k$ 个独立的广义坐标表达。

5.2.3 约束方程和坐标变换方程

约束方程和坐标变换方程是完全不同的。约束方程说的是原用坐标满足的约束关系,而坐标变换方程表达的是原用坐标与广义坐标之间的关系。下面用一个简单例题说明它们的关系。

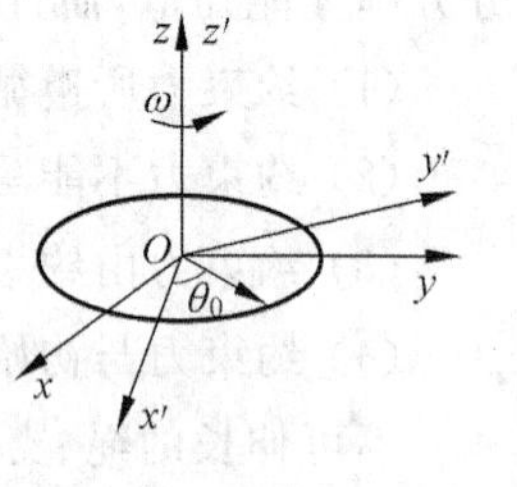

例 5.1 图

例 5.1 如题图所示,质点被限定在半径为 R 的圆周上。

若选直角坐标系描述,约束方程为

$$x^2+y^2=R^2,\quad z=0 \tag{1}$$

若选柱坐标系描述,约束方程为

$$r=R,\quad z=0 \tag{2}$$

若选动坐标 $Ox'y'z$ 系,$x'y'$ 相对 xy 转过 θ 角,则有关系式

$$x=R\cos(\theta_0+\omega t),\quad y=R\sin(\theta_0+\omega t) \tag{3}$$

关系式(1)和式(2)是约束方程,而关系式(3)虽然隐含约束关系,却不是约束方程,它是坐标变换方程。它表示原用坐标 x,y,z 与广义坐标 θ 或者 $\omega=\dot{\theta}$ 的关系。系统所受的约束依然是稳定的,还是式(1)或者式(2)。

另外,确定系统位置的独立参数一般不是唯一的,即广义坐标的选择不唯一。比如例 5.1 中选择了转动角 θ 为广义坐标;也可以选择坐标 x,y,z 中任一个为广义坐标。由于有两个约束方程存在,所以三个原用坐标 x,y,z 中就只有一个是独立的,自由度为 $s=1$。

例 5.2 写出下列图中铰链结构的自由度数,并列出约束方程

① 系统自由度 $s=1$

约束方程为

$$\begin{cases} x_A^2+y_A^2=\overline{OA}^2 \\ (x_B-x_A)^2+y_A^2=\overline{AB}^2 \\ y_B=0 \end{cases}$$

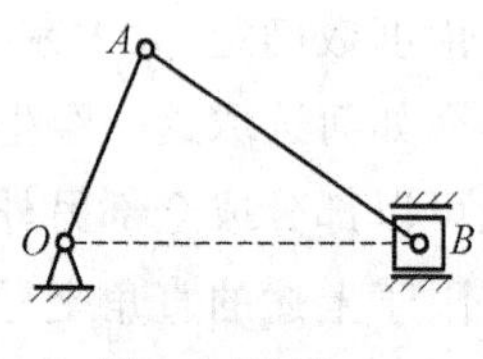

例 5.2 图(a)

② 系统自由度 $s=1$

约束方程为

$$\begin{cases} (x_B-x_A)^2+(y_B-y_A)^2=\overline{AB}^2 \\ (x_B-x_C)^2+(y_B-y_C)^2=\overline{BC}^2 \\ (x_D-x_B)^2+(y_D-y_B)^2=\overline{BD}^2 \\ x_A^2+y_A^2=\overline{OA}^2 \\ x_C=x_B \\ y_C=0 \\ x_D=C \end{cases}$$

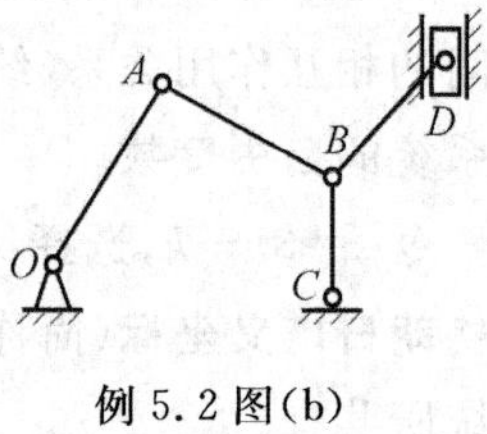

例 5.2 图(b)

5.3　虚功原理(虚位移原理)

牛顿力学中质点静力学一般采用几何静力学的方法求解质点系统的平衡问题。通常情况下，对每个质点需要列出三个标量形式的平衡方程，方程中的未知力包括主动力和约束反力，若系统有 n 个质点，则需要列出 $3n$ 个平衡方程；质点个数越多，方程数量越多。同样，对于刚体静力学，若系统含有 n 个刚体，则需要列出 $6n$ 个平衡方程，具体的计算过程将会很繁琐。先从下面的例题说起。

例 5.3　如例 5.3 图(a)所示，质量为 m、长为 $2l$ 的匀质细杆置于半径为 $R(l<R<2l)$ 的静止光滑半圆形轨道中，求系统平衡时杆与水平面的夹角 θ 值。

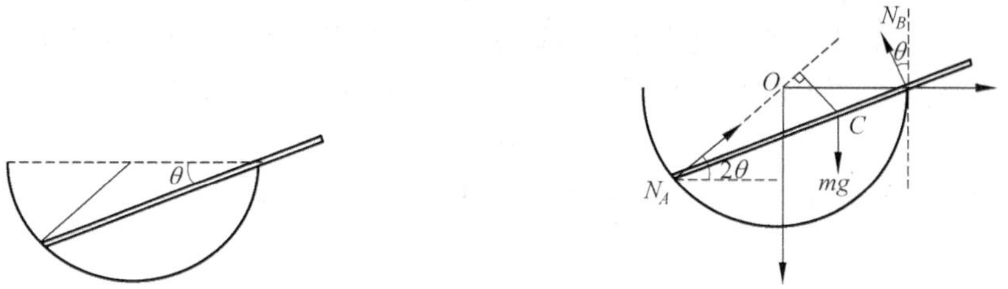

(a)　　　　(b)

例 5.3 图

分析　可以用牛顿力学的静力平衡条件，建立图(b)所示坐标系，其中 N_A 和 N_B 分别为细杆所受到的支撑力，也是题示系统所受到的约束力。根据刚体静止平衡条件

$$\begin{cases}\sum \boldsymbol{F} = \boldsymbol{0} \\ \sum \boldsymbol{M}_C = \boldsymbol{0}\end{cases}$$

根据受力分析，上式可具体地表示为

$$\begin{cases}mg - N_A\sin 2\theta - N_B\cos\theta = 0 \\ N_A\cos 2\theta - N_B\sin\theta = 0 \\ N_A l\sin\theta - N_B(2R\cos\theta - l) = 0\end{cases}$$

这样三个方程可解出三个未知数 N_A, N_B, θ，联立方程组中的后两个方程，可以得到 θ 满足的方程为

$$\cos^2\theta - \frac{l}{4R}\cos\theta - \frac{1}{2} = 0$$

在上述计算过程中，不得不面对约束力 N_A 和 N_B，虽然原本只要求 θ 的行为。能否不考虑约束力而只需要面对主动力，继而解出所求的 θ 呢？回答是肯定的，利用**虚功原理**就能做到。

虚功原理是任意非自由质点系平衡的必要和充分条件。利用虚功原理，可以建立与系统的自由度数相同的平衡方程，如果质点系统的质点数多而系统的自由度数少，相对来说，平衡方程的数量就会大大减少。另外，这种方法直接建立了主动力之间的关系，避免了未知约束反力的出现，使得非自由质点系平衡的求解变得简单。

为了学习静止和平衡的新方法——**虚功原理**，先认识几个概念：虚位移和理想约束。

5.3.1 实位移和虚位移

实位移是真正实际发生的位移的简称。在矢量力学中功的概念是作用于质点上的力与实位移的乘积，因此，对应的功称为**实功**。实位移有如下特点：

(1) 实位移只有一个；

(2) 实位移同时满足约束方程和系统的运动学方程；

(3) 实位移与系统所受主动力、时间、约束条件及运动的初始条件都有关。

微小的实位移用微分符号 $\mathrm{d}r$、$\mathrm{d}x$、$\mathrm{d}\psi$ 或者 $\mathrm{d}\boldsymbol{r}(\mathrm{d}x,\mathrm{d}y,\mathrm{d}z)$ 表示。显然只要实位移不为零，就有时间流逝。即若 $\mathrm{d}r\neq 0$，则有 $\mathrm{d}t\neq 0$。

与实位移不同，在分析力学中需要引入**虚位移**。所谓虚位移是指虚拟的、满足约束条件的、无限小的位移。虚位移不是由于质点运动实际发生的位移，只是想象中发生的位移，所以虚位移不是由于时间的改变而引起的。假设 t 时刻，满足约束条件

$$f(x_1,x_2,\cdots,x_{3n},t)=0$$

的系统的位置由坐标 $x_1,x_2,\cdots,x_{3n}$ 表示，同一时刻，设想系统从上述位置作了一个微小的位移

$$x_1+\delta x_1,x_2+\delta x_2,\cdots,x_{3n}+\delta x_{3n}$$

达到新位置后的位形仍满足上述约束：$f(x_1+\delta x_1,x_2+\delta x_2,\cdots,x_{3n}+\delta x_{3n},t)=0$，因为设想的这一位移不经历时间，称为质点系的虚位移。因为虚位移是不经历时间的位移，所以它具有下述特点：

(1) 虚位移不唯一；

(2) 虚位移满足约束方程；

(3) 虚位移仅与约束条件有关，与初始条件和时间都无关。

虚位移以**变分符号** $\delta r,\delta x,\delta\psi$ 或 $\delta\boldsymbol{r}$ 表示，由于没有时间的流逝，虽然 $\delta r\neq 0$ 但 $\delta t\equiv 0$（在数学上称为**等时变分**）。

关于变分的运算法则与微分的完全类似。具体地，变分计算过程如同微分计算过程，可进行微分运算后，将微分符号改为变分符号再令 $\delta t=0$ 即可。

如果系统受到的只是稳定约束，实位移必在虚位移之列。但如果受到非稳定约束，实位移与虚位移就完全两回事（如图 5.1 所示）。

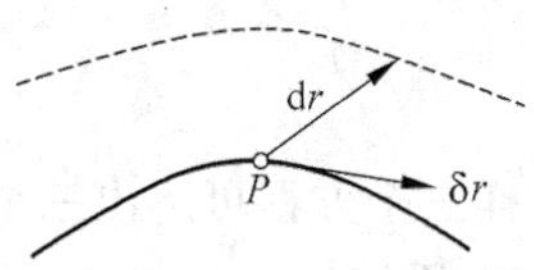

图 5.1

虚位移也可以用广义坐标表示，称为**广义虚位移**。广义虚位移与虚位移的关系在等时变分下表示为

$$\delta\boldsymbol{r}=\sum_{\alpha=1}^{s}\frac{\partial\boldsymbol{r}}{\partial q_\alpha}\delta q_\alpha \tag{5.6}$$

式(5.6)表明系统中任一质点的虚位移是广义坐标独立变分的线性组合。式(5.6)的具体推导如下：

因为

$$\boldsymbol{r}=\boldsymbol{r}(q_1,q_2,\cdots,q_s;t)$$

对复合函数 $\boldsymbol{r}$ 求时间导数，有

$$\frac{\mathrm{d}\boldsymbol{r}}{\mathrm{d}t}=\frac{\partial \boldsymbol{r}}{\partial q_1}\frac{\mathrm{d}q_1}{\mathrm{d}t}+\frac{\partial \boldsymbol{r}}{\partial q_2}\frac{\mathrm{d}q_2}{\mathrm{d}t}+\cdots+\frac{\partial \boldsymbol{r}}{\partial q_s}\frac{\mathrm{d}q_s}{\mathrm{d}t}+\frac{\partial \boldsymbol{r}}{\partial t}\frac{\mathrm{d}t}{\mathrm{d}t}$$

$$=\sum_{\alpha=1}^{s}\frac{\partial \boldsymbol{r}}{\partial q_\alpha}\frac{\mathrm{d}q_\alpha}{\mathrm{d}t}+\frac{\partial \boldsymbol{r}}{\partial t}\frac{\mathrm{d}t}{\mathrm{d}t}$$

或者求微分,得到

$$\mathrm{d}\boldsymbol{r}=\sum_{\alpha=1}^{s}\frac{\partial \boldsymbol{r}}{\partial q_\alpha}\mathrm{d}q_\alpha+\frac{\partial \boldsymbol{r}}{\partial t}\mathrm{d}t$$

将实位移 $\mathrm{d}\boldsymbol{r},\mathrm{d}q_s$ 换成虚位移 $\delta\boldsymbol{r},\delta q_s$ 得到

$$\delta\boldsymbol{r}=\sum_{\alpha=1}^{s}\frac{\partial \boldsymbol{r}}{\partial q_\alpha}\delta q_\alpha+\frac{\partial \boldsymbol{r}}{\partial t}\delta t=\sum_{\alpha=1}^{s}\frac{\partial \boldsymbol{r}}{\partial q_\alpha}\delta q_\alpha$$

5.3.2 虚功

质点或系统所受的力在虚位移上所做的功称为**虚功**。计算力在虚位移上做的功与计算作用力在实位移上所做的元功方法是一样的。虚功表示为

$$\delta W=\boldsymbol{F}\cdot\delta\boldsymbol{r}$$

虚位移是假想的,所以虚功也是假想的。

若将作用力分为主动力和约束力两部分,相应的虚功也为两部分之和

$$\delta W=\boldsymbol{F}\cdot\delta\boldsymbol{r}+\boldsymbol{R}\cdot\delta\boldsymbol{r}$$

若系统由 n 个质点组成,则系统中各个质点所受合力的虚功总和为

$$\delta W=\sum_{i=1}^{n}\boldsymbol{F}_i\cdot\delta\boldsymbol{r}_i+\sum_{i=1}^{n}\boldsymbol{R}_i\cdot\delta\boldsymbol{r}_i \tag{5.7}$$

式中如果主动力 $\boldsymbol{F}_i$ 和约束力 $\boldsymbol{R}_i$ 具有力的量纲,则 $\delta\boldsymbol{r}_i$ 具有线位移的量纲;如果主动力 $\boldsymbol{F}_i$ 和约束力 $\boldsymbol{R}_i$ 具有力矩的量纲,则 $\delta\boldsymbol{r}_i$ 具有角位移的量纲。

5.3.3 理想约束

在很多情况下,约束反力与约束所允许的虚位移互相垂直,约束反力的虚功等于零;一些系统内部相互作用的约束反力所做的虚功的和也会等于零,这些约束统称为**理想约束**。写成数学表达式为

$$\sum_{i=1}^{n}\boldsymbol{R}_i\cdot\delta\boldsymbol{r}_i=0 \tag{5.8}$$

典型的理想约束的例子有:光滑固定面、光滑铰链、刚性铰链杆、不可伸长的绳以及纯滚动都是理想约束,这些约束反力在虚位移上不做虚功或者所做虚功之和等于零。

5.3.4 平衡判据——虚功原理

对于具有理想约束的质点系统,在给定位置平衡的充分必要条件是:主动力在系统的任意虚位移中所做虚功之和为零。这就是**虚功原理**,又叫**虚位移原理**:

$$\delta W=\sum_{i=1}^{n}\boldsymbol{F}_i\cdot\delta\boldsymbol{r}_i=0 \tag{5.9}$$

其中 $\boldsymbol{F}_i$ 表示作用在第 i 个质点上的主动力的合力,$\delta\boldsymbol{r}_i$ 表示力 $\boldsymbol{F}_i$ 作用点的虚位移。其解析表达式为

$$\delta W = \sum_{i=1}^{n}(F_{ix}\delta x_i + F_{iy}\delta y_i + F_{iz}\delta z_i) = 0 \tag{5.10}$$

方程(5.9)和式(5.10)又称为**虚功方程**或者**静力学普遍方程**，是虚功原理的具体表达。

由于式(5.10)，式(5.9)还可以写成

$$\delta W = \sum_{i=1}^{3n} F_i \cdot \delta x_i = 0 \tag{5.9)*$$

式(5.9)和式(5.9)* 两式中的 i 与 F_i 并不相同，式(5.9)中 $\boldsymbol{F}_i$ 是第 i 个质点所受的主动力，而式(5.9)* 中 F_i 是第$\left[\frac{i+2}{3}\right]$个质点所受的主动力的一个分量。

必要性　若系统处于平衡状态，则虚功原理式(5.9)必成立。

若系统处于平衡，则各个质点必定处于平衡，则作用在任一质点上的合力一定为零，即

$$\boldsymbol{F}_i + \boldsymbol{R}_i = \boldsymbol{0}$$

给该质点以任意虚位移 $\delta\boldsymbol{r}_i$，则有

$$(\boldsymbol{F}_i + \boldsymbol{R}_i) \cdot \delta\boldsymbol{r}_i = 0$$

对 i 求和

$$\sum_{i=1}^{n}\boldsymbol{F}_i \cdot \delta\boldsymbol{r}_i + \sum_{i=1}^{n}\boldsymbol{R}_i \cdot \delta\boldsymbol{r}_i = 0$$

因为系统受理想约束，即

$$\sum_{i=1}^{n}\boldsymbol{R}_i \cdot \delta\boldsymbol{r}_i = 0$$

所以得到

$$\sum_{i=1}^{n}\boldsymbol{F}_i \cdot \delta\boldsymbol{r}_i = 0$$

即 $\delta W=0$，得证。

充分性　若虚功原理式(5.9)成立，则质点系必处于平衡状态。用反证法。

若式(5.9)成立，质点系却处于非平衡状态，则质点系中某些质点将处于运动状态，取其一作分析，因其不平衡，所以作用其上的合力一定不为零，即

$$\boldsymbol{F}_i + \boldsymbol{R}_i \neq \boldsymbol{0}$$

质点在合力的作用下将产生一个实位移 $\mathrm{d}\boldsymbol{r}_i$，方向与合力方向相同。由于稳定约束，所以实位移必定是虚位移中的一个，则可用 $\delta\boldsymbol{r}_i$ 取代 $\mathrm{d}\boldsymbol{r}_i$，有

$$(\boldsymbol{F}_i + \boldsymbol{R}_i) \cdot \delta\boldsymbol{r}_i > 0$$

即系统中使质点运动着的作用力做的虚功均为正功，而使质点保持静止状态的作用力做的虚功均为零，所以对于整个系统来说，全部虚功相加仍为不等式，即

$$\sum_{i=1}^{n}\boldsymbol{F}_i \cdot \delta\boldsymbol{r}_i + \sum_{i=1}^{n}\boldsymbol{R}_i \cdot \delta\boldsymbol{r}_i > 0$$

而由于受到理想约束，有 $\sum_{i=1}^{n}\boldsymbol{R}_i \cdot \delta\boldsymbol{r}_i = 0$。

所以主动力做的虚功之和也不为零，与式(5.9)成立的条件相矛盾，所以质点系不平衡的假设是不成立的。即质点系只能处于平衡，充分性得证。

虚功原理将约束排除，只讨论主动力的情况，从而使问题处理得到简化，这是虚功原理

的重大成功之处。但是,事物都有两面性,正是将约束排出在虚功原理的表达式之外,使得约束力不能出现在此原理中,所以不能由虚功原理直接求解约束力,这又是它的不足之处。是否就不能利用虚功原理求解约束力了呢?当然不是,分析力学将采用将约束去掉,代之以约束反力,并使其充当主动力,再次利用虚功原理进行求解的方式来求解约束力,当然在这种操作下,系统还须保持所受约束为理想约束的条件。具体的做法将在 5.5 节中详述。

利用虚功原理重解例 5.3。

解　不计摩擦力,所以系统受理想约束。因为自由度为 1,选择 θ 为广义坐标。

主动力只有重力 $\boldsymbol{mg}$,力的作用点在质心 C 处,所以虚功原理的具体表示为

$$\delta W = \boldsymbol{mg} \cdot \delta \boldsymbol{r}_C = 0$$

沿重力的作用线方向的坐标分量变分为 δy_C,所以上式为

$$mg\delta y_C = 0$$

将其化为广义坐标变分,利用坐标变换方程

$$y_C = (2R\cos\theta - l)\sin\theta$$

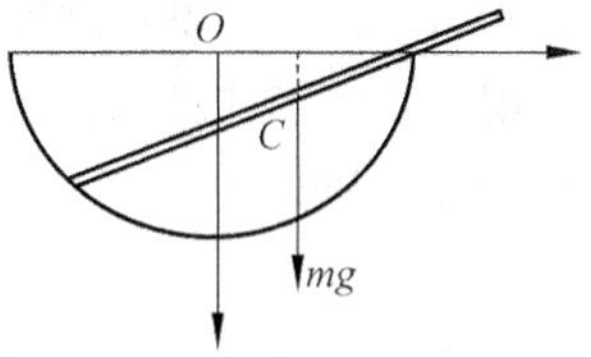

例 5.3 图(c)

得到

$$\delta y_C = -2R\sin^2\theta\delta\theta + (2R\cos\theta - l)\cos\theta\delta\theta$$

所以有

$$mg[-2R\sin^2\theta + (2R\cos\theta - l)\cos\theta]\delta\theta = 0$$

解得 $\cos^2\theta - \frac{l}{4R}\cos\theta - \frac{1}{2} = 0$,结果一样!

由于列方程讨论时都不需考虑约束力,显见,这种解法比先前的矢量力学解法简单得多。

5.3.5　广义坐标的选择

从上述例题可以看出,选择合适的广义坐标可以使得计算步骤繁简不同。有必要总结出选择广义坐标的几个原则。

(1) **广义坐标必须是彼此独立的**。如图 5.2 所示,竖直平面内的直棒自由度为 3,一般选择质心的平面坐标 x_C, y_C 和棒的转动角 θ 为广义坐标,当然也可以从原用坐标 $x_C, y_C, x_A, y_A, x_B, y_B$ 中适当选择三个作为广义坐标。但是不可选择 x_C, x_A, x_B,因为有 $x_C = (x_A + x_B)/2$ 这种约束关系。同理,也不可以选 y_C, y_A, y_B。

(2) **广义坐标必须唯一地确定系统位形**。每一组广义坐标应确定系统唯一的一个位置。例如不可以选 x_A, x_B, y_C,因为这组值确定的有两个位形,如图 5.3 所示。

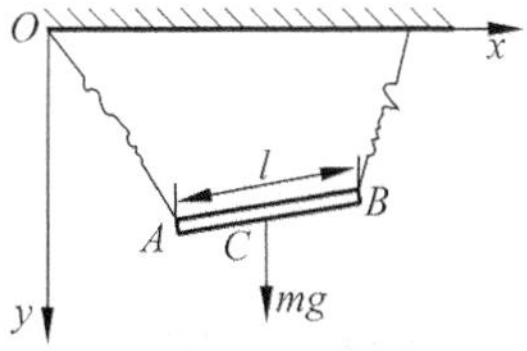

图　5.2

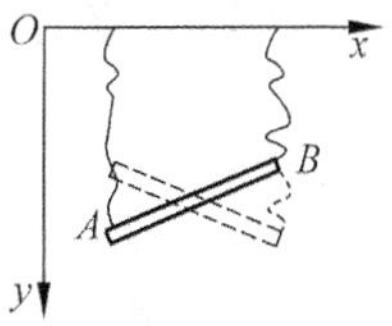

图　5.3

(3) **平衡位置处各广义坐标的虚位移都能独立取值。**

(4) **用分式 $Q_j=0(j=1,2,\cdots,s)$ 时，必须查验广义坐标在平衡位置处的虚位移能否任意取值，不恒为零。** 例如例 5.3 中由 $\delta W=mg\delta y_C=0$ 可知，以 y_C 作为广义坐标的选法不合适。

例 5.4 曲柄连杆结构如图所示，有一水平力 $\boldsymbol{F}$ 作用于滑块上，在曲柄 OA 上作用一力偶 $\boldsymbol{M}$，求曲柄连杆结构在图示位置平衡时，力 $\boldsymbol{F}$ 与力偶 $\boldsymbol{M}$ 的关系。(不计摩擦)

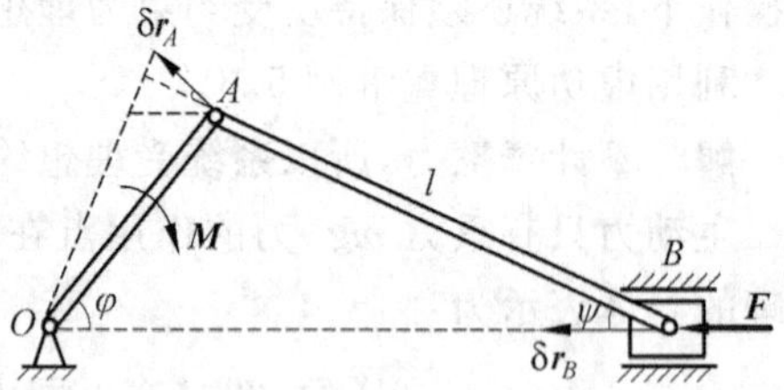

例 5.4 图

解 以整个机构为研究对象，不计摩擦，说明机构受理想约束，系统平衡时可利用虚功原理。

已知系统所受主动力为 $\boldsymbol{F}$ 和力偶 $\boldsymbol{M}$，给曲柄一虚位移 $\delta\varphi$ 时，A,B 两点的虚位移分别是 $\delta\boldsymbol{r}_A$ 和 $\delta\boldsymbol{r}_B$，主动力做虚功的虚位移分别为 $\delta\boldsymbol{r}_B$ 和 $\delta\varphi$。将主动力和相应的虚位移代入虚功原理方程中得

$$-M\delta\varphi+F\delta r_B=0 \tag{1}$$

用几何方法求出 $\delta\varphi$ 与 $\delta\boldsymbol{r}_B$ 的关系，由于曲柄 OA 作定轴转动，有

$$\delta r_A=r\delta\varphi \tag{2}$$

连杆 AB 作平面运动，其上 A,B 两点的虚位移在 AB 上的投影相等，即

$$\delta r_A\cos\left(\frac{\pi}{2}-\varphi-\psi\right)=\delta r_B\cos\psi$$

将式(2)代入上式得

$$r\delta\varphi\sin(\varphi+\psi)=\delta r_B\cos\psi$$

即

$$\frac{\delta r_B}{\delta\varphi}=\frac{r\sin(\varphi+\psi)}{\cos\psi} \tag{3}$$

与式(1)比较得到 $\boldsymbol{F}$ 与 $\boldsymbol{M}$ 的大小关系为

$$\frac{M}{F}=\frac{r\sin(\varphi+\psi)}{\cos\psi}$$

由上述例题可知，利用虚功原理求解系统平衡问题时，不必将系统中各个组分(质点和刚体)隔离物体分析，不需要考虑约束力，就可以直接得到平衡时主动力之间的关系，计算过程简单，这就是利用虚功原理求解非自由质点系统平衡问题的优点。

5.4 主动力与广义力

5.4.1 广义力

在式(5.9)和式(5.10)所表达的虚功原理中，是以质点的坐标(原用坐标)变分表示虚位移的，这些虚位移($3n$)之间一般都是相互不独立的，所以解题时参考各虚位移间的关系式(数量与约束数 k 相同)，这样才能够解决问题。如果直接用广义坐标的变分来表示虚位移，

广义虚位移间是相互独立的，这时虚功原理就可以表示为更简明的形式，解决过程将得到极大的简化，下面写出虚功原理的广义坐标表达式。

对坐标变换方程

$$x_i = x_i(q_1, q_2, \cdots, q_s, t), \quad i = 1,2,\cdots,3n$$

求等时变分，得虚位移的变分表示

$$\delta x_i = \sum_{j=1}^{s} \frac{\partial x_i}{\partial q_j}\delta q_j, \quad i = 1,2,\cdots,3n$$

将上式代入虚功表达式中得到

$$\delta W = \sum_{i=1}^{3n} F_i \delta x_i = \sum_{i=1}^{3n} F_i \left(\sum_{j=1}^{s} \frac{\partial x_i}{\partial q_j}\delta q_j\right)$$

变换求和顺序

$$\delta W = \sum_{j=1}^{s}\left(\sum_{i=1}^{3n} F_i \frac{\partial x_i}{\partial q_j}\right)\delta q_j$$

令

$$\sum_{i=1}^{3n} F_i \frac{\partial x_i}{\partial q_j} = Q_j, \quad j = 1,2,\cdots,s \tag{5.11}$$

所以得到

$$\delta W = \sum_{j=1}^{s} Q_j \delta q_j \tag{5.12}$$

上式是虚功的另一种表达式，即用广义坐标的虚位移来表示原用坐标的虚位移，同时把主动力也用广义力表示，这样便定义了**广义力** Q_j：

$$Q_j = \sum_{i=1}^{n} \boldsymbol{F}_i \cdot \frac{\partial \boldsymbol{r}_i}{\partial q_j}, \quad j = 1,2,\cdots,s \tag{5.13}$$

式(5.11)、式(5.13)均为广义力的定义式，Q_j 称为**广义力**的第 j 个分量。

由此可见，广义力既不隶属于某个质点，也不直接对应于某个主动力的分量，而是描述整个系统的物理量。由于 $Q_j \delta q_j$ 具有能量的量纲，所以当 q_j 具有长度量纲时，Q_j 具有力的量纲；当 q_j 具有角度量纲时，Q_j 具有力矩的量纲。

这样虚功原理就可以表示为广义力与广义虚位移乘积的形式

$$\delta W = \sum_{j=1}^{s} Q_j \delta q_j = 0 \tag{5.14}$$

由于广义坐标是互相独立的，所以广义虚位移 δq_j 也是互相独立的，故若上式成立，每一个 δq_j 的系数 Q_j 都应该同时为零，即

$$Q_j = 0, \quad j = 1,2,\cdots,s \tag{5.15}$$

这样就又得到了虚功原理的第三个表达形式。

具有理想约束的质点系，在给定位置平衡的必要和充分条件是，对应于每个广义坐标的广义力都等于零。

5.4.2 广义力的求法

根据定义和虚功表示，广义力的求法一般为三种：

(1) 利用广义力的定义式(5.11)或式(5.13)

$$Q_j = \sum_{i=1}^{n} \boldsymbol{F}_i \cdot \frac{\partial \boldsymbol{r}_i}{\partial q_j} = \sum_{i=1}^{3n} F_i \frac{\partial x_i}{\partial q_j}, \quad j = 1,2,\cdots,s$$

(2) 由虚功的两种表达形式得到

$$\sum_{i=1}^{3n} F_i \delta x_i = \sum_{j=1}^{s} Q_j \delta q_j$$

这样可利用原用坐标的虚位移与广义坐标的虚位移间关系,由主动力求出广义力。

(3) 同样还是由于广义虚位移 δq_j 是互相独立的原因,可以令除某个 δq_j 外的其他广义虚位移均为零,这时的虚功表示为

$$\delta W = Q_j \delta q_j$$

所以广义力为 $Q_j = \dfrac{\delta W}{\delta q_j}, j=1,2,\cdots,s$。

5.5 虚功原理的应用举例

例 5.5 如图所示,在铅直平面内放置的杠杆 AOB,支于光滑点 O,臂长 $OA=a$,$OB=b$,两端 A,B 分别挂有重量为 G_1,G_2 的物体,如果选择杠杆与水平方向夹角 θ 为广义坐标,求对应的广义力。

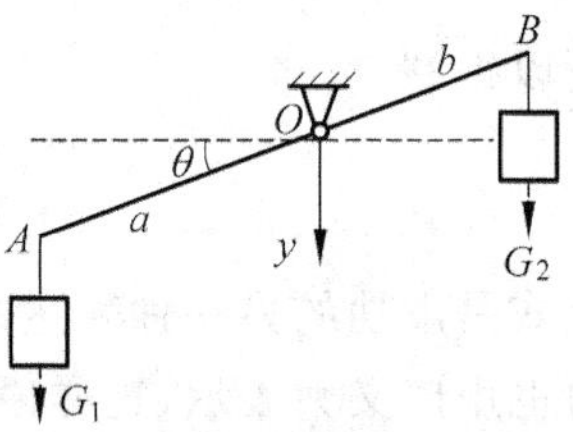

例 5.5 图

解 A 和 B 组成的系统受理想约束,系统自由度为 1,选择 θ 为广义坐标,下面分别采用虚功和定义的方法求解。

解法一 用虚功求解

系统中主动力为 G_1,G_2,分别作用在 A,B 点,如图示得到坐标变换关系

$$\begin{cases} y_A = a\sin\theta \\ y_B = -b\sin\theta \end{cases}$$

变分得

$$\begin{cases} \delta y_A = a\cos\theta\delta\theta \\ \delta y_B = -b\cos\theta\delta\theta \end{cases}$$

利用虚功的不同表达式,得

$$\delta W = G_1 \delta y_A + G_2 \delta y_B = (aG_1 - bG_2)\cos\theta \cdot \delta\theta = Q_\theta \delta\theta$$

所以广义力

$$Q_\theta = (aG_1 - bG_2)\cos\theta$$

解法二 用广义力的定义求解

有

$$Q_\theta = \sum_{i=1}^{2} F_i \frac{\partial y_i}{\partial \theta} = G_1 \frac{\partial y_A}{\partial \theta} + G_2 \frac{\partial y_B}{\partial \theta}$$

$$= (aG_1 - bG_2)\cos\theta \quad \text{结果一致!}$$

例 5.6 如图所示,铅直平面内放置长为 l_1,l_2 的两杆在 A 点光滑连接,B 端受一水平力 $\boldsymbol{F}$ 作用,求两杆的平衡位置。

解 经分析知,系统受理想约束,自由度为 2,选广义坐标为 $q_1=\alpha$;$q_2=\beta$。

系统受三个主动力 $\boldsymbol{F}, m_1\boldsymbol{g}, m_2\boldsymbol{g}$，作用点分别在点 B、C_1 和 C_2，利用虚功原理，得

$$\delta W = m_1\boldsymbol{g}\cdot\delta\boldsymbol{r}_{C_1} + m_2\boldsymbol{g}\cdot\delta\boldsymbol{r}_{C_2} + \boldsymbol{F}\cdot\delta\boldsymbol{r}_B = m_1 g\delta x_{C_1} + m_2 g\delta x_{C_2} + F\delta y_B$$

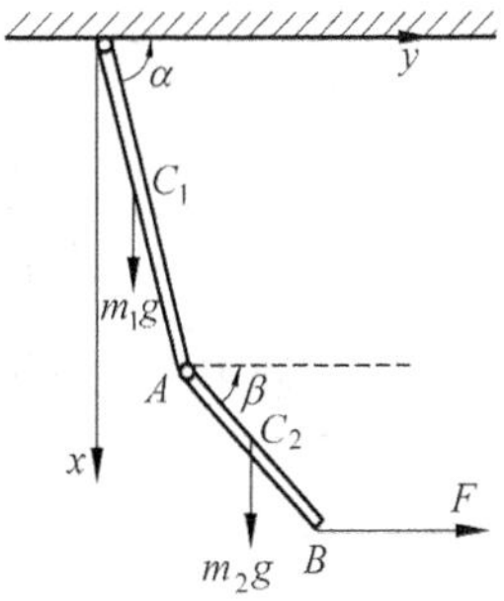

例 5.6 图

将坐标变换方程

$$x_{C_1} = \frac{l_1}{2}\sin\alpha,\quad x_{C_2} = l_1\sin\alpha + \frac{l_2}{2}\sin\beta,$$

$$y_B = l_1\cos\alpha + l_2\cos\beta$$

变分后代入虚功原理中得到

$$\begin{aligned}\delta W &= m_2 g\left(l_1\cos\alpha\delta\alpha + \frac{1}{2}l_2\cos\beta\delta\beta\right) + m_1 g\left(\frac{1}{2}l_1\cos\alpha\delta\alpha\right)\\ &\quad + F(-l_1\sin\alpha\delta\alpha - l_2\sin\beta\delta\beta)\\ &= \left(m_2 g l_1\cos\alpha + \frac{1}{2}m_1 g l_1\cos\alpha - Fl_1\sin\alpha\right)\delta\alpha + \left(\frac{1}{2}m_2 g l_2\cos\beta - Fl_2\sin\beta\right)\delta\beta\\ &= Q_\alpha\delta\alpha + Q_\beta\delta\beta = 0\end{aligned}$$

因为 $\delta\alpha$ 与 $\delta\beta$ 相互独立，可自由取值，所以有

$$\begin{cases} Q_\alpha = m_2 g l_1\cos\alpha + \dfrac{1}{2}m_1 g l_1\cos\alpha - Fl_1\sin\alpha = 0\\ Q_\beta = \dfrac{1}{2}m_2 g l_2\cos\beta - Fl_2\sin\beta = 0\end{cases}$$

解得

$$\begin{cases}\tan\alpha = \dfrac{2m_2 g + m_1 g}{2F}\\ \tan\beta = \dfrac{m_2 g}{2F}\end{cases}$$

为系统平衡时 α,β 值满足的关系。

例 5.7 图(a)所示为一正切机构及其受力情况。已知 $OD=l, OC=R$，杆件的质量及摩擦不计，AB 杆平动，OC 杆定轴转动。设机构于 $\theta=30°$ 的位置平衡，求平衡时力 F 与 F_Q 的关系。

解 系统具有理想约束，取整体为研究对象。系统具有一个自由度，选 θ 为广义坐标。作用于系统上的主动力有 F 和 F_Q，给系统一个虚位移，使 θ 有微小增量 $\delta\theta$，各主动力作用点的虚位移为 δy_B 及 δS_C，如图(b)所示。

显见

$$\delta y_A = \delta y_B;\quad \delta S_C = R\delta\theta$$

解法一 利用虚功原理

根据坐标变换关系

$$y_A = l\tan\theta$$

变分

$$\delta y_A = l\sec^2\theta\cdot\delta\theta$$

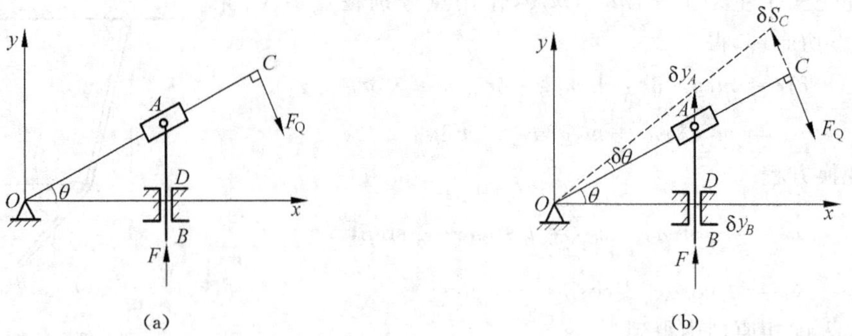

例 5.7 图

平衡时

$$\delta W = 0$$

即

$$F\delta y_B - F_Q\delta S_C = 0$$

所以

$$\frac{F}{F_Q} = \frac{\delta S_C}{\delta y_B} = \frac{R}{l}\cos^2\theta$$

解得$\frac{F}{F_Q}=\frac{3R}{4l}$,为平衡时力 F 与 F_Q 的关系。

解法二　根据广义力定义式

$$Q_\theta = \boldsymbol{F}\cdot\frac{\partial \boldsymbol{r}_A}{\partial\theta} + \boldsymbol{F}_Q\cdot\frac{\partial \boldsymbol{r}_C}{\partial\theta} = F\frac{\partial y_A}{\partial\theta} - F_Q\frac{\partial S_C}{\partial\theta} = Fl\sec^2\theta - F_QR$$

平衡时

$$Q_\theta = 0$$

所以有$\frac{F}{F_Q}=\frac{\delta S_C}{\delta y_B}=\frac{R}{l}\cos^2\theta$,结论一致。

若采用直角坐标,坐标变换关系

$$\begin{cases} x_C = R\cos\theta \\ y_C = R\sin\theta \end{cases}$$

变分

$$\begin{cases} \delta x_C = -R\sin\theta\delta\theta \\ \delta y_C = R\cos\theta\delta\theta \end{cases}$$

所以

$$\begin{aligned} Q_\theta &= \sum_{i=1}^{n}\boldsymbol{F}_i\cdot\frac{\partial \boldsymbol{r}_i}{\partial q_j} = F\frac{\partial y_A}{\partial\theta} + (F_Q\sin\theta)\frac{\partial x_C}{\partial\theta} + (-F_Q\cos\theta)\frac{\partial y_C}{\partial\theta} \\ &= Fl\sec^2\theta - F_QR \equiv 0 \end{aligned}$$

所以$\frac{F}{F_Q}=\frac{\delta S_C}{\delta y_B}=\frac{R}{l}\cos^2\theta$,结论不变。

例 5.8　用光滑铰链连接两根长 l、重 Q 的均质棒 A 和 B,重量可忽略不计的支撑棒 C 长为 L ,在 C 棒的 D 端施以竖直向上的力 P,所有的接触点都是光滑的。求平衡时图中坐

标 x,θ 值。

解 系统由 A,B 和 C 杆组成，受理想约束。系统自由度为2，选择 θ 与 x 为广义坐标。

系统受主动力有 Q_A,Q_B,P 三个，且 $Q_A=Q_B=Q$。选 y 坐标竖直向下为坐标正方向，与三个主动力做虚功相关的坐标有 A,B 棒质心的坐标 y_A,y_B 及 D 点的坐标 y_D。

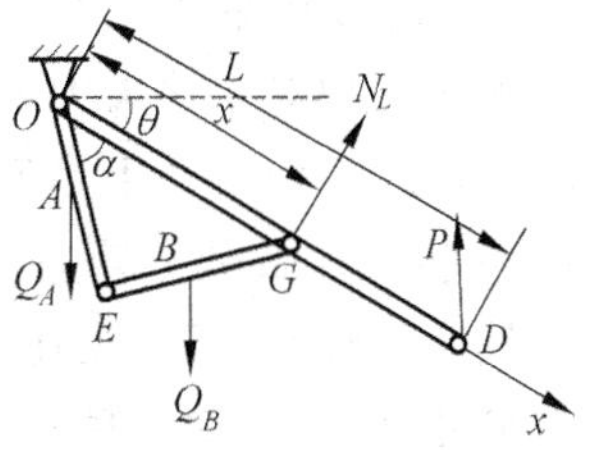

例5.8图

由图知坐标变换关系方程为

$$\begin{cases} y_A = \dfrac{l}{2}\sin(\alpha+\theta) \\ y_B = x\sin\theta + \dfrac{l}{2}\sin(\alpha-\theta) \\ y_D = L\sin\theta \end{cases}$$

又

$$\cos\alpha = \frac{\frac{x}{2}}{l} = \frac{x}{2l}, \quad \sin\alpha = \sqrt{1-\frac{x^2}{4l^2}} = \frac{1}{2l}\sqrt{4l^2-x^2}$$

所以

$$\begin{cases} y_A = \dfrac{1}{4}x\sin\theta + \dfrac{1}{4}\sqrt{4l^2-x^2}\cos\theta \\ y_B = \dfrac{3}{4}x\sin\theta + \dfrac{1}{4}\sqrt{4l^2-x^2}\cos\theta \\ y_D = L\sin\theta \end{cases}$$

变分，得

$$\delta y_A = \left(\frac{\sin\theta}{4} - \frac{x\cos\theta}{4\sqrt{4l^2-x^2}}\right)\delta x + \left(\frac{x\cos\theta}{4} - \frac{\sqrt{4l^2-x^2}}{4}\sin\theta\right)\delta\theta$$

$$\delta y_B = \left(\frac{3\sin\theta}{4} - \frac{x\cos\theta}{4\sqrt{4l^2-x^2}}\right)\delta x + \left(\frac{3x\cos\theta}{4} - \frac{\sqrt{4l^2-x^2}}{4}\sin\theta\right)\delta\theta$$

$$\delta y_D = L\cos\theta\delta\theta$$

代入虚功原理中，得

$$\left(Qx\cos\theta - \frac{Q}{2}\sqrt{4l^2-x^2}\sin\theta - PL\cos\theta\right)\delta\theta + \left(Q\sin\theta - \frac{Qx\cos\theta}{2\sqrt{4l^2-x^2}}\right)\delta x = 0$$

$\delta\theta$ 与 δx 相互独立，有

$$\begin{cases} Q_\theta = Qx\cos\theta - \dfrac{Q}{2}\sqrt{4l^2-x^2}\sin\theta - PL\cos\theta = 0 \\ Q_x = Q\sin\theta - \dfrac{Qx\cos\theta}{2\sqrt{4l^2-x^2}} = 0 \end{cases}$$

解上述方程得到

$$x = \frac{4PL}{3Q}; \quad \theta = \arctan\frac{PL}{\sqrt{(3Ql)^2-(2PL)^2}} \tag{5.16}$$

问题：怎样可求出支撑杆 C 与 A,B 棒在 G 处拥有的约束力 $\boldsymbol{N}_L$？

由上述例题可知利用虚功原理**解题的步骤**可以分为如下几步：

(1) 判别约束是否理想约束；

(2) 找出主动力及作用点；

(3) 确定系统自由度并选择广义坐标；

(4) 用广义坐标的变分表示虚位移；

(5) 由虚功原理写出平衡方程，因为广义坐标的变分相互独立，便于求解广义力。

虚功原理对于约束力较多而对约束力本身并无兴趣的问题的求解非常有效，可以简化问题的求解。但是并不是说虚功原理不能求解约束力。实际上，如果要求某个约束力，只需将该约束力看做是主动力，将其作用点自由化并引入相应的广义坐标，再利用虚功原理便可，当然剩余的全部约束还应该满足理想约束的条件才可。

另外，由于虚功原理与牛顿平衡方程式等价，在非惯性系中，只要引入相应的惯性力，牛顿平衡方程就是成立的，因而虚功原理也是成立的。可见虚功原理也可以用来求解理想约束系统动平衡问题，即相当于运动参考系的平衡问题，具体做法是，将虚功原理和达朗贝尔原理结合就可以导出非自由质点系的动力学普遍方程，在此基础上发展形成了**分析动力学**。即下一章将要讲解的内容。

5.6 约束力的求法

在满足理想约束的条件下，约束力在虚功原理方程中不出现，所以不能直接利用虚功原理求解约束力。那么如何求解约束力呢？

首先需要发挥各种理论的长处采用分析力学和矢量力学联合应用的方式，充分发挥矢量力学的优点。当矢量力学解决不了结构复杂的问题时，采用解除某个约束，将其变为主动力后再次利用虚功原理(保证系统仍为理想约束条件)的方式。当然还有其他的解决方式，比如利用达朗贝尔原理求约束力或者如拉格朗日未定乘子法等其他方法。下面用例题具体说明。

例 5.9 图示所求机构(光滑接触)，$AB=BC=l$，弹簧原长为 l_0，刚度系数为 k，杆的重量忽略不计，求平衡时的角 θ 及弹簧张力的表达式。

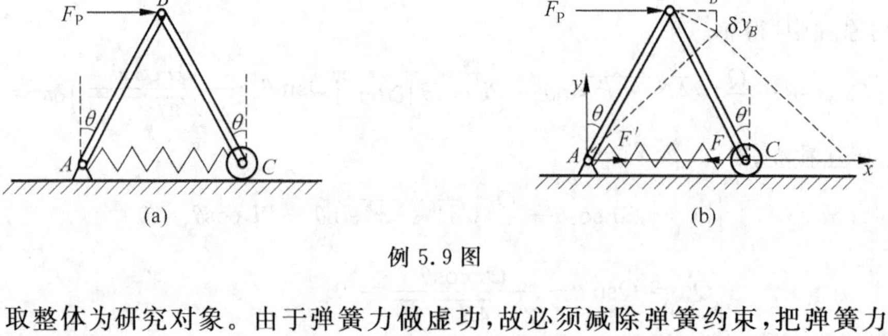

例 5.9 图

解 取整体为研究对象。由于弹簧力做虚功，故必须减除弹簧约束，把弹簧力 F 当作主动力处理，其他均为理想约束。建立坐标系 Axy 如图(b)所示，给 AB 杆一个虚位移 $\delta\theta$，则 B 点的虚位移为 $\delta \boldsymbol{r}_B$，C 点的虚位移为 $\delta \boldsymbol{x}_C$。

坐标变换关系

$$\begin{cases} x_B = l\sin\theta \\ x_C = 2l\sin\theta \end{cases}$$

变分

$$\begin{cases}\delta x_B = l\cos\theta \cdot \delta\theta \\ \delta x_C = 2l\cos\theta \cdot \delta\theta\end{cases}$$

代入虚功原理中

$$F_P\delta x_B - F\delta x_C = 0$$

求解得到

$$F = \frac{F_P}{2}$$

此时弹簧伸长

$$\delta = x_C - l_0 = 2l\sin\theta - l_0$$

弹簧力的大小为

$$F = k\delta = k(2l\sin\theta - l_0)$$

解得

$$\sin\theta = \frac{F_P + 2kl_0}{4kl}。$$

例 5.10(继续求解例 5.8)　条件同前,求:支撑杆与 A,B 棒在 G 处所具有的约束力。

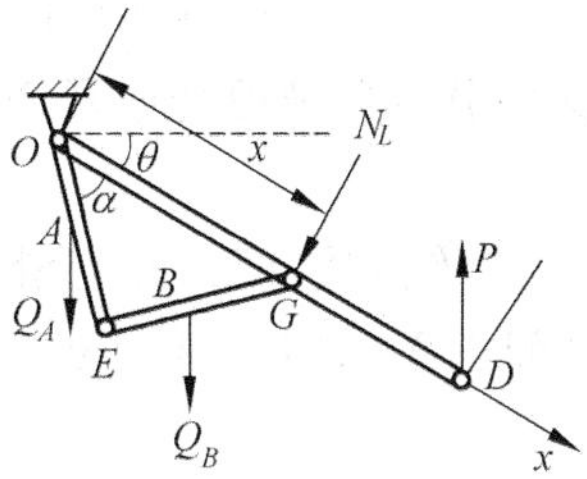

(a)

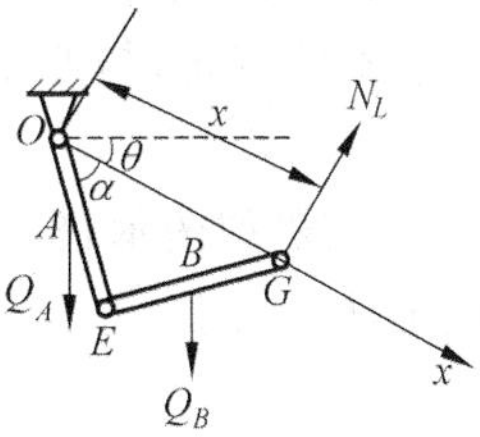

(b)

例 5.10 图

解　方法一　用矢量力学

如图(a)所示,对 C 杆隔离物体分析其受力情况,支撑杆 C 与 A,B 棒在 G 处有约束力 N_L,平衡条件是 C 杆对 O 点力矩为零,知

$$Nx - PL\cos\theta = 0$$

得到

$$N = \frac{PL\cos\theta}{x} = \frac{PL}{x} \cdot \frac{1}{\sqrt{1+\tan^2\theta}}$$

前面已经得到了平衡时坐标 x 和 θ 的值由式(5.16)表示,代入上式计算得到

$$N = \frac{3}{4}Q\sqrt{\frac{(3Ql)^2 - (2PL)^2}{(3Ql)^2 - 3(PL)^2}}$$

方法二　用分析力学的静力学

解除 G 处的约束以约束反力 $\boldsymbol{N}_L$ 代替。系统由 A,B 杆(没有支撑杆)组成,仍受理想约束。自由度仍为 2,仍选择 θ 与 x 为广义坐标,以便于利用先前的结果。系统受主动力有 N_L 和 $Q_A = Q_B = Q$ 共三个,如图(b)所示。

取原用坐标为 y_A,y_B,θ,坐标变换关系仍有

$$\delta y_A = \left(\frac{\sin\theta}{4} - \frac{x\cos\theta}{4\sqrt{4l^2 - x^2}}\right)\delta x + \left(\frac{x\cos\theta}{4} - \frac{\sqrt{4l^2 - x^2}\sin\theta}{4}\right)\delta\theta$$

$$\delta y_B = \left(\frac{3\sin\theta}{4} - \frac{x\cos\theta}{4\sqrt{4l^2 - x^2}}\right)\delta x + \left(\frac{3x\cos\theta}{4} - \frac{\sqrt{4l^2 - x^2}\sin\theta}{4}\right)\delta\theta$$

而 $\boldsymbol{N}_L$ 的虚位移

$$|\delta r_G| = x\delta\theta$$

再次利用虚功原理,系统平衡时有

$$\begin{aligned}\delta W &= Q\delta y_A + Q\delta y_B - Nx\delta\theta \\ &= Q\left(\sin\theta - \frac{x\cos\theta}{2\sqrt{4l^2 - x^2}}\right)\delta x + \left(Qx\cos\theta - \frac{Q}{2}\sqrt{4l^2 - x^2}\sin\theta - Nx\right)\delta\theta \\ &= Q_x\delta x + Q_\theta\delta\theta = 0\end{aligned}$$

所以

$$Q_\theta = Q\left(x\cos\theta - \frac{1}{2}\sqrt{4l^2 - x^2}\sin\theta\right) - Nx = 0$$

解得 $N = \frac{3}{4}Q\sqrt{\frac{(3Ql)^2 - (2PL)^2}{(3Ql)^2 - 3(PL)^2}}$,结果一致。

注意,利用虚功原理求解约束力时需要注意两点,首先,要保证系统仍受理想约束;其次,为了便于利用已得的结果,一般仍保留原来的广义坐标,但是由于约束、自由度、系统和主动力的情况有某些变化,与原来的广义坐标对应的广义力分量部分改变或者全部改变,需要重新计算。

例 5.11 压缩机如图示,杆 $AB=BC$,杆重可以不计,铰链和滑槽都是光滑的,滑块 D 的质量也可以不计。试求:(1)系统平衡时 P,Q 与 α 之间的关系;(2)A 处铰链给杆的约束力。

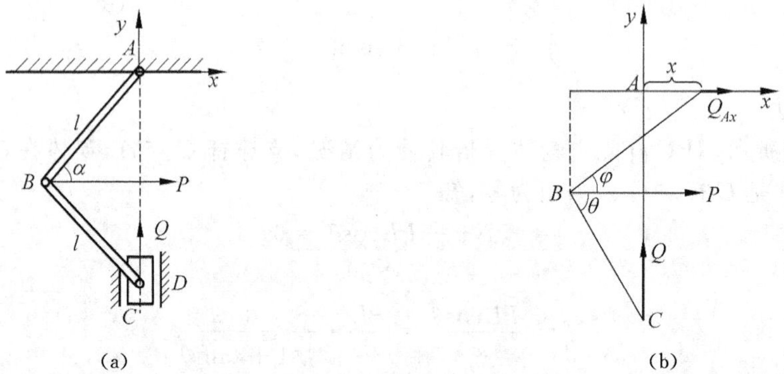

例 5.11 图

解 (1) 取图中所示 Axy 坐标,系统所受主动力为 P,Q,系统自由度为 1,选广义坐标为 α,则坐标变换关系为

$$x_B = -l\cos\alpha,\quad y_C = -2l\sin\alpha$$

变分

$$\delta x_B = l\sin\alpha\delta\alpha,\quad \delta y_C = -2l\cos\alpha\delta\alpha$$

由虚功原理知

$$\delta W = P\delta x_B + Q\delta y_C = (Pl\sin\alpha - 2Ql\cos\alpha)\delta\alpha = 0$$

所以

$$Q_\alpha = Pl\sin\alpha - 2Ql\cos\alpha = 0$$

解得平衡时 $P=2Q\cot\alpha$。

(2) 下面用分析力学求解 A 处铰链给杆的约束力

A 处的约束力可看成为 x,y 方向的约束力的合成,可以分别解除之。先解除 A 处 x 方向的约束,原 A 处在 x 方向的约束力 Q_{Ax} 变成主动力,此时系统自由度为 2,如图(b)所示,显见

$$x - l\cos\varphi = -l\cos\theta$$

说明坐标 x,φ,θ 相互不独立,可任取两个作为广义坐标。

若取 x,φ 为广义坐标,有

$$\sin\theta = \sqrt{\sin^2\varphi + 2\frac{x}{l}\cos\varphi - \frac{x^2}{l^2}}$$

而

$$\begin{cases} x_B = x - l\cos\varphi \\ y_C = -l\sin\varphi - l\sin\theta \end{cases}$$

所以

$$y_C = -l\sin\varphi - \sqrt{l^2\sin^2\varphi + 2lx\cos\varphi - x^2}$$

由虚功原理知

$$\delta W = Q_{Ax}\delta x + P\delta x_B + Q\delta y_C = Q_x\delta x + Q_\varphi\delta\varphi = 0$$

解得

$$Q_x = Q_{Ax} + P - Q\frac{l\cos\varphi - x}{\sqrt{l^2\sin^2\varphi + 2lx\cos\varphi - x^2}}$$

利用平衡时条件

$$x = 0, \varphi = \alpha, Q_x = 0, P = 2Q\cot\alpha$$

得到在平衡位置处

$$Q_{Ax} = -Q\cot\alpha, \quad \text{或} \quad Q_{Ax} = -\frac{P}{2}$$

同理,如果选取 φ,θ 为广义坐标,则因为

$$\begin{cases} x_B = x - l\cos\varphi = -l\cos\theta \\ y_C = -l\sin\varphi - l\sin\theta \end{cases}$$

有

$$\begin{cases} \delta x_B = l\sin\theta\delta\theta \\ \delta y_C = -l\cos\varphi\delta\varphi - l\cos\theta\delta\theta \\ \delta x = -l\sin\varphi\delta\varphi + l\sin\theta\delta\theta \end{cases}$$

由虚功原理知

$$\delta W = Q_{Ax}\delta x + P\delta x_B + Q\delta y_C = Q_x\delta x + Q_\varphi\delta\varphi = 0$$

解得

$$\begin{cases} Q_\theta = Q_{Ax}\sin\theta + P\sin\theta - Q\cos\theta \\ Q_\varphi = -Q_{Ax}\sin\varphi - Q\cos\varphi \end{cases}$$

利用平衡时条件

$$x = 0, \quad \varphi = \alpha, \quad Q_\theta = Q_\varphi = 0, \quad P = 2Q\cot\alpha$$

得到在平衡位置处 $Q_{Ax} = -Q\cot\alpha$，或 $Q_{Ax} = -\dfrac{P}{2}$，结果一致。

同样，解除 A 处 y 方向的约束，可得

$$Q_{Ay} = -Q, \quad 或 \quad Q_{Ay} = -\frac{1}{2}P\tan\alpha$$ 读者可以自己尝试具体计算

*5.7 平衡构架静定问题的支撑力

至此已经利用虚功原理解决了系统在已知主动力作用下的平衡位置问题；还利用它解决了当系统在给定位置处于平衡时，主动力之间的关系；或者求解系统在已知主动力作用下平衡时的约束反力。现在再利用它来求平衡构架静定问题的支撑力，以下面的例题为例大体介绍一下思路。

例 5.12 图示组合梁由铰链 C 连接梁 AC 和 CE 而成，载荷分布如图。已知跨度 $l=8\text{m}$，$F=4900\text{N}$，均布力 $P=2450\text{N/m}$，力偶矩 $M=4900\text{N}\cdot\text{m}$。求各支座支撑力。

解 系统由两根梁组成，为静定问题。系统有 5 个支座 A,B,C,D 和 E，自由度为零，故必须解除约束代以约束反力，系统才有自由度，可以逐个解除约束，也可全部解除。

为便于计算，先把分布载荷合成为合力 F_1 和 F_2，其中 $F_1 = F_2 = \dfrac{Pl}{4} = 4900\text{N}$，分别作用于点 F 和点 G，且 $FC = CG = 1\text{m}$，如图(b)所示。

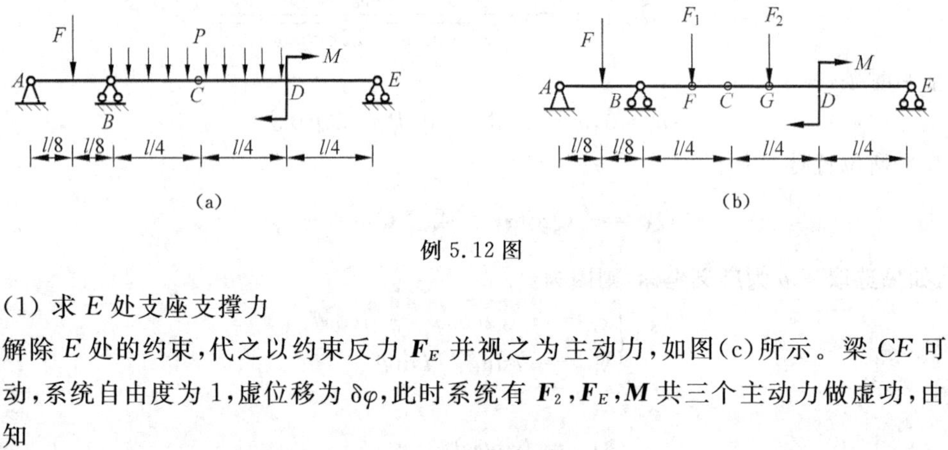

例 5.12 图

(1) 求 E 处支座支撑力

解除 E 处的约束，代之以约束反力 $\boldsymbol{F}_E$ 并视之为主动力，如图(c)所示。梁 CE 可绕 C 点转动，系统自由度为 1，虚位移为 $\delta\varphi$，此时系统有 $\boldsymbol{F}_2, \boldsymbol{F}_E, \boldsymbol{M}$ 共三个主动力做虚功，由虚功原理知

$$-F_2\delta y_G - M\delta\varphi + F_E\delta y_E = 0$$

其中

$$\delta y_G = \frac{l}{8}\delta\varphi = \delta\varphi$$

$$\delta y_E = \frac{l}{2}\delta\varphi = 4\delta\varphi$$

解得

$$F_E = \frac{M + F_2}{4} = 2450\text{N}$$

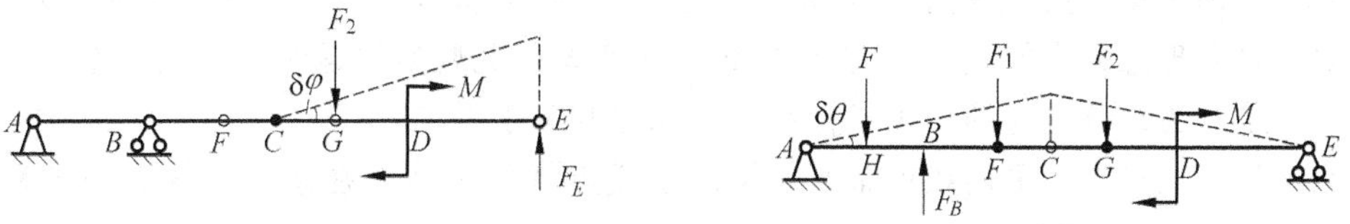

(c) (d)

例5.12图 （续）

(2) 求支座 B 处的支撑力

解除支座 B 代之以约束反力 $\boldsymbol{F}_B$ 并将其视为主动力，如图(d)所示。这样梁 AC 与梁 CE 分别可绕 A，E 点转动，系统具有一个自由度。给 AC 一虚位移 $\delta\theta$，此时系统有五个主动力做虚功，由虚功原理知

$$-F\delta y_H + F_B\delta y_B - F_1\delta y_F - F_2\delta y_G + M\delta\theta = 0$$

其中

$$\delta y_H = \frac{l}{8}\delta\theta = \delta\theta$$

$$\delta y_B = \frac{l}{4}\delta\theta = 2\delta\theta$$

$$\delta y_F = \delta y_G = \frac{3l}{8}\delta\theta = 3\delta\theta$$

解得 $F_B = 14700\text{N}$。

(3) 求支座 A 处的支撑力

由于整个系统除支座 A 外各处均没有水平方向的外力，所以 A 处反力也必定沿铅垂方向。解除 A 处约束，代以 $\boldsymbol{F}_A$ 并视为主动力，如图(e)所示。这样梁 AC、CE 可分别绕 B、E 转动，系统具有一个自由度，给 A 点一虚位移 δy_A，五个主动力为 $\boldsymbol{F}$，$\boldsymbol{F}_1$，$\boldsymbol{F}_2$ 和 $\boldsymbol{F}_A$，$\boldsymbol{M}$，由虚功原理知

$$F_A\delta y_A + F\delta y_H - F_1\delta y_F - F_2\delta y_G + M\delta\beta = 0$$

其中

$$\delta y_A = \frac{l}{2}\delta\beta = 4\delta\beta$$

$$\delta y_H = \delta y_F = \frac{l}{4}\delta\beta = 2\delta\beta$$

$$\delta y_G = \frac{3l}{8}\delta\theta = 3\delta\theta$$

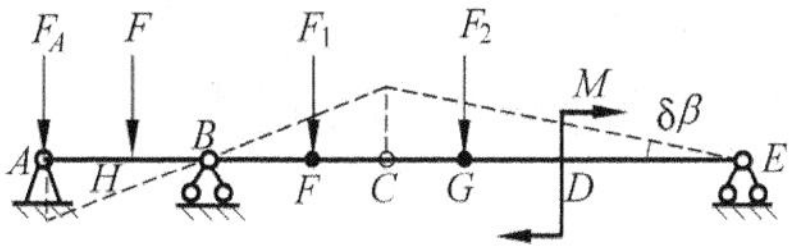

(e)

例5.12图 （续）

解得 $F_A = 2450\text{N}$。

思考题

5.1 判断练习

(1) 只要约束允许，可任意假设虚位移的大小和方向。

(2) 因为实位移也是约束允许的，所以在任何情况下，实位移都是虚位移中的一个。

(3) 无限小的实位移和虚位移都是经过一段时间后产生的约束所允许的位移。

(4) 所谓理想约束,是指在任何虚位移中,约束反力所做虚功之和等于零的约束。

(5) 具有理想约束的质点系,在给定位置上平衡的充要条件是作用于质点系上的所有主动力在该位置的一组虚位移中元功之和等于零。

(6) 任意质点系的平衡条件都是:作用于质点系的主动力在系统的任意虚位移上所做的虚功之和等于零。

(7) 任意质点系各广义坐标的变分都是彼此独立的。

(8) 广义力一定具有力的量纲。

5.2 判断练习

(1) 所谓广义坐标是指确定质点系位置的参数。

(2) 在完整约束条件下,质点系的自由度数等于确定质点系位置的独立参数的个数。

(3) 在非完整约束条件下,质点系的自由度数也等于广义坐标的个数。

(4) 系统的广义坐标数并不一定总是等于系统的自由度数。

(5) 广义坐标不能在动参考系中选择。

5.3 写出下图的自由度数,并列出约束方程。

参考:$\boldsymbol{v}_B=\boldsymbol{v}_r+\boldsymbol{v}=v\boldsymbol{i}+(-v_r\cos\varphi)\boldsymbol{i}+v_r\sin\varphi\boldsymbol{j}$

5.4 写出下图的自由度数,并列出约束方程。

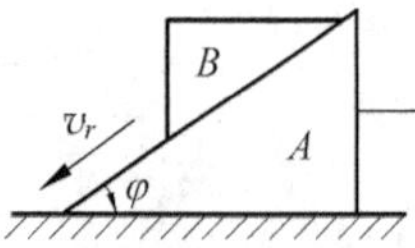

思考题 5.3 图

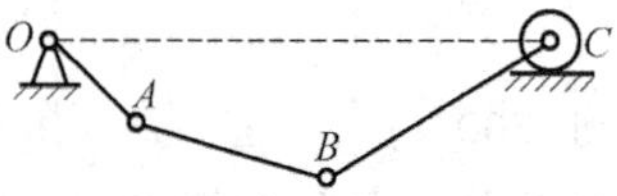

思考题 5.4 图

5.5 广义坐标和广义力的含义是什么?根据什么关系可以由一个量的量纲定出另一个量的量纲?

5.6 通常虚功原理可以有多少种数学表达式?试一一写出。

5.7 虚功原理中"虚功"二字怎样解释?用虚功原理解平衡问题有什么优点和缺点?

5.8 关于广义力你有多少种求法?

5.9 关于约束力你有多少种求法?

习题

5.1 如图示装置,已知 θ,β 和 G_3 的值,若不计滑轮及绳的质量和摩擦,求平衡时 G_1、G_2 的值。

5.2 如图所示,已知 $OC=CA=0.5l$,$AB=l$,$F_1=200\text{N}$,$k=10\text{N/cm}$。平衡时 OA 水平,$\varphi=30°$,$\theta=60°$,弹簧已有净伸长 $\delta=2\text{cm}$。试用虚功原理求机构平衡时 F_2 的值。

5.3 半径为 r 的光滑半球形碗,固定在水平面上。一均质棒斜靠在碗沿,如图所示,碗内的长度为 c,试证棒的全长为$\dfrac{4(c^2-2r^2)}{c}$。

5.4 三个等质光滑球如图示摆放,求 α 角和 β 角之间的关系。

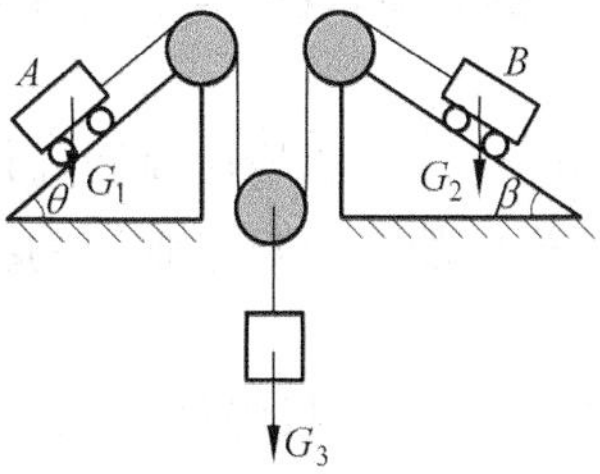

习题 5.1 图

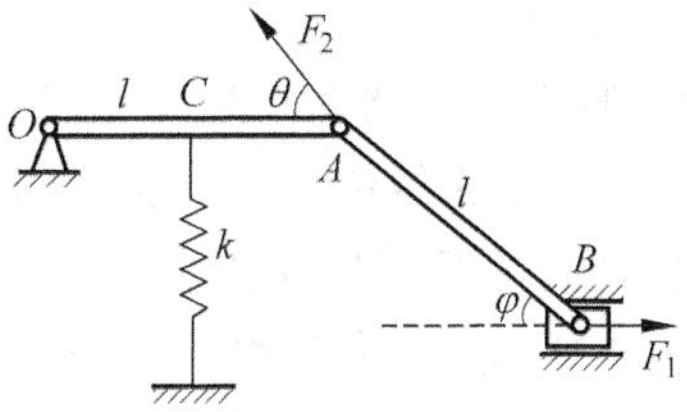

习题 5.2 图

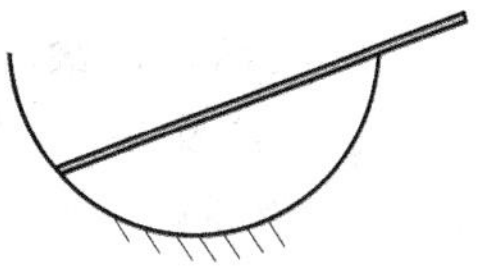

习题 5.3 图

5.5 光滑曲柄连杆机构中，B 端固定于活塞的连杆上并随之移动，再通过连杆 BA 使曲柄 AO 绕定点 O 转动，OA 长 l_1，AB 长 l_2。设活塞所受到的水平力 P 与 OA 转动的力 Q 平衡，用虚功原理求 P 与 Q 的大小之比 $\dfrac{Q}{P}$。

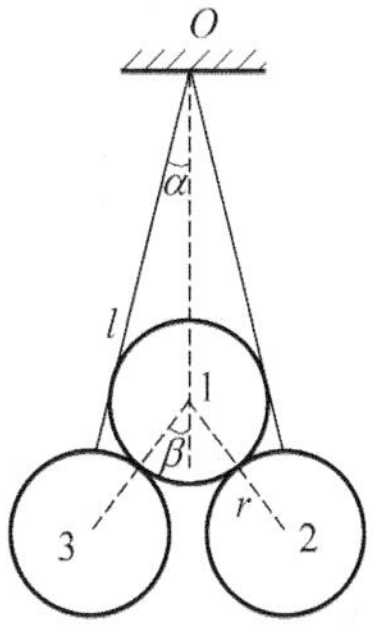

习题 5.4 图

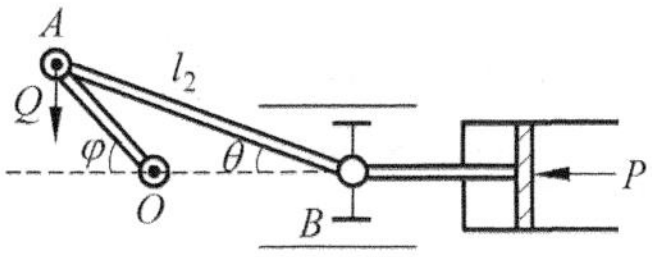

习题 5.5 图

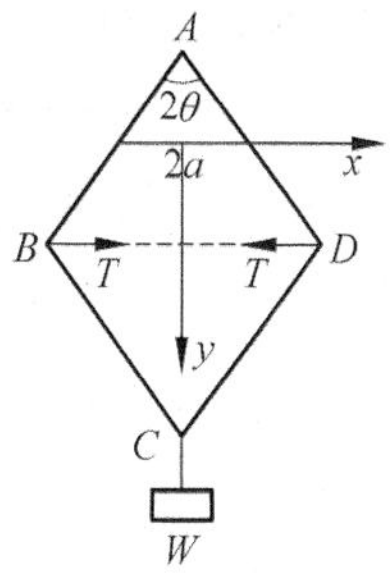

习题 5.6 图

5.6 长度为 l 的轻棒四根，光滑地连成一菱形 $ABCD$。AB、AD 两边支于同一水平线上相距为 $2a$ 的两根钉上，BD 间则用一轻绳连接，C 点上系一重物 W，设 A 点上的顶角为 2θ，试用虚功原理求绳的张力 T。

5.7 长为 $2L$ 的匀质杆，一端抵在光滑墙上，杆身靠在固定的光滑圆柱上，求平衡时杆与水平面间夹角 θ 和墙的反力。

5.8 一半径为 R 的圆盘在水平的 xy 平面上作纯滚动，盘面保持垂直，可绕垂直轴自由转动，试写出其质心坐标绕盘面的对称轴的转角 θ 以及绕铅直直径的转角 φ 之间满足的约束关系、虚位移间的关系，并说明系统具有的广义坐标和虚位移的个数。

5.9 如图示，长为 $2a$、质量为 m 的杆 BC 用一根原长为 b 的劲度系数为 k 的弹簧固定于 A 点，若系统只限于铅直平面内运动，求作用于杆上的广义力分量。

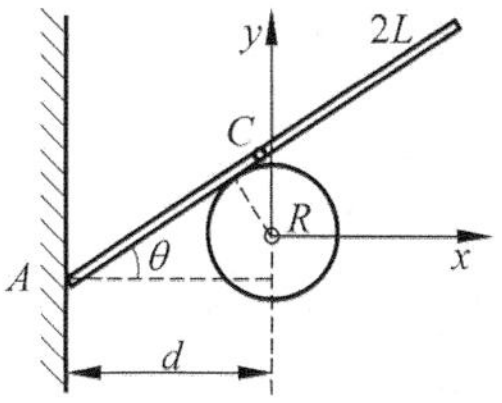

习题 5.7 图

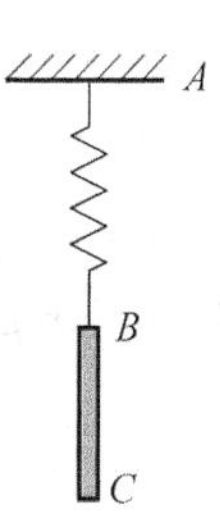

习题 5.9 图

5.10 一个在均匀重力场中运动的质点，若用球坐标来描述质点的运动，取竖直向上方向为极轴，求重力的三个广义分量。

5.11 一质量为 m、半径为 a 的均质薄圆筒在另一质量为 M、半径为 $2a$ 的均质薄圆筒内部作无滑动的滚动。选大圆筒的角位移 θ 以及两圆筒的轴构成的平面与铅垂面的夹角 φ 为广义坐标，求系统具有的所有广义力分量。

5.12 一均质的三脚架置于水平面上，为防滑将三支等长的脚底部用一根绳套住，若平衡时，每支脚均与地面成 θ 角，试用虚功原理证明：绳中张力 T 与三脚架重量之比为 $\frac{T}{W}=\frac{1}{6\sqrt{3}}\frac{1}{\tan\theta}$。

部分思考题答案

5.1 (1) ×； (2) ×； (3) ×； (4) √； (5) ×； (6) ×； (7) ×； (8)×

5.2 (1) ×； (2) √； (3) ×； (4) √； (5) ×

5.3 $s=2$ $\quad \begin{cases} y_A=\text{const.} \\ \dot{x}_B=\dot{x}_A-\dot{y}_B\cot\varphi \end{cases}$

参考：$v_B=v_r+v=v\boldsymbol{i}+(-v_r\cos\varphi)\boldsymbol{i}+v_r\sin\varphi\boldsymbol{j}$

5.4 $s=2$ $\quad \begin{cases} (x_B-x_A)^2+(y_B-y_A)^2=\overline{AB}^2 \\ (x_B-x_C)^2+(y_B-y_C)^2=\overline{BC}^2 \\ x_A^2+y_A^2=\overline{OA}^2; \quad y_C=0 \end{cases}$

部分习题答案

5.1 $G_1=\frac{G_3}{2\sin\theta};G_2=\frac{G_3}{2\sin\beta}$

5.2 $F_2\approx 144.5\text{N}$

5.4 $\tan\beta=\tan\alpha$

5.5 $\frac{Q}{P}=\tan\varphi-\tan\theta$

5.6 $T=W\tan\theta\left[\frac{a}{2l}\csc^3\theta-1\right]$

5.7 $L\cos^3\theta+R\sin\theta=d, F=mg\tan\theta$

5.8 $\dot{x}_C+R\dot{\theta}\cos\varphi=0;\dot{y}_C+R\dot{\theta}\sin\varphi=0,\delta x_C+R\cos\varphi\delta\theta=0;\delta y_C+R\sin\varphi\delta\theta=0$

5.9 $Q_r=-(r-b)+mg\cos\theta, Q_\theta=-mgr\sin\theta, Q_\varphi=-mga\sin\theta$

5.10 $Q_r=-mg\cos\theta, Q_\theta=mgr\sin\theta, Q_\varphi=0$

5.11 $Q_\theta=0, Q_\varphi=-mga\sin\varphi$

第6章 拉格朗日力学

本章详述了拉格朗日方程的建立和求解问题，给出了方程具有初积分的判据，并具体分析了保守系统、冲击运动和多自由度微振动问题。拉格朗日力学具有牛顿力学所不能比拟的优势。

虚功原理是分析力学用来处理静力学问题的重要原理，在它的基础上可以推导出处理动力学问题的方程。方法就是将动力学问题设法变成静力学问题。

6.1 从静力学到动力学

在矢量力学中，将运动学的问题转化成静力学的问题来求解方程的办法称为“**动静法**”，又叫**达朗贝尔原理**。简单地说，就是将运动方程表示成静力学平衡方程的“模样”，参照平衡方程解决方法进行。数学上对运动方程的简单移项，在物理上却是采用运动参考系使得运动着的物体保持相对静止，这样必然会有惯性力出现，将惯性力也当成主动力来处理，这种方法比较容易掌握。

但是新的平衡方程中仍会有约束反力存在，而解决系统的静力平衡问题时，采用虚功原理只需考虑主动力而不考虑约束力，因此有必要将达朗贝尔原理和理想约束结合起来，推导出**动力学普遍方程**，该方程中不出现约束反力，却能提供出具有任意自由度系统的全部运动方程，它是分析动力学的基本方程。

在动力学普遍方程中，尽管不出现约束反力，但是系统里存在约束，各质点的虚位移可能不都是独立的，解题时需要找出虚位移之间的关系，往往是很不方便的。若将动力学普遍方程用广义坐标来表示，就会得到**拉格朗日方程**，它提供了与广义坐标数量相同的一组独立的微分方程，对于解决复杂的非自由质点系的动力学问题，应用起来要简单地多。

6.2 达朗贝尔原理与动力学普遍方程

6.2.1 达朗贝尔原理

由牛顿运动定律，对于一个质点有

$$\boldsymbol{F}_i + \boldsymbol{R}_i = m_i \ddot{\boldsymbol{r}}_i$$

其中，$\boldsymbol{F}_i$，$\boldsymbol{R}_i$ 分别是作用于质点的主动力(合力)、约束力(合力)，改写上式成平衡方程形式

$$\boldsymbol{F}_i + \boldsymbol{R}_i - m_i \ddot{\boldsymbol{r}}_i = \boldsymbol{0} \tag{6.1}$$

对于有 n 个质点组成的系统，则有

$$\sum_{i=1}^{n} [\boldsymbol{F}_i + \boldsymbol{R}_i + (-m_i \ddot{\boldsymbol{r}}_i)] = \boldsymbol{0} \tag{6.2}$$

其中，$-m_i\ddot{\boldsymbol{r}}_i$ 为熟知的惯性力，上式说明，在随质点平动的参考系(非惯性系)中，主动力、约束力和惯性力的合力为零。在这个非惯性系中式(6.1) 是名副其实的平衡方程，但是式(6.2)中的 $-m_i\ddot{\boldsymbol{r}}_i$ 虽然还是惯性力，但是没有统一的一个非惯性系，找不到一个共同的参考系，系统(质点系) 在其中真正处于平衡状态。然而式(6.2) 毕竟写成了平衡方程的形式，所以式(6.1) 和式(6.2) 将动力学问题转化成了静力学问题，就可以在虚功原理的基础上推导出分析力学处理动力学的方程。

(6.1)和(6.2)两式表示一个力学系统的平衡方程，代表主动力 $\boldsymbol{F}_i$、约束反力 $\boldsymbol{R}_i$ 和质点原有的加速度而产生的惯性力的平衡，这种平衡关系通常叫做**达朗伯原理**，又叫**达朗贝尔原理**，还叫**"动静法"**。

$m_i\ddot{\boldsymbol{r}}_i$，$\sum_i(m_i\ddot{\boldsymbol{r}}_i)$ 称为**达朗贝尔惯性力**，简称惯性力

为了加强感性认识，通过求解下面的例题来说明达朗贝尔原理的应用。

例 6.1 如图示质量为 m、半径为 R 的均质圆盘可绕通过边缘点且垂直于盘面的水平轴 O 转动，设圆盘从最高位置无初速地开始绕轴转动，求运动到水平位置时轴承的约束反力的大小。其中圆盘轴转动惯量为 $I=\dfrac{3}{2}mR^2$。

分析 显见，求解复杂系统的约束反力时，若采用达朗伯原理，只要正确地施加好惯性力和惯性力偶，就可求得既包括未知运动又包括未知反力在内的较多物理量，系统越复杂，越显出动静法求约束反力较方便的优点。

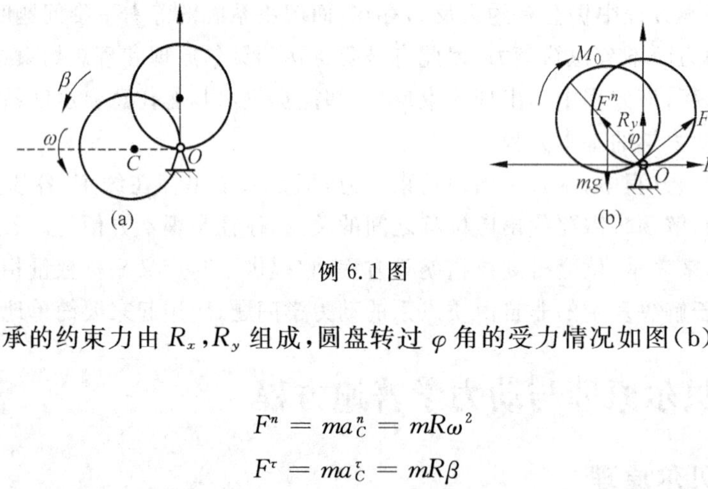

例 6.1 图

解 设轴承的约束力由 R_x，R_y 组成，圆盘转过 φ 角的受力情况如图(b)所示，则惯性力的大小可写成

$$F^n = ma_C^n = mR\omega^2$$

$$F^\tau = ma_C^\tau = mR\beta$$

惯性力偶 $M_0=I_0\beta=\dfrac{3}{2}mR^2\beta$，方向如图所示。

平面任意力系"平衡"方程为

$$\begin{cases}\sum F_x = 0\\ \sum F_y = 0\\ \sum M = 0\end{cases}$$

即

$$\begin{cases} R_x + F^\tau \cos\varphi - F^n \sin\varphi = 0 & (1) \\ R_y - mg + F^\tau \sin\varphi + F^n \cos\varphi = 0 & (2) \\ mgR\sin\varphi - M_0 = 0 & (3) \end{cases}$$

由式(3)推出

$$\beta = \frac{2g}{3R}\sin\varphi$$

而

$$\beta = \frac{d\omega}{dt} = \omega\frac{d\omega}{d\varphi}$$

解得

$$\omega^2 = \frac{4g}{3R}(1-\cos\varphi)$$

所以

$$\begin{cases} F^n = mR\omega^2 = \dfrac{4mg}{3}(1-\cos\varphi) \\ F^\tau = mR\beta = \dfrac{2mg}{3}\sin\varphi \end{cases}$$

当运动到水平位置时 $\varphi=\frac{\pi}{2}$,即

$$\begin{cases} F^n = \dfrac{4mg}{3} \\ F^\tau = \dfrac{2mg}{3} \end{cases}$$

代回到式(1),式(2)中解得

$$\begin{cases} R_x = \dfrac{4mg}{3} \\ R_y = \dfrac{mg}{3} \end{cases}$$

所以约束力的大小为 $R=\sqrt{R_x^2+R_y^2}=\frac{\sqrt{17}}{3}mg$。

由上述例题可以知道,利用达朗伯原理可以求解约束力。

6.2.2　动力学普遍方程

若系统中各个质点均有虚位移 $\delta\boldsymbol{r}_i$,则式(6.2)将改写成

$$\sum_{i=1}^{n}[\boldsymbol{F}_i + \boldsymbol{R}_i + (-m_i\ddot{\boldsymbol{r}}_i)]\cdot\delta\boldsymbol{r}_i = 0$$

在理想约束下上式变为

$$\sum_{i=1}^{n}[\boldsymbol{F}_i - m_i\ddot{\boldsymbol{r}}_i]\cdot\delta\boldsymbol{r}_i = 0 \tag{6.3}$$

或者

$$\sum_{i=1}^{3n}(F_i - m_i\ddot{x}_i)\delta x_i = 0 \tag{6.4}$$

式(6.3)和式(6.4)称为**达朗贝尔-拉格朗日方程**。上述两式中的 i 与 m_i,F_i 并不相同,式(6.3)中 m_i 是第 i 个质点的质量,而式(6.4)中 m_i 是第 $\left[\frac{i+2}{3}\right]$个质点的质量,与此有关,对式(6.4)中的 m_i,x_i 也要作相应的理解。另外,式(6.3)对选择何种坐标系没有做任何限定,而式(6.4)却只限于直角坐标系。

由于不是真正的静力学问题,而且用此方程可以求解矢量力学的所有动力学问题,故又称其**动力学普遍方程**,它是不含约束力的质点系动力学方程。表示具有理想约束的系统,在任何时刻,主动力和达朗贝尔惯性力在任何虚位移上所做虚功之和为零。对于是否稳定约束、是否完整系统此处没有做限定。

注意

(1) 两式中的$\ddot{\boldsymbol{r}}$和$\ddot{x}$都是对静参考系而言,若参考系非惯性系,须引入惯性力且视为主动力。

(2) 动力学普遍方程可以求解矢量力学的所有动力学问题。用它解题时,除分析主动力外,还应虚加惯性力并视为主动力,然后根据虚功原理求解。

(3) 由于存在约束关系不能令公式中原用坐标变分前的系数都为零,否则,就成为自由质点的运动微分方程,因此,可以把不独立的原用坐标改用广义坐标及其微商来表示。如果力学系统中存在 k 个几何约束,那么只要 $s=3n-k$ 个广义坐标便可。只有采用广义坐标的虚位移 δq_i 表示时,才能得到 δq_i 前面的系数等于零的结论。

虚功原理与达朗贝尔原理一起成为分析力学最普遍原理的理论基础;用动力学普遍方程可以求解矢量力学的所有动力学方程、定理表达式或具体问题的运动微分方程。

例 6.2 一个不计质量的长度为 l 的轻杆,两端分别连着质量分别为 m_1 和 m_2 的两个质点,置于光滑的水平面上。试用动力学普遍方程得出系统的运动微分方程。

分析 在竖直方向无运动,可仅考虑水平平面内的运动,系统自由度为 $s=3$,选 x_C,y_C 和 φ 为系统的广义坐标。

解 方法一 矢量力学可轻松写出运动微分方程,因为

$$\begin{cases}\sum_{i=1}^{n}\boldsymbol{F}_i=\boldsymbol{0}\\ \boldsymbol{M}_C=\boldsymbol{0}\end{cases}$$

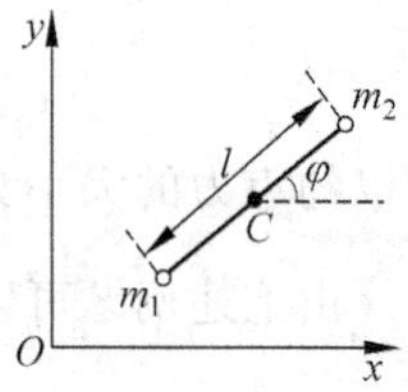

例 6.2 图

即

$$\begin{cases}\ddot{x}_C=0\\ \ddot{y}_C=0\\ \ddot{\varphi}=0\end{cases}$$

下面继续利用这道简单的例题学习一下分析力学解决动力学问题的方法和步骤。

方法二 分析力学解法

系统受理想约束,水平面内无主动力,根据动力学普遍方程知道

$$\sum_{i=1}^{2n}(-m_i\ddot{x}_i)\delta x_i=0$$

即

$$-m_1\ddot{x}_1\delta x_1-m_1\ddot{y}_1\delta y_1-m_2\ddot{x}_2\delta x_2-m_2\ddot{y}_2\delta y_2=0 \tag{1}$$

利用质心坐标变换关系

$$\begin{cases} x_C = \dfrac{m_1 x_1 + m_2 x_2}{m_1 + m_2} = x_1 + \dfrac{m_2(x_2 - x_1)}{m_1 + m_2} \\ y_C = \dfrac{m_1 y_1 + m_2 y_2}{m_1 + m_2} = y_1 + \dfrac{m_2(y_2 - y_1)}{m_1 + m_2} \end{cases}$$

由图所示，得

$$x_2 - x_1 = l\cos\varphi; \quad y_2 - y_1 = l\sin\varphi$$

所以

$$x_1 = x_C - \frac{m_2}{m_1 + m_2} l\cos\varphi; \quad y_1 = y_C - \frac{m_2}{m_1 + m_2} l\sin\varphi$$

同理可得

$$x_2 = x_C + \frac{m_1}{m_1 + m_2} l\cos\varphi; \quad y_2 = y_C + \frac{m_1}{m_1 + m_2} l\sin\varphi$$

求导和变分

$$\begin{cases} \delta x_1 = \delta x_C + \dfrac{m_2}{m_1 + m_2} l\sin\varphi\delta\varphi; \quad \delta y_1 = \delta y_C - \dfrac{m_2}{m_1 + m_2} l\cos\varphi\delta\varphi \\ \delta x_2 = \delta x_C - \dfrac{m_1}{m_1 + m_2} l\sin\varphi\delta\varphi; \quad \delta y_2 = \delta y_C + \dfrac{m_1}{m_1 + m_2} l\cos\varphi\delta\varphi \end{cases}$$

$$\begin{cases} \dot{x}_1 = \dot{x}_C + \dfrac{m_2}{m_1 + m_2} l\sin\varphi \cdot \dot{\varphi}; \quad \dot{y}_1 = \dot{y}_C - \dfrac{m_2}{m_1 + m_2} l\cos\varphi \cdot \dot{\varphi} \\ \dot{x}_2 = \dot{x}_C - \dfrac{m_1}{m_1 + m_2} l\sin\varphi \cdot \dot{\varphi}; \quad \dot{y}_2 = \dot{y}_C + \dfrac{m_1}{m_1 + m_2} l\cos\varphi \cdot \dot{\varphi} \end{cases}$$

$$\begin{cases} \ddot{x}_1 = \ddot{x}_C + \dfrac{m_2}{m_1 + m_2} l(\sin\varphi \cdot \ddot{\varphi} + \cos\varphi \cdot \dot{\varphi}) \\ \ddot{y}_1 = \ddot{y}_C - \dfrac{m_2}{m_1 + m_2} l(\cos\varphi \cdot \ddot{\varphi} - \sin\varphi \cdot \dot{\varphi}) \\ \ddot{x}_2 = \ddot{x}_C - \dfrac{m_1}{m_1 + m_2} l(\sin\varphi \cdot \ddot{\varphi} + \cos\varphi \cdot \dot{\varphi}) \\ \ddot{y}_2 = \ddot{y}_C + \dfrac{m_1}{m_1 + m_2} l(\cos\varphi \cdot \ddot{\varphi} - \sin\varphi \cdot \dot{\varphi}) \end{cases}$$

将诸值代入上述(1)式中，经计算得

$$(m_1 + m_2)\ddot{x}_C\delta x_C + (m_1 + m_2)\ddot{y}_C\delta y_C + \frac{m_1 m_2}{m_1 + m_2} l^2 \ddot{\varphi}\delta\varphi = 0$$

因为广义坐标的变分 δx_C、δy_C、$\delta\varphi$ 相互独立可任意取值，所以有

$$\ddot{x}_C = 0; \quad \ddot{y}_C = 0; \quad \ddot{\varphi} = 0,\text{结果一致}$$

例 6.3 试用动力学的普遍方程推导出刚体定轴转动的运动微分方程。

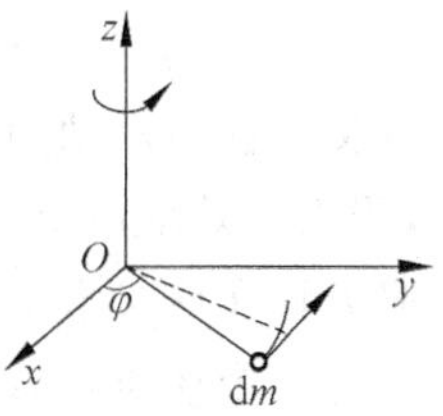

例 6.3 图

解 如图示，取 $Oxyz$ 坐标系固连于刚体，刚体定轴转动的自由度为 1，取广义坐标为 φ，考虑刚体上任一质元 $\mathrm{d}m\ (x,y,z)$，其受达朗贝尔惯性力为

$$-\boldsymbol{a}\mathrm{d}m = -[(\ddot{r} - r\dot{\varphi}^2)\boldsymbol{e}_r + (r\ddot{\varphi} + 2\dot{r}\dot{\varphi})\boldsymbol{e}_\theta]\mathrm{d}m$$

由于$\dot{r}=\ddot{r}=0$,而$r=\sqrt{x^2+y^2}$,所以质点实际上受到$\dot{\varphi}^2\sqrt{x^2+y^2}\mathrm{d}m\boldsymbol{e}_r$和$-\ddot{\varphi}\sqrt{x^2+y^2}\mathrm{d}m\boldsymbol{e}_\theta$两个惯性力。只有后者做虚功不为零,为

$$\delta W=-\ddot{\varphi}\sqrt{x^2+y^2}\mathrm{d}m\sqrt{x^2+y^2}\delta\varphi=-\ddot{\varphi}(x^2+y^2)\mathrm{d}m\delta\varphi$$

设主动力对转轴的力矩为M,则根据动力学普遍方程有

$$\left[M-\int\ddot{\varphi}(x^2+y^2)\mathrm{d}m\right]\delta\varphi=0$$

解得$M=\ddot{\varphi}\int(x^2+y^2)\mathrm{d}m=I_z\ddot{\varphi}$,即为所求。

例 6.4 试用动力学普遍方程导出刚体定点转动时的角动量定理。

解 刚体定点转动时各质点的虚位移可设想由绕过固定点O的任何轴的一个无限小转动引起的,表示为

$$\delta\boldsymbol{r}_i=\delta\boldsymbol{\theta}\times\boldsymbol{r}_i$$

由动力学普遍方程,得

$$\begin{aligned}\sum_{i=1}^{n}(\boldsymbol{F}_i-m_i\ddot{\boldsymbol{r}}_i)\cdot\delta\boldsymbol{r}_i&=\sum_{i=1}^{n}(\boldsymbol{F}_i-m_i\ddot{\boldsymbol{r}}_i)\cdot(\delta\boldsymbol{\theta}\times\boldsymbol{r}_i)\\&=\sum_{i=1}^{n}\delta\boldsymbol{\theta}\cdot\boldsymbol{r}_i\times(\boldsymbol{F}_i-m_i\ddot{\boldsymbol{r}}_i)\\&=\delta\boldsymbol{\theta}\cdot\left[\sum_{i=1}^{n}(\boldsymbol{r}_i\times\boldsymbol{F}_i)-\sum_{i=1}^{n}(\boldsymbol{r}_i\times m_i\ddot{\boldsymbol{r}}_i)\right]\\&=\delta\boldsymbol{\theta}\cdot\left\{\boldsymbol{M}-\left[\frac{\mathrm{d}}{\mathrm{d}t}\sum_{i=1}^{n}(\boldsymbol{r}_i\times m_i\dot{\boldsymbol{r}}_i)-\sum_{i=1}^{n}\dot{\boldsymbol{r}}_i\times m_i\dot{\boldsymbol{r}}_i\right]\right\}\\&=\delta\boldsymbol{\theta}\cdot\left(\boldsymbol{M}-\frac{\mathrm{d}\boldsymbol{L}}{\mathrm{d}t}\right)=0\end{aligned}$$

所以$\dfrac{\mathrm{d}\boldsymbol{L}}{\mathrm{d}t}=\boldsymbol{M}$为所求。

显然,用动力学的普遍方程可以导出矢量力学的所有动力学方程、定理表达式或具体问题的运动微分方程。动力学普遍方程尽管被称为方程,但在实际应用时,更应将它视为一个原理,它指导着列写动力学方程。

6.3 一般形式的拉格朗日方程

对于具有完整、理想约束的系统平衡问题,如果采用广义坐标,利用虚功原理(静力学普遍方程)可以得到一组个数与自由度数相同的独立平衡方程,这种方法可以有效地求解系统的静力学问题。

而对于具有完整、理想约束的系统动力学问题也完全可以借助上述方法解决。下面利用广义坐标表示动力学普遍方程,得到一组个数与自由度数相同的相互独立的运动微分方程,用来有效地解决系统的动力学问题,这组方程即**一般形式的拉格朗日方程**,它是动力学普遍方程在广义坐标下的具体表现形式。

若n个质点组成的系统,受到k个完整、理想约束,则有$s=3n-k$个自由度,可选q_1,q_2,…,q_s为系统的广义坐标,这样根据广义力的获得方式

$$\sum_{i=1}^{3n} F_i \delta x_i = \sum_{k=1}^{s} Q_k \delta q_k$$

可以将惯性力也写成类似形式

$$\sum_{i=1}^{3n} m_i \ddot{x}_i \delta x_i = \sum_{k=1}^{s} P_k \delta q_k$$

称 $-P_k$ 为**广义惯性力**。这样动力学普遍方程变为

$$\sum_{i=1}^{3n} (F_i - m_i \ddot{x}_i) \delta x_i = \sum_{k=1}^{s} (Q_k - P_k) \delta q_k = 0 \tag{6.5}$$

所以

$$Q_k = P_k \tag{6.6}$$

具体的推导过程如下：

因为

$$\boldsymbol{r}_i = \boldsymbol{r}_i(q_1, q_2, \cdots, q_s; t), \quad i = 1, 2, \cdots, n$$

等时变分

$$\delta \boldsymbol{r}_i = \sum_{k=1}^{s} \frac{\partial \boldsymbol{r}_i}{\partial q_k} \delta q_k, \quad i = 1, 2, \cdots, n$$

或者表示为

$$\delta x_i = \sum_{k=1}^{s} \frac{\partial x_i}{\partial q_k} \delta q_k, \quad i = 1, 2, \cdots, 3n$$

所以

$$\sum_{i=1}^{3n} m_i \ddot{x}_i \delta x_i = \sum_{i=1}^{3n} m_i \ddot{x}_i \left(\sum_{k=1}^{s} \frac{\partial x_i}{\partial q_k} \delta q_k \right) = \sum_{k=1}^{s} \left(\sum_{i=1}^{3n} m_i \ddot{x}_i \frac{\partial x_i}{\partial q_k} \right) \delta q_k$$

令

$$P_k = \sum_{i=1}^{3n} \left(m_i \ddot{x}_i \frac{\partial x_i}{\partial q_k} \right) \tag{6.7}$$

代回上式变为

$$\sum_{i=1}^{3n} m_i \ddot{x}_i \delta x_i = \sum_{k=1}^{s} P_k \delta q_k$$

而广义惯性力

$$\begin{aligned} P_k &= \sum_{i=1}^{3n} \left(m_i \ddot{x}_i \frac{\partial x_i}{\partial q_k} \right) = \sum_{i=1}^{3n} \left(m_i \frac{\mathrm{d}\dot{x}_i}{\mathrm{d}t} \frac{\partial x_i}{\partial q_k} \right) \\ &= \sum_{i=1}^{3n} \frac{\mathrm{d}}{\mathrm{d}t} \left(m_i \dot{x}_i \frac{\partial x_i}{\partial q_k} \right) - \sum_{i=1}^{3n} \left[m_i \dot{x}_i \frac{\mathrm{d}}{\mathrm{d}t} \left(\frac{\partial x_i}{\partial q_k} \right) \right] \end{aligned}$$

利用恒等式

$$\frac{\partial x_i}{\partial q_k} = \frac{\partial \dot{x}_i}{\partial \dot{q}_k} \quad \text{和} \quad \frac{\mathrm{d}}{\mathrm{d}t} \left(\frac{\partial x_i}{\partial q_k} \right) = \frac{\partial \dot{x}_i}{\partial q_k} \tag{6.8}$$

上式变为

$$P_k = \frac{\mathrm{d}}{\mathrm{d}t} \sum_{i=1}^{3n} \left(m_i \dot{x}_i \frac{\partial \dot{x}_i}{\partial \dot{q}_k} \right) - \sum_{i=1}^{3n} \left[m_i \dot{x}_i \frac{\partial \dot{x}_i}{\partial q_k} \right]$$

而系统动能

$$T = \sum_{i=1}^{3n} \left(\frac{1}{2} m_i \dot{x}_i^2 \right)$$

所以

$$\frac{\partial T}{\partial \dot{q}_k} = \sum_{i=1}^{3n} \left(m_i \dot{x}_i \frac{\partial \dot{x}_i}{\partial \dot{q}_k} \right); \quad \frac{\partial T}{\partial q_k} = \sum_{i=1}^{3n} \left(m_i \dot{x}_i \frac{\partial \dot{x}_i}{\partial q_k} \right)$$

再代回得到

$$P_k = \frac{\mathrm{d}}{\mathrm{d}t} \left(\frac{\partial T}{\partial \dot{q}_k} \right) - \frac{\partial T}{\partial q_k}$$

所以有

$$\frac{\mathrm{d}}{\mathrm{d}t} \left(\frac{\partial T}{\partial \dot{q}_k} \right) - \frac{\partial T}{\partial q_k} = Q_k, \quad k = 1,2,\cdots,s \tag{6.9}$$

式(6.9)就是**一般形式的拉格朗日方程**,又称为**完整系统的拉格朗日方程**。它是关于广义坐标的 s 个二阶常微分方程。其中 $\dot{q}_k$ 称为**广义速度**(可为线量,也可为角量),$\frac{\partial T}{\partial \dot{q}_k}$ 为广义动量(可为线量,也可为角量)。

注意:在利用拉格朗日方程时,系统的动能要利用坐标变换关系表示成广义坐标、广义速度和时间的函数。显见,只要知道系统的动能 T 和系统的广义力 $Q_1, Q_2, \cdots, Q_s$,便可写出此力学系统的动力学方程。用拉格朗日方程求解力学方程因为排除了约束力,而且无须写出所有质点的加速度,所以计算过程将简单得多。

现在来推导恒等式(6.8):

因为

$$x_i = x_i(q_1, q_2, \cdots, q_s; t), \quad i = 1,2,\cdots,n$$

所以

$$\dot{x}_i = \sum_{k=1}^{s} \frac{\partial x_i}{\partial q_k} \dot{q}_k + \frac{\partial x_i}{\partial t}, \quad i = 1,2,\cdots,n \tag{6.10}$$

显见,$\dot{x}_i$ 是 $q_1, q_2, \cdots, q_s, \dot{q}_1, \dot{q}_2, \cdots, \dot{q}_s$ 和 t 的函数,x_i 是 $q_1, q_2, \cdots, q_s$ 和 t 的函数,所以$\frac{\partial x_i}{\partial q_k}$只是 $q_1, q_2, \cdots, q_s$ 和 t 的函数。对式(6.10)求 $\dot{q}_k$ 的导数

$$\frac{\partial \dot{x}_i}{\partial \dot{q}_k} = \frac{\partial x_i}{\partial q_k} \quad \text{为式(6.8)中的第一式}$$

再求$\frac{\partial x_i}{\partial q_k}$对时间的全导数,得

$$\begin{aligned}
\frac{\mathrm{d}}{\mathrm{d}t} \left(\frac{\partial x_i}{\partial q_k} \right) &= \sum_{\alpha=1}^{s} \frac{\partial}{\partial q_\alpha} \left(\frac{\partial x_i}{\partial q_k} \right) \dot{q}_\alpha + \frac{\partial}{\partial t} \left(\frac{\partial x_i}{\partial q_k} \right) \\
&= \sum_{\alpha=1}^{s} \frac{\partial}{\partial q_k} \left(\frac{\partial x_i}{\partial q_\alpha} \right) \dot{q}_\alpha + \frac{\partial}{\partial q_k} \left(\frac{\partial x_i}{\partial t} \right) \\
&= \frac{\partial}{\partial q_k} \left[\sum_{\alpha=1}^{s} \left(\frac{\partial x_i}{\partial q_\alpha} \right) \dot{q}_\alpha + \frac{\partial x_i}{\partial t} \right] \\
&= \frac{\partial \dot{x}_i}{\partial q_k} \quad \text{为式(6.8)中的第二式}
\end{aligned}$$

例 6.5　两块平行的质量均为 m 的均质带齿平板 A 和 B，平板间有一半径为 r、质量为 M(分布在边缘)的均质齿轮 C，平板受力 P、Q 及约束情况如图所示，平板与滑槽间摩擦不计。试用分析力学求解齿轮的角加速度和轮心的加速度。

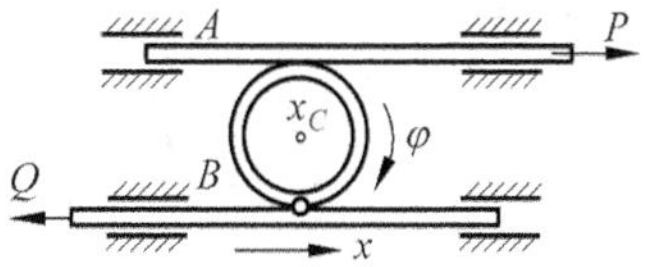

例 6.5 图

解　取 x 轴正向如图所示。选 A,B,C 组成力学系统，原用坐标为 x_A, x_B, x_C 和 φ，齿轮与平板间作纯滚动，接触点有相同的速度，则

$$\dot{x}_A = \dot{x}_C + r\dot{\varphi};\quad \dot{x}_B = \dot{x}_C - r\dot{\varphi}$$

积分上式并选合适零点，可得

$$x_A = x_C + r\varphi;\quad x_B = x_C - r\varphi$$

显见系统自由度为 2，可选 x_C 和 φ 为广义坐标。

系统动能由 A,B 平动动能和齿轮 C 的平动、转动动能提供

$$T = \frac{1}{2}m\dot{x}_A^2 + \frac{1}{2}m\dot{x}_B^2 + \frac{1}{2}M\dot{x}_C^2 + \frac{1}{2}Mr^2\dot{\varphi}^2$$

$$= \frac{1}{2}(2m+M)(\dot{x}_C^2 + r^2\dot{\varphi}^2)$$

系统主动力 $\boldsymbol{P}$,$\boldsymbol{Q}$ 做虚功

$$\delta W = P\delta x_A - Q\delta x_B = P(\delta x_C + r\delta\varphi) - Q(\delta x_C - r\delta\varphi)$$
$$= (P-Q)\delta x_C + r(P+Q)\delta\varphi$$

所以系统广义力为

$$Q_{x_C} = P - Q \quad 和 \quad Q_\varphi = r(P+Q)$$

将用广义坐标表示的动能和 Q_{x_C},Q_φ 代入基本形式的拉格朗日方程中，有

$$\begin{cases} \dfrac{\mathrm{d}}{\mathrm{d}t}\left(\dfrac{\partial T}{\partial \dot{x}_C}\right) = (2m+M)\ddot{x}_C = Q_{x_C} \\ \dfrac{\mathrm{d}}{\mathrm{d}t}\left(\dfrac{\partial T}{\partial \dot{\varphi}}\right) = (2m+M)r^2\ddot{\varphi} = Q_\varphi \end{cases}$$

解得

$$\ddot{x}_C = \frac{P-Q}{2m+M},\quad 为轮心的加速度$$

和

$$\ddot{\varphi} = \frac{P+Q}{(2m+M)r},\quad 为齿轮的角加速度$$

例 6.6　一个质量为 m 的珠子可在弯成水平圆形状的光滑的金属丝上运动。圆的半径按 $R=at^2+b$ 的规律随时间变化，圆上一点 P 固定，过 P 点的直径方向保持固定。试求：此珠子的运动微分方程。

解　如图所示，建立极坐标系。系统为珠子，水平圆形状金属丝为约束，所以系统自由度为 1，选取广义坐标 $q=\theta$。

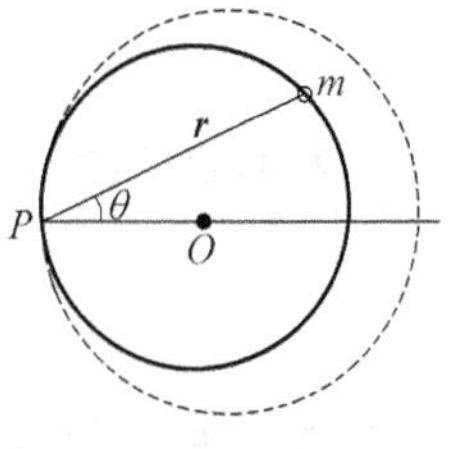

例 6.6 图

约束方程

$$r = 2R\cos\theta = 2(at^2+b)\cos\theta$$

所以

$$\dot{r} = 4at\cos\theta - 2(at^2 + b)\dot{\theta}\sin\theta$$

系统动能

$$T = \frac{1}{2}m(\dot{r}^2 + r^2\dot{\theta}^2)$$
$$= m[2(at^2 + b)^2\dot{\theta}^2 - 8at(at^2 + b)\dot{\theta}\sin\theta\cos\theta + 8a^2t^2\cos^2\theta]$$

所以

$$\frac{\partial T}{\partial \dot{\theta}} = m[4(at^2 + b)^2\dot{\theta} - 8at(at^2 + b)\sin\theta\cos\theta]$$
$$\frac{\partial T}{\partial \theta} = m[-16a^2t^2\cos\theta\sin\theta - 8at(at^2 + b)\dot{\theta}(\cos^2\theta - \sin^2\theta)]$$

由题意知广义力 $Q_\theta = 0$，代入完整系统的拉格朗日方程并整理，得

$$(at^2 + b)\ddot{\theta} + 4at\dot{\theta} - 2a\sin\theta\cos\theta = 0，为所求$$

6.4 保守系的动力学方程和平衡方程

6.4.1 保守系的拉格朗日方程

保守系统中必存在着势能 V，是坐标的函数，记作 $V = V(\boldsymbol{r})$。而每个保守力 $\boldsymbol{F}_i$ 都有一个相应的势能 V_i，两者的关系为

$$\boldsymbol{F}_i = -\nabla V_i, \quad i = 1,2,\cdots,n$$
$$F_{ix} = -\frac{\partial V_i}{\partial x_i}, \quad F_{iy} = -\frac{\partial V_i}{\partial y_i}, \quad F_{iz} = -\frac{\partial V_i}{\partial z_i}$$

系统的势能就是所有的保守力共同具有的，所以有

$$V(\boldsymbol{r}) = \sum_i^n V_i$$

同理，对于有势系统，有势力也有一个相应的位置能量，表示为 $U = U(\boldsymbol{r}, t)$，称为**势函数**。

显然，势能和势函数的区别在于是否与时间有关。我们将保守系看成是有势系的特殊情况，适应于保守系统的拉格朗日方程也适应于有势系的拉格朗日方程。

保守系统的广义力按定义式可以求得

$$Q_k = \sum_{i=1}^n \boldsymbol{F}_i \cdot \frac{\partial \boldsymbol{r}_i}{\partial q_k} = \sum_{i=1}^n \left(F_{ix} \cdot \frac{\partial x_i}{\partial q_k} + F_{iy} \cdot \frac{\partial y_i}{\partial q_k} + F_{iz} \cdot \frac{\partial z_i}{\partial q_k}\right)$$
$$= \sum_{i=1}^n \left(-\frac{\partial V_i}{\partial x_i} \cdot \frac{\partial x_i}{\partial q_k} - \frac{\partial V_i}{\partial y_i} \cdot \frac{\partial y_i}{\partial q_k} - \frac{\partial V_i}{\partial z_i} \cdot \frac{\partial z_i}{\partial q_k}\right)$$
$$= -\sum_{i=1}^n \frac{\partial V_i}{\partial q_k} = -\frac{\partial V}{\partial q_k}, \quad k = 1,2,\cdots,s \tag{6.11}$$

这样基本形式的拉格朗日方程可改写为

$$\frac{\mathrm{d}}{\mathrm{d}t}\left(\frac{\partial T}{\partial \dot{q}_k}\right) - \frac{\partial T}{\partial q_k} = -\frac{\partial V}{\partial q_k}$$

由于 V 中一般不包含广义速度，即 $\frac{\partial V}{\partial \dot{q}_k} = 0$，所以，方程可写成

$$\frac{\mathrm{d}}{\mathrm{d}t}\left(\frac{\partial T}{\partial \dot{q}_k}-\frac{\partial V}{\partial \dot{q}_k}\right)-\left(\frac{\partial T}{\partial q_k}-\frac{\partial V}{\partial q_k}\right)=0$$

令

$$L=T-V$$

所以基本形式的拉格朗日方程改写成

$$\frac{\mathrm{d}}{\mathrm{d}t}\left(\frac{\partial L}{\partial \dot{q}_k}\right)-\frac{\partial L}{\partial q_k}=0 \tag{6.12}$$

式(6.12)为**保守系的拉格朗日方程**,称 L 为**拉格朗日函数**,显然它具有能量的量纲。与系统的动能必须用系统的广义坐标表示一样,这里,无论是系统的势能还是势函数必须表示成广义坐标的函数。

例 6.7 一质量为 m 的珠子在光滑的金属丝上滑动。用柱坐标表示金属丝的方程为 $\rho=a, z=b\varphi$。重力沿 z 轴正方向。珠子自 $\rho=a, z=0, \varphi=0$ 处静止释放,求:(1)珠子的运动方程 $\varphi(t)$ 和 $z(t)$;(2)金属丝对珠子的作用力。

解 (1) 系统由珠子组成,金属丝为约束。显见系统自由度为1,选 z 为广义坐标。珠子的动能构成系统的动能,采用柱坐标表示为

$$T=\frac{1}{2}m\dot{\rho}^2+\frac{1}{2}m\rho^2\dot{\varphi}^2+\frac{1}{2}m\dot{z}^2$$

由约束方程 $\rho=a$, $z=b\varphi$ 得用广义坐标表示的系统动能

$$T=\frac{1}{2}m\frac{a^2+b^2}{b^2}\dot{z}^2$$

珠子的势能构成系统的势能

$$V=+mgz$$

则系统的拉格朗日函数为

$$L=T-V=\frac{1}{2}m\frac{a^2+b^2}{b^2}\dot{z}^2-mgz$$

代入拉格朗日方程中解得

$$m\frac{a^2+b^2}{b^2}\ddot{z}+mg=0$$

利用初始条件:$t=0$ 时,$z=0, \dot{z}=0$,积分上式可得

$$z=\frac{-b^2}{2(a^2+b^2)}gt^2$$

所以

$$\varphi=\frac{z}{b}=\frac{-b}{2(a^2+b^2)}gt^2 \text{ 为珠子的运动方程}$$

(2) 求金属丝对珠子的作用力有多种办法。如果采用分析力学方法,可解除系统所受约束,将约束力看成主动力,此时系统自由度为3,选 ρ, φ, z 为广义坐标。

所以系统广义力可写为

$$Q_\rho, \rho Q_\varphi, Q_z$$

系统动能

$$T=\frac{1}{2}m\dot{\rho}^2+\frac{1}{2}m\rho^2\dot{\varphi}^2+\frac{1}{2}m\dot{z}^2$$

系统的势能

$$V=-mgz$$

系统的拉格朗日函数

$$L=T-V=\frac{1}{2}m\dot{\rho}^2+\frac{1}{2}m\rho^2\dot{\varphi}^2+\frac{1}{2}m\dot{z}^2+mgz$$

利用完整系统的拉格朗日方程

$$\frac{\mathrm{d}}{\mathrm{d}t}\left[\frac{\partial L}{\partial \dot{q}_k}\right]-\frac{\partial L}{\partial q_k}=Q_k$$

得到

$$\begin{cases}m\ddot{\rho}-m\rho\dot{\varphi}^2=Q_\rho\\ m\rho^2\ddot{\varphi}=Q_\varphi\rho\\ m\ddot{z}-mg=Q_z\end{cases}\tag{1}$$

将 $\rho=a$ 及前面解得的 $\varphi(t)$ 和 $z(t)$ 代入上式，可得

$$Q_\rho=\frac{-mab^2g^2t^2}{(a^2+b^2)^2};\quad Q_\varphi=\frac{mabg}{a^2+b^2};\quad Q_z=\frac{-ma^2g}{a^2+b^2}$$ 为系统受的约束力

如果用矢量力学方法，考虑在柱坐标系下，珠子的加速度为

$$\boldsymbol{a}=(\ddot{\rho}-\rho\dot{\varphi}^2)\boldsymbol{e}_\rho+(\rho\ddot{\varphi}+2\dot{\rho}\dot{\varphi})\boldsymbol{e}_\varphi+\ddot{z}\boldsymbol{e}_z$$

根据牛顿第二定律可列出下述方程组

$$\begin{cases}m(\ddot{\rho}-\rho\dot{\varphi}^2)=Q_\rho\\ m(\rho\ddot{\varphi}+2\dot{\rho}\dot{\varphi})=Q_\varphi\\ m\ddot{z}=mg+Q_z\end{cases}$$

即为式(1)，利用 $\begin{cases}\rho=a\\ \dot{\rho}=0\end{cases}$ 计算将得到完全相同的结果。

例 6.8 如图所示，放在一直线轨道上的圆环 O 的质量为 m_2，半径为 r。圆环与轨道间有足够的摩擦力阻止圆环滑动。圆环内有一质量为 m_1、长为 l 的匀质杆 AB，C 点为其中点，与圆环的中心 O 的距离为 $\frac{r}{\sqrt{2}}$，杆长 $l=\sqrt{2}r$。杆与圆环间摩擦不计，利用拉格朗日方程写出系统的运动微分方程。

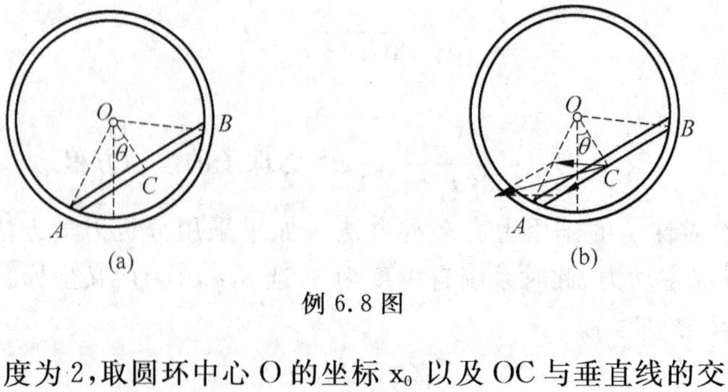

例 6.8 图

解 系统自由度为 2，取圆环中心 O 的坐标 x_0 以及 OC 与垂直线的交角 θ 为广义坐标。圆环作纯滚动，则其转动角速度为

$$\omega=\frac{\dot{x}_0}{r}$$

所以圆环动能

$$T_2=\frac{1}{2}m_2\dot{x}_0^2+\frac{1}{2}(m_2r^2)\omega^2=m_2\dot{x}_0^2$$

杆 AB 动能

$$T_1=\frac{1}{2}m_1v_C^2+\frac{1}{2}I_C\dot{\theta}^2$$

其中

$$v_C^2=\dot{x}_0^2+\frac{1}{2}r^2\dot{\theta}^2+\sqrt{2}r\dot{x}_0\dot{\theta}\cos\theta,\quad \text{见图(b)}$$

$$I_C=\frac{1}{12}m_1(\sqrt{2}r)^2$$

所以

$$T_1=\frac{1}{2}m_1\left(\dot{x}_0^2+\frac{1}{2}r^2\dot{\theta}^2+\sqrt{2}r\dot{x}_0\dot{\theta}\cos\theta\right)+\frac{1}{12}m_1r^2\dot{\theta}^2$$

系统动能

$$T=T_1+T_2=\left(m_2+\frac{m_1}{2}\right)\dot{x}_0^2+\frac{1}{3}m_1r^2\dot{\theta}^2+\frac{\sqrt{2}}{2}m_1r\dot{x}_0\dot{\theta}\cos\theta$$

系统势能

$$V=-\frac{\sqrt{2}}{2}m_1rg\cos\theta\quad \text{选}\ O\ \text{点的水平面为零势面}$$

拉格朗日函数为

$$L=T-V=\left(m_2+\frac{m_1}{2}\right)\dot{x}_0^2+\frac{1}{3}m_1r^2\dot{\theta}^2+\frac{\sqrt{2}}{2}m_1r\dot{x}_0\dot{\theta}\cos\theta+\frac{\sqrt{2}}{2}m_1rg\cos\theta$$

代入拉格朗日方程中可得：关于坐标 x_0 的方程

$$(2m_2+m_1)\ddot{x}_0+\frac{\sqrt{2}}{2}m_1r(\ddot{\theta}\cos\theta-\dot{\theta}^2\sin\theta)=0$$

关于坐标 θ 的方程

$$4r\ddot{\theta}+3\sqrt{2}\ddot{x}_0\cos\theta+3\sqrt{2}g\sin\theta=0$$

若只考虑微振动则可略去 $\dot{\theta}^2$ 这个高阶小量，而且 $\cos\theta=1,\sin\theta=\theta$，所以上述方程变为

$$\begin{cases}(2m_2+m_1)\ddot{x}_0+\dfrac{\sqrt{2}}{2}m_1r\ddot{\theta}=0\\[2ex] 4r\ddot{\theta}+3\sqrt{2}\ddot{x}_0+3\sqrt{2}g\theta=0\end{cases}$$

消去 x_0 得到关于坐标 θ 的方程

$$\frac{8m_2+m_1}{2m_2+m_1}r\ddot{\theta}+3\sqrt{2}g\theta=0$$

整理得到

$$\ddot{\theta}+3\sqrt{2}\frac{g}{r}\frac{2m_2+m_1}{8m_2+m_1}\theta=0$$

这是简谐振动的标准方程，显见系统振动角频率为

$$\omega^2=3\sqrt{2}\frac{g}{r}\frac{2m_2+m_1}{8m_2+m_1}$$

6.4.2 保守系在广义坐标中的平衡方程

通过虚功原理知道，分析力学中用广义坐标表示的系统平衡条件是所有的广义力在任意虚位移下所做的虚功之和为零，即

$$\sum_{\alpha=1}^{s} Q_{\alpha}\delta q_{\alpha} = 0$$

因为诸 δq_{α} 是相互独立的，因而得出广义坐标表示的平衡方程是所有的广义力为零，即

$$Q_{\alpha} = 0, \quad \alpha = 1,2,\cdots,s$$

如果作用在系统上的力全是保守力，由式(6.11)知

$$Q_{\alpha} = -\frac{\partial V}{\partial q_{\alpha}}, \quad \alpha = 1,2,\cdots,s$$

式中 V 为系统的势能。故保守系统平衡的条件是势能具有稳定值，即

$$\frac{\partial V}{\partial q_{\alpha}} = 0, \quad \alpha = 1,2,\cdots,s \tag{6.13}$$

6.5 拉格朗日方程的初积分

至此，已经利用拉格朗日力学建立起来力学方程，下面来寻求解方程的简单办法。

求解二阶微分方程组的积分时常会遇到数学上的困难，但对于保守系统，在某些条件下，却很容易求得其初积分，使方程组的求解变得简单起来。现在，利用由广义速度表示的系统动能，讨论拉格朗日方程的初积分。

求解二阶微分方程，就是对方程进行两次积分或降阶，求得方程的解。第一次积分或降阶称为**初积分**(**首次积分或一次积分**)，每次积分或降阶，其数学形式表示为：某式＝常量，在物理上，此式代表某物理量守恒。是否有某些指征可不需要解方程就直接得到初积分？答案是肯定的。可以通过拉格朗日函数中是否含有某些指征，来直接得到系统的广义动量积分和广义能量积分。

6.5.1 系统动能的广义速度表示

系统的动能

$$T = \frac{1}{2}\sum_{i=1}^{n} m_i \dot{\boldsymbol{r}}_i \cdot \dot{\boldsymbol{r}}_i$$

其中

$$\dot{\boldsymbol{r}}_i = \sum_{\alpha=1}^{s} \frac{\partial \boldsymbol{r}_i}{\partial q_{\alpha}}\dot{q}_{\alpha} + \frac{\partial \boldsymbol{r}_i}{\partial t}$$

所以动能可表示为

$$\begin{aligned} T &= \frac{1}{2}\sum_{i=1}^{n} m_i \left(\sum_{\alpha=1}^{s} \frac{\partial \boldsymbol{r}_i}{\partial q_{\alpha}}\dot{q}_{\alpha} + \frac{\partial \boldsymbol{r}_i}{\partial t}\right)\left(\sum_{\beta=1}^{s} \frac{\partial \boldsymbol{r}_i}{\partial q_{\beta}}\dot{q}_{\beta} + \frac{\partial \boldsymbol{r}_i}{\partial t}\right) \\ &= \frac{1}{2}\sum_{i=1}^{n} m_i \left[\sum_{\substack{\alpha=1 \\ \beta=1}}^{s} \frac{\partial \boldsymbol{r}_i}{\partial q_{\alpha}} \cdot \frac{\partial \boldsymbol{r}_i}{\partial q_{\beta}}\dot{q}_{\alpha}\dot{q}_{\beta} + 2\sum_{\alpha=1}^{s} \frac{\partial \boldsymbol{r}_i}{\partial q_{\alpha}} \cdot \frac{\partial \boldsymbol{r}_i}{\partial t}\dot{q}_{\alpha} + \left(\frac{\partial \boldsymbol{r}_i}{\partial t}\right)^2\right] \end{aligned}$$

$$= \frac{1}{2}\sum_{\substack{\alpha=1\\\beta=1}}^{s}\left(\sum_{i=1}^{n}m_i\frac{\partial \boldsymbol{r}_i}{\partial q_\alpha}\cdot\frac{\partial \boldsymbol{r}_i}{\partial q_\beta}\right)\dot{q}_\alpha\dot{q}_\beta+\sum_{\alpha=1}^{s}\left(\sum_{i=1}^{n}m_i\frac{\partial \boldsymbol{r}_i}{\partial q_\alpha}\cdot\frac{\partial \boldsymbol{r}_i}{\partial t}\right)\dot{q}_\alpha+\frac{1}{2}\sum_{i=1}^{n}m_i\left(\frac{\partial \boldsymbol{r}_i}{\partial t}\right)^2$$

$$= \frac{1}{2}\sum_{\substack{\alpha=1\\\beta=1}}^{s}a_{\alpha\beta}\dot{q}_\alpha\dot{q}_\beta+\sum_{\alpha=1}^{s}b_\alpha\dot{q}_\alpha+\frac{1}{2}c$$

$$= T_2+T_1+T_0 \tag{6.14}$$

其中，$a_{\alpha\beta}=\sum\limits_{i=1}^{n}m_i\frac{\partial \boldsymbol{r}_i}{\partial q_\alpha}\cdot\frac{\partial \boldsymbol{r}_i}{\partial q_\beta}$，$b_\alpha=\sum\limits_{i=1}^{n}m_i\frac{\partial \boldsymbol{r}_i}{\partial q_\alpha}\cdot\frac{\partial \boldsymbol{r}_i}{\partial t}$，$c=\sum\limits_{i=1}^{n}m_i\left(\frac{\partial \boldsymbol{r}_i}{\partial t}\right)^2$。

而 T_2、T_1、T_0 分别是广义速度的二次、一次和零次齐次式，所以，系统动能可看成由三种不同次的广义速度的代数齐次式构成。

结论　当约束是稳定的$\left(\frac{\partial \boldsymbol{r}}{\partial t}=\boldsymbol{0}\right)$，有 $\boldsymbol{T}=\boldsymbol{T}_2$。

如图 6.1 所示的质点 M 放在光滑斜面上，随斜面一起以速度 $\boldsymbol{v}$ 沿水平轴运动，试研究此系统的动能表达式。

显见，质点所受的约束是不稳定的，其动能形式不会只是广义速度的二次齐次式，具体地，取路径 s 为系统的广义坐标，则质点 M 的坐标为

$$\begin{cases} x = \boldsymbol{v}t + s\cos\alpha \\ y = l\tan\alpha - s\sin\alpha \end{cases}$$

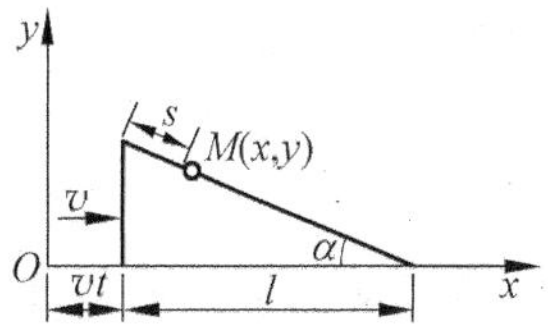

图　6.1

所以质点动能为

$$T=\frac{1}{2}m(\dot{x}^2+\dot{y}^2)=\frac{1}{2}m(\dot{s}^2+2\boldsymbol{v}\cos\alpha\cdot\dot{s}+\boldsymbol{v}^2)$$

其中

$$T_2=\frac{1}{2}m\dot{s}^2,\quad T_1=m\boldsymbol{v}\cos\alpha\cdot\dot{s},\quad T_0=\frac{1}{2}m\boldsymbol{v}^2$$

分别为系统广义速度的二次齐次式、一次齐次式和零次齐次式。

6.5.2　循环积分(广义动量积分)

拉格朗日函数 L 中不显含的某个广义坐标 q_k 称为**循环坐标**。例如，在有心力场中运动的质点，系统的自由度为 2，若采用平面极坐标描述，可选 r,θ 为系统的广义坐标，即 $q_1=r$，$q_2=\theta$，系统的动、势能分别表示为

$$T=\frac{1}{2}m(\dot{r}^2+r^2\dot{\theta}^2);\quad V=-\frac{k^2m}{r}$$

系统的拉格朗日函数

$$L=T-V=\frac{1}{2}m(\dot{r}^2+r^2\dot{\theta}^2)+\frac{k^2m}{r}$$

显见$\frac{\partial L}{\partial\theta}=0$，即 L 中不显含 θ，故 θ 为循环坐标。

但若采用直角坐标描述，选择 x,y 为系统的广义坐标，即 $q_1=x,q_2=y$。系统的拉格朗日函数表示为

$$L=\frac{1}{2}m(\dot{x}^2+\dot{y}^2)-V\left(\sqrt{x^2+y^2}\right)$$

显见,x 和 y 都不是循环坐标。所以,选用不同的坐标系描述,循环坐标的存在与否是完全不同的。

若 q_k 为循环坐标,则保守系下拉格朗日方程变为

$$\frac{\mathrm{d}}{\mathrm{d}t}\left(\frac{\partial L}{\partial \dot{q}_k}\right)=0$$

即

$$\frac{\partial L}{\partial \dot{q}_k}=\text{常量}$$

对保守系,因为$\frac{\partial T}{\partial \dot{q}_k}=\frac{\partial L}{\partial \dot{q}_k}$,则定义$\frac{\partial L}{\partial \dot{q}_k}=p_k$为系统的**广义动量**。

显见,对任意循环坐标,都有一对应的积分存在,称此积分为系统的**循环积分**,又称为**广义动量积分**。

总之,**在保守系中存在循环坐标就有广义动量积分(循环积分)存在**。

例如前面的有心力场的问题,若用平面极坐标描述,由于 θ 为循环坐标,则相应的广义动量为常量,即

$$P_\theta=\frac{\partial L}{\partial \dot{\theta}}=mr^2\dot{\theta}=mh$$

表示质点对有心力心 O 的角动量守恒。与矢量力学中的结果一致。

广义动量的含义很广泛,它在不同情况下的物理意义要具体分析。广义动量可以是动量,也可以是角动量。

6.5.3 能量积分和广义能量积分

设有完整、保守力学系统,若力学系统是稳定的,则有$\frac{\partial L}{\partial t}=0$,即

$$\begin{cases}\dfrac{\partial T}{\partial t}=0\\ \dfrac{\partial V}{\partial t}=0\end{cases}$$

改写保守系的拉格朗日方程为

$$\frac{\mathrm{d}}{\mathrm{d}t}\left(\frac{\partial T}{\partial \dot{q}_k}\right)-\frac{\partial T}{\partial q_k}=-\frac{\partial V}{\partial q_k},\quad k=1,2,\cdots,s$$

上式乘$\dot{q}_k$ 然后对指标 k 相加

$$\sum_{k=1}^{s}\frac{\mathrm{d}}{\mathrm{d}t}\left(\frac{\partial T}{\partial \dot{q}_k}\right)\dot{q}_k-\sum_{k=1}^{s}\frac{\partial T}{\partial q_k}\dot{q}_k=\sum_{k=1}^{s}-\frac{\partial V}{\partial q_k}\dot{q}_k$$

改写上式左边第一项为全微分形式

$$\frac{\mathrm{d}}{\mathrm{d}t}\sum_{k=1}^{s}\left(\frac{\partial T}{\partial \dot{q}_k}\dot{q}_k\right)-\sum_{k=1}^{s}\left(\frac{\partial T}{\partial q_k}\dot{q}_k+\frac{\partial T}{\partial \dot{q}_k}\ddot{q}_k\right)=-\sum_{k=1}^{s}\frac{\partial V}{\partial q_k}\dot{q}_k \tag{6.15}$$

利用全积分,得

$$\begin{cases}\dfrac{\mathrm{d}T}{\mathrm{d}t}=\displaystyle\sum_{k=1}^{s}\left(\frac{\partial T}{\partial q_k}\dot{q}_k+\frac{\partial T}{\partial \dot{q}_k}\ddot{q}_k\right)\\ \dfrac{\mathrm{d}V}{\mathrm{d}t}=\displaystyle\sum_{k=1}^{s}\frac{\partial V}{\partial q_k}\dot{q}_k\end{cases}$$

代入式(6.15)中得到

$$\frac{\mathrm{d}}{\mathrm{d}t}\sum_{k=1}^{s}\left(\frac{\partial T}{\partial \dot{q}_k}\dot{q}_k\right)-\frac{\mathrm{d}T}{\mathrm{d}t}=-\frac{\mathrm{d}V}{\mathrm{d}t}$$

即

$$\sum_{k=1}^{s}\left(\frac{\partial T}{\partial \dot{q}_k}\dot{q}_k\right)-T+V=\text{常量} \tag{6.16}$$

下面利用欧勒齐次式定理继续简化上式。

欧勒齐次式定理：齐次函数的偏微商各乘以对应的变量，相加后，等于该函数乘上它的次数。即若 $f(q_1,q_2,\cdots,q_\alpha)$ 是 $q_1,q_2,\cdots,q_\alpha$ 的 r 次齐次函数，必有

$$\sum_{\alpha=1}^{s}\left(\frac{\partial f}{\partial q_\alpha}q_\alpha\right)=rf \tag{6.17}$$

(1) 若动能 T 为广义速度的二次非齐次函数，即

$$T=T_2+T_1+T_0$$

则

$$\sum_{k=1}^{s}\frac{\partial T}{\partial \dot{q}_k}\dot{q}_k=\sum_{k=1}^{s}\left(\frac{\partial T_2}{\partial \dot{q}_k}\dot{q}_k+\frac{\partial T_1}{\partial \dot{q}_k}\dot{q}_k+\frac{\partial T_0}{\partial \dot{q}_k}\dot{q}_k\right)=2T_2+T_1$$

代入式(6.16)中，得到

$$T_2-T_0+V=\text{常量} \tag{6.18}$$

称 T_2-T_0+V 为**广义能量**。所以上式为**广义能量积分**。

在保守系下 $\frac{\partial L}{\partial t}=0$ 时有广义能量积分存在。

(2) 若动能 T 为广义速度的二次齐次函数，即

$$T=T_2$$

则

$$\sum_{k=1}^{s}\frac{\partial T}{\partial \dot{q}_k}\dot{q}_k=\sum_{k=1}^{s}\frac{\partial T_2}{\partial \dot{q}_k}\dot{q}_k=2T_2$$

代入式(6.16)中，得到

$$T+V=\text{常量} \tag{6.19}$$

其中 $T+V$ 就是常规意义的能量(机械能)，所以上式为**能量积分**。

在保守系下 $\frac{\partial L}{\partial t}=0$ 且 $T=T_2$ 时有能量积分存在。

总之，只要 L 不显含 t 或某个广义坐标 q_k，就有广义能量积分或相应的广义动量积分。

广义能量积分和广义动量积分都是由原来的二阶微分方程积分一次得到的，将原来的方程降了一阶。因此在应用拉格朗日方程解题时，应首先分析有无广义能量积分或相应的广义动量积分存在。若存在上述积分，则可以直接写出其他积分形式，使问题简化。

例 6.9 如图所示，质点小环在一个抛物线形状的光滑金属丝上运动，取固连于它的坐标轴 $Oxyz$，金属丝的方程为 $x^2=4ay$。试写出质点小环以 x 表示的运动微分方程。

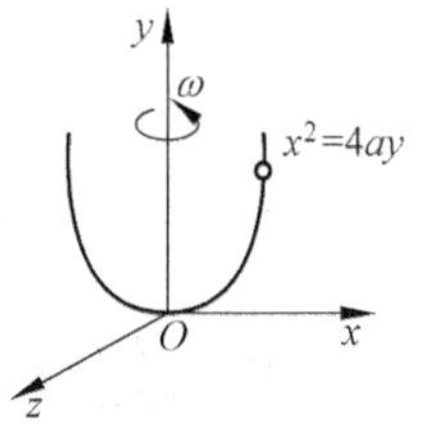

例 6.9 图

解 小环为系统，抛物线为约束，系统自由度为 1，选广义坐标

为 x，在图示坐标系中小环的绝对速度为

$$v = \dot{x}\boldsymbol{i} + \dot{y}\boldsymbol{j} - \omega x\boldsymbol{k} = \dot{x}\boldsymbol{i} + \frac{x\dot{x}}{2a}\boldsymbol{j} - \omega x\boldsymbol{k}$$

小环的动、势能分别为

$$T = \frac{1}{2}m(\dot{x}^2 + \dot{y}^2 + \omega^2 x^2) = \frac{1}{2}m\left[\left(1 + \frac{x^2}{4a^2}\right)\dot{x}^2 + \omega^2 x^2\right]$$

$$V = mgy$$

系统的拉格朗日函数为

$$L = T - V = \frac{1}{2}m\left[\left(1 + \frac{x^2}{4a^2}\right)\dot{x}^2 + \omega^2 x^2\right] - mg\frac{x^2}{4a}$$

显然有$\frac{\partial L}{\partial t}=0$，所以广义能量积分存在，

$$T_2 - T_0 + V = \text{常量}$$

即

$$\frac{1}{2}m\left(1 + \frac{x^2}{4a^2}\right)\dot{x}^2 - \frac{1}{2}m\omega^2 x^2 + \frac{mgx^2}{4a} = \text{常量}$$

对上式求导，得

$$\left(1 + \frac{x^2}{4a^2}\right)\ddot{x} + \frac{x}{4a^2}\dot{x}^2 - \omega^2 x + \frac{gx}{2a} = 0$$

即小环以 x 表示的运动微分方程。

显见，通过初积分的应用，可以不用通过代入拉格朗日方程的方式建立微分方程就可以得到方程的解，甚至方程。

例 6.10 如图所示，桌面上一个质量为 M、半径为 R 的均质圆盘，半径为 r 的均质量为 m 的小圆盘其中心固定在与大圆盘中心相距为 b 的 D 处。小圆盘可在大圆盘上无摩擦地转动，水平方向无外力，求此系统的所有运动积分。

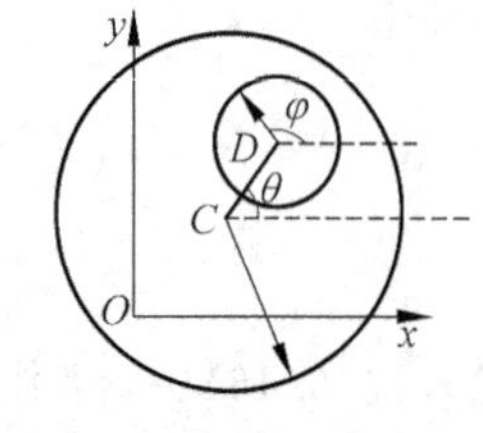

例 6.10 图

解 取静止坐标系 $Oxyz$，系统由大、小圆盘组成，系统的自由度为 4，选大盘质心 C 点的坐标 x、y 以及大、小圆盘的转动角度 θ 和 φ 为广义坐标，则系统的拉格朗日函数为

$$L = T = T_M + T_m = \frac{1}{2}M(\dot{x}^2 + \dot{y}^2) + \frac{1}{2}\cdot\frac{1}{2}MR^2\dot{\theta}^2$$

$$+ \frac{1}{2}m[(\dot{x} - b\dot{\theta}\sin\theta)^2 + (\dot{y} + b\dot{\theta}\cos\theta)^2] + \frac{1}{2}\cdot\frac{1}{2}mr^2\dot{\varphi}^2$$

$$= \frac{1}{2}[(m+M)\dot{x}^2 + (m+M)\dot{y}^2] + \left(\frac{1}{4}MR^2 + \frac{1}{2}mb^2\right)\dot{\theta}^2$$

$$- mb\dot{x}\dot{\theta}\sin\theta + mb\dot{y}\dot{\theta}\cos\theta + \frac{1}{4}mr^2\dot{\varphi}^2$$

由于$\frac{\partial L}{\partial x}=0$，有$\frac{\partial L}{\partial \dot{x}}=(M+m)\dot{x}-mb\dot{\theta}\sin\theta=C_1$，表示 x 方向动量守恒；

同理，由$\frac{\partial L}{\partial y}=0$，有$\frac{\partial L}{\partial \dot{y}}=(M+m)\dot{y}+mb\dot{\theta}\sin\theta=C_2$，表示 y 方向动量守恒；

由$\dfrac{\partial L}{\partial \varphi}=0$，有$\dfrac{\partial L}{\partial \dot{\varphi}}=\dfrac{1}{2}mr^2\ \dot{\varphi}=C_3$ 即$\dot{\varphi}=C_3$，表示小圆盘质心角动量守恒；

由$\dfrac{\partial L}{\partial t}=0$，$T=T_2$ 有 $T+V=C_4$，表示机械能守恒；

其中 C_1，C_2，C_3，C_4 都是常量。

6.6 小振动的拉格朗日方程

振动是物质最基本的运动形态之一，在机械运动、电磁运动、原子和分子的运动中普遍存在，具有很多相同的运动规律。

若机器或结构的振动系统可简化为由一个质量、一个弹簧及一个阻尼器组成的力学模型，而且质量在空间的位置可以用一个坐标就能完全描述，这样的系统称为**一个自由度振动系统**。若系统的质量在空间的位置须由多个独立的坐标才能完全描述，这样的系统称为**多自由度振动系统**。

在矢量力学中，详细地讨论过一维简谐振动问题，现在要利用分析力学中的拉格朗日方程来解决多自由度小振动的问题。多自由度系统在平衡位置附近的小振动问题是分析力学中拉格朗日方程应用得最成功的课题之一。

一个多自由度系统的平衡问题，可简化为若干个单自由度系统的平衡问题来求解。

线性小振动(微幅振动)可以分为三种：一个自由度系统、两个自由度系统和多自由度系统的振动。

6.6.1 一个自由度系统的自由振动

一个自由度的简谐振动问题在初级物理课程中得到了详细的解释，例如弹簧振子、单摆、复摆等，当它们的振幅很小时可以看成简谐振动。系统在振动过程中不受激励作用，称为**自由振动**。分析力学中，解决单自由度的小振动问题更是得心应手。为简便计，以例题具体说明拉格朗日方程在小振动问题上的应用。

例 6.11 如图所示，质量为 m、长为 l 的均质杆 OA 悬挂在 O 点处，可绕 O 轴转动，质量为 M 的滑块用系数为 $0.5k$ 的两个弹簧连接，并可沿 OA 杆滑动。忽略摩擦，杆处于铅直位置时系统处于平衡状态，试建立系统微幅振动的运动微分方程。

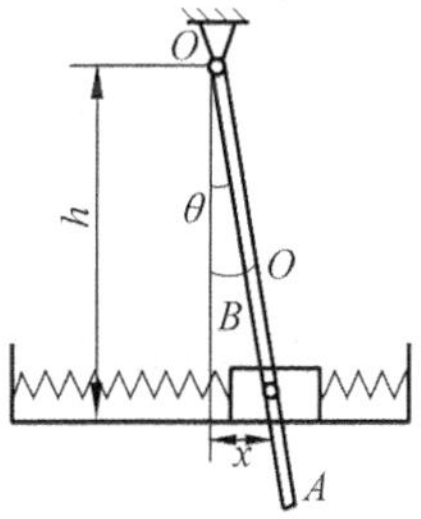

例 6.11 图

解 单自由度系统，取 θ 为广义坐标，如图所示，平衡位置时$\theta=0$，则 $x=h\tan\theta$。系统动能为

$$T=\frac{1}{2}\left(\frac{ml^2}{3}\right)\dot{\theta}^2+\frac{1}{2}M\dot{x}^2\approx\frac{1}{2}\left(\frac{ml^2}{3}+Mh^2\right)\dot{\theta}^2,\quad \sec^4\theta=1$$

系统势能为

$$V=mg\ \frac{l}{2}(1-\cos\theta)+2\left(\frac{1}{2}\cdot\frac{k}{2}x^2\right)+V_M$$

$$\approx\frac{1}{2}\left(kh^2+\frac{mgl}{2}\right)\theta^2+V_M,\quad \sin\frac{\theta}{2}\approx\frac{\theta}{2}$$

将 $L=T-V$ 代入拉格朗日方程中得单自由度系统微幅自由振动方程，即

$$\left(\frac{ml^2}{3}+Mh^2\right)\ddot{\theta}+\left(kh^2+\frac{mgl}{2}\right)\theta=0$$

为所求的系统微幅振动的运动微分方程。改写为标准简谐振动方程形式

$$\ddot{\theta}+\left(\frac{kh^2+\frac{mgl}{2}}{\frac{ml^2}{3}+Mh^2}\right)\theta=0$$

显见，其振动**角频率**(**角速度**)为

$$\omega_n=\sqrt{\frac{6kh^2+3mgl}{2ml^2+6Mh^2}}$$

例 6.12 如图所示，均质圆柱质量为 m，半径为 r 与质量为 m，长为 $3l$ 的杆 AB 组成系统。圆柱可在半径为 $r+l$ 的光滑圆槽中纯滚动，当 $\theta=0°$时弹簧为原长。试建立系统运动微分方程及振动周期。

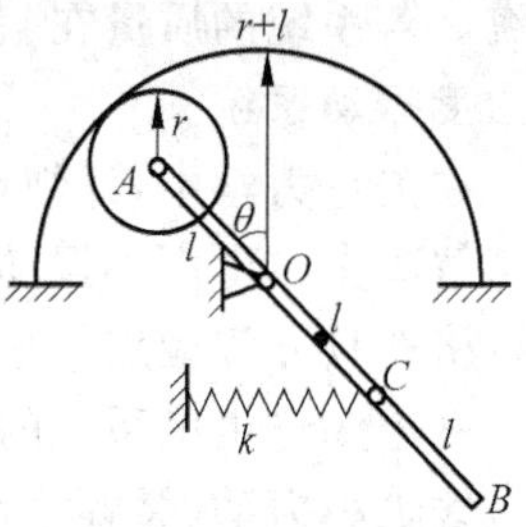

例 6.12 图

解 单自由度系统，取 θ 为广义坐标，如图所示

$$v_A=l\dot{\theta};\quad \omega_A=\frac{v_A}{r}=\frac{l}{r}\dot{\theta}$$

系统动能为

$$T=\frac{1}{2}J_A\omega_A^2+\frac{1}{2}mv_A^2+\frac{1}{2}J_O\dot{\theta}^2=\frac{5}{4}ml^2\dot{\theta}^2$$

其中

$$J_O=\frac{1}{12}m(3l)^2+m\left(\frac{l}{2}\right)^2=ml^2$$

$$J_A=\frac{1}{2}mr^2$$

系统势能为

$$V=\frac{1}{2}k(l\sin\theta)^2-mg\frac{l}{2}\cos\theta+mgl\cos\theta$$

$$=\frac{1}{2}kl^2\sin^2\theta+\frac{1}{2}mgl\cos\theta$$

将 $L=T-V$ 代入拉格朗日方程中并整理，得到

$$\frac{5}{2}ml^2\ddot{\theta}+\frac{1}{2}kl^2\sin2\theta-\frac{1}{2}mgl\sin\theta=0$$

因为是微幅振动，则 $\sin\theta\approx\theta$；$\sin2\theta\approx2\theta$，方程变为

$$\ddot{\theta}+\left(\frac{2k}{5m}-\frac{g}{5l}\right)\theta=0$$

振动周期为

$$T=2\pi\sqrt{\frac{5ml}{2kl-mg}}$$

6.6.2 两个自由度系统的自由振动

两个自由度系统振动问题的分析步骤与一个自由度系统基本相似，但是两个自由度系

统的振动需要两个振动方程来描述，求得两个**固有角速度**（也称**主频率**）。若系统以其中某一个固有频率作简谐振动时，这种振动叫做**主振动**。在主振动中，两坐标间存在一定的关系，它表示了作此主振动时系统的形式，称为系统的**固有振型**（也称**主振型**）。

对应于两个主频率系统有两个主振型，当然有两个主振动。系统的主振动只在特殊的初始条件下才能实现，而在一般初始条件下，系统的振动是此两个主振动的叠加。当受到周期的激扰作用时，系统将以激扰频率 $\boldsymbol{\omega}$ 作强迫振动，相应地有两个共振频率。

这里只讨论没有驱动作用的两个自由度的自由振动，以**耦合摆**为例。

耦合摆是由两个完全相同的单摆（摆长为 l，质量为 m）通过原长为 d_0、劲度系数为 k 的弹簧相连而成的，悬点间的距离也为 d_0，如图 6.2 所示。现在讨论系统在竖直面内作小振动时的运动规律。

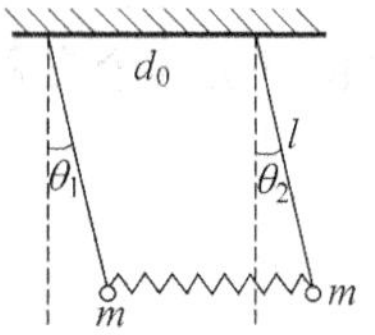

图　6.2

系统的自由度为 2，选取 θ_1 和 θ_2 为广义坐标。显然，在 $\theta_1=0$ 和 $\theta_2=0$ 处系统的势能最低，为稳定平衡位置。系统的动能

$$T=\frac{1}{2}ml^2(\dot{\theta}_1^2+\dot{\theta}_2^2)$$

是广义速度的二次齐次式，势能由重力势能和弹性势能组成，即

$$V=mgl(1-\cos\theta_1)+mgl(1-\cos\theta_2)+\frac{1}{2}k(d-d_0)^2$$

上式中已经取 $\theta_1=0$ 和 $\theta_2=0$ 为势能的零点。

在小振动的情况下，利用泰勒级数展开式并略去其中三阶及更高阶小量，有

$$1-\cos\theta_{1(2)}=2\sin^2\frac{\theta_{1(2)}}{2}\approx 2\left(\frac{\theta_{1(2)}}{2}\right)^2=\frac{\theta_{1(2)}^2}{2}$$

$$d-d_0\approx l(\theta_2-\theta_1)$$

因而势能变为

$$\begin{aligned}V&=\frac{1}{2}mgl\theta_1^2+\frac{1}{2}mgl\theta_2^2+\frac{1}{2}kl^2(\theta_2-\theta_1)^2\\&=\frac{1}{2}ml^2\left(\frac{g}{l}+\frac{k}{m}\right)(\theta_1^2+\theta_2^2)-kl^2\theta_1\theta_2\end{aligned}$$

则系统的拉格朗日函数

$$L=T-V=\frac{1}{2}ml^2(\dot{\theta}_1^2+\dot{\theta}_2^2)-\frac{1}{2}ml^2\left(\frac{g}{l}+\frac{k}{m}\right)(\theta_1^2+\theta_2^2)+kl^2\theta_1\theta_2$$

代入拉格朗日方程，得系统的运动微分方程

$$\begin{cases}ml^2\ddot{\theta}_1-\left[-ml^2\left(\dfrac{g}{l}+\dfrac{k}{m}\right)\theta_1+kl^2\theta_2\right]=0\\ ml^2\ddot{\theta}_2-\left[-ml^2\left(\dfrac{g}{l}+\dfrac{k}{m}\right)\theta_2+kl^2\theta_1\right]=0\end{cases}$$

令

$$\omega_{gk}^2=\frac{g}{l}+\frac{k}{m},\quad \omega_k^2=\frac{k}{m}$$

则方程变为

$$\begin{cases}\ddot{\theta}_1+\omega_{gk}^2\theta_1-\omega_k^2\theta_2=0\\-\omega_k^2\theta_1+\ddot{\theta}_2+\omega_{gk}^2\theta_2=0\end{cases}\tag{6.20}$$

上述方程为关于时间 t 的二阶线性奇次微分方程组，因含有 $\ddot{\theta}_{1(2)}+\omega^2\theta_{1(2)}$ 项，故有形如 $e^{\lambda t}$、$\cos(\omega t+\varphi)$ 或 $\sin(\omega t+\varphi)$ 的解(λ,ω,φ 均为待定常量)。设解的形式为

$$\begin{cases}\theta_1=A_1\cos(\omega_1 t+\varphi_1)\\ \theta_2=A_2\cos(\omega_2 t+\varphi_2)\end{cases}$$

其中 A_1,A_2 和 φ_1,φ_2 为待定常数，由初始条件决定。代入方程(6.20)中，得

$$\begin{cases}(-\omega_1^2+\omega_{gk}^2)A_1\cos(\omega_1 t+\varphi_1)-\omega_k^2A_2\cos(\omega_2 t+\varphi_2)=0\\ -\omega_k^2A_1\cos(\omega_1 t+\varphi_1)+(-\omega_2^2+\omega_{gk}^2)A_2\cos(\omega_2 t+\varphi_2)=0\end{cases}$$

要使以上两个方程对任意 t 都成立，且有非零解($A_{1(2)}\neq 0$)，必须满足

$$\omega_1=\omega_2=\omega,\quad \varphi_1=\varphi_2=\varphi$$

即

$$\theta_{1(2)}=A_{1(2)}\cos(\omega t+\varphi)$$

则上述方程变为

$$\begin{cases}(-\omega_1^2+\omega_{gk}^2)A_1-\omega_k^2A_2=0\\ -\omega_k^2A_1+(-\omega_2^2+\omega_{gk}^2)A_2=0\end{cases}\tag{6.21}$$

写成矩阵形式

$$\begin{pmatrix}-\omega_1^2+\omega_{gk}^2 & -\omega_k^2\\ -\omega_k^2 & -\omega_2^2+\omega_{gk}^2\end{pmatrix}\begin{pmatrix}A_1\\A_2\end{pmatrix}=0$$

移项得

$$\begin{pmatrix}\omega_{gk}^2 & -\omega_k^2\\ -\omega_k^2 & \omega_{gk}^2\end{pmatrix}\begin{pmatrix}A_1\\A_2\end{pmatrix}=\begin{pmatrix}\omega_1^2 & 0\\ 0 & \omega_2^2\end{pmatrix}\begin{pmatrix}A_1\\A_2\end{pmatrix}$$

即

$$\begin{pmatrix}\omega_{gk}^2 & -\omega_k^2\\ -\omega_k^2 & \omega_{gk}^2\end{pmatrix}\begin{pmatrix}A_1\\A_2\end{pmatrix}=\omega^2\begin{pmatrix}A_1\\A_2\end{pmatrix}\tag{6.22}$$

这是典型的求本征值 ω^2 和本征矢量(A_1,A_2)的问题。

方程(6.22)有非零解的充要条件是其系数行列式等于零，即

$$\begin{vmatrix}-\omega_1^2+\omega_{gk}^2 & -\omega_k^2\\ -\omega_k^2 & -\omega_2^2+\omega_{gk}^2\end{vmatrix}=0\tag{6.23}$$

这是 ω^2 的二次方程，称为**频率方程**，即

$$(-\omega^2+\omega_{gk}^2)^2-(\omega_k^2)^2=0$$

由此解得

$$\omega^{(1)}=\sqrt{\omega_{gk}^2+\omega_k^2}=\sqrt{\frac{g}{l}+\frac{2k}{m}}$$

和

$$\omega^{(2)}=\sqrt{\omega_{gk}^2-\omega_k^2}=\sqrt{\frac{g}{l}}$$

对应的解分别是

$$\theta_1^{(1)}=A_1^{(1)}\cos(\omega^{(1)}t+\varphi^{(1)}),\quad \theta_2^{(1)}=A_2^{(1)}\cos(\omega^{(1)}t+\varphi^{(1)})\tag{6.24}$$

和

$$\theta_1^{(2)} = A_1^{(2)}\cos(\omega^{(2)}t+\varphi^{(2)}),\quad \theta_2^{(2)} = A_2^{(2)}\cos(\omega^{(2)}t+\varphi^{(2)}) \tag{6.25}$$

其中解得 $\omega^{(1)}$ 和 $\omega^{(2)}$ 为耦合摆系统的**本征频率**，不仅因为它们只与系统的固有参数有关，其个数与系统的自由度相同，还因为它们代表的振动式(6.24)和式(6.25)是可以分别独立存在的振动，称为**系统的本征振动**。一般地，系统的振动是本征振动的合振动。只有处于特殊的初始条件下，合振动才只是其中某一种本征振动单独存在的结果。

方程的通解为

$$\begin{cases}\theta_1 = A_1^{(1)}\cos(\omega^{(1)}t+\varphi^{(1)})+A_1^{(2)}\cos(\omega^{(2)}t+\varphi^{(2)})\\ \theta_2 = A_2^{(1)}\cos(\omega^{(1)}t+\varphi^{(1)})+A_2^{(2)}\cos(\omega^{(2)}t+\varphi^{(2)})\end{cases} \tag{6.26}$$

其中 $(A_1^{(1)}, A_2^{(1)})$ 和 $(A_1^{(2)}, A_2^{(2)})$ 分别为 $\omega^{(1)}$ 和 $\omega^{(2)}$ 对应的本征矢量，将 $\omega^{(1)}$ 和 $\omega^{(2)}$ 分别代回到方程(6.24)中可得到

$$A_1^{(1)} = -A_2^{(1)} = A^{(1)} \quad 和 \quad A_1^{(2)} = -A_2^{(2)} = A^{(2)}$$

所以通解又可记为

$$\begin{cases}\theta_1 = A^{(1)}\cos(\omega^{(1)}t+\varphi^{(1)})+A^{(2)}\cos(\omega^{(2)}t+\varphi^{(2)})\\ \theta_2 = -A^{(1)}\cos(\omega^{(1)}t+\varphi^{(1)})-A^{(2)}\cos(\omega^{(2)}t+\varphi^{(2)})\end{cases}$$

其中包含的四个未知数 $A^{(1)}, A^{(2)}, \varphi^{(1)}, \varphi^{(2)}$ 由初始条件决定。

这样就得到了描述耦合摆的广义坐标 θ_1 和 θ_2 随时间的变化规律，基本上解决了耦合摆的求解问题。总结上述过程，可以得到**多自由度小振动问题的解决步骤**。

(1) 确定系统的自由度，选取广义坐标。在选取广义坐标时，最好取系统的平衡位置，即势能最低点为广义坐标原点。

(2) 写出系统的动能、势能和拉格朗日函数，最好利用小振动条件将动、势能化成广义速度、广义坐标的二次齐次式。

(3) 利用拉格朗日方程，得到系统的运动微分方程(二阶线性齐次微分方程)。将通解的一般形式代入原方程就得到振幅和频率所满足的代数方程组。

(4) 用求解本征值和本征矢量的方法求解关于振幅和频率的方程组，得到系统的本征频率和相应的特解和通解。

(5) 利用初始条件得到通解中的振幅和初相位。

多自由度振动系统的特点

(1) i 个自由度，则有 i 个固有频率和 i 个特征向量。

(2) 常数 A_i 和 φ_i 由初始条件决定；而固有频率 ω_i 由系统决定。

(3) 自由振动一般由 i 个以固有频率作简谐振动的振动叠加。

注：*存在本征振动是振动系统的普遍规律。*

例 6.13　如图所示，两质点质量分别为 m_1, m_2，分别用长为 l_1, l_2 的绳子系在固定点 O 上。以绳与竖直线所成的角度 θ_1 和 θ_2 为广义坐标，求此系统在竖直平面内作微振动的运动方程。若 $m_1=m_2=m, l_1=l_2=l$，试求出此系统的振动周期。

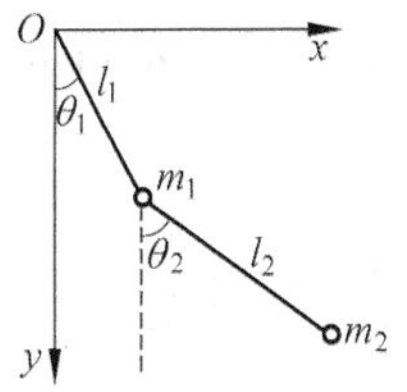

例 6.13 图

解　由题意知，这是两自由度的振动系统，选广义坐标为 θ_1 和 θ_2，系统的动能

$$T = T_1 + T_2 = \frac{1}{2}m\boldsymbol{v}_1^2 + \frac{1}{2}m\boldsymbol{v}_2^2$$

$$=\frac{1}{2}m_1 l_1^2\dot{\theta}_1^2+\frac{1}{2}m_2[l_1^2\dot{\theta}_1^2+l_2^2\dot{\theta}_2^2+2l_1 l_2\dot{\theta}_1\dot{\theta}_2\cos(\theta_1-\theta_2)]$$

设原点 O 为零势面，系统势能为

$$V=-(m_1+m_2)gl_1\cos\theta_1-m_2 gl_2\cos\theta_2$$

系统拉格朗日函数为

$$L=\frac{1}{2}m_1 l_1^2\dot{\theta}_1^2+\frac{1}{2}m_2[l_1^2\dot{\theta}_1^2+l_2^2\dot{\theta}_2^2+2l_1 l_2\dot{\theta}_1\dot{\theta}_2\cos(\theta_1-\theta_2)]$$
$$+(m_1+m_2)gl_1\cos\theta_1+m_2 gl_2\cos\theta_2$$

代入拉格朗日方程中得到

$$\begin{cases}(m_1+m_2)l_1^2\ddot{\theta}_1+m_2 l_1 l_2\ddot{\theta}_2\cos(\theta_1-\theta_2)+m_2 l_1 l_2\dot{\theta}_2^2\sin(\theta_1-\theta_2)+(m_1+m_2)gl_1\sin\theta_1=0\\ m_2 l_1 l_2\ddot{\theta}_1\cos(\theta_1-\theta_2)+m_2 l_2^2\ddot{\theta}_2-m_2 l_1 l_2\dot{\theta}_1^2\sin(\theta_1-\theta_2)+m_2 gl_2\sin\theta_2=0\end{cases}$$

微振动下 $\sin\theta\sim\theta$；$\cos(\theta_1-\theta_2)\sim1$；$\sin(\theta_1-\theta_2)\sim0$，舍弃二阶小量 $\dot{\theta}^2$，方程简化为

$$\begin{cases}l_1\ddot{\theta}_1+\dfrac{m_2}{m_1+m_2}l_2\ddot{\theta}_2+g\theta_1=0\\ l_1\ddot{\theta}_1+l_2\ddot{\theta}_2+g\theta_2=0\end{cases}$$

若 $m_1=m_2=m$，$l_1=l_2=l$，则上式变为

$$\begin{cases}2l\ddot{\theta}_1+l\ddot{\theta}_1+2g\theta_1=0\\ l\ddot{\theta}_1+l\ddot{\theta}_2+g\theta_2=0\end{cases}$$

写成矩阵形式

$$\begin{pmatrix}2l & l\\ l & l\end{pmatrix}\begin{pmatrix}\ddot{\theta}_1\\ \ddot{\theta}_2\end{pmatrix}+\begin{pmatrix}2g & 0\\ 0 & g\end{pmatrix}\begin{pmatrix}\theta_1\\ \theta_2\end{pmatrix}=0$$

即

$$\boldsymbol{L}\ddot{\boldsymbol{X}}+\boldsymbol{G}\boldsymbol{X}=\boldsymbol{0} \tag{6.27}$$

其中矢量

$$\boldsymbol{X}=\begin{pmatrix}\theta_1\\ \theta_2\end{pmatrix},\quad \ddot{\boldsymbol{X}}=\begin{pmatrix}\ddot{\theta}_1\\ \ddot{\theta}_2\end{pmatrix}$$

张量

$$\boldsymbol{L}=\begin{pmatrix}2l & l\\ l & l\end{pmatrix},\quad \boldsymbol{G}=\begin{pmatrix}2g & 0\\ 0 & g\end{pmatrix}$$

方程(6.27)的解为

$$\boldsymbol{X}=\boldsymbol{A}\cos(\omega t+\varphi)$$

其中 $\boldsymbol{A}=\begin{pmatrix}A_1\\ A_2\end{pmatrix}$，方程(6.27)有非零解的充要条件是其系数行列式等于零，即

$$|G-\omega^2 L|=0$$

具体地

$$|G-\omega^2 L| = \left|\begin{pmatrix}2g & 0\\ 0 & g\end{pmatrix} - \omega^2\begin{pmatrix}2l & l\\ l & l\end{pmatrix}\right| = \left|\begin{pmatrix}2g-2l\omega^2 & -l\omega^2\\ -l\omega^2 & g-l\omega^2\end{pmatrix}\right|$$

$$= (2g-2l\omega^2)(g-l\omega^2)-(l\omega^2)(l\omega^2)$$

$$= l^2\omega^4-4gl\omega^2+2g^2=0$$

解得固有频率和周期分别为

$$\omega=\sqrt{\frac{(2\pm\sqrt{2})g}{l}},\quad \tau=\frac{2\pi}{\omega}=2\pi\sqrt{\frac{l}{(2\pm\sqrt{2})g}}$$

例 6.14　在上题中，若双摆的上端不是系在固定点 O 上，而是系在一个套在光滑水平杆上质量为 $2m$ 的小环上，小环可沿水平杆滑动，如图所示。如果 $m_1=m_2=m, l_1=l_2=l$，试求其运动方程及周期。

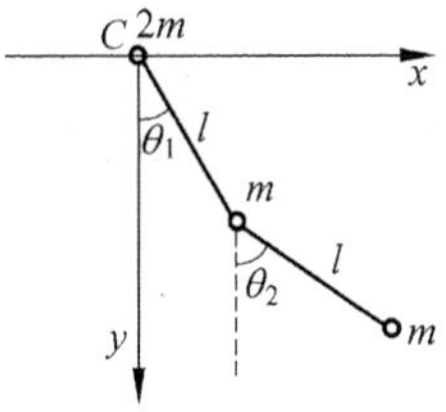

例 6.14 图

解　系统自由度增加变为 3，选广义坐标选为 x, θ_1, θ_2，系统的动能

$$T=T_1+T_2+T_3=\frac{1}{2}(2m)\dot{x}^2+\frac{1}{2}m\boldsymbol{v}_1^2+\frac{1}{2}m\boldsymbol{v}_2^2$$

$$=\frac{1}{2}(2m)\dot{x}^2+\frac{1}{2}m[(\dot{x}+l\cos\theta_1\dot{\theta}_1)^2+(l\sin\theta_1\dot{\theta}_1)^2]$$

$$+\frac{1}{2}m[(\dot{x}+l\cos\theta_1\dot{\theta}_1+l\cos\theta_2\dot{\theta}_2)^2+(l\sin\theta_1\dot{\theta}_1+l\sin\theta_2\dot{\theta}_2)^2]$$

设原点 O 为零势面，系统势能

$$V=-2mgl\cos\theta_1-mgl\cos\theta_2$$

将拉格朗日函数 $L=T-V$ 代入拉格朗日方程中得到

$$\begin{cases}4\ddot{x}+2l\ddot{\theta}_1\cos\theta_1-2l\dot{\theta}_1^2\sin\theta_1+l\ddot{\theta}_2\cos\theta_2-l\dot{\theta}_2^2\sin\theta_2=0\\ 2l^2\ddot{\theta}_1+2l\ddot{x}\cos\theta_1+l^2\ddot{\theta}_2\cos(\theta_1-\theta_2)+2gl\sin\theta_1=0\\ l^2\ddot{\theta}_1\cos(\theta_1-\theta_2)+l\ddot{x}\cos\theta_2+l^2\ddot{\theta}_2+gl\sin\theta_2=0\end{cases}$$

微振动下，$\sin\theta\sim\theta$；$\cos\theta\sim1$；$\cos(\theta_1-\theta_2)\sim1$，并舍弃二阶小量 $\dot{\theta}^2$ 后方程化简为

$$\begin{cases}4\ddot{x}+2l\ddot{\theta}_1+l\ddot{\theta}_2=0\\ 2\ddot{x}+2l\ddot{\theta}_1+l\ddot{\theta}_2+2g\theta_1=0\\ \ddot{x}+l\ddot{\theta}_1+l\ddot{\theta}_2+g\theta_2=0\end{cases}\quad \text{为所求运动微分方程}$$

将上述方程写成矩阵形式

$$\begin{pmatrix}4 & 2l & l\\ 2 & 2l & l\\ 1 & l & l\end{pmatrix}\begin{pmatrix}\ddot{\theta}_1\\ \ddot{\theta}_2\\ \ddot{\theta}_3\end{pmatrix}+\begin{pmatrix}0 & 0 & 0\\ 0 & 2g & 0\\ 0 & 0 & g\end{pmatrix}\begin{pmatrix}\theta_1\\ \theta_2\\ \theta_3\end{pmatrix}=0$$

即

$$\boldsymbol{L}\ddot{\boldsymbol{X}}+\boldsymbol{G}\boldsymbol{X}=\boldsymbol{0}\tag{6.28}$$

其中

$$\boldsymbol{X}=\begin{pmatrix}\theta_1\\ \theta_2\\ \theta_3\end{pmatrix},\quad \ddot{\boldsymbol{X}}=\begin{pmatrix}\ddot{\theta}_1\\ \ddot{\theta}_2\\ \ddot{\theta}_3\end{pmatrix}$$

$$\boldsymbol{L}=\begin{pmatrix}4 & 2l & l\\ 2 & 2l & l\\ 1 & l & l\end{pmatrix},\quad \boldsymbol{G}=\begin{pmatrix}0 & 0 & 0\\ 0 & 2g & 0\\ 0 & 0 & g\end{pmatrix}$$

方程(6.28)的解为

$$\boldsymbol{X}=\boldsymbol{A}\cos(\omega t+\varphi)$$

其中 $\boldsymbol{A}=\begin{pmatrix}A_1\\ A_2\\ A_3\end{pmatrix}$,方程(6.28)有非零解的充要条件是其系数行列式等于零

$$|G-\omega^2 L|=0$$

即

$$|G-\omega^2 L|=\left|\begin{pmatrix}0 & 0 & 0\\ 0 & 2g & 0\\ 0 & 0 & g\end{pmatrix}-\omega^2\begin{pmatrix}4 & 2l & l\\ 2 & 2l & l\\ 1 & l & l\end{pmatrix}\right|$$

$$=\left|\begin{pmatrix}-4\omega^2 & -2l\omega^2 & -l\omega^2\\ -2\omega^2 & 2g-2l\omega^2 & -l\omega^2\\ -\omega^2 & -l\omega^2 & g-l\omega^2\end{pmatrix}\right|=0$$

用-4乘以第三行与第一行相加作为新的第一行;用-2乘以第三行与第二行相加作为新的第二行;第三行不变,得到

$$\left|\begin{pmatrix}0 & 2l\omega^2 & -4g+3l\omega^2\\ 0 & 2g & -2g+l\omega^2\\ -\omega^2 & -l\omega^2 & g-l\omega^2\end{pmatrix}\right|=0$$

即

$$\omega^2\begin{vmatrix}2l\omega^2 & -4g+3l\omega^2\\ 2g & -2g+l\omega^2\end{vmatrix}=0$$

$$\omega^2[(2l\omega^2)(-2g+l\omega^2)-(2g)(-4g+3l\omega^2)]=0$$

解得

$$\omega_1^2=0;\quad \omega_2^2=\frac{g}{l};\quad \omega_3^2=\frac{4g}{l}$$

即

$$\omega_1=0;\quad \omega_2=\sqrt{\frac{g}{l}};\quad \omega_3=2\sqrt{\frac{g}{l}}$$

其中 $\omega=0$ 表示无振动,代表整体沿轴作匀速运动。由 $\tau=\frac{2\pi}{\omega}$知固有周期为

$$T_1=\infty;\quad T_2=2\pi\sqrt{\frac{l}{g}};\quad T_3=4\pi\sqrt{\frac{l}{g}}$$

6.6.3　小振动的普遍原理

在上面的例题的基础上，可以总结小振动的普遍规律。

1. 方程的建立

考虑由 n 个质点组成的保守系统，假设其自由度为 s，所受约束为理想、完整、稳定的。由于对于稳定约束，坐标变换方程

$$\boldsymbol{r}_i = \boldsymbol{r}_i(q_1, q_2, \cdots, q_s), \quad i = 1, 2, \cdots, n$$

不显含时间 t，所以系统的动能和势能函数都将不显含时间 t，首先，写出系统动能和势能的广义坐标表达式。

在小振动问题中，一般选择平衡位置作为广义坐标的原点，并取该处为势能零点。这样，将势能函数在平衡位置($q=0$)处作泰勒级数展开，并保留至二阶项，得到

$$V(q) \approx V(0) + \sum_{\alpha=1}^{s}\left(\frac{\partial V}{\partial q_\alpha}\right)_0 q_\alpha + \frac{1}{2}\sum_{\alpha,\beta=1}^{s}\left(\frac{\partial^2 V}{\partial q_\alpha \partial q_\beta}\right)_0 q_\alpha q_\beta$$

令 $V_{\alpha\beta} = \left(\dfrac{\partial^2 V}{\partial q_\alpha \partial q_\beta}\right)_0$，则系统势能表示为

$$V(q) = \frac{1}{2}\sum_{\alpha,\beta=1}^{s} V_{\alpha\beta} q_\alpha q_\beta$$

显见，势能函数是广义坐标的二次齐次函数。

系统的动能可以表示为

$$T(q, \dot{q}) = \frac{1}{2}\sum_{\alpha,\beta=1}^{s} T_{\alpha\beta}(q) \dot{q}_\alpha \dot{q}_\beta$$

其中 $T_{\alpha\beta}(q) = \sum\limits_{i=1}^{n} \dfrac{\partial \boldsymbol{r}_i}{\partial q_\alpha} \cdot \dfrac{\partial \boldsymbol{r}_i}{\partial q_\beta}$ 是广义坐标的函数，把它也在平衡位置($q=0$)处作泰勒级数展开，并只保留至一阶项，得到

$$T_{\alpha\beta}(q) \approx T_{\alpha\beta}(0) = \sum_{i=1}^{n}\left(\frac{\partial \boldsymbol{r}_i}{\partial q_\alpha} \cdot \frac{\partial \boldsymbol{r}_i}{\partial q_\beta}\right)_0 = T_{\alpha\beta}$$

则系统动能为

$$T(q, \dot{q}) = \frac{1}{2}\sum_{\alpha,\beta=1}^{s} T_{\alpha\beta} \dot{q}_\alpha \dot{q}_\beta$$

显见，动能函数也是广义速度的二次齐次函数，与广义坐标无关，且恒为正值。这样，系统的拉格朗日函数为

$$L = \frac{1}{2}\sum_{\alpha,\beta=1}^{s} T_{\alpha\beta} \dot{q}_\alpha \dot{q}_\beta - \frac{1}{2}\sum_{\alpha,\beta=1}^{s} V_{\alpha\beta} q_\alpha q_\beta$$

代入拉格朗日方程中，得到系统的运动微分方程组

$$\sum_{\alpha=1}^{s}(T_{\alpha\beta}\ddot{q}_\alpha + V_{\alpha\beta} q_\alpha) = 0, \quad \beta = 1, 2, \cdots, s$$

上述方程组是关于广义坐标的 s 个二阶线性齐次常微分方程组成的方程组。

2. 方程的求解

由于 $T_{\alpha\beta}$ 和 $V_{\alpha\beta}$($\beta=1,2,\cdots,s$)都是正实数，且是对称分布的，所以，按照线性代数理论，

方程组 $\sum_{\alpha=1}^{s}(T_{\alpha\beta}\ddot{q}_{\alpha}+V_{\alpha\beta}q_{\alpha})=0$ 有形如

$$q_{\alpha}=A_{\alpha}\cos(\omega t+\varphi_0),\quad \alpha=1,2,\cdots,s$$

的解，其中 A_{α}，φ_0 为待定常量，由初始条件决定，代入方程组中得到

$$\sum_{\alpha=1}^{s}(-\omega^2 T_{\alpha\beta}+V_{\alpha\beta})A_{\alpha}=0,\quad \beta=1,2,\cdots,s$$

其有非零解的充要条件是系数行列式为零，即

$$|-\omega^2 T_{\alpha\beta}+V_{\alpha\beta}|_{s\times s}=0,\quad \alpha,\beta=1,2,\cdots,s$$

这是关于 ω^2 的 s 阶代数方程。因为 $T_{\alpha\beta}$ 和 $V_{\alpha\beta}$（$\beta=1,2,\cdots,s$）都是正实数，且是对称分布的，按照线性代数理论，它一定有实数解，即有本征值 $(\omega^{(j)})^2$，$j=1,2,\cdots,s$，相应地有 s 组本征矢量

$$[A_1^{(j)},A_2^{(j)},\cdots,A_s^{(j)}],\quad j=1,2,\cdots,s$$

于是，系统的通解为

$$q_{\alpha}=\sum_{j=1}^{s}a^{(j)}A_{\alpha}^{(j)}\cos(\omega^{(j)}t+\varphi_0^{(j)}),\quad \alpha=1,2,\cdots,s$$

它含有 $2s$ 个待定常量 $a^{(j)}$ 和 $\varphi_0^{(j)}$（$j=1,2,\cdots,s$），由 $2s$ 个初始条件 $q_{\alpha0}$ 和 $\dot{q}_{\alpha0}$（$\alpha=1,2,\cdots,s$）确定。

3. 本征频率、本征振动和简正坐标

已经解出系统的通解

$$q_{\alpha}=\sum_{j=1}^{s}a^{(j)}A_{\alpha}^{(j)}\cos(\omega^{(j)}t+\varphi_0^{(j)}),\quad \alpha=1,2,\cdots,s$$

表示在一般情况下，系统中每个广义坐标的变化都是彼此独立的 s 个简谐振动的线性叠加，而这些简谐振动的频率（$\omega^{(j)}$，$j=1,2,\cdots,s$）仅由系统本身的性质决定，与初始条件和坐标的选择无关。因此，称它为系统的**固有频率**，也叫**本征频率**，相应的振动为系统的**本征振动**。

根据线性代数的理论，在小振动的情形下，动能和势能函数都是二次型的，即

$$T=\frac{1}{2}\sum_{\alpha,\beta=1}^{s}T_{\alpha\beta}\dot{q}_{\alpha}\dot{q}_{\beta},\quad V=\frac{1}{2}\sum_{\alpha,\beta=1}^{s}V_{\alpha\beta}q_{\alpha}q_{\beta}$$

它们的系数 $T_{\alpha\beta}$ 和 $V_{\alpha\beta}$（$\beta=1,2,\cdots,s$）都是正实数，且是对称分布的，所以，按照线性代数理论，一定能找到一个线性变换

$$q_{\alpha}=\sum_{j=1}^{s}d_{j\alpha}\xi_j,\quad \alpha=1,2,\cdots,s$$

同时使 T 和 V 变为平方和，即

$$T=\frac{1}{2}\sum_{j=1}^{s}\dot{\xi}_j^2,\quad V=\frac{1}{2}\sum_{j=1}^{s}C_j\xi_j^2$$

其中 C_j 为待定常量，把

$$L=\frac{1}{2}\sum_{j=1}^{s}\dot{\xi}_j^2-\frac{1}{2}\sum_{j=1}^{s}C_j\xi_j^2=\frac{1}{2}\sum_{j=1}^{s}(\dot{\xi}_j^2-C_j\xi_j^2)$$

代入拉格朗日方程，得运动微分方程

$$\ddot{\xi}_j+C_j\xi_j=0,\quad j=1,2,\cdots,s$$

这是一组关于 ξ_j 的彼此独立的方程，解为

$$\xi_j = A_j\cos(\omega_j t + \varphi_j), \quad j = 1,2,\cdots,s$$

其中 $\omega_j = \sqrt{C_j}$，而 A_j,φ_j 为待定常量，由初始条件决定。

根据线性代数的理论，线性变换下系统的本征值不变，因而这里由 $\xi_j(j=1,2,\cdots,s)$ 得到的本征频率 $\omega_j(j=1,2,\cdots,s)$ 与前面由 $q_\alpha(\alpha=1,2,\cdots,s)$ 得到的本征频率 $\omega^{(j)}(j=1,2,\cdots,s)$ 是一一对应的。这在理论上是很容易理解的，因为系统的本征振动是系统固有的特征，不会因坐标的选取不同而不同。

* 6.6.4 非线性振动

前面讨论的都是线性振动，表现为，运动微分方程中只含有 q_i 的零阶导数 q_i、一阶导数 $\dot{q}_i$ 和二阶导数 $\ddot{q}_i$ 项的一次项，即它们都是表征振动的位置坐标、速度坐标和加速度坐标的线性函数，而且系数与自变量无关，这类振动就称为**线性振动**。此时，其动能是广义速度的奇次二次式，势能是广义坐标的奇次二次式。

一般地，如果运动微分方程中包含了位置坐标、速度坐标的非线性项，产生的振动称为**非线性振动**。例如，单摆的大幅度振动，运动微分方程表示为 $\ddot{\theta} + \dfrac{g}{l}\sin\theta = 0$；还有弹簧的振动方程 $\ddot{x} + \dfrac{k}{m}x = ax^2$ 中都含有位置坐标的非线性项。对于多自由度保守系统在平衡位置附近的大幅摆振动，由于势能在平衡位置 $q=0$ 附近的泰勒展开式

$$V(q) = \frac{1}{2}\sum_{\alpha,\beta=1}^{s} V_{\alpha,\beta}q_\alpha q_\beta + \frac{1}{6}\sum_{\alpha,\beta,\nu=1}^{s}\left(\frac{\partial^3 V}{\partial q_\alpha \partial q_\beta \partial q_\beta}\right) q_\alpha q_\beta q_\beta + \cdots$$

其中，广义坐标的三次项 $q_\alpha q_\beta q_\beta$ 不能被忽略。同样，动能的表达式

$$T(q,\dot{q}) = \frac{1}{2}\sum_{\alpha,\beta=1}^{s} T_{\alpha\beta}(q)\dot{q}_\alpha\dot{q}_\beta = \frac{1}{2}\sum_{\alpha,\beta}^{s}\left[T_{\alpha\beta}(0) + \sum_{\nu=1}^{s}\left(\frac{\partial T_{\alpha\beta}}{\partial q_\nu}\right)_0 q_\nu + \cdots\right]\dot{q}_\alpha\dot{q}_\beta$$

中，广义坐标的一次项 $q_\nu\dot{q}_\alpha\dot{q}_\beta$ 不能忽略，所以拉格朗日方程中将出现 $q_\nu\ddot{q}_\alpha$，$\dot{q}_\nu\ddot{q}_\alpha$ 和 $\dot{q}_\alpha q_\nu$ 等非线性项，这些非线性项导致了系统的非线性振动。

非线性是普遍存在的，非线性振动比线性振动更具普遍性。关于非线性振动，解决和计算都要复杂得多，对于偏离线性振动不远的非线性振动，也就是它的运动方程中的非线性项远小于线性项，而振幅又不是足够小的情况下，处理时，虽然动能、势能函数也要在稳定平衡位置处作泰勒级数展开，但不能只保留到 q_i，$\dot{q}_i$ 的二级项，而需保留到三级、四级……。具体的就不在此叙述了。

6.7 冲击运动的拉格朗日方程

碰撞问题又称为冲击运动。冲击运动中的冲力作用时间非常短，几乎可以看作是瞬时的，但力非常大，$\lim\limits_{\Delta t\to 0}\int_t^{t+\Delta t}\boldsymbol{F}\mathrm{d}t$ 是有限的。冲力引起系统位形的变化可以忽略，冲力的作用仅使动量发生有限的变化。

在矢量力学中，关于质点冲击运动的动力学方程可以根据牛顿第二定律得

$$m\frac{\mathrm{d}\boldsymbol{v}}{\mathrm{d}t}=\boldsymbol{F}$$

移项后取极限

$$\lim_{\Delta t\to 0}\int_t^{t+\Delta t}m\,\mathrm{d}\boldsymbol{v}=\lim_{\Delta t\to 0}\int_t^{t+\Delta t}\boldsymbol{F}\,\mathrm{d}t$$

即

$$m[\lim_{\Delta t\to 0}\boldsymbol{v}(t+\Delta t)-\boldsymbol{v}(t)]=\boldsymbol{I}$$

$$\Delta\boldsymbol{p}=\boldsymbol{I}$$

在分析力学中关于系统的冲击运动的动力学方程可以根据一般形式的拉格朗日方程得到

$$\Delta p_k=p_{k2}-p_{k1}=I_k$$

具体推导过程为：

以 $\mathrm{d}t$ 乘式(6.9)且对碰撞时间 Δt 积分

$$\int_t^{t+\Delta t}\mathrm{d}\left(\frac{\partial T}{\partial\dot{q}_k}\right)-\int_t^{t+\Delta t}\frac{\partial T}{\partial q_k}\mathrm{d}t=\int_t^{t+\Delta t}Q_k\,\mathrm{d}t$$

因为函数$\frac{\partial T}{\partial q_k}$是有限的(通常与惯性力有关)，而且 $\Delta t\to 0$，所以$\int_t^{t+\Delta t}\frac{\partial T}{\partial q_k}\mathrm{d}t$ 的数值比其他项的积分小得多，可以略去不计。而广义力 Q_k 对时间的积分为

$$\begin{aligned}\int_t^{t+\Delta t}Q_k\,\mathrm{d}t&=\lim_{\Delta t\to 0}\int_t^{t+\Delta t}\left(\sum_{i=1}^{3n}F_i\frac{\partial x_i}{\partial q_k}\right)\mathrm{d}t\\&=\sum_{i=1}^{3n}\left[\lim_{\Delta t\to 0}\left(\int_t^{t+\Delta t}F_i\,\mathrm{d}t\right)\frac{\partial x_i}{\partial q_k}\right]\\&=\sum_{i=1}^{3n}I_i\frac{\partial x_i}{\partial q_k}=I_k\quad \text{定义为}\textbf{广义冲量}\end{aligned}\tag{6.29}$$

而

$$\int_t^{t+\Delta t}\mathrm{d}\left(\frac{\partial T}{\partial\dot{q}_k}\right)=\int_t^{t+\Delta t}\mathrm{d}p_k=p_{k2}-p_{k1}$$

故有

$$p_{k2}-p_{k1}=I_k,\quad k=1,2,\cdots,s$$

即

$$\left[\frac{\partial T}{\partial\dot{q}_k}\right]_{t_2}-\left[\frac{\partial T}{\partial\dot{q}_k}\right]_{t_1}=I_k,\quad k=1,2,\cdots,s\tag{6.30}$$

$\left[\frac{\partial T}{\partial\dot{q}_k}\right]_{t_1}$一般取为零，式(6.30)为关于**系统冲击运动的拉格朗日方程**。

例 6.15 铰链平行四边形 $ABCD$ 置于光滑水平面上，AB，CD 杆的质量均为 m_1，BC 杆质量为m_2，AD 杆固定不动，$\angle BAD=\theta$。现于 B 点处作用一冲量$\boldsymbol{I}$，如图示。求 B 点速度及整个系统所获得的动能。

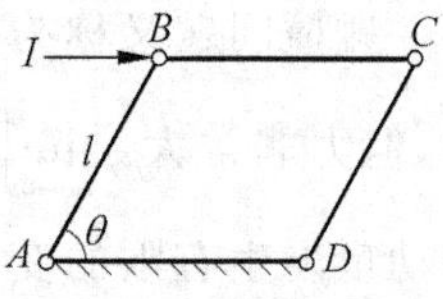

例 6.15 图

解 系统由 AB，CD 和 BC 杆组成，系统自由度为 $i=1$，取 $q=\theta$，杆 AB 和杆 BC 的质心速度分别为

$$u_1=\frac{l}{2}\dot{\theta},\quad u_2=l\dot{\theta}$$

以 θ 表示的系统的动能为

$$T = 2\left(\frac{1}{2}I_A\dot{\theta}^2\right)+\frac{1}{2}m_2u_2^2=\left(\frac{m_1}{3}+\frac{m_2}{2}\right)l^2\dot{\theta}^2$$

其中 $I_A=\frac{1}{3}ml^2$。由图所示，$x_B=l\cos\theta$，则

$$\mathrm{d}x_B=-l\mathrm{d}\theta\sin\theta,\quad \frac{\partial x_B}{\partial\theta}=-l\sin\theta$$

系统所受到广义冲量

$$I_k=I\frac{\partial x_B}{\partial\theta}=-Il\sin\theta$$

代入式(6.30)中，得到

$$\dot{\theta}=\frac{-3I\sin\theta}{(2m_1+3m_2)l}$$

所以 B 点速度为

$$u_2=\frac{-3I\sin\theta}{2m_1+3m_2}$$

整个系统所获得的动能为

$$T=\frac{3I^2\sin^2\theta}{2(2m_1+3m_2)}$$

例 6.16 如图(a)所示，两个长均为 l、质量均为 m 的均质杆在 A 处铰链后悬挂在 O 轴上，并在 B 端受到冲量 $\boldsymbol{I}$ 的作用，求碰后两杆的角速度。

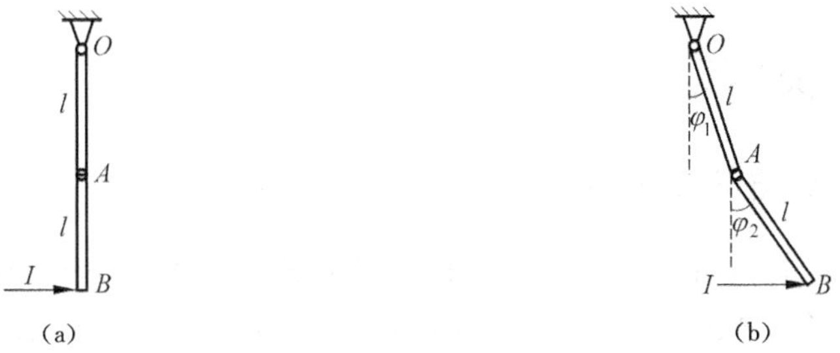

例 6.16 图

解 系统由 OA 和 AB 杆组成，系统自由度为 $i=2$，取 $q_1=\varphi_1$ 和 $q_2=\varphi_2$，如图(b)所示。OA 和 AB 两杆质心速度分别为

$$u_1=\frac{1}{2}l\dot{\varphi}_1,\quad u_2=l\dot{\varphi}_1+\frac{l}{2}\dot{\varphi}_2$$

以广义坐标表示的系统的动能为

$$T=\frac{1}{2}I_O\dot{\varphi}_1^2+\frac{1}{2}mu_2^2+\frac{1}{2}I_{C_2}\dot{\varphi}_2^2$$

其中

$$I_O=\frac{1}{3}ml^2;\quad I_{C_2}=\frac{1}{12}ml^2$$

则

$$T=\frac{1}{2}ml^2\left(\frac{4}{3}\dot{\varphi}_1^2+\dot{\varphi}_1\dot{\varphi}_2+\frac{1}{3}\dot{\varphi}_2^2\right)$$

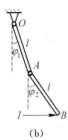

系统所受到的广义冲量为

$$I_k = \sum_{i=1}^{n} \boldsymbol{I}_i \cdot \frac{\partial \boldsymbol{r}_i}{\partial q_k} = \boldsymbol{I} \cdot \frac{\partial \boldsymbol{r}_B}{\partial q_k} = I\,\frac{\partial x_B}{\partial q_k}$$

如图所示

$$x_B = l\sin\varphi_1 + l\sin\varphi_2$$

则

$$I_{\varphi_1} = I\,\frac{\partial x_B}{\partial \varphi_1} = Il\cos\varphi_1 \xrightarrow{\varphi_1 \to 0} Il$$

同理可得

$$I_{\varphi_2} = Il$$

代入式(6.30),算得

$$\dot{\varphi}_1 = -\frac{6I}{7ml}, \quad \dot{\varphi}_2 = \frac{30I}{7ml}$$

若 $\boldsymbol{I}$ 作用点在 AB 杆质心 C 处,情况又如何呢?同样步骤算得

$$I'_{\varphi_2} = Il, \quad \text{保持不变}$$

$$I'_{\varphi_2} = I\,\frac{\frac{l}{2}\delta\varphi_2}{\delta\varphi_2} = \frac{Il}{2}$$

解出 $\dot{\varphi}_1 = \frac{3I}{7ml}$;$\dot{\varphi}_2 = \frac{6I}{7ml}$。

6.8 本章补充问题

6.8.1 拉格朗日方程的应用

一般地,不能用拉格朗日方程求解约束力,但用来写出力学系统的动力学方程,却是比较方便的,只要知道这些力学系统用广义坐标和广义速度所表达出的系统动能及广义力 Q_α ($\alpha=1,2,\cdots,s$)就可以了。而且对于有相对运动的问题来讲,如果用牛顿运动定律,就必须求出绝对加速度,或在非惯性系中引入适当的惯性力。但是如果用拉格朗日方程,则只需求出相对于静止参考系的动能,即求出绝对速度就好,因而问题得到简化处理。特别地对于在牛顿力学中计算过程非常繁难的球坐标系问题,用拉格朗日方程处理起来也很得心应手。下面将利用自由质点的运动问题详细讨论上述的便利。

1. 自由质点相对于转动参考系的运动

如图 6.3 所示,质点 P 在力 $\boldsymbol{F}$ 的作用下,相对于以恒定角速度 $\boldsymbol{\omega}$ 绕竖直轴旋转的坐标系 $Oxyz$ 运动着,现在要求出此质点相对于坐标系 $Oxyz$ 的动力学方程。

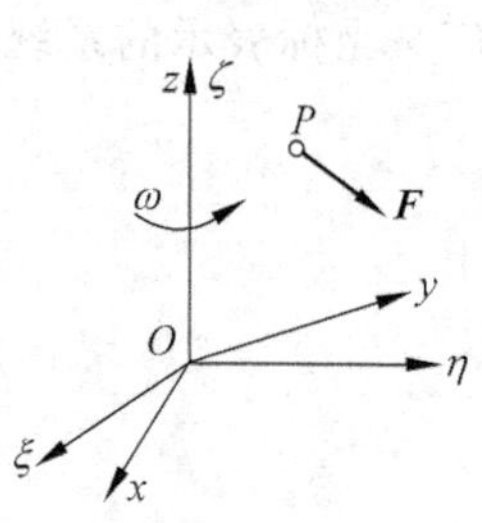

图 6.3

取 $O\xi\eta\zeta$ 为静止坐标系,并令初始时两坐标系的 z 轴和 ζ 轴相重合,以恒定角速度 $\boldsymbol{\omega}$ 绕 ζ 轴旋转,则质点 P 的绝对速度在三个动坐标轴上的分量为

$$\begin{cases} v_x = \dot{x} - \omega y \\ v_y = \dot{y} + \omega x \\ v_z = \dot{z} \end{cases}$$

质点 P 相对于静止坐标系的动能为

$$\begin{aligned} T &= \frac{1}{2}m[(\dot{x} - \omega y)^2 + (\dot{y} + \omega x)^2 + (\dot{z})^2] \\ &= \frac{1}{2}m(\dot{x}^2 + \dot{y}^2 + \dot{z}^2)^2 + m\omega(x\dot{y} - y\dot{x}) + \frac{1}{2}m\omega^2(x^2 + y^2) \end{aligned}$$

式中，m 为质点的质量。如果 $\boldsymbol{F}$ 在转动坐标轴上的三个分量为 F_x，F_y 和 F_z，则由拉格朗日方程得到

$$\begin{cases} m(\ddot{x} - 2\omega\dot{y} - \omega^2 x) = F_x \\ m(\ddot{y} + 2\omega\dot{x} - \omega^2 y) = F_y \\ m\ddot{z} = F_z \end{cases}$$

故质点在非惯性参考系中的运动方程为

$$\begin{cases} m\ddot{x} = F_x + 2m\omega\dot{y} + m\omega^2 x \\ m\ddot{y} = F_y - 2m\omega\dot{x} + m\omega^2 y \\ m\ddot{z} = F_z \end{cases} \tag{6.31}$$

显见与牛顿力学中的结论一致。

2. 自由质点运动的球坐标表示

如图6.4所示，在球坐标中，任一质点 P 的位置是由 r，θ，φ 三个量来决定的，如图可见，球坐标与直角坐标间的关系为

$$\begin{cases} x = r\sin\theta\cos\varphi \\ y = r\sin\theta\sin\varphi \\ z = r\cos\theta \end{cases} \tag{6.32}$$

现在来求在球面坐标系中质点 P 的速度。在半径为 r 的球面上截取一微小六面体，则由图6.5可以看出，此六面体三个边长分别为 $\mathrm{d}r$、$r\mathrm{d}\theta$ 和 $r\sin\theta\mathrm{d}\varphi$，故此微小六面体对角线的长 $\mathrm{d}s$ 可由下式求出：

$$(\mathrm{d}s)^2 = (\mathrm{d}r)^2 + (r\mathrm{d}\theta)^2 + (r\sin\theta\mathrm{d}\varphi)^2$$

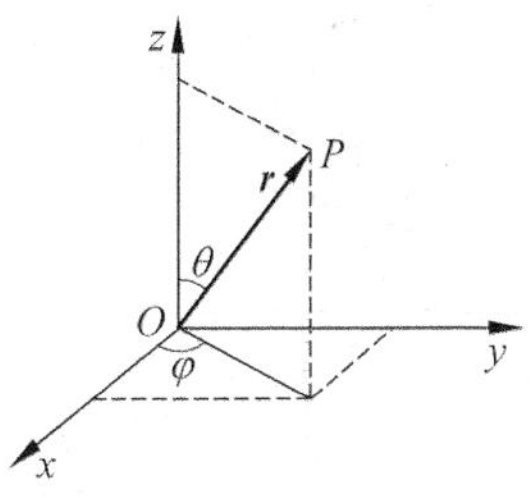

图 6.4

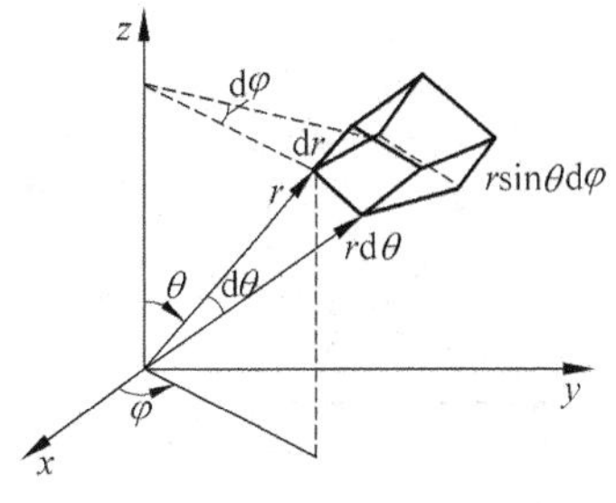

图 6.5

则质点的速度为

$$\dot{s}^2 = \dot{r}^2 + r^2\dot{\theta}^2 + r^2\sin^2\theta\,\dot{\varphi}^2 \tag{6.33}$$

当质量为 m 的质点 P 以速度 $\boldsymbol{v}$ 运动时,它的动能为

$$T=\frac{1}{2}m\boldsymbol{v}^2=\frac{1}{2}m\dot{s}^2=\frac{1}{2}m(\dot{r}^2+r^2\dot{\theta}^2+r^2\sin^2\theta\dot{\varphi}^2) \tag{6.34}$$

若将 r,θ,φ 当成广义坐标,则式(6.34)为系统动能的广义坐标表达式。

如果令 F_r,F_θ 和 F_φ 为作用在质点上的合外力的三个分量,则三个广义力为

$$Q_r=F_r,\quad Q_\theta=rF_\theta,\quad Q_\varphi=r\sin\theta F_\varphi$$

其中,Q_θ,Q_φ 为力矩,这样,利用基本形式的拉格朗日方程可以非常简便地得到

$$\begin{cases}m(\ddot{r}-r\dot{\theta}^2-r\sin^2\theta\dot{\varphi}^2)=F_r\\ m(r\ddot{\theta}+2\dot{r}\dot{\theta}-r\dot{\varphi}^2\sin\theta\cos\theta)=F_\theta\\ m(r\ddot{\varphi}\sin\theta+2\dot{r}\dot{\varphi}\sin\theta+2r\dot{\varphi}\dot{\theta}\cos\theta)=F_\varphi\end{cases} \tag{6.35}$$

即式(1.10)。显见与用坐标变换方式相比要简单得多。

上面的两个问题都是自由质点的运动问题,但在许多问题中遇到的都是受到约束的力学系统问题,下面给出基本的解题步骤,以供读者参考学习,实际学习时要灵活掌握,切不可生搬硬套。以保守系统为例,可把解题分为如下步骤:

(1) 确定力学系统的自由度;

(2) 根据自由度数选择合适的广义坐标;

(3) 写出用广义坐标表达的系统的动能 T 和势能 V,进而进一步写出系统的拉格朗日函数 L;

(4) 分析系统是否含有初积分,找出系统存在的守恒量;

(5) 将拉格朗日函数 L 代入拉格朗日方程中,列出系统的运动微分方程;

(6) 解方程并讨论。

6.8.2 达朗贝尔方程的应用

达朗贝尔原理又称动静法,虽然理论上可以解决一切问题,但是由于同时考虑主动力、约束力、惯性力,使得方程的求解过程复杂且繁琐,尤其对于多质点系统,解方程变得困难,下面只用两个简单例题来说明方程的应用。

例 6.17 如图(a)所示,一质量为 m_2 的均质圆柱放置在位于水平面上的质量为 m_1 的楔状物上,m_1 与 m_2 间的摩擦系数为 f,求圆柱在斜面上作纯滚动时 f 满足的条件。

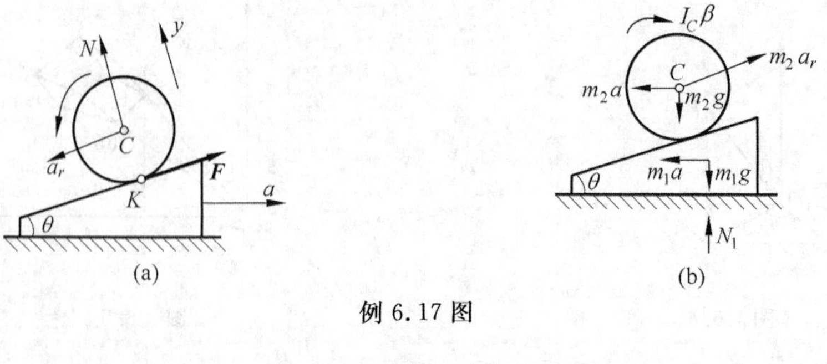

例 6.17 图

解 圆柱和楔状物为系统,据题意知,圆柱体质心的加速度为

$$\boldsymbol{a}_C=\boldsymbol{a}+\boldsymbol{a}_r$$

其中 a_r 为圆柱体相对于楔状物的加速度，β 为圆柱体的转动角加速度，显然 $a_r=r\beta$。

因为圆柱作纯滚动，则有

$$fN\geqslant F$$

系统所受主动力为 m_1g，m_2g。

约束力为 F,N,N_1。

惯性力为 m_2a_r，$(m_1+m_2)a$。

惯性力偶为 $M_C=I_C\beta$，$I_C=\frac{m_2}{2}r^2$。

则根据达朗贝尔原理，得

水平方向

$$(m_1+m_2)a=m_2a_r\cos\theta \tag{1}$$

圆柱"平衡"，考虑 C 点

$$Fr-M_C=0 \tag{2}$$

考虑 K 点

$$m_2ar\cos\theta+m_2gr\sin\theta-M_C-m_2r\beta r=0 \tag{3}$$

图示 y 方向

$$N+m_2a\sin\theta-m_2g\cos\theta=0 \tag{4}$$

解上述方程组可得

$$\begin{cases}a=\dfrac{m_2g\sin2\theta}{3(m_1+m_2)-2m_2\cos^2\theta}\\[2ex]\beta=\dfrac{2(m_1+m_2)g\sin\theta}{r[3(m_1+m_2)-2m_2\cos^2\theta]}\\[2ex]F=\dfrac{m_2(m_1+m_2)g\sin\theta}{3(m_1+m_2)-2m_2\cos^2\theta}\\[2ex]N=\dfrac{(3m_1+m_2)m_2g\cos\theta}{3(m_1+m_2)-2m_2\cos^2\theta}\end{cases}$$

所以 $f\geqslant\frac{m_1+m_2}{3m_1+m_2}\tan\theta$ 为所求。

显见，要想利用达朗贝尔原理，必须清楚系统中各组分的物理图像，尤其是在非惯性系中的运动。下面的例题是关于刚体惯性力系简化后再利用达朗贝尔原理求某约束力的问题讨论。

***例 6.18** 如图(a)所示，两条相同的均质杆 OA 和 AB，以铰链 A 相连并由铰链 O 固定，设 $AO=AB=l$，质量均为 m。求由水平位置开始运动瞬时，两杆角加速度及铰链 O 的约束力。

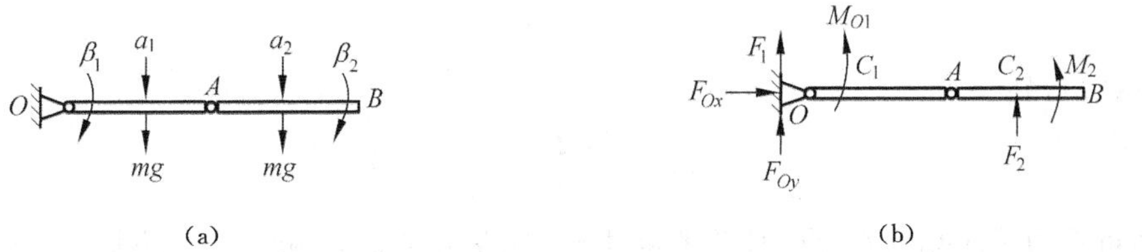

例 6.18 图

解　质量对称平面作定轴转动时，其惯性力系可以向固定点或质心简化。 先向固定点简化，如图(a)所示，取在水平位置瞬时的整体作为系统，则

$$a_1 = \frac{l}{2}\beta_1；\quad a_2 = l\beta_1 + \frac{l}{2}\beta_2$$

系统所受主动力为

$$m_1 g,\quad m_2 g$$

约束力为

$$F_{Ox},\quad F_{Oy}$$

惯性力为

$$F_1 = ma_1,\quad F_2 = ma_2$$

分别作用于 O, C_1 点。

惯性力偶为

$$M_{O1} = I_0\beta_1 = \frac{ml^2}{3}\beta_1$$

$$M_2 = I_0\beta_2 = \frac{ml^2}{12}\beta_2$$

则根据达朗贝尔原理，得到

$$\begin{cases} M_{O1} + M_2 + F_2\dfrac{3l}{2} - mg\dfrac{l}{2} - mg\dfrac{3l}{2} = 0 \\ F_{Oy} + F_1 + F_2 - 2mg = 0 \\ F_{Ox} = 0 \end{cases}$$

整理得到

$$\begin{cases} 11\beta_1 + 5\beta_2 = \dfrac{12}{l}g & (1) \\ F_{Oy} = 2mg - \dfrac{3}{2}ml\beta_1 - \dfrac{1}{2}ml\beta_2 & (2) \\ F_{Ox} = 0 \end{cases}$$

再单独讨论 AB 杆，同理可得到

$$M_2 + (F_2 - mg)\frac{l}{2} = 0$$

即

$$3\beta_1 + 2\beta_2 = \frac{3}{l}g \tag{3}$$

联立式(1)，式(3)解得

$$\beta_1 = \frac{9g}{7l}；\quad \beta_2 = -\frac{3g}{7l}$$

代入式(2)得到

$$F_{Oy} = \frac{2mg}{7},\quad F_{Ox} = 0$$

也可将力系简化到 C_1 点，计算步骤类似，结果相同。系统惯性力还是 $F_1 = ma_1$，$F_2 = ma_2$，惯性力 F_1 大小不变，但作用于 C_1 点，如图(c)所示，惯性力偶为

$$M_1 = I_0\beta_1 = \frac{ml^2\beta_1}{12}, \quad M_2 = I_0\beta_2 = \frac{ml^2\beta_2}{12}$$

则根据 $\sum M_O = 0$，有

$$M_1 + M_2 + F_1\frac{l}{2} + F_2\frac{3l}{2} - mg\frac{l}{2} - mg\frac{3l}{2} = 0$$

化简整理得

$$11\beta_1 + 5\beta_2 = \frac{12}{l}g$$

即为(1)式，结果一样！

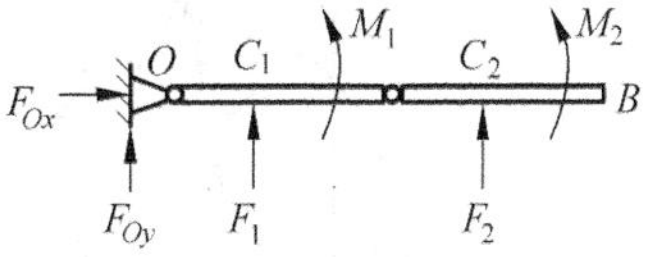

(c)

例 6.18 图　(续)

思考题

6.1　为什么广义力中不含约束力？

6.2　如何确定广义惯性力的大小？如何确定广义动量的大小？

6.3　广义动量 p_α 和广义速度 $\dot{q}_\alpha$ 只差一个质量 m？为什么 p_α 比 $\dot{q}_\alpha$ 更富有物理意义？

6.4　为什么达朗贝尔-拉格朗日方程又叫做动力学普遍方程？

6.5　可否从动力学普遍方程直接得出主动力与惯性力之和为零？为什么？

6.6　既然 $\frac{\partial T}{\partial \dot{q}_\alpha}$ 是广义动量，$\frac{\mathrm{d}}{\mathrm{d}t}\left(\frac{\partial T}{\partial \dot{q}_\alpha}\right)$ 是否应等于广义力 Q_α？为什么拉格朗日方程中还会有一项 $\frac{\partial T}{\partial q_\alpha}$，你能说出它的物理意义和所代表的物理量吗？

6.7　为什么拉格朗日方程只适合于完整系统？若为不完整系统，可否由式(6.5)得到式(6.6)？

6.8　系统的动能用速度和广义速度表示会有什么根本的区别？什么条件下两种表示方法类似？

6.9　什么是循环坐标？

6.10　系统具有广义动量积分存在和广义能量积分存在的条件分别是什么？

6.11　平衡位置处的小振动的性质由什么来决定？为什么 $2s^2$ 个常数中只有 $2s$ 个是独立的？

6.12　多自由度力学系统如果还存在阻尼力，它们在平衡位置附近的运动和无阻尼时有何不同？

6.13　什么是广义冲量？如何求解？

习题

6.1　质量为 m 的小环套在半径为 a 的光滑圆圈上并可沿着圆圈滑动。如圆圈在水平面内以匀角速 ω 绕圈上某点 O 转动，试求小环的运动微分方程。

6.2　如图示，物块 A 沿水平面滑动，细杆 B 一端用铰链与 A 相连，另一端与球 C 相固连，组成椭圆摆。设细杆 B 长为 l，A 和 C 的质量分别为 m_1 和 m_2，细杆 B 重量不计，求：椭圆摆运动微分方程。

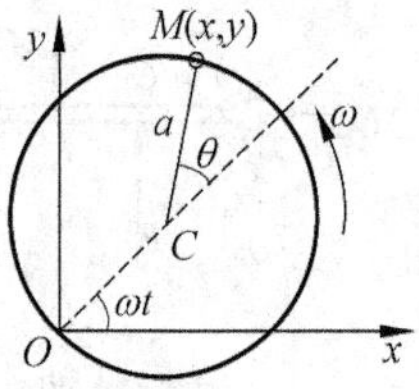

习题 6.1 图

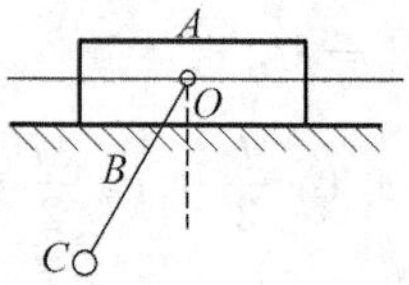

习题 6.2 图

6.3 质量为 m_1 的均质圆柱体 A 上绕一细绳，细绳的一端跨过滑轮与质量为 m_2 的物体 B 相连。已知物体 B 与水平面的滑动摩擦系数为 f_s，略去滑轮质量，且开始时系统静止，求 A，B 两物体质心的加速度 a_1，a_2 的大小？

6.4 一滑轮可绕水平轴 O 转动，一连接重物 m 的不可伸长绳绕过滑轮，另一端固结在铅垂的弹簧 k 上，如图所示。设滑轮质量 M 均匀分布于轮缘，绳与轮间无滑动，分别利用一般形式的拉格朗日方程和保守系统的拉格朗日方程求重物振动周期。

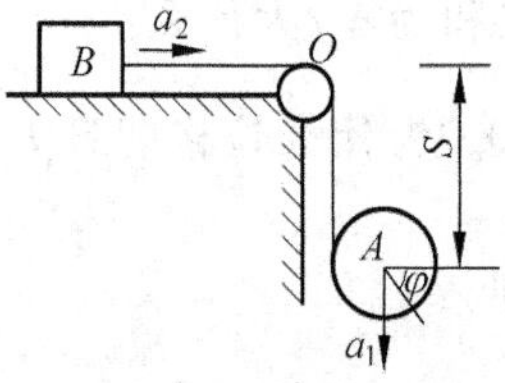

习题 6.3 图

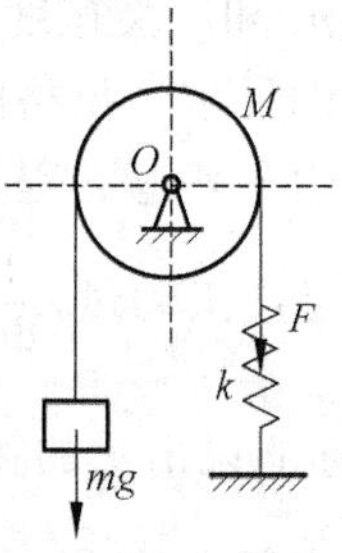

习题 6.4 图

6.5 如图所示，两个相同的塔轮；半径为 r 的鼓轮上饶有细绳，轮Ⅰ绕有铅直弹簧(k)，轮Ⅱ挂一重物。塔轮对轴的转动惯量均为 J，重物质量为 m。求此振动系统的固有频率。

6.6 图示小车的车轮在水平地面上作纯滚动，每个轮子的质量为 m_1，半径为 r，车架质量不计。车上有一质量弹簧系统，弹簧刚度系数为 k，物块质量为 m_2，试分析拉格朗日方程的首次积分。

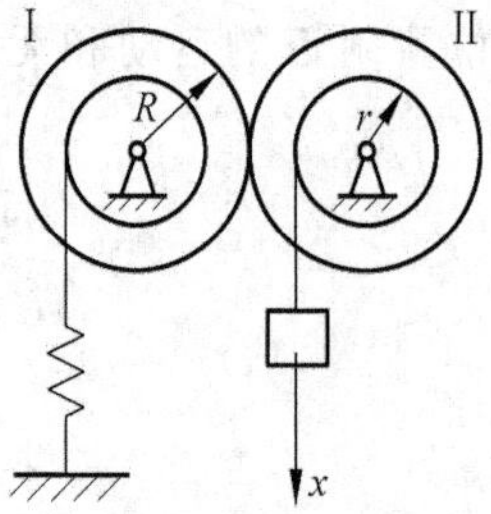

习题 6.5 图

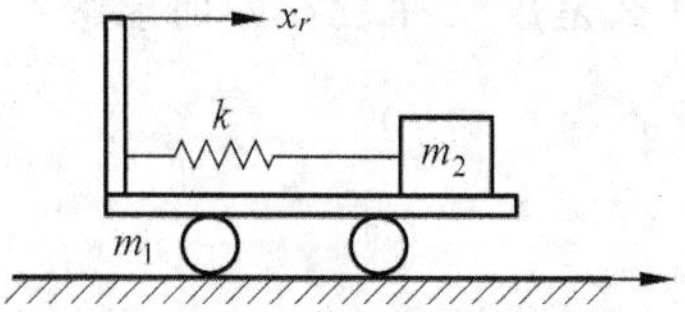

习题 6.6 图

6.7 如图所示，质量为 m 的质点悬挂在轻绳一端，绳的另一端绕在半径为 r 的固定圆柱体上，构成一个摆。设平衡时绳的下垂部分长为 l，试求摆的运动微分方程。

6.8 均质圆盘半径为 R，质量为 m，沿水平面作纯滚动，如图所示。水平杆 AB 质量不计，BC 杆长为 l，质量也为 m，铰链 B 与水平弹簧相连。弹簧质量不计，弹性系数为 k，BC 竖直位置弹簧为原长。试建立系统运动微分方程及振动频率。

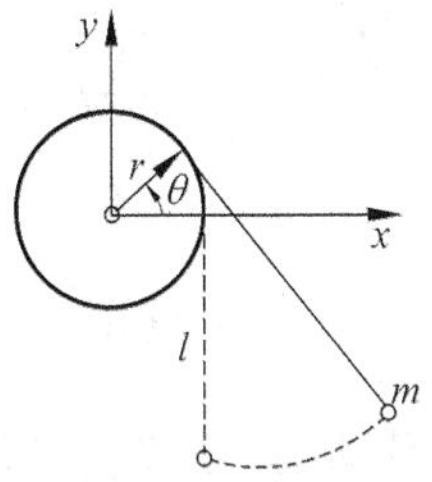

习题 6.7 图

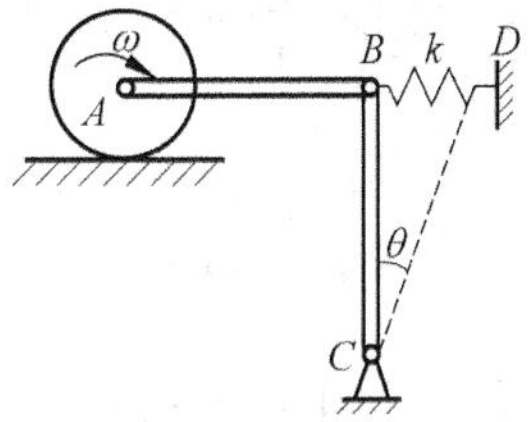

习题 6.8 图

6.9 一个质量为 m、半径为 r 的圆柱体，在一半经为 R 的圆弧槽上作无滑动的滚动，如图所示，求圆柱体在平衡位置附近作微小振动的固有频率。

6.10 如图所示，一个摆振系统，杆重不计，球质量为 m，摆对轴 O 的转动惯量为 J，弹簧系数为 k，杆处于水平位置系统处于平衡状态，试建立系统微幅振动的运动微分方程及摆的频率。

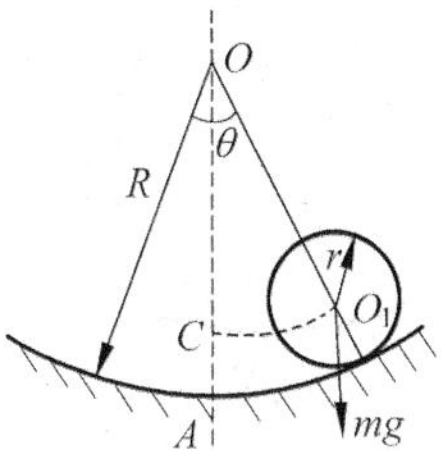

习题 6.9 图

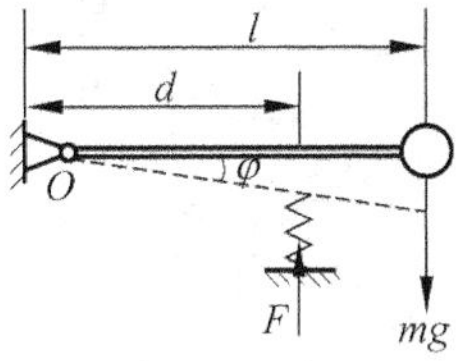

习题 6.10 图

6.11 质量分别为 m_1，m_2 的二原子分子，平衡时原子间距为 a，它们的作用力是准弹性的，取二原子的连线为 x 轴，如图所示，试求此分子的运动方程。

6.12 如图所示，一根绷紧的弦上有质量为 m 的质点 A 和 B，弦上张力为 T，试分析系统横向微运动的运动规律。

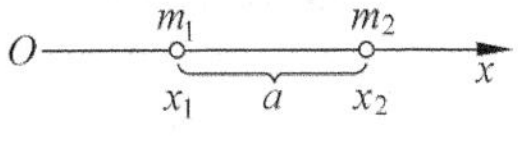

习题 6.11 图

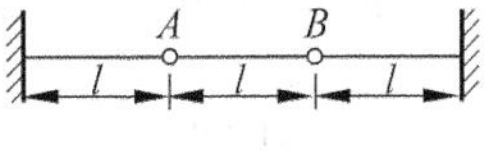

习题 6.12 图

6.13 图示水平面内行星轮系中，长为 l 的曲柄 OA 绕 O 轴转动，其端点 A 由铰链连接一半径为 r_2 的齿轮Ⅱ，已知 $r_2=1.5r_1$，曲柄 OA 质量为 m，齿轮Ⅰ，Ⅱ 的质量分别为 m_1，m_2。在曲柄上作用一力偶 M，齿轮Ⅰ上有阻力偶 M_1，求曲柄的运动方程。

6.14 图示光滑水平桌面上一小孔，长为 l 质量不计的细绳穿过小孔，两端各系一个质量为 m 的小球，当 $OA=a$ 时，给小球 A 以大小为 $\boldsymbol{v}_0$，垂直于 OA 的初速度，列出以 ρ 表示的运动微分方程；求出 A 的速率。

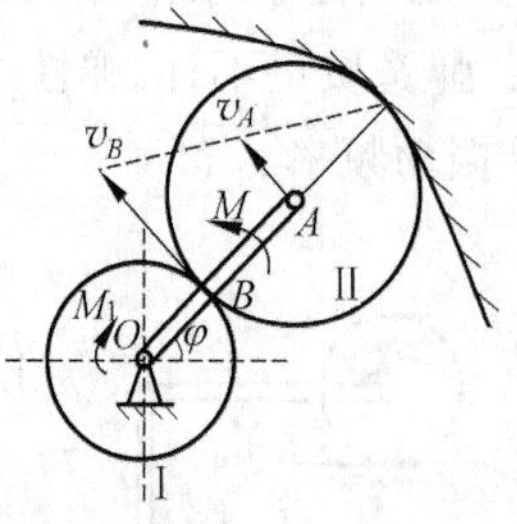

习题 6.13 图

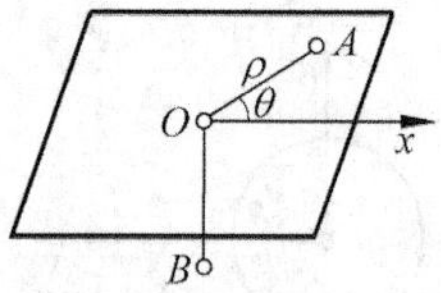

习题 6.14 图

6.15 质量为 m 的小球可在不计质量的光滑杆 OA 上自由滑动，杆铰接在以匀角速 ω 转动的圆盘上，并以匀角速 $\dot{\alpha}=k$ 向下倾倒，如图所示，试写出系统运动微分方程并计算出需加在铅直轴上的力矩 M。

6.16 图示一均质圆柱体（质量为 m_2，半径为 R）可绕其垂直中心轴自由转动。圆柱表面刻有一倾角为 θ 的螺旋槽。今在槽中放一小球 m_1 自静止开始沿槽下滑，同时使圆柱体绕轴线转动，不计摩擦。求小球下滑高度 h 时相对于圆柱体的速度和圆柱体的角速度。

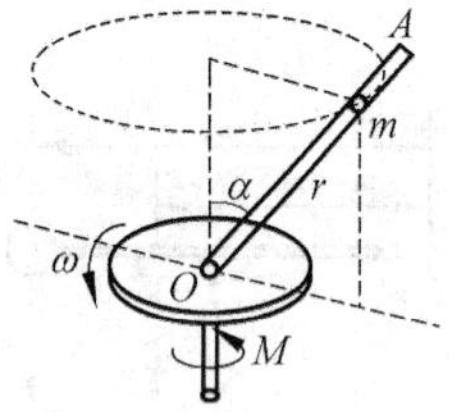

习题 6.15 图

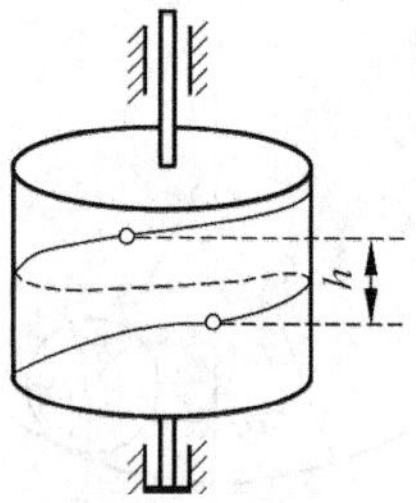

习题 6.16 图

6.17 图示在离心加速器中，质量为 m_2 的质点 C 沿着一竖直轴运动，而整个系统则以匀角速 ω 绕该轴转动。试写出此力学体系的拉格朗日函数，由此写出其运动微分方程。设长度均为 a 的连杆 AB、BC、CD、DA 等的质量均可不记。

6.18 一光滑细管可在竖直平面内绕通过其一端的水平轴以匀角速度 ω 转动，管中有一质量为 m 的质点，如图所示，开始时，细管取水平方向，质点与转动轴的距离为 a，质点相对于管的速度为 v_0，试由拉格朗日方程求质点相对于管的运动规律。

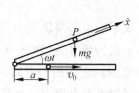

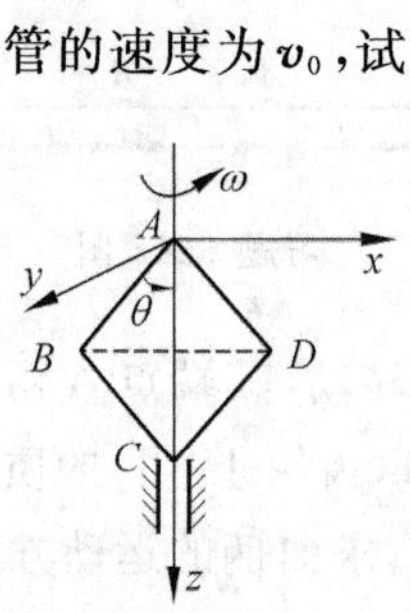

习题 6.17 图

习题 6.18 图

6.19 图示匀质棒 AB，质量为 m，长为 $2a$，其 a 端可以在水平槽上运动，而棒本身又可以在竖直平面内绕 A 摆动。除有重力作用外，B 端还受有一水平的力 F 的作用。试用拉格朗日方程求其运动微分方程。如摆动的角度很小，结果又将如何？

6.20 质量为 M、半径为 a 的薄球壳，外表面完全粗糙，内表面完全光滑，放在粗糙水平桌上，在球壳内放一质量为 m、长为 $2a\sin\alpha$ 的匀质棒，如图所示。设此系统由静止开始运动，且在开始的瞬间，棒在通过球心的竖直平面内，两端都与球壳接触，并与水平线成 β 角。试用拉格朗日方程证明在以后的运动中，此棒与水平线所夹的角 θ 满足关系：$[(5M+3m)(3\cos^2\alpha+\sin^2\alpha)-9m\cos^2\alpha\cos^2\theta]a\dot{\theta}^2=6g(5M+3m)(\cos\theta-\cos\beta)\cos\alpha$

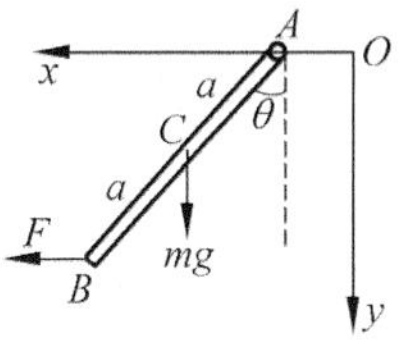

习题 6.19 图

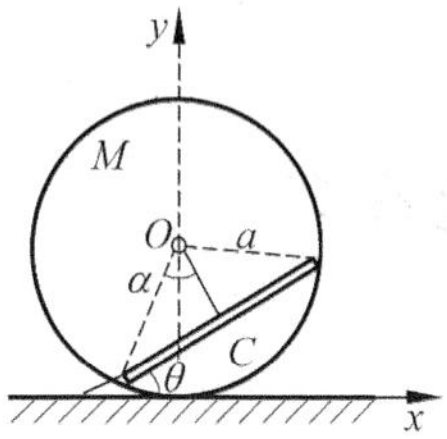

习题 6.20 图

6.21 行星齿轮机构如图所示，质量为 m_1 的均质曲柄 OA 带动行星齿轮Ⅱ在固定齿轮Ⅰ上转动，设齿轮Ⅱ质量为 m_2，半径为 r，且可认为均质圆盘，齿轮Ⅰ的半径为 R。若在曲柄上作用一恒力矩 M，试用拉格朗日方程研究曲柄的运动。

6.22 半径为 r 的均质圆球，可在一具有水平轴、半径为 R 的固定圆柱内表面滚动，试求圆球绕平衡位置作微振动的运动微分方程。

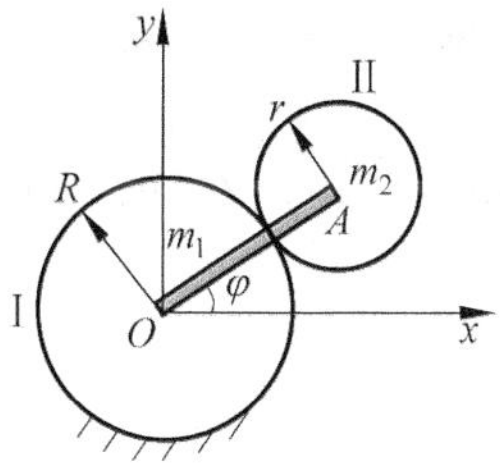

习题 6.21 图

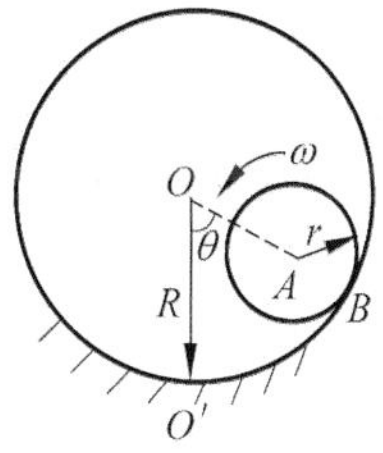

习题 6.22 图

6.23 在水平面内的行星轮系中，各轮均为均质圆盘，半径为 r、质量为 m，O_1 轮为固定轮。如在曲柄 O_1O_2 上作用恒力矩 M，不计曲柄质量，(1)选用曲柄的转角 θ，O_2，O_3 轮分别绕其质心平动参考系的转角 φ，ψ 为原用坐标，写出约束关系，说明系统的自由度；(2)说明系统受到的主动力，求其广义力，如它是保守力，求其势能；(3)求系统的动能；(4)用拉格朗日方程获得运动微分方程，并求出曲柄的角加速度。

6.24 一根长为 l、截面积为 S、质量为 m 的均质圆木垂直地浮在水中，水的密度为 ρ。圆木用劲度系数为 k 的弹簧与长为 $2l$、质量也为 m 的均质杠杆相连，杠杆的枢轴装在其中心。在图示的 $x=0$，$\theta=0$（θ 表示杠杆与水平线的夹角）时系统处于平衡位置，弹簧为自然长度，杠杆是水平的。让系统围绕其平衡位置作小振动，圆木只作竖直方向的运动，运动过程中，圆木总是部分或全部浸在水中。求：(1)系统的动能；(2)系统的势能；(3)运动微分方程。

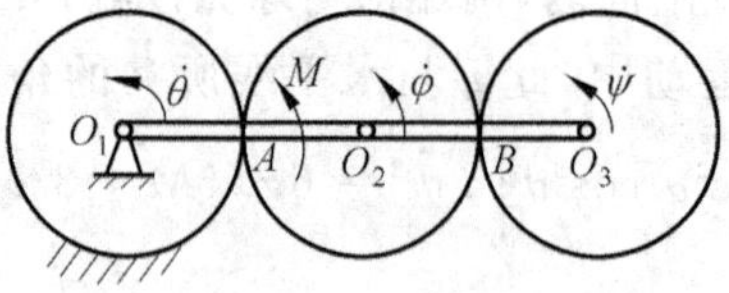

习题 6.23 图

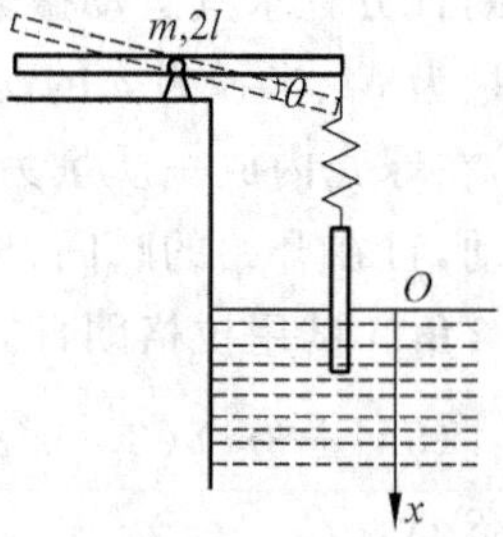

习题 6.24 图

部分习题答案

6.1 $\ddot{\theta}+\omega^2\sin\theta=0$

6.2 $\omega=\sqrt{\dfrac{m_1+m_2}{m_1}\cdot\dfrac{g}{l}}$

6.3 $\ddot{x}=a_2=\dfrac{m_1-3f_s m_2}{m_1+3m_2}g$； $a_1=\ddot{x}+r\ddot{\varphi}=\dfrac{(2-f_s)m_2+m_1}{m_1+3m_2}g$

6.4 $T=2\pi\sqrt{\dfrac{M+m}{k}}$

6.5 $\omega_0=\sqrt{\dfrac{kr^2}{2J+mr^2}}$

6.6 $T+V=\dfrac{3}{2}m_1\dot{x}^2+\dfrac{1}{2}m_2(\dot{x}+\dot{x}_r)^2+\dfrac{1}{2}kx_r^2=C_1$，表示机械能守恒

$p_x=\dfrac{\partial T}{\partial\dot{x}}=3m_1\dot{x}+m_2(\dot{x}+\dot{x}_r)=C_2$，则有广义动量积分存在，即 x 方向动量守恒

6.7 $\ddot{\theta}+\dfrac{g}{l}\theta=0$

6.8 $11ml\ddot{\theta}+(6kl-3mg)\theta=0$；$\omega_n=\sqrt{\dfrac{6kl-3mg}{11ml}}$

6.9 $\omega_0=\sqrt{\dfrac{2g}{3(R-r)}}$

6.10 $J\ddot{\varphi}+kd^2\varphi=0$；$\omega_n=d\sqrt{\dfrac{k}{J}}$

6.11 $\boldsymbol{X}=a_1\boldsymbol{A}_1\sin(\omega_1 t+\alpha_1)+a_2\boldsymbol{A}_2\sin(\omega_2 t+\alpha_2)$，其中

$\omega_1=0$； $\omega_2=-\sqrt{\dfrac{k(m_1+m_2)}{m_1 m_2}}$； $\boldsymbol{A}_1=\begin{pmatrix}1\\1\end{pmatrix}$； $\boldsymbol{A}_2=\begin{pmatrix}1\\-\dfrac{m_1}{m_2}\end{pmatrix}$

6.12 $\boldsymbol{X}=\sum_i^s a_i\boldsymbol{X}_i=a_1\boldsymbol{A}_1\sin(\omega_1 t+\alpha_1)+a_2\boldsymbol{A}_2\sin(\omega_2 t+\alpha_2)$，其中

$$\omega_1=\sqrt{\frac{k}{m}};\quad \omega_2=\sqrt{\frac{3k}{m}};\quad \boldsymbol{A}_1=\begin{pmatrix}1\\1\end{pmatrix};\quad \boldsymbol{A}_2=\begin{pmatrix}1\\-1\end{pmatrix}$$

6.13 $\varphi=\dfrac{M-5M_1}{2\left(\frac{1}{3}m+2m_1+\frac{3}{2}m_2\right)l^2}t^2+\dot{\varphi}_0 t+\varphi_0$

6.14 $2\ddot{\rho}-\dfrac{a^2v_0^2}{\rho^3}+g=0;v=\sqrt{\dot{\rho}^2+\rho^2\dot{\theta}^2}=\sqrt{\dfrac{1}{2}v_0^2\left(1+\dfrac{a^2}{\rho^2}\right)-g(\rho-a)}$

6.15 $\begin{cases}m\ddot{\varphi}r^2\sin^2\alpha+2m\dot{\varphi}\dot{r}r\sin^2\alpha+2m\dot{\varphi}\dot{\alpha}r^2\sin\alpha\cos\alpha=M\\ \ddot{r}-\dot{\varphi}^2r\sin^2\alpha-r\dot{\alpha}^2=-g\cos\alpha\\ r^2\ddot{\alpha}+2r\dot{r}\dot{\alpha}-\dot{\varphi}^2r^2\sin\alpha\cos\alpha=gr\sin\alpha\end{cases}$

$M=2m\omega\dot{r}r\sin^2\alpha+2m\omega kr^2\sin\alpha\cos\alpha$

6.16 $\begin{cases}\boldsymbol{v}_r=\dot{s}=\sqrt{\dfrac{2m_1+m_2}{2m_1\sin^2\theta+m_2}2gh}\\ \dot{\varphi}=\dfrac{2m_1\cos\theta}{R}\sqrt{\dfrac{2gh}{(2m_1\sin^2\theta+m_2)(2m_1+m_2)}}\end{cases}$

6.17 $L=m_1a^2(\dot{\theta}^2+\omega^2\sin^2\theta)+2m_2a^2\dot{\theta}^2\sin^2\theta+2ga(m_1+m_2)\cos\theta;$

$(2m_1+4m_2\sin^2\theta)a^2\ddot{\theta}+2m_2a^2\dot{\theta}^2\sin2\theta+2ga(m_1+m_2)\sin\theta-m_1a^2\omega^2\sin2\theta=0$

6.18 $x=\left[\dfrac{1}{2}\left(a+\dfrac{\boldsymbol{v}_0}{\omega}\right)-\dfrac{g}{4\omega^2}\right]\mathrm{e}^{\omega t}+\left[\dfrac{1}{2}\left(a-\dfrac{\boldsymbol{v}_0}{\omega}\right)+\dfrac{g}{4\omega^2}\right]\mathrm{e}^{-\omega t}+\dfrac{g}{2\omega^2}\sin\omega t$

6.19 $\ddot{x}+a\ddot{\theta}=\dfrac{F}{m},\quad \ddot{x}+\dfrac{4}{3}a\ddot{\theta}+g\theta=\dfrac{2F}{m}$

6.21 $\ddot{\varphi}=\dfrac{2M}{3m_2(R+r)^2\left(\dfrac{2m_1}{9m_2}+1\right)}$

6.22 $\tau=2\pi\sqrt{\dfrac{7}{5}\dfrac{R-r}{g}}$

6.23 $\ddot{\theta}=\dfrac{M}{22mr^2}$

6.24 (1) 系统的动能：$T=\dfrac{1}{2}\left[\dfrac{1}{12}m(2l)^2\right]\dot{\theta}^2+\dfrac{1}{2}m\dot{x}^2$；

(2) 系统的势能：$V=\dfrac{1}{2}k(x-l\theta)^2+\rho gSx\cdot\dfrac{1}{2}x$；

(3) $m\ddot{x}+(k+\rho gS)x-kl\theta=0$；

$ml\ddot{\theta}-3kx+3kl\theta=0$

第 7 章　哈密顿正则方程

本章详述了哈密顿正则方程，它是分析力学中的另一个重要方程，可以解决保守系的拉格朗日方程能解决的一切问题，而且更具有优势，因为它是关于系统能量的方程，不只局限于力学系统。其次，为了得到更多的初积分，介绍了泊松定理。最后，简单介绍了分析力学中的其他方程和方法。

第 6 章中以拉格朗日方程为基础讨论力学问题，特别地对于完整的广义的有势系统（含保守系统），以广义坐标 q_α 为独立变量（广义速度 $\dot{q}_\alpha$ 是广义坐标对时间的微商），写出称为拉格朗日函数 $L=L(q_\alpha,\dot{q}_\alpha,t)(\alpha=1,2,\cdots,s)$ 的特征函数，就能由拉格朗日方程得到系统的动力学方程，这些方程是 S 个二阶常微分方程 $\frac{\mathrm{d}}{\mathrm{d}t}\left(\frac{\partial L}{\partial \dot{q}_\alpha}\right)-\frac{\partial L}{\partial q_\alpha}=0(\alpha=1,2,\cdots,s)$ 组成的方程组。这种理论系统称为**拉格朗日动力学**，其中拉格朗日函数只是广义坐标 q_α 的函数。通常会将广义坐标和广义速度称为**拉格朗日变量**。

若把广义速度 $\dot{q}_\alpha$ 变换为**广义动量** $p_\alpha=\frac{\partial L}{\partial \dot{q}_\alpha}$，代入拉格朗日方程中，则可得到关于广义坐标 q_α 和广义动量 p_α 为独立变量的方程

$$\frac{\mathrm{d}p_\alpha}{\mathrm{d}t}-\frac{\partial L}{\partial q_\alpha}=0\quad(\alpha=1,2,\cdots,s)\qquad\text{或者}\qquad \dot{p}_\alpha=\frac{\partial L}{\partial q_\alpha}$$

虽然方程组降阶变为一阶常微分方程组，但是方程数量却加倍。而函数将变为广义坐标和广义动量的函数，记为

$$\overline{L}=\overline{L}(q_\alpha,p_\alpha,t),\quad \alpha=1,2,\cdots,s$$

这样的 $2s$ 个一阶微分方程组是拉格朗日方程的另一表达形式。如果不做更广泛的坐标变换，这种表述不比拉格朗日表述更优越，而且这两组方程形式并不对称，变量加倍，计算也不方便，在直接求解时常又回到拉格朗日方程给出的方程。

进一步的研究表明，当独立变量改变时，函数本身亦随之改变为另一种形式的函数才便于计算。数学上有一种叫作**勒让特变换**的方式可以将一组独立变量变换为另一组独立的变量，而勒让特变换在热力学中经常被应用。这种利用勒让特变换由拉格朗日函数变换成的新函数称为**哈密顿函数**，是广义坐标和广义动量的函数，通常会将广义坐标和广义动量称为**哈密顿变量**，由此带来的表述称为**哈密顿表述**。

令广义动量和广义坐标处于同等的地位，可以进行更加广泛的变换，由此又开辟了一些求解动力学方程的新途径，可使更多的甚至全部的坐标成为循环坐标。

7.1　分析力学的哈密顿正则方程

曾经利用牛顿运动定律导出拉格朗日方程，在这里若先用拉格朗日方程导出哈密顿方

程，也就等同于用牛顿运动定律导出哈密顿方程。在下一章还要介绍利用其他方法导出哈密顿方程。

对于具有完整约束的有势系统（含保守系统），以广义坐标 q_α 为独立变量，拉格朗日函数 $L = L(q_\alpha, \dot{q}_\alpha, t)$ 为特征函数，写出的动力学方程就是拉格朗日方程，它们是 s 个二阶常微分方程组成的方程组

$$\frac{\mathrm{d}}{\mathrm{d}t}\left(\frac{\partial L}{\partial \dot{q}_\alpha}\right) - \frac{\partial L}{\partial q_\alpha} = 0, \quad \alpha = 1, 2, \cdots, s$$

引入广义动量这个新变量

$$p_\alpha = \frac{\partial L}{\partial \dot{q}_\alpha}, \quad \alpha = 1, 2, \cdots, s \tag{7.1}$$

拉格朗日方程变为

$$\dot{p}_\alpha = \frac{\partial L}{\partial q_\alpha} \tag{7.2}$$

这样，以广义坐标 q_α 和广义动量 p_α 为独立变量得到的方程降阶变为一阶常微分方程，但是数量加倍。虽然形式上降了一阶，有利于数值变换，但是理论上并没有实质的进展。

7.1.1 相空间

由于拉格朗日函数的定义为 $L = T - V$，如果保留广义坐标的定义不变，而且广义动量的定义 $p_\alpha = \dfrac{\partial L}{\partial \dot{q}_\alpha}$ 也不变，则广义坐标 q_α 和广义动量 p_α 两者将一一对应，即两者将保持相对独立。取广义坐标 q_α 和广义动量 $p_\alpha(\alpha=1,2,\cdots,s)$ 这 $2s$ 个变量作为描写系统的变量，由 q_α 和 p_α 组成的 $2s$ 维空间称为**相空间**。

通常称相互独立的 q_α 和 p_α 为**正则变量**。一组哈密顿独立变量$(q_1, q_2, \cdots, q_s, p_1, p_2, \cdots, p_s)$对应于相空间中的一个点，代表系统的一个状态。

7.1.2 勒让特变换的基本法则

将原用的独立变量的一部分或者全部改用它的共轭变量，这种独立变量的变换，在数学上称为**勒让特变换**。

从拉格朗日变量变为哈密顿变量以及其逆变换都是勒让特变换。变换后，特征函数也都随之改变。例如，在热力学中，对于有两个独立变量的封闭系统，采用体积 V 和熵 S 为独立变量时，用独立变量表示的内能 $E(V,S)$ 为特征函数；采用体积 V 和温度 T 为独立变量时，自由能 $E(T,V)$ 也是特征函数。给出一个热力学系统的特征函数，就能知道系统的物理性质；同理，对于一个具有完整、理想约束的广义的有势力学系统，给出了它的特征函数（拉格朗日函数或哈密顿函数），就得到了它的动力学方程，再根据初始条件，就能知道它以后的运动情况。

为了方便学习，将勒让特变换的方法简单地叙述如下。

新的特征函数（如 g 或 H）等于需要被置换（即不要）的变量（如 x 或 $\dot{q}_\alpha$）乘以原来的特征函数对该变量的偏微商$\left(u = \dfrac{\partial f}{\partial x}\text{或者 } p_\alpha = \dfrac{\partial L}{\partial \dot{q}_\alpha}, \alpha = 1, 2, \cdots, s\right)$再减去原来的特征函数（如 f 或 L），即

$$g=\left(\frac{\partial f}{\partial x}x-f\right)\quad 或者\quad H=\sum_{\alpha=1}^{s}\frac{\partial L}{\partial \dot{q}_\alpha}\dot{q}_\alpha-L \tag{7.3}$$

这样就得到了以广义坐标 q_α 和广义动量 $p_\alpha(\alpha=1,2,\cdots,s)$ 为自变量的函数，称为**哈密顿函数** $H=H(q_\alpha,p_\alpha,t)$。式中的 L 即拉格朗日函数 $L=L(q_\alpha,\dot{q}_\alpha,t)$。

7.1.3 正则方程的推导

拉格朗日函数 L 是关于广义坐标 q_α、广义速度 $\dot{q}_\alpha$ 和时间 t 的函数，它的全微商为

$$\mathrm{d}L=\sum_{\alpha=1}^{s}\left(\frac{\partial L}{\partial \dot{q}_\alpha}\mathrm{d}\dot{q}_\alpha+\frac{\partial L}{\partial q_\alpha}\mathrm{d}q_\alpha\right)+\frac{\partial L}{\partial t}\mathrm{d}t$$

对广义有势系统，关于动量的定义为

$$p_\alpha=\frac{\partial T}{\partial \dot{q}_\alpha}=\frac{\partial L}{\partial \dot{q}_\alpha},\quad \alpha=1,2,\cdots,s$$

由拉格朗日方程知

$$\dot{p}_\alpha=\frac{\partial L}{\partial q_\alpha}$$

则拉格朗日函数的全微商改写成

$$\begin{aligned}\mathrm{d}L&=\sum_{\alpha=1}^{s}(p_\alpha\mathrm{d}\dot{q}_\alpha+\dot{p}_\alpha\mathrm{d}q_\alpha)+\frac{\partial L}{\partial t}\mathrm{d}t\\&=\sum_{\alpha=1}^{s}[\mathrm{d}(p_\alpha\dot{q}_\alpha)-\dot{q}_\alpha\mathrm{d}p_\alpha]+\sum_{\alpha=1}^{s}\dot{p}_\alpha\mathrm{d}q_\alpha+\frac{\partial L}{\partial t}\mathrm{d}t\end{aligned}$$

移项处理后得到

$$\mathrm{d}\left[\sum_{\alpha=1}^{s}p_\alpha\dot{q}_\alpha-L\right]=\sum_{\alpha=1}^{s}\dot{q}_\alpha\mathrm{d}p_\alpha-\sum_{\alpha=1}^{s}\dot{p}_\alpha\mathrm{d}q_\alpha-\frac{\partial L}{\partial t}\mathrm{d}t$$

定义新变量

$$H=\sum_{\alpha=1}^{s}\frac{\partial L}{\partial \dot{q}_\alpha}\dot{q}_\alpha-L=\sum_{\alpha=1}^{s}p_\alpha\dot{q}_\alpha-L \tag{7.4}$$

得到

$$\mathrm{d}H=\sum_{\alpha=1}^{s}\dot{q}_\alpha\mathrm{d}p_\alpha-\sum_{\alpha=1}^{s}\dot{p}_\alpha\mathrm{d}q_\alpha-\frac{\partial L}{\partial t}\mathrm{d}t \tag{7.5}$$

而 $H=H(q_\alpha,p_\alpha,t)$，则 H 的全微分为

$$\mathrm{d}H=\sum_{\alpha=1}^{s}\left(\frac{\partial H}{\partial q_\alpha}\mathrm{d}q_\alpha+\frac{\partial H}{\partial p_\alpha}\mathrm{d}p_\alpha\right)+\frac{\partial H}{\partial t}\mathrm{d}t \tag{7.6}$$

比较式(7.5)和式(7.6)有

$$\begin{cases}\dfrac{\partial H}{\partial p_\alpha}=\dot{q}_\alpha\\[2mm]\dfrac{\partial H}{\partial q_\alpha}=-\dot{p}_\alpha\\[2mm]\dfrac{\partial H}{\partial t}=-\dfrac{\partial L}{\partial t}\end{cases}$$

其中

$$\begin{cases}\dfrac{\partial H}{\partial p_\alpha}=\dot{q}_\alpha \\ \dfrac{\partial H}{\partial q_\alpha}=-\dot{p}_\alpha\end{cases},\quad \alpha=1,2,\cdots,s \tag{7.7}$$

称为**哈密顿正则方程**。为 $2s$ 个一阶常微分方程组，形式简单而对称，所以被称为正则方程，这也是 q_α 和 p_α 被称作正则变量的原因。

哈密顿正则方程与拉格朗日方程地位相当，也是系统的运动方程。只是拉格朗日方程由 s 个二阶的微分方程组成。通过拉格朗日函数和哈密顿函数这两个状态函数，都可以建立有完整约束受有势力作用系统的运动微分方程，从这个意义上讲，拉格朗日方程与哈密顿正则方程在数学上是完全等价的。只是后者更接近于方程的积分形式。而从

$$\frac{\partial H}{\partial t}=-\frac{\partial L}{\partial t} \tag{7.8}$$

可以得到结论：若拉格朗日函数中不显含时间 t 的话，哈密顿函数也不显含时间 t；反之亦然。

例 7.1 质量为 m 的质点作一维运动，拉格朗日函数表示为 $L=\frac{1}{2}me^{\alpha t}(\dot{x}^2-\omega^2x^2)$。

(1) 由拉格朗日方程导出动力学方程；(2)写出哈密顿函数并由哈密顿方程导出动力学方程。

解 (1) 因为 $L=\frac{1}{2}me^{\alpha t}(\dot{x}^2-\omega^2x^2)$，所以

$$\frac{\partial L}{\partial \dot{x}}=me^{\alpha t}\dot{x}$$

$$\frac{\partial L}{\partial x}=-m\omega^2e^{\alpha t}x$$

代入保守系拉格朗日方程 $\frac{\mathrm{d}}{\mathrm{d}t}\left(\frac{\partial L}{\partial \dot{q}_\alpha}\right)-\frac{\partial L}{\partial q_\alpha}=0$ 中，得到 $\ddot{x}+\alpha\dot{x}+\omega^2x=0$， 为所求的动力学方程。

(2) 因为自由度为 1，故选广义坐标为 x 系统广义动量为

$$p_x=\frac{\partial L}{\partial \dot{x}}=me^{\alpha t}\dot{x}$$

得到由广义动量表示的广义速度为

$$\dot{x}=\frac{p_x}{m}e^{-\alpha t}$$

代入哈密顿函数的定义式中，并表示成 x,p_x 的函数(因为哈密顿函数是正则变量的函数)

$$\begin{aligned}H&=\sum_{k=1}^{s}p_k\dot{q}_k-L=p_x\dot{x}-\frac{m}{2}e^{\alpha t}(\dot{x}^2-\omega^2x^2)\\&=p_x\left(\frac{p_x}{m}e^{-\alpha t}\right)-\frac{m}{2}e^{\alpha t}\left[\left(\frac{p_x}{m}e^{-\alpha t}\right)^2-\omega^2x^2\right]\\&=\frac{p_x^2}{2m}e^{-\alpha t}+\frac{m}{2}e^{\alpha t}\omega^2x^2\end{aligned}$$

代入哈密顿正则方程，得到

$$\dot{p}_x = -\frac{\partial H}{\partial x} = -\frac{m}{2}e^{\alpha t}\omega^2 2x \tag{1}$$

又因为

$$\dot{x} = \frac{p_x}{m}e^{-\alpha t}$$

两边升阶得

$$\ddot{x} = \frac{\dot{p}_x}{m}e^{-\alpha t} - \alpha\frac{p_x}{m}e^{-\alpha t} \tag{2}$$

式(1)代入式(2)中得到 $\ddot{x} + \alpha\dot{x} + \omega^2 x = 0$,结果一致。

显见,在列出系统运动微分方程时,哈密顿正则方程较拉格朗日方程不具有优越性;但是在求解方程时,由于方程本身的特点(一阶),哈密顿方程有先天的优势。

通过上述例题可以总结出用哈密顿正则方程解题的步骤,具体如下:

(1) 分析系统受力和约束情况,选定广义坐标,写出体系动能、势能和拉格朗日函数;

(2) 根据定义求出广义动量的表达式,并反解出广义速度的表达式;

(3) 根据定义写出正则变量表示的哈密顿函数;

(4) 代入正则方程,得到一阶微分方程组。

例 7.2 半径为 R、质量为 M 的均质圆盘边缘上固定一质量为 m 的质点 P,圆盘可绕盘心 C 在水平面上作无滑滚动。质点 P 与盘心 C 的连线与竖直线的夹角为 θ,如图所示。写出系统的哈密顿函数和正则方程。

解 系统自由度为 1,选广义坐标为 θ。

圆盘绕质心的转动速度为

$$\boldsymbol{\omega} = \dot{\boldsymbol{\theta}}$$

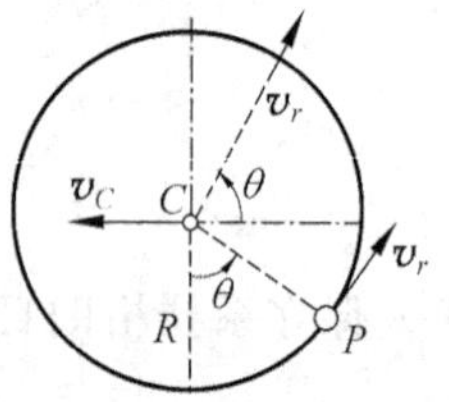

例 7.2 图

圆盘质心平动速度大小为

$$\boldsymbol{v}_C = R\dot{\theta}$$

所以质点 P 的速度为

$$\boldsymbol{v} = \boldsymbol{v}_C + \boldsymbol{v}_r$$

其中相对速度

$$\boldsymbol{v}_r = \boldsymbol{\omega}\times\boldsymbol{r}_{CP} = R\dot{\theta}\cos\theta\boldsymbol{i} + \sin\theta\boldsymbol{j}$$

所以质点 P 的速度为

$$\boldsymbol{v} = \boldsymbol{i}R\dot{\theta}(\cos\theta - 1) + \boldsymbol{j}R\dot{\theta}\sin\theta$$

得到

$$\boldsymbol{v}^2 = 2R^2\dot{\theta}^2(1-\cos\theta)$$

系统动能

$$T = T_1 + T_2 = \left(\frac{1}{2}M\boldsymbol{v}_C^2 + \frac{1}{2}I_C\boldsymbol{\omega}^2\right) + \frac{1}{2}m\boldsymbol{v}^2$$

$$= \frac{1}{2}\left[\frac{3}{2}M + 2m(1-\cos\theta)\right]R^2\dot{\theta}^2$$

体系势能为(取圆盘质心处为势能零点 $V_C = 0$)

$$V = -mgR\cos\theta$$

系统的拉格朗日函数为

$$L=\frac{1}{2}\left[\frac{3}{2}M+2m(1-\cos\theta)\right]R^2\dot{\theta}^2+mgR\cos\theta$$

广义动量

$$p_\theta=\frac{\partial L}{\partial\dot{\theta}}=\left[\frac{3}{2}M+2m(1-\cos\theta)\right]R^2\dot{\theta}$$

得到广义速度的广义动量表达式

$$\dot{\theta}=\frac{p_\theta}{\left[\frac{3}{2}M+2m(1-\cos\theta)\right]R^2}$$

由哈密顿函数定义知道

$$\begin{aligned}H&=\sum_{\alpha=1}^{1}\frac{\partial L}{\partial\dot{q}_\alpha}\dot{q}_\alpha-L=\frac{\partial L}{\partial\dot{\theta}}\dot{\theta}-L\\&=\frac{1}{2}\left[\frac{3}{2}M+2m(1-\cos\theta)\right]R^2\dot{\theta}^2-mgR\cos\theta\\&=\frac{p_\theta^2}{2\left[\frac{3}{2}M+2m(1-\cos\theta)\right]R^2}-mgR\cos\theta\end{aligned}$$

代入正则方程中,得到

$$\begin{cases}\dot{\theta}=\dfrac{\partial H}{\partial p_\theta}=\dfrac{p_\theta}{\left[\frac{3}{2}M+2m(1-\cos\theta)\right]R^2}\\[2ex]\dot{p}_\theta=-\dfrac{\partial H}{\partial\theta}=\dfrac{p_\theta^2 m\sin\theta}{\left[\frac{3}{2}M+2m(1-\cos\theta)\right]^2R^2}-mgR\sin\theta\end{cases}$$

例 7.3　已知一带电粒子在电磁场中的拉格朗日函数 L 为 $L=T-q\varphi+q\boldsymbol{A}\cdot\boldsymbol{v}=\frac{1}{2}mv^2-q\varphi+q\boldsymbol{A}\cdot\boldsymbol{v}$,试由此写出它的哈密顿函数。

解　系统自由度为 3,选广义坐标为 x,y,z;广义速度为 $\dot{x},\dot{y},\dot{z}$,由广义动量

$$p_x=\frac{\partial L}{\partial\dot{x}}=m\dot{x}+qA_x$$

$$p_y=\frac{\partial L}{\partial\dot{y}}=m\dot{y}+qA_y$$

$$p_z=\frac{\partial L}{\partial\dot{z}}=m\dot{z}+qA_z$$

得到广义速度表达式

$$\begin{cases}\dot{x}=\dfrac{p_x-qA_x}{m}\\[2ex]\dot{y}=\dfrac{p_y-qA_y}{m}\\[2ex]\dot{z}=\dfrac{p_z-qA_z}{m}\end{cases}$$

所以由正则变量表示的哈密顿函数为

$$
\begin{aligned}
H &= \sum_{\alpha=1}^{3} p_\alpha \dot{q}_\alpha - L = p_x \dot{x} + p_y \dot{y} + p_z \dot{z} - \frac{1}{2} m \boldsymbol{v}^2 + q\varphi - q\boldsymbol{A} \cdot \boldsymbol{v} \\
&= p_x \dot{x} + p_y \dot{y} + p_z \dot{z} - \frac{1}{2} m(\dot{x}^2 + \dot{y}^2 + \dot{z}^2) + q\varphi - q(A_x \dot{x} + A_y \dot{y} + A_z \dot{z}) \\
&= p_x \frac{p_x - qA_x}{m} + p_y \frac{p_y - qA_y}{m} + p_z \frac{p_z - qA_z}{m} \\
&\quad - \frac{(p_x - qA_x)^2 + (p_y - qA_y)^2 + (p_z - qA_z)^2}{2m} \\
&\quad + q\varphi - q\left(A_x \frac{p_x - qA_x}{m} + A_y \frac{p_y - qA_y}{m} + A_z \frac{p_z - qA_z}{m}\right) \\
&= \frac{(p_x^2 + p_y^2 + p_z^2)}{2m} + q\varphi + \frac{q^2(A_x^2 + A_y^2 + A_z^2) - 2q(A_x p_x + A_y p_y + A_z p_z)}{2m} \\
&= \frac{p^2}{2m} + q\varphi + \frac{q^2 A^2 - 2q\boldsymbol{A} \cdot \boldsymbol{p}}{2m} \\
&= \frac{(\boldsymbol{p} - q\boldsymbol{A})^2}{2m} + q\varphi
\end{aligned}
$$

这就是带电粒子在电磁场中的哈密顿函数，在量子力学中要经常用到它。

7.2 哈密顿正则方程中的运动积分

在一定条件下，哈密顿正则方程也跟拉格朗日方程一样，可以给出能量积分与循环积分。关于拉格朗日方程的运动积分可总结如下：

只要 L 不显含时间 t 或某个广义坐标 q_α，就有广义能量积分和相应的广义动量积分存在，即 $T_2 - T_0 + V =$ 常量和 $p_\alpha =$ 常量；特别地，当系统受稳定约束时，有能量积分存在，即 $T + V =$ 常量。

哈密顿函数的变量都是时间 t 的函数，故求 H 对时间 t 的微商时，应按照高等数学中复合函数求微商的方法。

7.2.1 哈密顿函数 H 的物理意义

从前面的讨论中知道，在坐标变换式 $\boldsymbol{r}_i = \boldsymbol{r}_i(q_1, q_2, \cdots, q_s; t)(i = 1, 2, \cdots, n)$ 的一般情况下，系统的动能可以表示成广义速度的二次奇次式、一次奇次式和零次奇次式的和，即

$$
T = T_2 + T_1 + T_0 = \frac{1}{2} \sum_{\substack{\alpha=1 \\ \beta=1}}^{s} a_{\alpha\beta} \dot{q}_\alpha \dot{q}_\beta + \sum_{\alpha=1}^{s} b_\alpha \dot{q}_\alpha + \frac{1}{2} c
$$

其中，

$$
a_{\alpha\beta} = \sum_{i=1}^{n} m_i \frac{\partial \boldsymbol{r}_i}{\partial q_\alpha} \cdot \frac{\partial \boldsymbol{r}_i}{\partial q_\beta}
$$

$$
b_\alpha = \sum_{i=1}^{n} m_i \frac{\partial \boldsymbol{r}_i}{\partial q_\alpha} \cdot \frac{\partial \boldsymbol{r}_i}{\partial t}
$$

$$
c = \sum_{i=1}^{n} m_i \left(\frac{\partial \boldsymbol{r}_i}{\partial t}\right)^2
$$

由欧拉奇次函数定理有

$$\sum_{\alpha=1}^{s}\left[\frac{\partial T_r}{\partial \dot{q}_\alpha}\dot{q}_\alpha\right]=rT_r,\quad r=0,1,2$$

而且,由于势能 $V=V(q)$ 或者势函数 $U=U(q,t)$ 与广义速度无关,所以有

$$\frac{\partial L}{\partial \dot{q}_\alpha}=\frac{\partial T}{\partial \dot{q}_\alpha},\quad \alpha=1,2,\cdots,s$$

代入哈密顿函数中得到

$$\begin{aligned}H&=\sum_{\alpha=1}^{s}\frac{\partial L}{\partial \dot{q}_\alpha}\dot{q}_\alpha-L=\sum_{\alpha=1}^{s}\frac{\partial T}{\partial \dot{q}_\alpha}\dot{q}_\alpha-L\\&=\sum_{\alpha=1}^{s}\frac{\partial T_2}{\partial \dot{q}_\alpha}\dot{q}_\alpha+\sum_{\alpha=1}^{s}\frac{\partial T_1}{\partial \dot{q}_\alpha}\dot{q}_\alpha+\sum_{\alpha=1}^{s}\frac{\partial T_0}{\partial \dot{q}_\alpha}\dot{q}_\alpha-L\\&=2T_2+1T_1+0T_0-(T_2+T_1+T_0-V)\\&=T_2-T_0+V,\quad \text{即为广义能量!}\end{aligned}\tag{7.9}$$

若是稳定约束或无约束$\left(\frac{\partial \boldsymbol{r}_i}{\partial t}=0,i=1,2,\cdots,n\right)$时,则

$$T=T_2$$

此时

$$H=T+V\quad \text{即为系统的总能量!}\tag{7.10}$$

总之,如果系统受稳定约束,哈密顿函数就是力学系统的动能和势能之和;如果系统受不稳定约束,则它就是广义能量(T_2-T_0+V)。

因此,哈密顿函数 H 比拉格朗日函数 L 更优越,有更明确的物理意义,便于与量子力学和统计力学的某些理论和方法衔接。

另外,哈密顿函数还有一个优点,就是**哈密顿函数对时间的偏导数等于它对时间的全导数**。证明如下。

按照高等数学中复合函数求微商方法,因为 $H=H(q_\alpha,p_\alpha,t)$,可知

$$\frac{\mathrm{d}H}{\mathrm{d}t}=\sum_{\alpha=1}^{s}\left(\frac{\partial H}{\partial q_\alpha}\dot{q}_\alpha+\frac{\partial H}{\partial p_\alpha}\dot{p}_\alpha\right)+\frac{\partial H}{\partial t}$$

利用哈密顿正则方程,代入上式,得到

$$\frac{\mathrm{d}H}{\mathrm{d}t}=\frac{\partial H}{\partial t}\tag{7.11}$$

式(7.11)说明,若系统的哈密顿函数不显含时间 t 的话,哈密顿函数一定是与时间无关的常量,即 $H=$常量。在物理上说明哈密顿函数是个守恒量。

7.2.2 循环积分或广义动量积分

由哈密顿正则方程的第二组方程 $\dot{p}_k=-\frac{\partial H}{\partial q_k}$,可知若哈密顿函数不显含某个广义坐标 q_k,即 $\frac{\partial H}{\partial q_k}=0$,则相应的广义动量 p_k 一定是时间无关的常量。简单证明如下。

首先证明,当$\frac{\partial L}{\partial q_k}=0$ 时,必有$\frac{\partial H}{\partial q_k}=0$,因为

$$\frac{\partial H}{\partial q_k}=\frac{\partial}{\partial q_k}\Big(\sum_{\alpha=1}^{s}p_\alpha\dot{q}_\alpha-L\Big)$$

$$=\sum_{\alpha=1}^{s}\frac{\partial p_\alpha}{\partial q_k}\dot{q}_\alpha+\sum_{\alpha=1}^{s}p_\alpha\frac{\partial\dot{q}_\alpha}{\partial q_k}-\Big(\sum_{\alpha=1}^{s}\frac{\partial L}{\partial q_\alpha}\frac{\partial q_\alpha}{\partial q_k}+\sum_{\alpha=1}^{s}\frac{\partial L}{\partial\dot{q}_\alpha}\frac{\partial\dot{q}_\alpha}{\partial q_k}\Big)$$

$$=-\frac{\partial L}{\partial q_k}\quad\text{得证!}$$

其中,利用了广义坐标之间、广义动量之间以及两者之间的相互独立性质,即有

$$\frac{\partial p_\alpha}{\partial q_k}=0;\quad\frac{\partial q_\alpha}{\partial q_k}=\frac{\partial p_\alpha}{\partial p_k}=\begin{cases}1, & \alpha=k\\0, & \alpha\neq k\end{cases}$$

这样,若$\frac{\partial L}{\partial q_k}=0$,则一定有$\frac{\partial H}{\partial q_k}=0$。即,在保守(或有势)系中,若系统有循环坐标 q_k 存在,就一定有相应的循环积分(广义动量积分)存在。

总之,只要拉格朗日函数 L 中不显含某个广义坐标,无论拉格朗日方程还是哈密顿正则方程都有广义动量积分存在。

有循环坐标存在时,无论采用拉格朗日方程还是哈密顿方程,都可以利用广义动量积分来减少系统的自由度数。例如,一个质量为 m 的质点在有心力场中运动,在其运动的平面上取以力心为坐标原点的极坐标,列出系统的拉格朗日函数为

$$L=\frac{1}{2}m(\dot{r}^2+r^2\dot{\varphi}^2)-V(r)\tag{1}$$

显见,存在循环坐标 φ,有循环积分

$$\frac{\partial L}{\partial\dot{\varphi}}=mr^2\dot{\varphi}=J_0=\text{常量}\tag{2}$$

由式(2)得到与相应的循环坐标对应的拉格朗日变量 $\dot{\varphi}$,得到

$$L=\frac{1}{2}m\dot{r}^2+\frac{J_0^2}{2mr^2}-V(r)\tag{3}$$

这样,两个自由度问题变为一个自由度的问题,由式(3)和拉格朗日方程得到

$$m\ddot{r}-\frac{J_0^2}{mr^3}=-\frac{\mathrm{d}V(r)}{\mathrm{d}r}$$

可据此得到 $r=r(t)$,进而再通过式(2)可得到 $\varphi=\varphi(t)$。同理,利用哈密顿正则方程也一样可以得到同样的结果。

某个广义坐标不在拉格朗日函数 L 和哈密顿函数 H 中出现,就有相应的循环积分存在,用循环积分改写 L 和 H。改写后的 L 和 H 既不含有循环坐标,也不含相应的广义速度和广义动量,从而减掉了与之对应的自由度。所以,循环坐标又称为**可遣坐标**,遣有解消之意。

7.2.3 广义能量积分

前面研究了哈密顿函数的意义,如果系统受稳定约束,哈密顿函数就是力学体系的动能和势能之和$(T+V)$;如果系统受不稳定约束,则它就是广义能量(T_2-T_0+V)。而且还计算得出两个恒等式

$$\begin{cases}\dfrac{\partial H}{\partial t}=-\dfrac{\partial L}{\partial t}\\[2ex]\dfrac{\mathrm{d}H}{\mathrm{d}t}=\dfrac{\partial H}{\partial t}\end{cases}\tag{7.12}$$

所以有

$$\frac{\mathrm{d}H}{\mathrm{d}t}=-\frac{\partial L}{\partial t}$$

说明,如果拉格朗日函数中不显含时间 t,则哈密顿函数将是常量,即存在初积分。在此情形下,由拉格朗日动力学有广义能量守恒,由哈密顿动力学有哈密顿函数守恒,二者完全一致。

总之,无论是拉格朗日函数 L 还是哈密顿函数 H,只要不显含 t 或某个广义坐标,就有广义能量积分和相应的广义动量积分存在。

从上面的计算可以看出,由哈密顿正则方程得出能量积分,比由拉格朗日方程得出的要简便得多。由于正则方程是 p_α, q_α 的一阶常微分方程,故该积分也就是正则方程的一个积分。

7.2.4 哈密顿函数和正则方程应用举例

重解例 7.1,已知质量为 m 的质点作一维运动,拉格朗日函数为 $L=\frac{1}{2}m\mathrm{e}^{\alpha t}(\dot{x}^2-\omega^2x^2)$,试写出哈密顿函数。

解 关于哈密顿函数的写法有两种,其一即按照定义式 $H=\sum\limits_{k=1}^{s}p_k\dot{q}_k-L$ 来写出,具体地,因为系统的自由度为 1,选广义坐标为 x,则 $p_x=\frac{\partial L}{\partial\dot{x}}=m\mathrm{e}^{\alpha t}\dot{x}$,得到 $\dot{x}=\frac{p_x}{m}\mathrm{e}^{-\alpha t}$,所以系统的哈密顿函数为

$$\begin{aligned}H&=\sum_{k=1}^{s}p_k\dot{q}_k-L=p_x\dot{x}-\frac{m}{2}\mathrm{e}^{\alpha t}(\dot{x}^2-\omega^2x)\\&=\frac{p_x^2}{2m}\mathrm{e}^{-\alpha t}+\frac{m}{2}\mathrm{e}^{\alpha t}\omega^2x,\quad\text{写成正则变量 } x \text{ 和 } p \text{ 的函数}\end{aligned}$$

第二种方法即利用哈密顿函数的物理意义 $H=T_2-T_0+V$ 来求。具体地,因为

$$L=\frac{1}{2}m\mathrm{e}^{\alpha t}(\dot{x}^2-\omega^2x^2)$$

所以系统的动能和势能可能分别为

$$\begin{cases}T=\dfrac{1}{2}m\mathrm{e}^{\alpha t}\dot{x}^2=T_2\\[2ex]V=\dfrac{1}{2}m\mathrm{e}^{\alpha t}\omega^2x^2\end{cases}\quad\text{或者}\quad\begin{cases}T_2=\dfrac{1}{2}m\mathrm{e}^{\alpha t}\dot{x}^2,V=0\\[2ex]T_0=-\dfrac{1}{2}m\mathrm{e}^{\alpha t}\omega^2x^2\end{cases}$$

哈密顿函数为

$$\begin{aligned}H&=T_2-T_0+V=\frac{1}{2}m\mathrm{e}^{\alpha t}(\dot{x}^2+\omega^2x^2)\\&=\frac{p_x^2}{2m}\mathrm{e}^{-\alpha t}+\frac{m}{2}\mathrm{e}^{\alpha t}\omega^2x^2,\quad\text{写成正则变量 } x \text{ 和 } p \text{ 的函数}\end{aligned}$$

例 7.4 系统受稳定约束，其哈密顿函数为 $H=\frac{1}{2}\left(p_1^2+\frac{p_2^2}{\sin^2 q_1}\right)-a\cos q_1$，试求相应的拉格朗日函数。

解 由正则方程 $\dot{q}_k=\frac{\partial H}{\partial p_k}$ 得到

$$\dot{q}_1=p_1,\quad \dot{q}_2=\frac{p_2}{\sin^2 q_1}$$

即

$$p_1=\dot{q}_1,\quad p_2=\dot{q}_2\sin^2 q_1$$

由哈密顿函数定义式得到

$$\begin{aligned}L&=\sum_{k=1}^{s}p_k\dot{q}_k-H=p_1\dot{q}_1+p_2\dot{q}_2-H\\&=\dot{q}_1\cdot\dot{q}_1+\dot{q}_2\sin^2 q_1\cdot\dot{q}_2-\frac{1}{2}\left[\dot{q}_1^2+\frac{(\dot{q}_2\sin^2 q_1)^2}{\sin^2 q_1}\right]+a\cos q_1\\&=\frac{1}{2}[\dot{q}_1^2+\dot{q}_2^2\sin^2 q_1]+a\cos q_1\end{aligned}$$

或者由哈密顿函数的物理意义来求解，具体如下。

因为系统受稳定约束，系统的动能 $T=T_2$，所以哈密顿函数就代表系统的机械能，即 $H=T+V$。分析哈密顿函数的表达式 $H=\frac{1}{2}\left(p_1^2+\frac{p_2^2}{\sin^2 q_1}\right)-a\cos q_1$ 可以得到，系统的动能和势能分别可能为

$$T=\frac{1}{2}\left(p_1^2+\frac{p_2^2}{\sin^2 q_1}\right),\quad V=-a\cos q_1$$

这样，拉格朗日函数为

$$\begin{aligned}L&=T-V=\frac{1}{2}\left(p_1^2+\frac{p_2^2}{\sin^2 q_1}\right)+a\cos q_1\\&=\frac{1}{2}[\dot{q}_1^2+\dot{q}_2^2\sin^2 q_1]+a\cos q_1,\quad \text{结果一致！}\end{aligned}$$

例 7.5 下面用不同的方法讨论一个典型问题：有心力场中质点运动问题。

对于在有心力场中运动的质点构成的系统，自由度为 2，广义坐标选择为 r,φ，其拉格朗日函数可以写成 $L=\frac{m}{2}(\dot{r}^2+r^2\dot{\varphi}^2)-V(r)$。

(1) 首先利用拉格朗日方程讨论系统的运动情况，因为拉格朗日函数中不含有坐标 φ，所以 φ 是循环坐标，可以得到广义动量积分，有

$$\frac{\mathrm{d}p_\varphi}{\mathrm{d}t}=0,\quad \text{即}\quad p_\varphi=mr^2\dot{\varphi}\ \text{为常量}\ C$$

对坐标 r 代入拉格朗日方程，得

$$m\ddot{r}-mr\dot{\varphi}^2+\frac{\partial V(r)}{\partial r}=0$$

即

$$m\ddot{r}-\frac{C^2}{mr^3}+\frac{\partial V}{\partial r}=0$$

(2) 再利用哈密顿正则方程讨论系统运动的情况，因为 $p_\varphi=C$，所以 $\dot{\varphi}=\dfrac{C}{mr^2}$。

又因为 $p_r=\dfrac{\partial L}{\partial \dot{r}}=m\dot{r}$，所以 $\dot{r}=\dfrac{p_r}{m}$。系统的哈密顿函数为

$$\begin{aligned}H&=\sum_{\alpha=1}^{2}p_\alpha\dot{q}_\alpha-L=p_r\dot{r}+p_\varphi\dot{\varphi}-\frac{m}{2}(\dot{r}^2+r^2\dot{\varphi}^2)+V(r)\\&=\frac{m}{2}(\dot{r}^2+r^2\dot{\varphi}^2)+V(r)=\frac{p_r^2}{2m}+\frac{p_\varphi^2}{2mr^2}+V(r)\\&=\frac{p_r^2}{2m}+\frac{C^2}{2mr^2}+V(r)\end{aligned}$$

或者可以利用哈密顿函数的物理意义直接得到哈密顿函数的表达式

$$\begin{aligned}H&=T+V=\frac{m}{2}(\dot{r}^2+r^2\dot{\varphi}^2)+V(r)\\&=\frac{p_r^2}{2m}+\frac{C^2}{2mr^2}+V(r)\end{aligned}$$

形式简单，物理意义更清晰。将 H 代入哈密顿正则方程中，得到

$$\begin{cases}\dot{r}=\dfrac{\partial H}{\partial p_r}=\dfrac{p_r}{m}\\[2ex]\dot{p}_r=-\dfrac{\partial H}{\partial r}=\dfrac{C^2}{mr^3}-\dfrac{\partial V}{\partial r}\end{cases}$$

消去 p_r 得到

$$m\ddot{r}-\frac{C^2}{mr^3}+\frac{\partial V}{\partial r}=0,\quad \text{结果一致!!}$$

有学生这样解题，过程如下。

因为系统的拉格朗日函数 $L=\dfrac{m}{2}(\dot{r}^2+r^2\dot{\varphi}^2)-V(r)$ 是关于 r,φ 的函数，可以推出

$$m\ddot{r}-\frac{C^2}{mr^3}+\frac{\partial V}{\partial r}=0$$

又由广义动量的定义得到

$$p_\varphi=mr^2\dot{\varphi}=C,\quad \text{得到}\quad \dot{\varphi}=\frac{C}{mr^2}$$

所以 $L=\dfrac{m}{2}\dot{r}^2+\dfrac{C^2}{2mr^2}-V(r)$ 只是关于 r 的函数，代入拉格朗日方程中，得到

$$m\ddot{r}+\frac{C^2}{mr^3}+\frac{\partial V}{\partial r}=0$$

这个结果与前面相矛盾？为什么？（留作读者思考）

例 7.6 设电荷为 e 的电子在电荷为 Ze 的电力场中运动，试用正则方程研究电子的运动。

解 电子在三维空间运动，系统自由度为 3，选广义坐标为 r,θ,φ，采用球坐标系，系统的拉格朗日函数为

$$L=\frac{1}{2}m(\dot{r}^2+r^2\dot{\theta}^2+r^2\sin^2\theta\,\dot{\varphi}^2)+\frac{Ze^2}{4\pi\varepsilon_0 r}$$

广义动量为

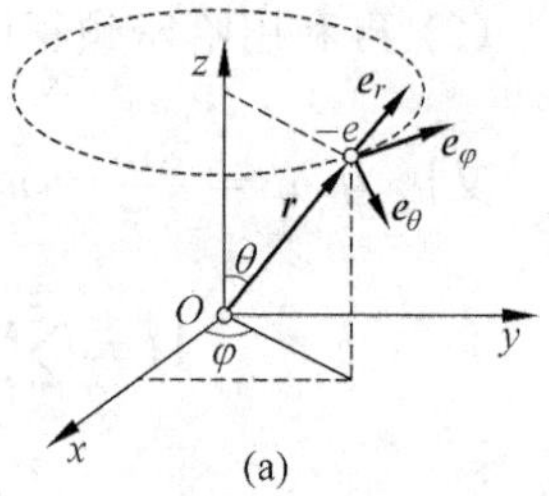

例 7.6 图

$$p_r = \frac{\partial L}{\partial \dot r} = m\dot r,\quad 得到\quad \dot r = \frac{p_r}{m};$$

$$p_\theta = \frac{\partial L}{\partial \dot\theta} = mr^2\dot\theta,\quad 得到\quad \dot\theta = \frac{p_\theta}{mr^2};$$

$$p_\varphi = \frac{\partial L}{\partial \dot\varphi} = mr^2\sin^2\theta\dot\varphi,\quad 得到\quad \dot\varphi = \frac{p_\varphi}{mr^2\sin^2\theta}$$

所以系统的哈密顿函数为

$$\begin{aligned} H &= \sum_{\alpha=1}^{s=3} p_\alpha \dot q_\alpha - L \\ &= p_r\dot r + p_\theta\dot\theta + p_\varphi\dot\varphi - \frac{1}{2}m(\dot r^2 + r^2\dot\theta^2 + r^2\sin^2\theta\dot\varphi^2) - \frac{\alpha}{r} \\ &= \frac{1}{2m}\left(p_r^2 + \frac{p_\theta^2}{r^2} + \frac{p_\varphi^2}{r^2\sin^2\theta}\right) - \frac{\alpha}{r} \end{aligned}$$

显见 $p_\varphi = C$。

把 H 的表示代入哈密顿正则方程中,得到

$$\begin{cases} \dot p_r = -\dfrac{\partial H}{\partial r} = \dfrac{p_\theta^2}{mr^3} + \dfrac{p_\varphi^2}{mr^3\sin^2\theta} - \dfrac{\alpha}{r^2} = \dfrac{p_\theta^2}{mr^3} + \dfrac{C}{mr^3\sin^2\theta} - \dfrac{\alpha}{r^2} & (1) \\ \dot p_\theta = -\dfrac{\partial H}{\partial\theta} = \dfrac{p_\varphi^2\cos\theta}{mr^2\sin^3\theta} = \dfrac{C\cos\theta}{mr^2\sin^3\theta} & (2) \\ \dot p_\varphi = -\dfrac{\partial H}{\partial\varphi} = 0 & (3) \end{cases}$$

而

$$\begin{cases} p_r = m\dot r & (4) \\ p_\theta = mr^2\dot\theta & (5) \\ p_\varphi = mr^2\sin^2\theta\dot\varphi & (6) \end{cases}$$

解式(1),式(4)且利用式(5)得到:

$$m\ddot r = \frac{(mr^2\dot\theta)^2}{mr^3} + \frac{C^2}{mr^3\sin^2\theta} - \frac{\alpha}{r^2} \tag{7}$$

解式(2),式(5)得到:

$$\frac{\mathrm{d}}{\mathrm{d}t}(mr^2\dot\theta) = \frac{C^2\cos\theta}{mr^2\sin^3\theta} \tag{8}$$

显见式(7),式(8)中不含 φ, $\varphi=0$,故电子作平面运动,有 $\dot\varphi = 0, C = 0$,所以

$$m\ddot r - mr\dot\theta^2 + \frac{\alpha}{r^2} = 0,\quad r^2\dot\theta = h$$

* 其中球面坐标系中自由质点的动能求法具体如下:

方法一　利用球面坐标与直角坐标的关系,如题图(b)所示

$$\begin{cases} x = r\sin\theta\cos\varphi \\ y = r\sin\theta\sin\varphi \\ z = r\cos\theta \end{cases}$$

若 r,θ,φ 有小位移 $\mathrm{d}r,\mathrm{d}\theta,\mathrm{d}\varphi$，组成小六面体，如题图(c)所示，三边长分别为 $\mathrm{d}r, r\mathrm{d}\theta, r\sin\theta\mathrm{d}\varphi$，六面体对角线长度为

$$(\mathrm{d}s)^2=(\mathrm{d}r)^2+r^2(\mathrm{d}\theta)^2+r^2\sin^2\theta(\mathrm{d}\varphi)^2$$

所以

$$\dot{s}^2=\dot{r}^2+r^2\dot{\theta}^2+r^2\sin^2\theta\dot{\varphi}^2$$

当质点 P 以速度 $\boldsymbol{v}$ 运动时，它的动能为

$$T=\frac{1}{2}m\dot{s}^2=\frac{m}{2}(\dot{r}^2+r^2\dot{\theta}^2+r^2\sin^2\theta\dot{\varphi}^2)$$

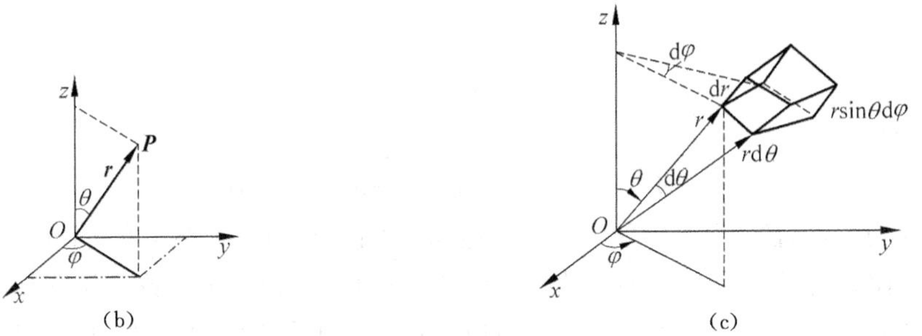

例 7.6 图(续)

方法二 球坐标系下

因为

$$\boldsymbol{r}=r\boldsymbol{e}_r$$

所以

$$\dot{\boldsymbol{r}}=\frac{\mathrm{d}}{\mathrm{d}t}(r\boldsymbol{e}_r)=\dot{r}\boldsymbol{e}_r+r\dot{\boldsymbol{e}}_r$$

$$=\dot{r}\boldsymbol{e}_r+r\dot{\theta}\boldsymbol{e}_\theta+r\sin\theta\dot{\varphi}\boldsymbol{e}_\varphi$$

$$\dot{\boldsymbol{r}}^2=\dot{r}^2+(r\dot{\theta})^2+(r\sin\theta\dot{\varphi})^2$$

系统动能为

$$T=\frac{1}{2}m\dot{\boldsymbol{r}}^2=\frac{m}{2}(\dot{r}^2+r^2\dot{\theta}^2+r^2\sin^2\theta\dot{\varphi}^2),\quad \text{结果一样}$$

其中

$$\begin{cases}\dot{\boldsymbol{e}}_r=\dot{\theta}\boldsymbol{e}_\theta+\sin\theta\dot{\varphi}\boldsymbol{e}_\varphi\\ \dot{\boldsymbol{e}}_\theta=-\dot{\theta}\boldsymbol{e}_r+\cos\theta\dot{\varphi}\boldsymbol{e}_\varphi\\ \dot{\boldsymbol{e}}_\varphi=-\sin\theta\dot{\varphi}\boldsymbol{e}_r-\cos\theta\dot{\varphi}\boldsymbol{e}_\theta\end{cases}$$

例 7.7 质量为 m 的小球可在不计质量的光滑杆 OA 上自由滑动，杆铰接在以匀角速 ω 转动的圆盘上，并以匀角速 $\dot{\alpha}=k$ 向下倾倒，试写出系统运动微分方程并计算出需加在铅直轴上的力矩 M。

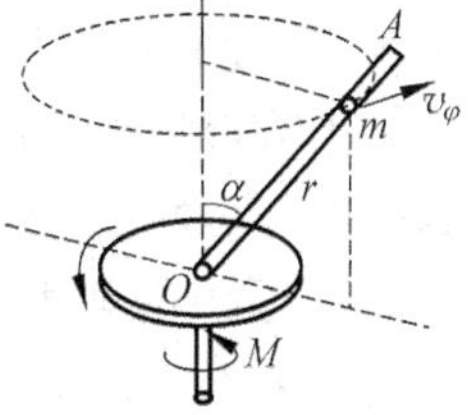

例 7.7 图

解 系统自由度为 3，取 φ,r,α 为广义坐标，系统动能为

$$T=\frac{1}{2}m(\dot{r}^2+r^2\dot{\alpha}^2+r^2\sin^2\alpha\cdot\dot{\varphi}^2)$$

主动力做虚功

$$\delta W = M\delta\varphi - mg\cos\alpha \cdot \delta r + (mg \cdot r\sin\alpha) \cdot \delta\alpha$$

所以广义力为

$$Q_\varphi = M, \quad Q_r = -mg\cos\alpha, \quad Q_\alpha = mgr\sin\alpha$$

代入完整系拉格朗日方程中，得到

$$\begin{cases} m\ddot{\varphi}r^2\sin^2\alpha + 2m\dot{\varphi}\dot{r}r\sin^2\alpha + 2m\dot{\varphi}\dot{\alpha}r^2\sin\alpha\cos\alpha = M \\ \ddot{r} - \dot{\varphi}^2 r\sin^2\alpha - r\dot{\alpha}^2 = -g\cos\alpha \\ r^2\ddot{\alpha} + 2r\dot{r}\dot{\alpha} - \dot{\varphi}^2 r^2\sin\alpha\cos\alpha = gr\sin\alpha \end{cases}$$

因为

$$\dot{\varphi} = \omega, \quad \dot{\alpha} = k$$

所以力矩为

$$M = 2m\omega\dot{r}r\sin^2\alpha + 2m\omega kr^2\sin\alpha\cos\alpha$$

到目前为止，读者学习了力学的牛顿表述和拉格朗日表述，现在正在讨论哈密顿表述。与牛顿表述相比，拉格朗日表述的优点在于：无论什么样的系统，也不论系统作何种运动，都有统一的处理方法。另外，拉格朗日表述还可以处理某些非力学问题，例如处理电路问题。

凡是拉格朗日方程能处理的问题，哈密顿方程同样能处理。在利用哈密顿正则方程时须写出哈密顿函数，这往往需要先写出拉格朗日函数，而且在最后列解运动微分方程时正则方程比拉格朗日方程的求解过程要繁杂得多。但是这并不能湮没哈密顿表述的重要性，因为拉格朗日表述以广义坐标为独立变量，寻找循环坐标只能在位形空间中作坐标变换，而哈密顿表述赋予广义坐标和广义动量同样的独立变量的地位，可在相空间中进行坐标变换，在寻找循环坐标时具有更大的自由。另外，哈密顿表述更具理论上的诱人魅力，表现在哈密顿函数本身就是系统能量，而且它的方程形式更具对称性。哈密顿函数、泊松括号以及刘维定理与统计力学、量子力学有着密切的联系，对近代物理的构成所起的作用都是拉格朗日表述所不能比拟的。

7.3 泊松括号和泊松定理

初积分对于求解微分方程有着重要的意义，如果可以找出的初积分越多，则需要求解的方程个数就越少，解方程就可变得更加简单。如何能找出更多的初积分呢？

已经知道，如果用正则变量 p,q 来描述一个系统时，任何一个力学量 g 都可以表示成 p,q,t 的函数 $g=g(p,q,t)$，这些力学量，有些随时间变化，有些不随时间变化（称为运动积分）。前面讨论的中心问题是如何找出运动积分，下面提出一个反命题：对于一个给定的力学系统，如何来判断力学量 $g(p,q,t)$ 是否为运动积分？

有了哈密顿函数，就可利用正则方程写出运动微分方程（组），解此方程（组）就可知道力学系统的一切性质，所以哈密顿函数可以完全决定一个力学系统的性质。设想如果能够从 g 和 H 关系中的某些特征，判断出力学量 $g(p,q,t)$ 是否为运动积分该多好，泊松方法就是这样的一种方法，是一个从已有的一些初积分中找出新的初积分的方法。下面就来具体讨论一下这个问题。

7.3.1 泊松括号

泊松括号是一种运算的缩写符号，它的定义是：若 φ 和 ψ 是正则变量和时间 t 的函数，即 $\varphi=\varphi(q_\alpha,p_\alpha,t)$，$\psi=\psi(q_\alpha,p_\alpha,t)$，则关于它们的运算关系

$$\sum_{\alpha=1}^{s}\left(\frac{\partial\varphi}{\partial q_\alpha}\frac{\partial\psi}{\partial p_\alpha}-\frac{\partial\varphi}{\partial p_\alpha}\frac{\partial\psi}{\partial q_\alpha}\right)$$

可以用符号 $[\varphi,\psi]$ 来表示，这个符号就叫做**泊松括号**，其定义和运算法则为

$$[\varphi,\psi]=\sum_{\alpha=1}^{s}\left(\frac{\partial\varphi}{\partial q_\alpha}\frac{\partial\psi}{\partial p_\alpha}-\frac{\partial\varphi}{\partial p_\alpha}\frac{\partial\psi}{\partial q_\alpha}\right) \tag{7.13}$$

由正则变量组成的泊松括号 $[q_\alpha,q_\beta]$，$[p_\alpha,p_\beta]$ 和 $[q_\alpha,p_\beta]$ 叫做基本泊松括号，它们具有如下性质

$$\begin{aligned}&[q_\alpha,q_\beta]=[p_\alpha,p_\beta]=0,\\&[q_\alpha,p_\beta]=\delta_{\alpha\beta}=\begin{cases}1, & \alpha=\beta\\0, & \alpha\neq\beta\end{cases}\end{aligned} \tag{7.14}$$

式中的 $\delta_{\alpha\beta}$ 称为**克朗内克常数**。

7.3.2 用泊松括号表述的运动方程

哈密顿函数是关于正则变量和时间 t 的函数 $H=H(q_\alpha,p_\alpha,t)$，它是表征力学系统动力学性质的特征函数，它能确定力学系统的动力学特征，因而也能确定力学量随时间的变换关系。

若存在力学量 $f=f(q_\alpha,p_\alpha,t)$，用它与哈密顿函数组成泊松括号 $[f,H]$，则

$$[f,H]=\sum_{\alpha=1}^{s}\left(\frac{\partial f}{\partial q_\alpha}\frac{\partial H}{\partial p_\alpha}-\frac{\partial f}{\partial p_\alpha}\frac{\partial H}{\partial q_\alpha}\right)$$

将哈密顿正则方程代入得到

$$[f,H]=\sum_{\alpha=1}^{s}\left(\frac{\partial f}{\partial q_\alpha}\dot{q}_\alpha+\frac{\partial f}{\partial p_\alpha}\dot{p}_\alpha\right)$$

而函数 $f=f(q_\alpha,p_\alpha,t)$ 的全导数为

$$\frac{\mathrm{d}f}{\mathrm{d}t}=\sum_{\alpha=1}^{s}\left(\frac{\partial f}{\partial q_\alpha}\dot{q}_\alpha+\frac{\partial f}{\partial p_\alpha}\dot{p}_\alpha\right)+\frac{\partial f}{\partial t}=[f,H]+\frac{\partial f}{\partial t} \tag{7.15}$$

若 $f=H$，则有 $\frac{\mathrm{d}f}{\mathrm{d}t}=\frac{\partial f}{\partial t}$，即式(7.11)。

若函数 f 不显含时间 t，有 $\frac{\partial f}{\partial t}=0$，则上式变成

$$\frac{\mathrm{d}f}{\mathrm{d}t}=[f,H]$$

以正则变量 p_α 和 q_α 代入上式中替换 f，得到

$$\begin{cases}\dot{q}_\alpha=[q_\alpha,H]\\\dot{p}_\alpha=[p_\alpha,H]\end{cases},\quad \alpha=1,2,\cdots,s \tag{7.16}$$

这就是用泊松括号表示的哈密顿正则方程，形式**完全对称**。其中广义动量和广义坐标处于完全对等的位置，显然比正则方程的一般表达式更为简单和对称。

泊松括号具有独特的性质和运算规则，便于进行理论推导和研究。利用泊松括号，不仅使运动微分方程具有完全对称的新形式，而且还可以利用它继续讨论关于初积分的问题。特别是，可以利用其运算法则，由已知的守恒量导出新的守恒量。另外，量子力学中也有类似的算符和运算规则，现在的学习是日后的基础。

7.3.3 判断力学量守恒的充要条件

在系统运动的过程中保持不变的力学量称为运动积分，所以根据前面的讨论，力学量 f 为运动积分$\left(\dfrac{\mathrm{d}f}{\mathrm{d}t}=0\right)$的条件是

$$[f,H]+\frac{\partial f}{\partial t}=0 \tag{7.17}$$

特别的，当 f 不显含时间 t 时，有$\dfrac{\partial f}{\partial t}=0$，则条件变成

$$[f,H]=0$$

即运动积分 f 与哈密顿函数 H 组成的泊松括号为零。

要判断一个力学量 f 是否为运动积分，通常的做法是先解出运动微分方程，得到 $q_\alpha=q_\alpha(t)$ 和 $p_\alpha=p_\alpha(t)$，然后代入力学量 $f=f(q_\alpha,p_\alpha,t)$中，才能判断 f 是否与时间无关。现在，只要看看力学量 f 与哈密顿函数组成的泊松括号是否为零就可以知道 f 是否为运动积分了。

例如，想知道哈密顿量是否是初积分(运动积分)，只要看看$[H,H]$是什么，显见它等于零，所以，只要$\dfrac{\partial H}{\partial t}=0$，就知道$\dfrac{\mathrm{d}H}{\mathrm{d}t}=0$，即哈密顿函数是运动积分，是个守恒量，这正是已经熟知的结论。

可以总结出力学量守恒的统一判据为$[f,H]+\dfrac{\partial f}{\partial t}=0$，简单证明如下。

若力学量 f 是守恒量，即存在初积分，表示为 $f(q_\alpha,p_\alpha,t)=C$，则有$\dfrac{\mathrm{d}f}{\mathrm{d}t}=0$，即

$$[f,H]+\frac{\partial f}{\partial t}=0$$

这就是力学量 f 守恒的必要条件。

反之，亦可证明上述条件也是充分条件。若条件$[f,H]+\dfrac{\partial f}{\partial t}=0$ 成立，则有

$$\frac{\mathrm{d}f}{\mathrm{d}t}=0,\quad f=\text{常量}$$

得证

7.3.4 广义动量守恒和广义能量守恒的充分必要条件

用泊松括号时要注意所有的 q_α，p_α 都是相互独立的，则

$$\frac{\partial p_\alpha}{\partial q_\beta}=\frac{\partial q_\alpha}{\partial p_\beta}=0$$

$$\frac{\partial p_\alpha}{\partial p_\beta}=\frac{\partial q_\alpha}{\partial q_\beta}=\begin{cases}1, & \alpha=\beta\\ 0, & \alpha\neq\beta\end{cases} \tag{7.18}$$

广义动量 p_k 守恒的充要条件是 p_k 满足方程

$$\frac{\partial p_k}{\partial t}+[p_k,H]=0$$

因为$\frac{\partial p_k}{\partial t}=0$,所以

$$\sum_{\alpha=1}^{s}\left(\frac{\partial p_k}{\partial q_\alpha}\frac{\partial H}{\partial p_\alpha}-\frac{\partial p_k}{\partial p_\alpha}\frac{\partial H}{\partial q_\alpha}\right)=0$$

根据各正则变量间彼此的相互独立性,上式得到的唯一结论就是

$$\frac{\partial H}{\partial q_k}=0$$

表明广义动量 p_k 守恒的充要条件是哈密顿函数中不含有广义坐标 q_k。

同理,广义能量 H 守恒的充要条件是 H 满足方程

$$\frac{\partial H}{\partial t}+[H,H]=0$$

因为$[H,H]=0$,所以

$$\frac{\partial H}{\partial t}=0$$

表明广义能量 H 守恒的充要条件是哈密顿函数中不含有时间 t。

7.3.5　泊松括号的性质

根据各正则变量间彼此的相互独立性可得到泊松括号的性质,如下:

$[f,f]=0$	
$[f,c]=0$	此处常量 c 不显含 p,q
$[f,g]=-[g,f]$	反对称性
$[f,g+h]=[f,g]+[f,h]$	双线性
$c[f,g]=[cf,g]=[f,cg]$	此处常量 c 不显含 p,q
$[-\varphi,\psi]=-[\varphi,\psi]$	
$[f,gh]=[f,g]h+g[f,h]$	**Leibniz(莱布尼茨)法则**
$\frac{\partial}{\partial u}[f,g]=\left[\frac{\partial f}{\partial u},g\right]+\left[f,\frac{\partial g}{\partial u}\right]$	其中:$(u=p_\alpha,q_\alpha,t)$
$[f,[g,h]]+[g,[h,f]]+[h,[f,g]]=0$	**泊松恒等式**,又称为 **Jacobi(雅可比)恒等式**

上述这些括号和性质在量子力学中有非常重要的应用,因为只要在前面讨论的力学量运动方程的左边乘上一个 $\mathrm{i}\hbar$就可以得到量子力学的 **Heissenberg(海森伯)方程**;同样地,在基本泊松括号等号的右边乘上一个相同的 $\mathrm{i}\hbar$就可以得到**量子泊松括号**(量子力学中将它称为**对易子**)。

7.3.6　泊松定理

若 f 和 g 都是运动积分,则它们的泊松括号也是运动积分。泊松括号的这种性质称为**泊松定理**。即:若 $f=c_1$ 和 $g=c_2$,则有$[f,g]=c_3$。证明如下。

因为 $f=c_1$ 和 $g=c_2$,所以有

$$\begin{cases}\dfrac{\mathrm{d}f}{\mathrm{d}t}=\dfrac{\partial f}{\partial t}+[f,H]=0\\ \dfrac{\mathrm{d}g}{\mathrm{d}t}=\dfrac{\partial g}{\partial t}+[g,H]=0\end{cases}$$

即

$$\begin{cases}\dfrac{\partial f}{\partial t}=-[f,H]\\ \dfrac{\partial g}{\partial t}=-[g,H]\end{cases}$$

所以

$$\begin{aligned}\frac{\mathrm{d}}{\mathrm{d}t}[f,g]&=\frac{\partial[f,g]}{\partial t}+[[f,g],H]\\&=\left[\frac{\partial f}{\partial t},g\right]+\left[f,\frac{\partial g}{\partial t}\right]+[[f,g],H]\\&=-[[f,H],g]+[[g,H],f]+[[f,g],H]\\&=[[H,f],g]+[[g,H],f]+[[f,g],H]\\&=0\end{aligned}$$

固此$[f,g]=c_3$是运动积分。

泊松定理提供了一条寻找运动积分的新途径，如果已经知道了两个运动积分，则可以由它们组成的泊松括号找出新的运动积分。例如，保守系统存在广义能量积分，即哈密顿函数本身，$H(q_k,p_k,t)=C_1$。设系统还存在另一个初积分 $\Phi(q_k,p_k,t)=C_2$，则一定有$[\Phi,H]+\dfrac{\partial\Phi}{\partial t}=0$。

由泊松定理知，$[\Phi,H]$也是系统的初积分，即$[\Phi,H]=C_3$，所以$\dfrac{\partial\Phi}{\partial t}=-C_3$。

同样，通过类似的推导，可以得到

$$\frac{\partial^2\Phi}{\partial t^2}=-C_4,\quad \frac{\partial^3\Phi}{\partial t^3}=-C_5,\quad \cdots$$

泊松定理说明，由已知的两个初积分，可以找出第三个初积分；然后再由第三个初积分和第一个或第二个初积分，找出第四个初积分；如此这般，不断求出新的初积分，这种方法称为**泊松方法**。

但有时新的初积分可能为零或者与原来的两个初积分相互有关不独立，即出现循环值或重复值，这时，此方法就不再适用，所以泊松定理寻找新积分的方法还是有局限性的！并不能完全依赖它。

例如，若初积分 f 和 g 均不显含时间，则它们的泊松括号$[f,g]$将是一个恒等式$[f,g]=0$，不能提供任何新的初积分。

特别要说明的是，泊松括号和泊松定理是在寻找保守系和有势系的哈密顿正则方程的运动积分中提出来的，由于正则方程 $\dot{q}_\alpha=\dfrac{\partial H}{\partial p_\alpha}$，$\dot{p}_\alpha=-\dfrac{\partial H}{\partial q_\alpha}(\alpha=1,2,\cdots,s)$ 是适应于保守系和有势系的方程，所以，上述关于泊松括号和泊松定理的结果都是适应于保守系和有势系的，即适应于广义的有势系统的，应用时需加以注意。

7.3.7 泊松括号和泊松定理的应用

例 7.8 J_1,J_2,J_3 是一个质点对坐标系原点的角动量的三个笛卡儿分量。(1)求泊松括号$[J_i,J_j]$ 和$[J_i,J]$；*(2)证明任何两个角动量分量不能同时成为这个系统的广义动量;而一个角动量分量和角动量的大小能同时成为广义动量；*(3)如果两个角动量分量是广义的有势系统的运动常数,证明第三个分量也是运动常数。

解 质点系统的自由度为3,选广义坐标为 x,y,z。先求出质点角动量的三个笛卡儿分量的具体表示

$$\begin{aligned}\boldsymbol{J}&=\boldsymbol{r}\times\boldsymbol{P}\\&=\begin{vmatrix}\boldsymbol{i}&\boldsymbol{j}&\boldsymbol{k}\\x&y&z\\p_x&p_y&p_z\end{vmatrix}=(yp_z-zp_y)\boldsymbol{i}+(zp_x-xp_z)\boldsymbol{j}+(xp_y-yp_x)\boldsymbol{k}\end{aligned}$$

所以$\begin{cases}J_1=yp_z-zp_y\\J_2=zp_x-xp_z\\J_3=xp_y-yp_x\end{cases}$,为简便计,其中1,2,3分别代表 x,y,z。

(1) 根据泊松括号的定义,有

$$\begin{aligned}[J_1,J_2]&=[yp_z-zp_y,zp_x-xp_z]\\&=\frac{\partial}{\partial x}(yp_z-zp_y)\frac{\partial}{\partial p_x}(zp_x-xp_z)-\frac{\partial}{\partial p_x}(yp_z-zp_y)\frac{\partial}{\partial x}(zp_x-xp_z)\\&\quad+\frac{\partial}{\partial y}(yp_z-zp_y)\frac{\partial}{\partial p_y}(zp_x-xp_z)-\frac{\partial}{\partial p_y}(yp_z-zp_y)\frac{\partial}{\partial y}(zp_x-xp_z)\\&\quad+\frac{\partial}{\partial z}(yp_z-zp_y)\frac{\partial}{\partial p_z}(zp_x-xp_z)-\frac{\partial}{\partial p_z}(yp_z-zp_y)\frac{\partial}{\partial z}(zp_x-xp_z)\\&=(-p_y)(-x)-yp_x=xp_y-yp_x\\&=J_3\end{aligned}$$

同理可证

$$[J_2,J_3]=J_1;\quad [J_3,J_1]=J_2$$

这说明,若质点对笛卡儿坐标中的任两个轴的角动量守恒的话,则它对第三个轴的角动量也一定守恒。因为

$$J^2=J_1^2+J_2^2+J_3^2=(yp_z-zp_y)^2+(zp_x-xp_z)^2+(xp_y-yp_x)^2$$

所以

$$\begin{aligned}[J_1,J^2]&=[J_1,J_1^2+J_2^2+J_3^2]\\&=[J_1,J_1^2]+[J_1,J_2^2]+[J_1,J_3^2]\\&=J_2[J_1,J_2]+[J_1,J_2]J_2+[J_1,J_3]J_3+J_3[J_1,J_3]\\&=J_2J_3+J_3J_2+(-J_2)J_3+J_3(-J_2)\\&=0\end{aligned}$$

同理可证

$$[J_2,J^2]=[J_3,J^2]=0$$

又因为

$$[J_1,J^2]=[J_1,J]J+J[J_1,J]$$

而

$$J\neq 0$$

所以

$$[J_1,J]=0$$

同理可证

$$[J_2,J]=[J_3,J]=0$$

即$[J_i,J]=[J_i,J^2]=0,i=1,2,3$。

(2) 由泊松括号的定义知，一系统的两个广义动量的泊松括号必定为零，即

$$[p_i,p_j]=0,\quad i,j=1,2,3$$

而

$$[J_i,J_j]\neq 0,\quad i,j=1,2,3;i\neq j$$

故任何两个角动量分量 J_i,J_j 均不能同时成为系统的广义动量。

又因为

$$[J_i,J]=0$$

故任何一个角动量分量 J_i 和角动量的大小 J 可以同时成为系统的广义动量。

(3) 前面已经证明得到$[J_1,J_2]=J_3$；$[J_2,J_3]=J_1$；$[J_3,J_1]=J_2$。

所以，角动量的任意两个分量组成的泊松括号为第三个角动量分量或它的负值。若两个角动量分量 J_i,J_j 为运动常数，则$[J_i,J_j]$也为运动常数，即，第三个角动量分量也是运动常数。

例 7.9 质量为 m 的质点在稳定的有势力场中运动，其势能函数 $V=V(x,y,z)$，试求它对笛卡儿坐标系中三个轴的角动量与哈密顿函数所构成的泊松括号。

解 根据前一个例题的结论，得到质点角动量的三个笛卡儿分量的具体表示为

$$\begin{cases}J_x=yp_z-zp_y\\ J_y=zp_x-xp_z\\ J_z=xp_y-yp_x\end{cases}$$

而质点的哈密顿函数为

$$\begin{aligned}H=T+V&=\frac{1}{2}m(\dot{x}^2+\dot{y}^2+\dot{z}^2)+V(x,y,z)\\&=\frac{1}{2m}(p_x^2+p_y^2+p_z^2)+V(x,y,z)\end{aligned}$$

根据泊松括号的定义，得到

$$\begin{aligned}[J_x,H]&=[yp_z-zp_y,H]\\&=\frac{\partial}{\partial x}(yp_z-zp_y)\frac{\partial H}{\partial p_x}-\frac{\partial}{\partial p_x}(yp_z-zp_y)\frac{\partial H}{\partial x}\\&\quad+\frac{\partial}{\partial y}(yp_z-zp_y)\frac{\partial H}{\partial p_y}-\frac{\partial}{\partial p_y}(yp_z-zp_y)\frac{\partial H}{\partial y}\\&\quad+\frac{\partial}{\partial z}(yp_z-zp_y)\frac{\partial H}{\partial p_z}-\frac{\partial}{\partial p_z}(yp_z-zp_y)\frac{\partial H}{\partial z}\\&=\frac{\partial V}{\partial y}z-\frac{\partial V}{\partial z}y\end{aligned}$$

同理可得

$$[J_y,H]=\frac{\partial V}{\partial z}x-\frac{\partial V}{\partial x}z$$

$$[J_z,H]=\frac{\partial V}{\partial x}y-\frac{\partial V}{\partial y}x$$

例 7.10 对于一个哈密顿函数 $H=p_1p_2+q_1q_2$ 的有势系，试证明：$f=p_1^2+q_2^2$；$g=p_2^2+q_1^2$ 是守恒量，并由泊松定理找出第三个守恒量。

解 根据泊松括号的定义，有

$$\begin{aligned}[f,H]&=[p_1^2+q_2^2,p_1p_2+q_1q_2]\\&=\frac{\partial(p_1^2+q_2^2)}{\partial q_1}\frac{\partial(p_1p_2+q_1q_2)}{\partial p_1}-\frac{\partial(p_1^2+q_2^2)}{\partial p_1}\frac{\partial(p_1p_2+q_1q_2)}{\partial q_1}\\&\quad+\frac{\partial(p_1^2+q_2^2)}{\partial q_2}\frac{\partial(p_1p_2+q_1q_2)}{\partial p_2}-\frac{\partial(p_1^2+q_2^2)}{\partial p_2}\frac{\partial(p_1p_2+q_1q_2)}{\partial q_2}\\&=0\end{aligned}$$

所以

$$\frac{\mathrm{d}f}{\mathrm{d}t}=\frac{\partial f}{\partial t}+[f,H]=0,\quad 其中\quad \frac{\partial f}{\partial t}=0$$

同理

$$\begin{aligned}\frac{\mathrm{d}g}{\mathrm{d}t}&=\frac{\partial g}{\partial t}+[g,H]\\&=\frac{\partial g}{\partial q_1}\frac{\partial H}{\partial p_1}-\frac{\partial g}{\partial p_1}\frac{\partial H}{\partial q_1}+\frac{\partial g}{\partial q_2}\frac{\partial H}{\partial p_2}-\frac{\partial g}{\partial p_2}\frac{\partial H}{\partial q_2}\\&=0\end{aligned}$$

所以 f,g 都是运动积分，且不显含时间，为守恒量。

由泊松定理可知，$[f,g]$ 也是运动常数，因不显含时间，也是守恒量。

$$\begin{aligned}h=[f,g]&=[p_1^2+q_2^2,p_2^2+q_1^2]\\&=\frac{\partial}{\partial q_1}(p_1^2+q_2^2)\frac{\partial}{\partial p_1}(p_2^2+q_1^2)-\frac{\partial}{\partial p_1}(p_1^2+q_2^2)\frac{\partial}{\partial q_1}(p_2^2+q_1^2)\\&\quad+\frac{\partial}{\partial q_2}(p_1^2+q_2^2)\frac{\partial}{\partial p_2}(p_2^2+q_1^2)-\frac{\partial}{\partial p_2}(p_1^2+q_2^2)\frac{\partial}{\partial q_2}(p_2^2+q_1^2)\\&=-2p_1\cdot 2q_1+2q_2\cdot 2p_2\\&=4(q_2p_2-q_1p_1)\end{aligned}$$

* 7.3.8 其他

关于如何列解微分方程，前人做了大量的工作，有必要在此就其中的代表性工作做一扼要描述，供读者参考。

1. 刘维定理(相体积不变原理)

对于大量的完全相同的系统，它们具有相同的哈密顿函数，开始处于相近的但又不相同的初始状态，在一个系统的相空间中，它们开始处于相近的不同的点，随着时间的推移，每个粒子都描绘出一条相轨道，各条轨道互不相交，在之后任意的时刻，这些系统在相空间中所在的点是否还像开始那样处于相近的位置呢？刘维定理就说明了这个问题。刘维定理具体的可表述为：如果初始时刻，大量具有同样哈密顿函数的有势系统处在相空间中一块体积中，随着时间的推移，它们所占的相空间体积将会变形，即边界面会发生变化，但是体积大小保持不变。

2. 正则变换

作正则变换的目的是为了使变换后的哈密顿函数具有尽量多的循环坐标。在正则变量中，广义坐标和广义动量都是独立变量，具有同样的地位。对于受到完整、理想约束的广义的有势系统，除了正则方程中两组方程差一个正负号外，广义坐标和广义动量没有多大的区别，它们的量纲不一定非得各自具有坐标和动量或者角度和角动量量纲，但是新的广义坐标和其共轭的广义动量的乘积必须具有 ML^2T^{-1} 量纲。最理想的情况是经过变换后，广义坐标和广义动量都变成了循环坐标，这样使得动力学问题的求解变得十分简单。当然如何保证所做变换是正则的，这是一个非常重要的问题，需要规定清楚。在设定好正则变换的条件后，由**母函数**(**生成函数**)生成的变换一定是正则变换。

3. 哈密顿-雅可比方程

用泊松定理和正则变换两种方法可以得到更多的循环坐标。采用正则变换，如何选择母函数成为了关键问题。哈密顿-雅可比方程给出了获得一个特殊正则变换的母函数所满足的偏微分方程。与之相关的还有**雅可比定理**。

4. 作用变量和角变量

对于某些特殊的系统，人们关注的不再是它的运动学方程，而是它的运动频率。其做法是不把哈密顿-雅可比方程的解中出现的常数 α_i 选为新的广义坐标或广义动量，而是另外定义一组称为作用变量的常数(是 s 个 α_i 的函数)为广义动量，与之共轭的广义坐标称为**角变量**。采用这样一组正则变量，对于从经典力学过渡到量子力学，发展旧量子论方面提供了很重要的理论基础。

5. 哈密顿变分原理(将在第 8 章详述)

6. 莫培督原理(最小作用量原理)

对于哈密顿函数为运动常数的系统(其充分条件是稳定约束或者无约束，坐标变换关系中不显含时间，要做虚功的主动力都是保守力或者具有不显含时间的广义势)，还有一个最小作用原理，又叫**莫培督原理**。

莫培督原理的适用范围比哈密顿原理小，可以由哈密顿原理导出，反之则不能。

一般的保守系或广义的保守系，都是指有 $H=E$ 这个运动积分的系统。所谓保守系可以理解成矢量力学的保守系，也可以是分析力学的保守系，两者不总是一致的。矢量力学的保守系，机械能一定守恒，但如取广义坐标时，坐标变换关系显含时间 t，H 无机械能的物理意义，也无 $H=E$ 这个运动积分，莫培督原理是不适应的。而分析力学的保守系，自然有 $H=E$ 这个运动积分，但适用范围变窄了。如除了保守力外还有能用不显含时间的广义势处理的力(如科里奥利力、洛伦兹力等)，不是分析力学的保守系，也有 $H=E$ 这个运动积分，莫培督原理也能适应。

另外，广义的保守系这种说法也很模糊，如主动力除保守力外，就是能用势函数处理的系统，算不算广义的保守系统？矢量力学的保守系，但是用了显含时间的坐标变换关系，算不算广义的保守系统？这些莫培督原理都不适应。

哈密顿早在 1834 年就认识到了哈密顿-雅可比方程与程函方程的对应关系。薛定谔在德布罗意 1924 年提出他的著名“关系”后两年得到了薛定谔方程。有人说，由于哈密顿那个年代，经典力学被认为是严格正确的，哈密顿想不到再前进一步发现薛定谔方程。这种说法是有道理的，但是物理学毕竟是一门实验性的科学，在没有普朗克发现的黑体辐射的实验定律并作出理论推导以前，在没有爱因斯坦的光电效应显示出光不仅具有波动性还具有粒子性以及看到了经典物理遇到了难以克服的困难以前，量子物理是无法诞生和发展的。

思考题

7.1 $\mathrm{d}L$ 与 $\mathrm{d}\overline{L}$ 有什么区别？$\dfrac{\partial L}{\partial q_\alpha}$与$\dfrac{\partial \overline{L}}{\partial q_\alpha}$有什么区别？

7.2 如何得到哈密顿函数？

7.3 哈密顿正则方程能适用于不完整系统吗？为什么？能适用于非保守系吗？为什么？

7.4 哈密顿函数在什么情况下是常量？在什么情况下是总能量？有无是总能量却不为常量的情况？

7.5 何为泊松括号和泊松定理？泊松定理在实际上的功用如何？

7.6 拉格朗日表述与哈密顿表述相比较各有什么优势和劣势？

7.7 在拉格朗日方程和哈密顿方程同时适用于解决问题时，何种情况下采用哪个方程你能总结一下吗？

7.8 哈密顿正则方程初积分的判据是什么？与拉格朗日方程初积分的判据有什么关系？

7.9 如何获得更多的循环坐标？

7.10 正则变换的目的和功用何在？而正则变换的关键在哪里？

7.11 哈密顿-雅可比理论的目的何在？

习题

7.1 试写出自由质点在以匀速度 Ω 转动的坐标系中的哈密顿函数的表示式。提示：质点速度公式采用经典力学形式 $\boldsymbol{v}=\boldsymbol{v}_r+\boldsymbol{\Omega}\times\boldsymbol{r}$。

7.2 用球坐标和柱坐标分别写出质量为 m 的质点在势场 $V(x,y,z)$ 中运动的哈密顿函数。

7.3 已知一带电粒子在电磁场中的拉格朗日函数为 $L=\dfrac{1}{2}mv^2-q\varphi+q\boldsymbol{A}\cdot\boldsymbol{v}$，试由此写出它的哈密顿函数。

7.4 试利用哈密顿正则方程重解习题 6.1。

7.5 质点质量为 m，被约束在圆柱面上运动，其约束方程为 $x^2+y^2=R^2$。质点受指向坐标原点 O 的保守力 $\boldsymbol{F}=-k\boldsymbol{r}$ 作用。试利用正则方程列出运动微分方程并求出初积分。

7.6 一质量为 m 的质点在势场 $V(r)$ 的保守力下运动，球坐标下的拉格朗日函数为 $L=\dfrac{1}{2}(\dot{r}^2+r^2\dot{\theta}^2+r^2\sin^2\theta\dot{\varphi}^2)-V(r)$，试证 p_φ，$\dfrac{p_r^2}{2m}+\dfrac{p_\theta^2}{2mr^2}+\dfrac{p_\varphi^2}{2mr^2\sin^2\theta}+V(r)$ 和 p_θ^2+

$\frac{p_\varphi^2}{\sin^2\theta}$都是运动积分。

7.7 试写出定点转动中拉格朗日陀螺的哈密顿函数，并由此求出它的三个第一积分。已知拉格朗日陀螺的自由度为 3，动能为 $T=\frac{1}{2}(I_1\omega_1^2+I_2\omega_2^2+I_3\omega_3^2)$。其中

$$\begin{cases}\omega_x=\dot{\varphi}\sin\theta\sin\psi+\dot{\theta}\cos\psi\\ \omega_y=\dot{\varphi}\sin\theta\cos\psi-\dot{\theta}\sin\psi, \quad I_1=I_2\neq I_3\\ \omega_z=\dot{\varphi}\cos\theta+\dot{\psi}\end{cases}$$

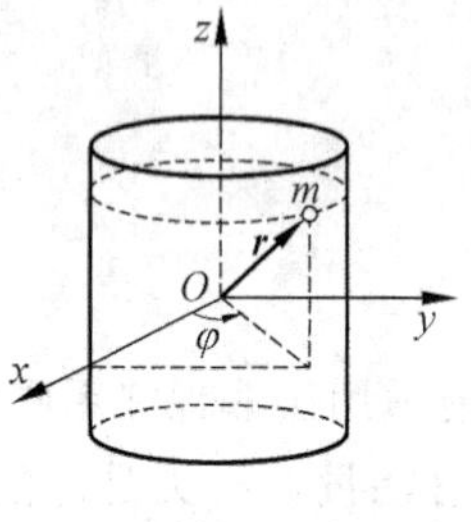

习题 7.5 图

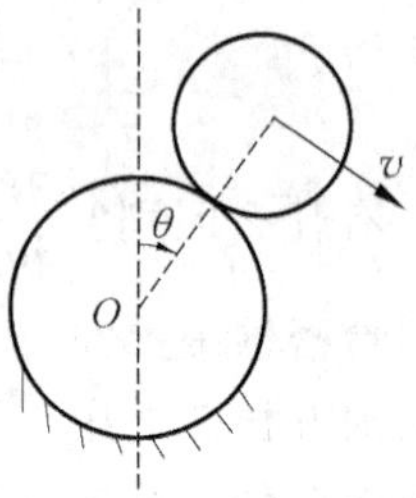

习题 7.8 图

7.8 如图所示，半径为 c 的均质圆球，自半径为 b 的固定圆球的顶端无初速地滚下，试写出系统的哈密顿函数并由哈密顿正则方程求出动球球心下降的切向加速度。

7.9 试求质点角动量 $\boldsymbol{J}$ 各个笛卡儿分量组成的泊松括号值。

7.10 试求质点动量 $\boldsymbol{p}$ 和角动量 $\boldsymbol{J}$ 各个笛卡儿分量组成的泊松括号值。

7.11 对于一个函数 $\varphi=ar^2+b\boldsymbol{r}\cdot\boldsymbol{p}+cp^2$，试证明$[\varphi,J_z]=0$。

7.12 用泊松括号推导哈密顿方程的表示形式$\begin{cases}\dot{q}_\alpha=[q_\alpha,H]\\ \dot{p}_\alpha=[p_\alpha,H]\end{cases}$，$\alpha=1,2,\cdots,s$。

7.13 若两个已知函数 $\varphi(\boldsymbol{q},\boldsymbol{p},t)$，$\psi(\boldsymbol{q},\boldsymbol{p},t)$有下列恒等式：

$$\varphi\left(\frac{\partial\varphi}{\partial t}+[\varphi,H]\right)=\frac{\partial\psi}{\partial t}+[\psi,H]$$

其中 H 是哈密顿函数，$[\varphi,H][\psi,H]$都是泊松括号，试找出此正则方程的一个运动积分。

7.14 质量为 m 的质点悬挂在轻绳一端，绳的另一端绕在半径为 r 的固定圆柱体上，构成一个摆。设平衡时绳的下垂部分长为 l，试写出系统的哈密顿函数和正则方程。

7.15 如图所示，质量均为 m 的两个相同的小球之间用劲度系数为 k、原长为 l_0 的弹簧连接，可无摩擦地沿足够长的水平管子滑动，管子以匀角速绕铅直轴转动。求：(1)系统的动能和势能；(2)写出系统的哈密顿函数；(3)用哈密顿正则方程获得运动微分方程；(4)说明哈密顿函数是否守恒，哈密顿函数有无机械能的物理意义。

7.16 试利用哈密顿正则方程重解习题 6.2。

7.17 试利用哈密顿正则方程重解习题 6.14。

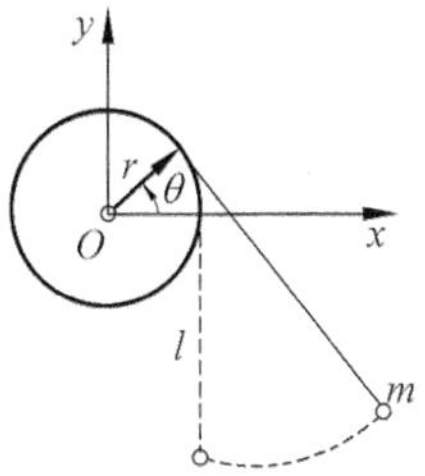

习题 7.14 图

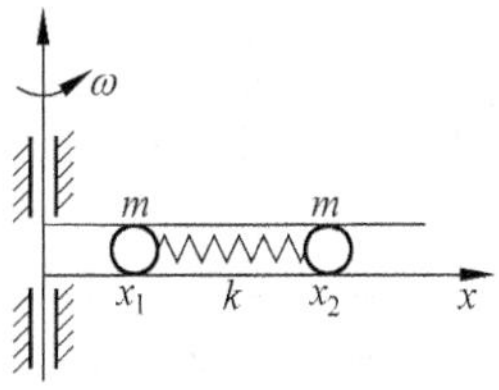

习题 7.15 图

7.18 粒子处于有心力场$\left(F=-\dfrac{k^2m}{r^2}\right)$中，请用哈密顿正则方程写出其运动微分方程。

7.19 地球以恒定的角速度 $\boldsymbol{\omega}=\omega\boldsymbol{k}$ 相对于惯性参考系运动，用固连于地球的笛卡儿坐标为广义坐标，写出质量为 m 的质点在势场 $V(x,y,z)$ 中运动的哈密顿函数，并证明它不是总能量，但是守恒量。

部分习题答案

7.1 $H=\dfrac{p^2}{2m}-\boldsymbol{P}\cdot(\boldsymbol{\Omega}\times\boldsymbol{r})+V$

7.2 $H=\dfrac{p_r^2}{2m}+\dfrac{p_\theta^2}{2mr^2}+\dfrac{p_\varphi^2}{2mr^2\sin^2\theta}+V(r\sin\theta\cos\varphi,r\sin\theta\sin\varphi,r\cos\theta)$；

$H=\dfrac{p_r^2}{2m}+\dfrac{p_\varphi^2}{2mr^2}+\dfrac{p_z^2}{2m}+V(r\cos\varphi,r\sin\varphi,z)$

7.3 $H=\dfrac{p^2}{2m}+q\varphi+\dfrac{q^2A^2-2q\boldsymbol{A}\cdot\boldsymbol{p}}{2m}$

7.5 $\ddot{z}+\dfrac{k}{m}z+g=0$；初积分为 $H=T+V=C_1$；$p_\varphi=C_2$

7.7 $H=\dfrac{P_\theta^2}{2I_1}+\dfrac{(P_\varphi-P_\psi\cos\theta)^2}{2I_1\sin^2\theta}+\dfrac{P_\psi^2}{2I_3}+mgl\cos\theta$；

$H=E$，表示系统机械能守恒；

$I_1\dot{\varphi}\sin^2\theta+I_3(\dot{\varphi}\cos^2\theta+\dot{\psi}\cos\theta)=c_1$；

$I_3(\dot{\varphi}\cos\theta+\dot{\psi})=c_2$

7.8 $H=\dfrac{5P_\theta^2}{14m(b+c)^2}-mg(b+c)(1-\cos\theta)$；$a=\dfrac{5g\sin\theta}{7}$

7.10 $[J_x,J_y]=J_z,[J_y,J_z]=J_x,[J_z,J_x]=J_y$；

$[J_i,J_i]=0,i=1,2,3$

7.11 $[J_x,p_x]=0,[J_y,p_x]=-p_z,[J_z,p_x]=p_y$；

$[J_x,p_y]=p_z,[J_y,p_y]=0,[J_z,p_y]=-p_x$；

$[J_x,p_z]=-p_y,[J_y,p_z]=p_x,[J_z,p_z]=0$

7.14 $\frac{1}{2}\varphi^2-\psi$

7.15 $H=\dfrac{p_\theta^2}{2\left[\frac{3}{2}M+2m(1-\cos\theta)\right]R^2}-mgR\cos\theta$

$$\begin{cases}\dot{\theta}=\dfrac{\partial H}{\partial p_\theta}=\dfrac{p_\theta}{\left[\frac{3}{2}M+2m(1-\cos\theta)\right]R^2}\\ \dot{p}_\theta=-\dfrac{\partial H}{\partial\theta}=\dfrac{p_\theta^2 m\sin\theta}{\left[\frac{3}{2}M+2m(1-\cos\theta)\right]^2R^2}-mgR\sin\theta\end{cases}$$

7.16 $\ddot{\theta}+\frac{g}{l}\theta=0$

7.17 $T=\frac{1}{2}m\dot{x}_1^2+\frac{1}{2}m\omega^2x_1^2+\frac{1}{2}m\dot{x}_2^2+\frac{1}{2}m\omega^2x_2^2$;$V=\frac{1}{2}k(x_2-x_1-l_0)^2$;

$$H=\frac{1}{2m}(p_1^2+p_2^2)-\frac{1}{2}m\omega^2(x_1^2+x_2^2)+\frac{1}{2}k(x_1^2+x_2^2-2x_1x_2)-kl_0(x_2-x_1)$$

$+\frac{1}{2}kl_0^2$;$\begin{cases}m\ddot{x}_1=m\omega^2x_1+k(x_2-x_1-l_0)\\ m\ddot{x}_2=m\omega^2x_2-k(x_2-x_1-l_0)\end{cases}$;$H$ 函数守恒,H 代表广义能量

7.20 $\ddot{r}-r\dot{\varphi}^2+\frac{k^2}{r^2}=0$

7.21 $H=\frac{1}{2m}(p_x^2+p_y^2+p_z^2)+p_x\omega y-p_y\omega x+V(x,y,z)$

第8章　哈密顿变分原理

本章详述变分的知识并推出哈密顿变分原理，并从哈密顿变分原理与其他原理能够成功互推来说明其重要性，最后给出几个重要应用。

对于保守系统，势能在平衡位置取极值。如果不在平衡位置，势能就不再取极值，总应该有什么其他物理量取极值吧？这是一个好问题。对于不处于平衡位置的系统，是否也能在一定条件下，通过解一个极值问题来确定系统的运动状态呢？哈密顿变分原理将会回答这个问题。

系统处于平衡状态时，可以引入虚位移的概念；而不处于平衡状态时，可以引入虚运动的概念。虚运动是虚位移的延伸，是由一系列的虚位移构成的。在 t 时刻，系统的真实位置为 $q_1, q_2, \cdots, q_s$，这是系统运动的真实路径上的一点，从此点做虚位移 $\delta q_1, \delta q_2, \cdots, \delta q_s$，就给出系统运动的虚路径上的一点：$q_1+\delta q_1, q_2+\delta q_2, \cdots, q_s+\delta q_s$，因为虚位移不经历时间，属于等时变分，所以从起点到终点，中间各个时刻都在真实运动上作等时变分，就构成了虚路径和虚运动。

在各点的虚位移，必须满足约束条件，对于完整系统，如上述 $q_1, q_2, \cdots, q_s$ 已是考虑到所有的约束后取得独立的广义坐标，则虚位移不再受任何限制。但是对于非完整系统，上述广义坐标还要受到非完整约束的限制。总之，虚运动有无数条虚路径。真实运动与虚运动相比，也能找到一个量，取真实路径为周围无数虚路径的极值。解决这类问题的数学工具就是变分法。

用变分法处理力学问题的原理，叫做**力学变分原理**，特点是用到变分符号，它有微分形式和积分形式两类。先前学习过的虚功原理和动力学普遍方程是微分形式的力学变分原理。接下来要学习的是积分形式的力学变分原理——**哈密顿变分原理**。

力学原理还有不变分形式的原理。它也可以分为微分和积分形式的两种类型。

不变分原理反映的是力学系统真实运动的普遍规律，达朗贝尔原理就是不变分的微分原理，机械能守恒原理就是不变分的积分原理。

变分原理提供一种准则，根据这种准则，可以将力学系统的真实运动与相同条件下约束所允许的一切可能运动区别开来，从而确定系统的真实运动。虚功原理提供了非自由质点系统的真实平衡位置和约束所允许的临近周围可能平衡位置的准则，从而确定了系统的平衡位置。

有的变分原理同时拥有微分和积分两种形式，如赫兹最小曲率原理。

学习哈密顿变分原理之前，先来学习变分法的基础知识和相应的空间。

8.1 泛函和变分法

8.1.1 泛函的概念

设 x,y 是两个变量,X 是一个给定的数集。如果对 X 中的每个数 x,按确定关系变量 y 总有一个确定的数值与之对应,则称 y 是 x 的函数,记作 $y=f(x)$,x 为自变量,y 称为因变量,此时它们构成单元函数。若对于多元函数,则有 $y=f(x_1,x_2,\cdots,x_n)$。

实际上,还会遇到某些问题,其中一个变量 J 的值不是由自变量 x 的某个值确定的,而是由自变量在确定区域的某个函数 $y(x)$确定的,即

$$J=J[y(x)]$$

若某一个变量由一个或几个函数确定,该变量就称为这个或这几个函数的**泛函**。和函数一样,泛函也有定义域,其定义域是一个或几个同类函数的集合。一般地,一个由任意对象组成的集合 D(所谓任意对象可以是数、数组、点、线、面、函数或某系统的状态等),若用 x 表示集合 D 中的元素,如果对于集合中的每一个元素 x 都有一个 y 与之对应,则称 y 是 x 的泛函,记为 $y=F(x)$。

函数和泛函是两个不同的概念,相关又有区别,可将函数看成泛函的一个特例。如果集合 D 中的元素 x 是数,则泛函 $y=F(x)$可视为函数 $y=f(x)$;如果集合 D 中的元素是数组 $(x_1,x_2,\cdots,x_n)$,则泛函 $y=F(x)$可视为函数 $y=f(x_1,x_2,\cdots,x_n)$。函数表示的是数与数之间的一一对应关系;泛函表示的是函数与数一一对应的关系。

函数的极值条件是与函数的一阶微分(商)相联系。泛函的极值条件是与泛函的一阶变分相联系的。泛函有极值代表什么物理意义?

泛函的产生往往与泛函的极值是相关联的,最速降线问题和悬链线问题就是两个经典的泛函极值问题。

8.1.2 变分法简介

变分法就是研究求泛函的极值的方法。凡有关求泛函的极值问题都称作变分问题。

变分分等时变分 δ 和全变分 Δ 两种,全变分又称为非等时变分,两种变分数学运算法则不同,这里只介绍等时变分。在数学上,函数的微分和变分可以由图 8.1 简单表示为 $\mathrm{d}y,\delta y$,函数 $y(x)$的变分是指当自变量 x 不变时,函数定义域中两个函数的差,即

$$\delta y=y(x)-\tilde{y}(x)$$

泛函 $J[y(x)]$的变分是指当自变量 x 不变时,函数的变分 δy 所引起的泛函 J 的变化。即

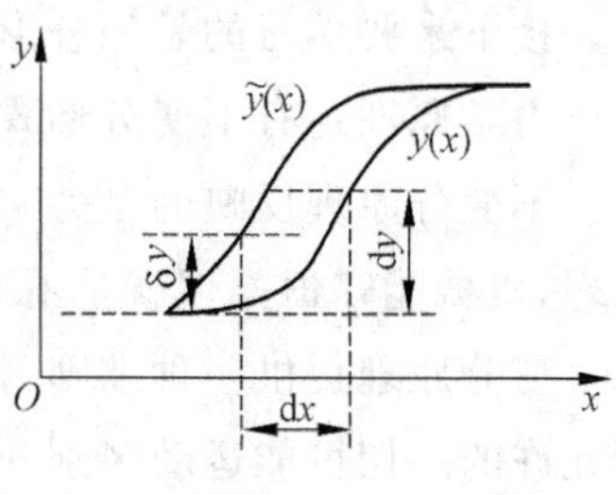

图 8.1

$$\delta J=J[y(x)+\delta y]-J[y(x)]$$

由图中可以看出函数的微分和变分的区别:微分 $\mathrm{d}y$ 是由于 $\mathrm{d}x\neq 0$ 所引起的同一个函数的变化量,而变分 δy 是 $\delta x=0$ 时两个函数 $y(x)$与 $\tilde{y}(x)$的差。

在物理上,设集合 D 中的元素是表示某一力学系统运动的函数 $q=q(t)$,其中 t 为自变

量，q 为力学系统的广义坐标，可由图 8.2 简单示之。

当自变量 t 有微小增量 $\mathrm{d}t$ 时，对应的函数 q 的微小增量 $\mathrm{d}q$ 称为函数的微分，记为

$$\mathrm{d}q = \dot{q}(t)\mathrm{d}t$$

如果自变量 t 保持不变，而函数本身形式发生微小变化，则得另一条曲线 $\tilde{q}(t)$，如图中虚线所示，显然这种曲线有无数条。在瞬时 t，由函数本身形式的微小变化而得的微小增量 δq 称为函数的变分，记为

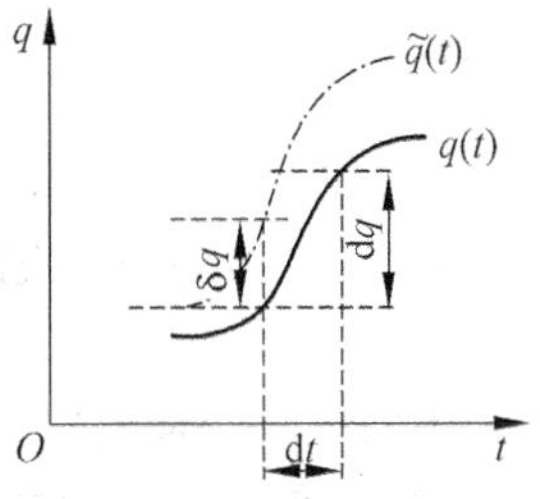

图　8.2

$$\delta q = \tilde{q}(t) - q(t) = \varepsilon\eta(t)$$

式中的 ε 是一个无穷小量的参数。由于是在瞬间 t，没有考虑时间的变化，这种变分称为**等时变分**。图中的 δq 和 $\mathrm{d}q$ 表示了函数的变分和微分的区别。

8.1.3　变分的运算法则

由泛函变分的定义，很容易证明变分满足下列运算法则

$$\delta(J_1 + J_2) = \delta J_1 + \delta J_2$$

$$\delta(J_1 J_2) = J_2\delta J_1 + J_1\delta J_2$$

$$\delta\left(\frac{J_1}{J_2}\right) = \frac{J_2\delta J_1 - J_1\delta J_2}{J_2^2}$$

和

$$\delta(\mathrm{d}p) = \mathrm{d}(\delta p)$$

$$\delta\left(\frac{\mathrm{d}q}{\mathrm{d}t}\right) = \frac{\mathrm{d}}{\mathrm{d}t}(\delta q)$$

$$\int_{t_1}^{t_2}\delta q(t)\mathrm{d}t = \delta\int_{t_1}^{t_2}q(t)\mathrm{d}t$$

总之，等时变分的导数等于导数的变分，等时变分的积分等于积分的变分。这种交换性质不适应于非等时变分，因为非等时变分的运算为

$$\Delta\left(\frac{\mathrm{d}q}{\mathrm{d}t}\right) = \frac{\mathrm{d}}{\mathrm{d}t}(\Delta q) - \frac{\mathrm{d}q}{\mathrm{d}t}\frac{\mathrm{d}}{\mathrm{d}t}(\Delta t)$$

8.1.4　泛函取极值的条件

函数 $y(x)$ 取极值的必要条件是函数的一阶微分(商)等于零，$\mathrm{d}y = \dot{y}(t)\mathrm{d}x \to 0$，同时可以求出极值点在 $x = x_0$ 处。与此类似，泛函 $J = J[y(x)]$ 的极值条件是与泛函的一阶变分相联系的。泛函的一阶变分在 $y = y_0(x)$ 处等于零是泛函在 $y = y_0(x)$ 处取极值的必要条件。那么泛函有极值且取极值又代表什么物理意义呢？

先来看几个例子，例如几何中**最短程线问题**。在平面 xy 中，如何从两个固定点 $A(x_0, y_0)$ 和 $B(x_1, y_1)$ 之间的诸多连线中，找出长度最短的那一条曲线？这就属于泛函极值的问题。

两端已经固定，所有曲线必须满足

$$y_0 = y(x_0), y_1 = y(x_1)$$

路程的微元

$$dS = \sqrt{(dx)^2 + (dy)^2} = \sqrt{1 + \dot{y}^2(x)}\,dx$$

总路程

$$S = \int_A^B dS = \int_{x_0}^{x_1} \sqrt{1 + \dot{y}^2(x)}\,dx$$

显见 S 是 $y(x)$ 的泛函，记为 $S=S[y(x)]$，取泛函的变分为零，就知道 S 的极小值，即取

$$\delta S = 0$$

得到相应的 $y(x)$ 曲线。

再比如**光学中的费马原理**。光在不均匀介质中传播将沿什么路线传播呢？如果光沿最快的路线走，那么所用的时间为最小值。可以假设光从 $A(x_0, y_0, z_0)$ 处传到 $B(x_1, y_1, z_1)$ 处，设真空中光速为 c，则在折射率为 $n=n(x,y,z)$ 的媒质中光的传播速度为

$$v = \frac{c}{n}$$

设 x 是自变量，则光所取得的路径是

$$y = y(x), \quad z = z(x)$$

路程的微元

$$dS = \sqrt{(dx)^2 + (dy)^2 + (dz)^2} = \sqrt{1 + \dot{y}^2(x) + \dot{z}^2(x)}\,dx$$

显然经路程的微元 dS 所需要的时间是 $dt=\frac{dS}{v}$，光的传播时间

$$\begin{aligned} T &= \int_A^B \frac{dS}{v} = \int_A^B \frac{dS}{c/n} \\ &= \frac{1}{c}\int_{x_0}^{x_1} n(x,y,z)\sqrt{1 + \dot{y}^2(x) + \dot{z}^2(x)}\,dx \\ &= T[y(x), z(x)] \end{aligned}$$

显见时间 T 是个泛函，求其变分可得到取极小值时的 $y(x), z(x)$。

类似的例子还有**最速降线问题**。这些都是最简单的泛函极值问题，是能够简单处理的。都可以看成是求泛函

$$J = \int_{x_0}^{x_1} F(x, y_1, y_2, \cdots, y_s, \dot{y}_1, \dot{y}_2, \cdots, \dot{y}_s)\,dx \tag{8.1}$$

的极值问题，前提是式中被积函数形式是已知的。

还有另一类是有附加条件的极值问题，如等周长问题。它要求在周长不变情况下得到最大的包围面积，这里不讨论此类问题。

以上是具有一个自变量的不动边界的变分问题，如果前提条件稍作变化，问题的求解就要复杂得多，这都超出了讨论的范围。

8.2 相点和相轨迹

哈密顿正则方程使得一对变量 q_α 和 p_α 有明显的对称性。对于一个具有 s 个自由度的系统，用 s 个广义坐标和 s 个广义动量来描述系统的力学状态，以这样的 $2s$ 个变量($q_1, q_2, \cdots, q_s; p_1, p_2, \cdots, p_s$)为坐标轴张成的 $2s$ 维空间，称为**哈密顿相空间**，简称**相空间**。在相空间中的一点可以用这 $2s$ 个坐标表示。由于整个力学系统可以用这 $2s$ 个变量来描述，因

此，可以用相空间中的一点来表示某力学系统的运动状态。也就是说，如果知道在某一瞬间的力学系统的位置 q_k 和动量 p_k，即可在相空间找到相应的一点，这一点称为**相点**。

相点对应的是系统的一个运动状态，系统运动时，相点也在运动，相点随时间的流逝在相空间描绘出一条相应的连续曲线，称为**相轨迹（道）**。对于一个广义的有势系，给定初始状态后，它以后的运动即其状态随时间的变化就由哈密顿函数及哈密顿正则方程

$$\dot{q}_\alpha = \frac{\partial H}{\partial p_\alpha}, \quad \dot{p}_\alpha = -\frac{\partial H}{\partial q_\alpha}, \quad \alpha = 1,2,\cdots,s$$

唯一地确定。所以相轨道代表正则方程的解。相轨道是不相交的，因为相轨道若相交，则在相交点，正则方程的解就不是唯一的了。系统沿相空间中某一点出发，有唯一的轨道，而且沿轨道有一定的运行方向。周期运动的相轨道是闭合的。

在二维空间的纸上作出多维空间的曲线是难以完成的。但是，若自由度是 1 的话，相空间是二维的相平面，就刚好可以画出相轨道曲线。

在统计物理中有这样一个基本的问题：对于具有大量的完全相同的哈密顿函数的系统，开始处于相近的但又不相同的初始状态，在一个系统的相空间中，它们开始处在相近的不同的点。随着时间的推移，每个粒子都描述出一条相轨道，各条轨道不会相交。在任意的 t 时刻，这些系统在相空间所在的点是否还会像初始时那样相近呢？

对于这个问题，可以这样回答：如果初始时刻，大量具有哈密顿函数的有势系统处在相空间中的一块体积 V_0 中，随着时间的推移，它们所占的相空间体积将会变形，即边界面会改变，但是体积却保持不变，即 $V=V_0$，这就是**刘维定理**。

关于刘维定理的证明用雅可比行列式可以简单地得到，很多参考书中都有表述，这里不再叙述。

8.3　哈密顿变分原理

与相空间类似，引入位形空间的概念。设有一个完整系统，其自由度为 s，取广义坐标为 $q_\alpha(\alpha=1,2,\cdots,s)$，这 s 个坐标组成 s 维空间，称为**位形空间**，系统的广义坐标随时间的变化对应于位形点在位形空间沿某条轨迹的运动。

假设在 t_0 时刻，系统处于位形空间中的 A 点，位置坐标记为 $q(t_0)$，代表着 $q_1(t_0)$，$q_2(t_0)$，$\cdots$，$q_s(t_0)$；而在 t_1 时刻系统处于位形空间中的 B 点，位置坐标记为 $q(t_1)$，代表 $q_1(t_1)$，$q_2(t_1)$，$\cdots$，$q_s(t_1)$。从运动学来看，由 A 点到 B 点的任何路径都是可能发生的路径，因为它们都满足约束条件。但是，满足动力学规律的路径只有唯一的一条，即上述可能路径中的一条。如何从上述可能的路径中找出那条实际发生的路径呢？哈密顿原理就提供了这种判断原则，它给出了从各种可能的路径中选出真实路径的原则。

如果上述完整系统是保守系统，可以写出它的拉格朗日函数 $L(q_\alpha,\dot{q}_\alpha,t)$，用拉格朗日函数 L 替代式(8.1)中的 F 函数，得到泛函

$$J = \int_{t_0}^{t_1} L(q_\alpha,\dot{q}_\alpha,t)\,\mathrm{d}t \tag{8.2}$$

上述泛函的极值条件

$$\delta J = \delta\int_{t_0}^{t_1} L(q_\alpha,\dot{q}_\alpha,t)\,\mathrm{d}t = 0 \tag{8.3}$$

可以得到

$$\frac{\mathrm{d}}{\mathrm{d}t}\left(\frac{\partial L}{\partial \dot{q}_\alpha}\right)-\frac{\partial L}{\partial q_\alpha}=0$$

这正是多自由度保守系统的拉格朗日方程。这是真实运动的动力学方程。而这种极值方式找到了真实运动的路径，所以式(8.2)和式(8.3)具有特殊的作用。下面先来具体推导出上述结果。

如图 8.3 示，在任一瞬时 t，可能路径对真实路径的偏离用等时变分 δq_α 表示，真实路径的 M 点坐标为 $M(q_\alpha,t)$，而可能路径的 M' 点坐标为 $M'(q_\alpha+\delta q_\alpha,t)$，则真实运动和可能运动的拉格朗日函数分别是

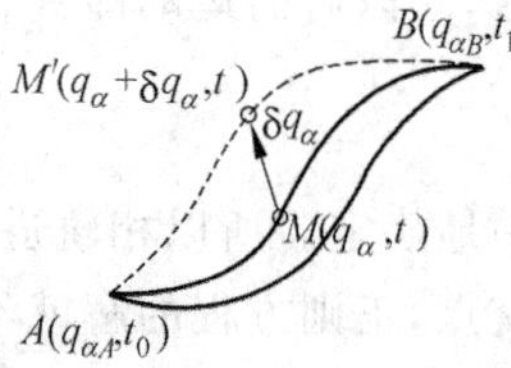

图 8.3

$$L(q_\alpha,\dot{q}_\alpha,t)$$

和

$$L'(q_\alpha+\delta q_\alpha,\dot{q}_\alpha+\delta\dot{q}_\alpha,t)$$

函数 L 的等时变分为

$$\delta L=L'-L=\sum_{\alpha=1}^{S}\frac{\partial L}{\partial \dot{q}_\alpha}\delta\dot{q}_\alpha+\frac{\partial L}{\partial q_\alpha}\delta q_\alpha$$

泛函的变分变为

$$\begin{aligned}\delta\int_{t_0}^{t_1}L\mathrm{d}t&=\int_{t_0}^{t_1}\delta L\mathrm{d}t=\int_{t_0}^{t_1}\sum_{\alpha=1}^{S}\left(\frac{\partial L}{\partial \dot{q}_\alpha}\delta\dot{q}_\alpha+\frac{\partial L}{\partial q_\alpha}\delta q_\alpha\right)\mathrm{d}t\\&=\int_{t_0}^{t_1}\sum_{\alpha=1}^{S}\left[\frac{\partial L}{\partial \dot{q}_\alpha}\frac{\mathrm{d}}{\mathrm{d}t}(\delta q_\alpha)+\frac{\partial L}{\partial q_\alpha}\delta q_\alpha\right]\mathrm{d}t\\&=\int_{t_0}^{t_1}\sum_{\alpha=1}^{s}\frac{\mathrm{d}}{\mathrm{d}t}\left(\frac{\partial L}{\partial \dot{q}_\alpha}\delta q_\alpha\right)\mathrm{d}t-\int_{t_0}^{t_1}\sum_{\alpha=1}^{s}\left(\frac{\mathrm{d}}{\mathrm{d}t}\frac{\partial L}{\partial \dot{q}_\alpha}-\frac{\partial L}{\partial q_\alpha}\right)\delta q_\alpha\mathrm{d}t\\&=\sum_{\alpha=1}^{s}\frac{\partial L}{\partial \dot{q}_\alpha}[\delta q_\alpha]_{t_0}^{t_1}-\int_{t_0}^{t_1}\sum_{\alpha=1}^{s}\left(\frac{\mathrm{d}}{\mathrm{d}t}\frac{\partial L}{\partial \dot{q}_\alpha}-\frac{\partial L}{\partial q_\alpha}\right)\delta q_\alpha\mathrm{d}t\end{aligned}$$

由于始末两点是固定的，所以在这两固定点的虚位移都为零，即 $[\delta q_\alpha]_{t_0}^{t_1}=0$，所以有

$$\delta\int_{t_0}^{t_1}L\mathrm{d}t=-\int_{t_0}^{t_1}\sum_{\alpha=1}^{s}\left(\frac{\mathrm{d}}{\mathrm{d}t}\frac{\partial L}{\partial \dot{q}_\alpha}-\frac{\partial L}{\partial q_\alpha}\right)\delta q_\alpha\mathrm{d}t$$

根据泛函的极值条件，此式应为零。由于各 δq_α 相互独立，则只有

$$\frac{\mathrm{d}}{\mathrm{d}t}\frac{\partial L}{\partial \dot{q}_\alpha}-\frac{\partial L}{\partial q_\alpha}=0$$

这恰是真实运动的拉格朗日方程，说明这样的系统的真实运动是一个泛函的极值问题。因此，保守系统的运动规律可由下式给出：

$$\delta\int_{t_0}^{t_1}L\mathrm{d}t=0 \tag{8.4}$$

这就是**哈密顿变分原理**，简称**哈密顿原理**，是 1834 年由哈密顿先生完成的。该原理提出了一个将真实运动与同样条件下的可能运动区分开来的准则，并化为求泛函的极值问题。对于有限过程，提供了一种动力学问题的直接近似解法。

令 $S=\int_{t_0}^{t_1}L\mathrm{d}t$，称 S 为**哈密顿作用量**，也叫作**哈密顿母函数(主函数)**。式(8.4)可以写作

$$\delta S = 0$$

即，在完整的保守系统中，具有相同的时间间隔和始末位置的一切可能运动和真实运动相比较，对于真实运动，哈密顿作用量取极值。

哈密顿原理是分析力学的基本原理，由它可以建立整个力学的理论体系。前几章曾经介绍过一个分析力学的理论体系，即以达朗贝尔-拉格朗日方程（又称为动力学普遍方程）为基础，导出拉格朗日方程，再引入正则方程等。同样地，也可以以哈密顿原理为基础，导出拉格朗日方程，从而建立整个分析力学的理论体系。在下一节里将讨论利用哈密顿变分原理推导出前面学习过的理论，从而认识哈密顿原理的重要性。据此重要地位，哈密顿原理常常被称为**动力学普遍原理**。

特别地，在非有势系统中，式(8.4)将表现为

$$\int_{t_0}^{t_1}\left(\delta L + \sum_{\alpha=1}^{s} Q_\alpha \delta q_\alpha\right)\mathrm{d}t = 0 \tag{8.5}$$

这是任意力系的哈密顿作用原理。式中 L 还是该系统的拉格朗日函数，Q_α 为该系统的广义力。但是由于计算复杂，利用不多，此处不介绍。

哈密顿变分原理是用统一的方法处理不同领域问题的定律，其优点是：

(1) 只涉及系统的状态函数，如系统的总动能 T 和总势能 V，不涉及广义坐标数量，不仅适应于有限自由度系统（离散系统），还可以用于无限自由度系统（连续系统）。作为一种变分原理，能用变分学的方法提供动力学问题的直接近似解。

(2) 用统一的方法解决不同领域的物理问题（力学、电动力学、统计物理、量子力学），比拉格朗日方程更具有概括性，只用一个泛函极值就可以表示完整保守系统的运动规律。

下面，用一个例题来总结哈密顿变分原理的解题步骤。

例 8.1　试用哈密顿原理导出重力场中质点运动的微分方程。

解　方法一　采用直角坐标

取竖直向上为 z 轴的正方向，系统的自由度为 3，广义坐标选为 x, y, z，则系统的拉格朗日函数

$$L = \frac{1}{2}m(\dot{x}^2 + \dot{y}^2 + \dot{z}^2) - mgz$$

代入到主函数中求变分，有

$$\begin{aligned}
\delta\int_{t_1}^{t_2} L\mathrm{d}t &= \int_{t_1}^{t_2} m(\dot{x}\delta\dot{x} + \dot{y}\delta\dot{y} + \dot{z}\delta\dot{z} - g\delta z)\mathrm{d}t \\
&= \int_{t_1}^{t_2} m\left(\dot{x}\frac{\mathrm{d}}{\mathrm{d}t}\delta x + \dot{y}\frac{\mathrm{d}}{\mathrm{d}t}\delta y + \dot{z}\frac{\mathrm{d}}{\mathrm{d}t}\delta z - g\delta z\right)\mathrm{d}t \\
&= m(\dot{x}\delta x + \dot{y}\delta y + \dot{z}\delta z)\Big|_{t_1}^{t_2} - \int_{t_1}^{t_2} m(\ddot{x}\delta x + \ddot{y}\delta y + \ddot{z}\delta z + g\delta z)\mathrm{d}t \\
&= -\int_{t_1}^{t_2} m[\ddot{x}\delta x + \ddot{y}\delta y + (\ddot{z} + g)\delta z]\mathrm{d}t \\
&= 0
\end{aligned}$$

因为 $\delta x, \delta y, \delta z$ 相互独立，则有

$$\ddot{x} = \ddot{y} = (\ddot{z} + g) = 0$$

方法二　采用柱坐标

取竖直向上为 z 轴的正方向，系统的自由度还为 3，广义坐标选为 r,φ,z，则系统的拉格朗日函数为

$$L=T-V=\frac{1}{2}m(\dot{r}^2+r^2\dot{\varphi}^2+\dot{z}^2)-V(r,\varphi,z;t)$$

代入到主函数中求极值，得

$$\left[\int_{t_1}^{t_2} m(\dot{r}\delta\dot{r}+r\dot{\varphi}^2\delta r+r^2\dot{\varphi}\delta\dot{\varphi}+\dot{z}\delta\dot{z})-\frac{\partial V}{\partial r}\delta r-\frac{\partial V}{\partial \varphi}\delta\varphi-\frac{\partial V}{\partial z}\delta z\right]\mathrm{d}t=0$$

其中

$$\begin{cases}\displaystyle\int_{t_1}^{t_2}\dot{r}\delta\dot{r}\mathrm{d}t=-\int_{t_1}^{t_2}\ddot{r}\delta r\mathrm{d}t\\ \displaystyle\int_{t_1}^{t_2}r^2\dot{\varphi}\delta\dot{\varphi}\mathrm{d}t=-\int_{t_1}^{t_2}\frac{\mathrm{d}}{\mathrm{d}t}(r^2\dot{\varphi})\delta\varphi\mathrm{d}t\\ \displaystyle\int_{t_1}^{t_2}\dot{z}\delta\dot{z}\mathrm{d}t=-\int_{t_1}^{t_2}\ddot{z}\delta z\mathrm{d}t\end{cases}$$

化简后得到

$$\left[\int_{t_1}^{t_2}\left\{\left[m(\ddot{r}-r\dot{\varphi}^2)+\frac{\partial V}{\partial r}\right]\delta r+\left[\frac{\mathrm{d}}{\mathrm{d}t}(mr^2\dot{\varphi})+\frac{\partial V}{\partial\varphi}\right]\delta\varphi+\left[m\ddot{z}+\frac{\partial V}{\partial z}\right]\delta z\right\}\right]\mathrm{d}t=0$$

由于 $\delta r,\delta\varphi,\delta z$ 的相互独立性，得到柱坐标下的质点运动方程为

$$\begin{cases}m(\ddot{r}-r\dot{\varphi}^2)+\dfrac{\partial V}{\partial r}=0\\ \dfrac{\mathrm{d}}{\mathrm{d}t}(mr^2\dot{\varphi})+\dfrac{\partial V}{\partial\varphi}=0\\ m\ddot{z}+\dfrac{\partial V}{\partial z}=0\end{cases}$$

哈密顿原理的解题步骤大致总结如下：

(1) 判断体系是否保守系；

(2) 确定自由度并选定广义坐标；

(3) 写出用广义坐标和速度表示的拉格朗日函数 L；

(4) 直接代入主函数 $S=\int_{t_0}^{t_1}L\mathrm{d}t$ 中；

(5) 对主函数求极值：$\delta S=0$，此时 δ 代表等时变分：$\delta q_\alpha|_{t=t_0}=\delta q_\alpha|_{t=t_1}=0$；

(6) 经过计算得到运动微分方程。

8.4　各原理在反映力学规律上的等价性

若以某一力学原理为基础，可演绎推导出其他的力学原理，这说明各原理在反映力学普遍规律上是等价的。

人们相信哈密顿原理与前面学习的各个物理原理是等价的，可以达到理论上的互相推导，所以又称哈密顿原理为动力学普遍原理。人们甚至坚信可以由哈密顿原理推导出牛顿

第二定律，只是现在由于数学上的局限性还不能做到。下面分别尝试哈密顿原理与拉格朗日方程、哈密顿正则方程以及动力学普遍方程之间的互推。

8.4.1 由拉格朗日方程推导出哈密顿原理

将拉格朗日方程中各项乘以 δq_α，对 α 求和，得到

$$\sum_{\alpha=1}^{s}\left[\frac{\mathrm{d}}{\mathrm{d}t}\left(\frac{\partial L}{\partial \dot{q}_\alpha}\right)-\frac{\partial L}{\partial q_\alpha}\right]\delta q_\alpha = 0$$

然后沿着 S 维空间一条可能的运动路径自曲线共同端点 P_0 至 P_1 对时间 t 积分

$$\int_{t_0}^{t_1}\sum_{\alpha=1}^{s}\left\{\left[\frac{\mathrm{d}}{\mathrm{d}t}\left(\frac{\partial L}{\partial \dot{q}_\alpha}\right)-\frac{\partial L}{\partial q_\alpha}\right]\delta q_\alpha\right\}\mathrm{d}t = 0$$

利用关系式

$$\frac{\mathrm{d}}{\mathrm{d}t}\left(\frac{\partial L}{\partial \dot{q}_\alpha}\right)\delta q_\alpha = \frac{\mathrm{d}}{\mathrm{d}t}\left(\frac{\partial L}{\partial \dot{q}_\alpha}\delta q_\alpha\right)-\frac{\partial L}{\partial \dot{q}_\alpha}\delta \dot{q}_\alpha$$

得到

$$\int_{t_0}^{t_1}\sum_{\alpha=1}^{s}\frac{\mathrm{d}}{\mathrm{d}t}\left(\frac{\partial L}{\partial \dot{q}_\alpha}\delta q_\alpha\right)\mathrm{d}t-\int_{t_0}^{t_1}\sum_{\alpha=1}^{s}\left(\frac{\partial L}{\partial \dot{q}_\alpha}\delta \dot{q}_\alpha+\frac{\partial L}{\partial q_\alpha}\delta q_\alpha\right)\mathrm{d}t = 0$$

$$\sum_{\alpha=1}^{s}\frac{\partial L}{\partial \dot{q}_\alpha}[\delta q_\alpha]_{t_0}^{t_1}-\int_{t_0}^{t_1}\sum_{\alpha=1}^{s}\left(\frac{\partial L}{\partial \dot{q}_\alpha}\delta \dot{q}_\alpha+\frac{\partial L}{\partial q_\alpha}\delta q_\alpha\right)\mathrm{d}t = 0$$

曲线两端固定，所以

$$\delta q_{\alpha t_0} = \delta q_{\alpha t_1} = 0$$

得到

$$-\int_{t_0}^{t_1}\delta L\mathrm{d}t = 0,\quad \delta\int_{t_0}^{t_1}L\mathrm{d}t = 0$$

即为保守力系下的哈密顿原理的数学表达式。

8.4.2 由哈密顿正则方程推导出哈密顿原理

将哈密顿正则方程中两式分别乘以 δp_α 和 δq_α，对 α 求和后相加得到

$$\sum_{\alpha=1}^{s}\left(\dot{q}_\alpha-\frac{\partial H}{\partial p_\alpha}\right)\delta p_\alpha-\sum_{\alpha=1}^{s}\left(\dot{p}_\alpha+\frac{\partial H}{\partial q_\alpha}\right)\delta q_\alpha = 0$$

然后沿着 S 维空间一条可能的运动路径自曲线共同端点 P_0 至 P_1 对时间 t 积分

$$\int_{t_0}^{t_1}\left[\sum_{\alpha=1}^{s}\left(\dot{q}_\alpha-\frac{\partial H}{\partial p_\alpha}\right)\delta p_\alpha-\sum_{\alpha=1}^{s}\left(\dot{p}_\alpha+\frac{\partial H}{\partial q_\alpha}\right)\delta q_\alpha\right]\mathrm{d}t = 0$$

即

$$\int_{t_0}^{t_1}\left[\sum_{\alpha=1}^{s}(\dot{q}_\alpha\delta p_\alpha-\dot{p}_\alpha\delta q_\alpha)-\sum_{\alpha=1}^{s}\left(\frac{\partial H}{\partial p_\alpha}\delta p_\alpha+\frac{\partial H}{\partial q_\alpha}\delta q_\alpha\right)\right]\mathrm{d}t = 0$$

利用关系式

$$\sum_{\alpha=1}^{s}\dot{p}_\alpha\delta q_\alpha = \frac{\mathrm{d}}{\mathrm{d}t}\left(\sum_{\alpha=1}^{s}p_\alpha\delta q_\alpha\right)-\sum_{\alpha=1}^{s}p_\alpha\delta \dot{q}_\alpha$$

得到

$$\sum_{\alpha=1}^{s} p_\alpha[\delta q_\alpha]_{t_0}^{t_1} - \int_{t_0}^{t_1}\left[\sum_{\alpha=1}^{s}(\dot{q}_\alpha \delta p_\alpha + p_\alpha \delta \dot{q}_\alpha) - \sum_{\alpha=1}^{s}\left(\frac{\partial H}{\partial p_\alpha}\delta p_\alpha + \frac{\partial H}{\partial q_\alpha}\delta q_\alpha\right)\right]\mathrm{d}t = 0$$

利用哈密顿函数 $H=H(q_\alpha, p_\alpha, t)$的等时变分，得到

$$\sum_{\alpha=1}^{s} p_\alpha[\delta q_\alpha]_{t_0}^{t_1} - \int_{t_0}^{t_1}\delta\left[\sum_{\alpha=1}^{s} p_\alpha \dot{q}_\alpha - H\right]\mathrm{d}t = 0$$

两端点固定，有 $\delta q_{\alpha t_0} = \delta q_{\alpha t_1} = 0$，得到

$$\int_{t_0}^{t_1}\delta\left[\sum_{\alpha=1}^{s} p_\alpha \dot{q}_\alpha - H\right]\mathrm{d}t = 0$$

由哈密顿函数的定义可知

$$\delta\int_{t_0}^{t_1} L\mathrm{d}t = 0$$

即为哈密顿原理。

8.4.3 由哈密顿原理导出哈密顿正则方程

由哈密顿函数知

$$L = \sum_{\alpha=1}^{s} p_\alpha \dot{q}_\alpha - H$$

代入哈密顿原理中得到

$$\int_{t_0}^{t_1}\delta\left(\sum_{\alpha=1}^{s} p_\alpha \dot{q}_\alpha - H\right)\mathrm{d}t = 0$$

因 $H=H(q_\alpha, p_\alpha, t)$，对上式作等时变分，得到

$$\int_{t_0}^{t_1}\sum_{\alpha=1}^{s}\left[\dot{q}_\alpha \delta p_\alpha + p_\alpha \delta \dot{q}_\alpha - \left(\frac{\partial H}{\partial p_\alpha}\delta p_\alpha + \frac{\partial H}{\partial q_\alpha}\delta q_\alpha\right)\right]\mathrm{d}t = 0$$

利用关系式

$$\sum_{\alpha=1}^{s} p_\alpha \delta \dot{q}_\alpha = \frac{\mathrm{d}}{\mathrm{d}t}\left(\sum_{\alpha=1}^{s} p_\alpha \delta q_\alpha\right) - \sum_{\alpha=1}^{s} \dot{p}_\alpha \delta q_\alpha$$

得到

$$\sum_{\alpha=1}^{s} p_\alpha[\delta q_\alpha]_{t_0}^{t_1} + \int_{t_0}^{t_1}\sum_{\alpha=1}^{s}\left[(\dot{q}_\alpha \delta p_\alpha - \dot{p}_\alpha \delta q_\alpha) - \left(\frac{\partial H}{\partial p_\alpha}\delta p_\alpha + \frac{\partial H}{\partial q_\alpha}\delta q_\alpha\right)\right]\mathrm{d}t = 0$$

即

$$\sum_{\alpha=1}^{s} p_\alpha[\delta q_\alpha]_{t_0}^{t_1} + \int_{t_0}^{t_1}\sum_{\alpha=1}^{s}\left[\left(\dot{q}_\alpha - \frac{\partial H}{\partial p_\alpha}\right)\delta p_\alpha - \left(\dot{p}_\alpha + \frac{\partial H}{\partial q_\alpha}\right)\delta q_\alpha\right]\mathrm{d}t = 0$$

两端点固定，有 $\delta q_{\alpha t_0} = \delta q_{\alpha t_1} = 0$，得到

$$\int_{t_0}^{t_1}\left[\sum_{\alpha=1}^{s}\left(\dot{q}_\alpha - \frac{\partial H}{\partial p_\alpha}\right)\delta p_\alpha - \sum_{\alpha=1}^{s}\left(\dot{p}_\alpha + \frac{\partial H}{\partial q_\alpha}\right)\delta q_\alpha\right]\mathrm{d}t = 0$$

因为 δq_α 和 δp_α 在积分范围内是任意的，而且也是相互独立的，故有

$$\begin{cases} \dot{q}_\alpha = \dfrac{\partial H}{\partial p_\alpha} \\ \dot{p}_\alpha = -\dfrac{\partial H}{\partial q_\alpha} \end{cases}$$

即为哈密顿正则方程。

8.4.4　由动力学普遍方程推导哈密顿原理

动力学普遍方程为

$$\sum_{i=1}^{n}(\boldsymbol{F}_i - m_i \ddot{\boldsymbol{r}}_i)\cdot \delta\boldsymbol{r}_i = 0$$

其中

$$\ddot{\boldsymbol{r}}_i \cdot \delta\boldsymbol{r}_i = \frac{\mathrm{d}}{\mathrm{d}t}(\dot{\boldsymbol{r}}_i \cdot \delta\boldsymbol{r}_i) - \dot{\boldsymbol{r}}_i \cdot \frac{\mathrm{d}}{\mathrm{d}t}\delta\boldsymbol{r}_i = \frac{\mathrm{d}}{\mathrm{d}t}(\dot{\boldsymbol{r}}_i \cdot \delta\boldsymbol{r}_i) - \frac{1}{2}\delta(\dot{\boldsymbol{r}}_i \cdot \dot{\boldsymbol{r}}_i)$$

所以方程变为

$$\sum_{i=1}^{n} F_i \cdot \delta\boldsymbol{r}_i - \sum_{i=1}^{n} m_i \frac{\mathrm{d}}{\mathrm{d}t}(\dot{\boldsymbol{r}}_i \cdot \delta\boldsymbol{r}_i) + \sum_{i=1}^{n}\frac{m_i}{2}\delta(\dot{\boldsymbol{r}}_i \cdot \dot{\boldsymbol{r}}_i) = 0$$

即

$$\delta W - \sum_{i}^{n} m_i \frac{\mathrm{d}}{\mathrm{d}t}(\dot{\boldsymbol{r}}_i \cdot \delta\boldsymbol{r}_i) + \delta T = 0$$

沿着 S 维空间一条可能的运动路径自曲线共同端点 P_0 至 P_1 对时间 t 积分

$$\int_{t_0}^{t_1}(\delta W + \delta T)\mathrm{d}t - \sum_{i=1}^{n} m_i [\dot{\boldsymbol{r}}_i \cdot \delta\boldsymbol{r}_i]_{t_0}^{t_1} = 0$$

两端点固定，有 $\delta\boldsymbol{r}_{it_0} = \delta\boldsymbol{r}_{it_1} = 0$，得到

$$\int_{t_0}^{t_1}(\delta W + \delta T)\mathrm{d}t = 0$$

若系统主动力为有势力(保守力)时，有

$$\delta W = -\delta V$$

得到

$$\int_{t_0}^{t_1}(-\delta V + \delta T)\mathrm{d}t = 0$$

即

$$\delta\int_{t_0}^{t_1} L\mathrm{d}t = 0$$

即为哈密顿原理。

8.4.5　由哈密顿原理推导动力学普遍方程

因为

$$\delta\int_{t_0}^{t_1} L\mathrm{d}t = 0$$

即

$$\int_{t_0}^{t_1}(-\delta V + \delta T)\mathrm{d}t = 0$$

若系统主动力为有势力(保守力)时，有 $\delta W = -\delta V$，得到

$$\int_{t_0}^{t_1}(\delta W + \delta T)\mathrm{d}t = 0$$

即

$$\int_{t_0}^{t_1}\left[\left(\sum_{i=1}^{n}\boldsymbol{F}_i\cdot\delta\boldsymbol{r}_i\right)+\left(\sum_{i=1}^{n}m_i\dot{\boldsymbol{r}}_i\cdot\delta\dot{\boldsymbol{r}}_i\right)\right]\mathrm{d}t=0$$

利用关系式

$$\dot{\boldsymbol{r}}_i\cdot\delta\dot{\boldsymbol{r}}_i=\frac{\mathrm{d}}{\mathrm{d}t}(\dot{\boldsymbol{r}}_i\cdot\delta\boldsymbol{r}_i)-\ddot{\boldsymbol{r}}_i\cdot\delta\boldsymbol{r}_i$$

得到

$$\int_{t_0}^{t_1}\left[\sum_{i=1}^{n}\boldsymbol{F}_i\cdot\delta\boldsymbol{r}_i+\sum_{i=1}^{n}m_i\frac{\mathrm{d}}{\mathrm{d}t}(\dot{\boldsymbol{r}}_i\cdot\delta\boldsymbol{r}_i)-\sum_{i=1}^{n}m_i\ddot{\boldsymbol{r}}_i\cdot\delta\boldsymbol{r}_i\right]\mathrm{d}t=0$$

即

$$\sum_{i=1}^{n}m_i\dot{\boldsymbol{r}}_i\cdot[\delta\boldsymbol{r}_i]_{t_0}^{t_1}+\int_{t_0}^{t_1}\left[\sum_{i=1}^{n}F_i\cdot\delta\boldsymbol{r}_i-\sum_{i=1}^{n}m_i\ddot{\boldsymbol{r}}_i\cdot\delta\boldsymbol{r}_i\right]\mathrm{d}t=0$$

两端点固定，有 $\delta\boldsymbol{r}_{it_0}=\delta\boldsymbol{r}_{it_1}=\boldsymbol{0}$，得到

$$\int_{t_0}^{t_1}\left[\sum_{i=1}^{n}(\boldsymbol{F}_i-m_i\ddot{\boldsymbol{r}}_i)\cdot\delta\boldsymbol{r}_i\right]\mathrm{d}t=0$$

即

$$\sum_{i=1}^{n}(\boldsymbol{F}_i-m_i\ddot{\boldsymbol{r}}_i)\cdot\delta\boldsymbol{r}_i=0$$

显然，这个方程具有动力学普遍方程的形式，但是它的适应条件却有限制，为什么呢？

8.5 哈密顿变分原理的应用

各原理在反映力学普遍规律上是等价的，所以前面各种原理可以解决的问题都可以用哈密顿原理解决，同时，由于数学问题导致的牛顿力学方程不能解决的问题利用分析力学各个原理便可以顺利解决，所以，读者要学会灵活利用各个原理，绕开阻力，达成目标。下面解释几个代表性例题，说明哈密顿原理的应用。

8.5.1 开普勒问题

例 8.2 用哈密顿原理解决开普勒问题。

解 开普勒问题的拉格朗日函数为

$$L=\frac{m}{2}(\dot{r}^2+r^2\dot{\theta}^2)+\frac{\alpha}{r} \tag{1}$$

根据哈密顿原理，它的动力学方程应该由

$$\delta\int_{t_0}^{t_1}L\mathrm{d}t=\int_{t_0}^{t_1}\delta\left[\frac{m}{2}(\dot{r}^2+r^2\dot{\theta}^2)+\frac{\alpha}{r}\right]\mathrm{d}t=0 \tag{2}$$

给出。根据变分符号 δ 的性质，(2)式变为

$$\int_{t_0}^{t_1}\left[m(\dot{r}\delta\dot{r}+r\dot{\theta}^2\delta r+r^2\dot{\theta}\delta\dot{\theta})-\frac{\alpha}{r^2}\delta r\right]\mathrm{d}t=0$$

根据积分端点时刻函数值不变这一特点，可以得到下面的关系式

$$\begin{cases}\displaystyle\int_{t_0}^{t_1}m\dot{r}\delta\dot{r}\mathrm{d}t=-\int_{t_0}^{t_1}m\ddot{r}\delta r\mathrm{d}t\\ \displaystyle\int_{t_0}^{t_1}mr^2\dot{\theta}\delta\dot{\theta}\mathrm{d}t=-\int_{t_0}^{t_1}m(r\ddot{\theta}+2\dot{r}\dot{\theta})r\delta\theta\mathrm{d}t\end{cases}$$

这样式(2)最终变为

$$\int_{t_0}^{t_1}\left[\left(-m\ddot{r}+mr\dot{\theta}^2-\frac{\alpha}{r^2}\right)\delta r+m(r\ddot{\theta}+2\dot{r}\dot{\theta})r\delta\theta\right]\mathrm{d}t=0$$

由于 $\delta r,\delta\theta$ 的独立性,所以有

$$\begin{cases}m(\ddot{r}-r\dot{\theta}^2)=-\dfrac{\alpha}{r^2}\\ m(r\ddot{\theta}+2\dot{r}\dot{\theta})=0\end{cases}$$

这就是大家熟知的开普勒问题的牛顿动力学方程。

8.5.2 欧拉动力学问题

例 8.3 试用哈密顿原理解决对称陀螺的守恒量问题。

解 对称陀螺是三个自由度的问题,在第 3 章中介绍了用三个欧拉角来描述它的运动,但是由于计算的复杂性,实际上欧拉动力学方程并不实用。这里还是采用 φ,θ,ψ 这三个欧拉角作广义坐标,因为它们相互独立。

为了使惯量系数都是常量,采用惯量主轴为动坐标轴,由于对称陀螺的对称性,选择其对称轴为动坐标的 z 轴,则三个轴转动惯量可用 I_1,I_2,I_3 来表示,则对称陀螺的动能为

$$T=\frac{1}{2}I_1(\omega_x^2+\omega_y^2)+\frac{1}{2}I_3\omega_z^2$$

其中 $I_1=I_2$。

根据欧拉运动学方程

$$\begin{cases}\omega_x=\dot{\varphi}\sin\theta\sin\psi+\dot{\theta}\cos\psi\\ \omega_y=\dot{\varphi}\sin\theta\cos\psi-\dot{\theta}\sin\psi\\ \omega_z=\dot{\varphi}\cos\theta+\dot{\psi}\end{cases}$$

则

$$T=\frac{1}{2}I_1(\dot{\theta}^2+\dot{\varphi}^2\sin^2\theta)+\frac{1}{2}I_3(\dot{\varphi}\cos\theta+\dot{\psi})^2$$

若假设陀螺的质量为 m,陀螺重心到定点 O 的距离为 l,其势能为

$$V=mgl\cos\theta$$

则系统拉格朗日函数为

$$L=\frac{1}{2}I_1(\dot{\theta}^2+\dot{\varphi}^2\sin^2\theta)+\frac{1}{2}I_3(\dot{\varphi}\cos\theta+\dot{\psi})^2-mgl\cos\theta \tag{1}$$

根据哈密顿原理,它的动力学方程应该由

$$\begin{aligned}\delta\int_{t_0}^{t_1}L\mathrm{d}t&=\int_{t_0}^{t_1}\delta\left[\frac{1}{2}I_1(\dot{\theta}^2+\dot{\varphi}^2\sin^2\theta)+\frac{1}{2}I_3(\dot{\varphi}\cos\theta+\dot{\psi})^2-mgl\cos\theta\right]\mathrm{d}t\\&=0\end{aligned} \tag{2}$$

给出。根据变分符号 δ 的性质,式(2)变为

$$\begin{aligned}&\int_{t_0}^{t_1}[I_1(\dot{\theta}\delta\dot{\theta}+\dot{\varphi}\sin^2\theta\delta\dot{\varphi}+\dot{\varphi}^2\sin\theta\cos\theta\delta\theta)\\&+I_3(\dot{\varphi}\cos\theta+\dot{\psi})(\cos\theta\delta\dot{\varphi}-\dot{\varphi}\sin\theta\delta\theta+\delta\dot{\psi})+mgl\sin\theta\delta\theta]\mathrm{d}t=0\end{aligned}$$

显然这里的计算量比较大，不适宜用哈密顿原理解决，但可以利用拉格朗日方程的初积分来顺利解决。

因为式(1)中拉格朗日函数不显含坐标 φ,ψ，所以它们是两个循环坐标，相应的广义动量是守恒量，有

$$\begin{cases}\dfrac{\partial L}{\partial \dot{\varphi}} = I_1 \dot{\varphi}\sin^2\theta + I_3(\dot{\varphi}\cos\theta + \dot{\psi})\cos\theta = C_1 \\ \dfrac{\partial L}{\partial \dot{\psi}} = I_3(\dot{\varphi}\cos\theta + \dot{\psi}) = C_2\end{cases} \tag{3}$$

又因为拉格朗日函数不显含时间且系统动能是广义速度 $\dot{\varphi}$、$\dot{\theta}$，$\dot{\psi}$ 的二次齐次式，则系统机械能守恒，为

$$\frac{1}{2}I_1(\dot{\theta}^2 + \dot{\varphi}^2\sin^2\theta) + \frac{1}{2}I_3(\dot{\varphi}\cos\theta + \dot{\psi})^2 + mgl\cos\theta = C_3 = E \tag{4}$$

式(3)和式(4)就是对称陀螺绕固定点转动的三个第一积分。

8.5.3 线对称三原子分子的微振动问题

例 8.4 设两个质量为 m 的原子，对称地位于质量为 M 的原子两侧，三者处于同一条直线上，其间的相互作用可近似地认为是准弹性的，即相当于用劲度系数为 k 的两个相同弹簧把它们连接起来，如平衡时，M 与两个 m 的距离都是 b，求三者沿连线振动时的运动方程及角频率。

解 若以水平轴 x 上某点 O 为原点，x_1,x_2,x_3 分别为 m,M,m 的坐标，系统的势能为

$$V = \frac{k}{2}(x_2 - x_1 - b)^2 + \frac{k}{2}(x_3 - x_2 - b)^2$$

系统动能为

$$T = \frac{m}{2}(\dot{x}_1^2 + \dot{x}_3^2) + \frac{M}{2}\dot{x}_2^2$$

若选择广义坐标为

$$q_1 = x_1, \quad q_2 = x_2 - b, \quad q_3 = x_3 - 2b$$

则

$$T = \frac{m}{2}(\dot{q}_1^2 + \dot{q}_3^2) + \frac{M}{2}\dot{q}_2^2, \quad V = \frac{k}{2}(q_2 - q_1)^2 + \frac{k}{2}(q_3 - q_2)^2$$

系统的拉格朗日函数为

$$L = \frac{m}{2}(\dot{q}_1^2 + \dot{q}_3^2) + \frac{M}{2}\dot{q}_2^2 - \frac{k}{2}(q_1^2 + 2q_2^2 + q_3^2 - 2q_1q_2 - 2q_2q_3) \tag{1}$$

根据哈密顿原理，它的动力学方程应该由

$$\delta\int_{t_0}^{t_1} L\mathrm{d}t = \int_{t_0}^{t_1}\delta\left[\frac{m}{2}(\dot{q}_1^2 + \dot{q}_3^2) + \frac{M}{2}\dot{q}_2^2 - \frac{k}{2}(q_1^2 + 2q_2^2 + q_3^2 - 2q_1q_2 - 2q_2q_3)\right]\mathrm{d}t = 0 \tag{2}$$

给出。根据变分符号 δ 的性质，式(2)变为

$$\int_{t_0}^{t_1}[m(\dot{q}_1\delta\dot{q}_1 + \dot{q}_3\delta\dot{q}_3) + M\dot{q}_2\delta\dot{q}_2 - k(q_1\delta q_1 + 2q_2\delta q_2 + q_3\delta q_3$$

$$-q_1\delta q_2 - q_2\delta q_1 - q_2\delta q_3 - q_3\delta q_2)]\mathrm{d}t = 0$$

根据积分端点时刻函数值不变这一特点,可以得到下面的关系式

$$\begin{cases}\int_{t_0}^{t_1} m\dot{q}_1\delta\dot{q}_1\mathrm{d}t = -\int_{t_0}^{t_1} m\ddot{q}_1\delta q_1\mathrm{d}t \\ \int_{t_0}^{t_1} m\dot{q}_3\delta\dot{q}_3\mathrm{d}t = -\int_{t_0}^{t_1} m\ddot{q}_3\delta q_3\mathrm{d}t \\ \int_{t_0}^{t_1} M\dot{q}_2\delta\dot{q}_2\mathrm{d}t = -\int_{t_0}^{t_1} M\ddot{q}_2\delta q_2\mathrm{d}t\end{cases}$$

这样式(2)最终变为

$$\int_{t_0}^{t_1}[(m\ddot{q}_1 + kq_1 - kq_2)\delta q_1 + (M\ddot{q}_2 + 2kq_2 - kq_1 - kq_3)\delta q_2$$

$$+ (m\ddot{q}_3 + kq_3 - kq_2)\delta q_3]\mathrm{d}t = 0$$

由于 $\delta q_1, \delta q_2, \delta q_3$ 的独立性,所以有

$$\begin{cases}m\ddot{q}_1 + k(q_1 - q_2) = 0 \\ M\ddot{q}_2 + k(2q_2 - q_1 - q_3) = 0 \\ m\ddot{q}_3 + k(q_3 - q_2) = 0\end{cases} \tag{3}$$

为三者沿连线振动时的运动方程。

设方程组(3)的解为 $q_\beta = c_\beta\sin(\omega t + \varphi)$,则

$$\begin{cases}c_1(k - m\omega^2) - c_2 k = 0 \\ c_1 k - c_2(2k - M\omega^2) + c_3 k = 0 \\ -c_2 k + c_3(k - m\omega^2) = 0\end{cases} \tag{4}$$

式(4)有解的条件是其行列式为零,即

$$\begin{vmatrix}(k - m\omega^2) & -k & 0 \\ k & -(2k - M\omega^2) & k \\ 0 & -k & (k - m\omega^2)\end{vmatrix} = 0$$

由此得到

$$(k - m\omega^2)^2(2k - M\omega^2) - 2k^2(k - m\omega^2) = 0$$

即

$$\omega^2(k - m\omega^2)(mM\omega^2 - 2km - kM) = 0$$

所以

$$\omega_1 = 0;\quad \omega_2 = \sqrt{\frac{k}{m}};\quad \omega_3 = \sqrt{\frac{k}{m}\left(1 + \frac{2m}{M}\right)}$$

为所要求的三个角频率。

哈密顿原理与拉格朗日方程、正则方程是等价的,同一个力学问题,采用同样的广义坐标,导出的微分方程是完全相同的。哈密顿原理不仅具有一个基本原理的理论意义,还有广泛的适用性,不仅适用于力学系统,还可以用于其他物理领域。就拿处理力学问题来说,得到的运动微分方程在许多情况下难以获得精确解,哈密顿原理将力学问题变为泛函的极值问题,开辟了解题的新途径。

思考题

8.1 关于泛函你知道多少？与函数相比，泛函的极值说明什么？

8.2 为什么变分符号 δ 可与积分符号互换位置？全变分符号也有这个性质吗？

8.3 什么是力学变分原理？

8.4 哈密顿原理是用什么方法确定运动规律的？

8.5 总结哈密顿变分原理的解题步骤。

8.6 如何得到保守系的哈密顿原理的主函数？

8.7 对于非保守系是否也有哈密顿原理呢？

8.8 为什么又称哈密顿原理为力学的普遍原理？

8.9 你可以从哈密顿变分原理推出动力学普遍方程吗？要注意些什么？

8.10 分析力学学完后，请把其中的方程和原理与牛顿运动定律相比较，并加以评论。

习题

8.1 试利用哈密顿原理重解习题 6.1。

8.2 单摆如图示，小球质量为 m_1，均质摆长为 l，质量为 m_2。另一个质量为 m_3 的小球置于半径为 R 的固定光滑圆柱底座上，且小球又可沿摆杆自由滑动。试由哈密顿原理写出该系统的运动微分方程。

8.3 在图示铅直平面内，一半径为 r、质量 m 的均质实心圆柱体 O_1，在半径为 R 质量为 M 的均质空心圆柱体 O 内作纯滚动，空心圆柱体可绕其定轴 O 自由转动。试写出体系的动能和拉格朗日函数，并利用哈密顿变分原理求系统的运动微分方程。

8.4 如图所示，半径为 a 的光滑圆形金属丝圈，以角速度 ω 绕竖直直径转动。圈上套上一质量为 m 的小环。小环自圆圈的最高点无初速地沿着圆圈滑下，当小环与圈中的联线与竖直向上的直径成 θ 角时，用哈密顿变分原理求出小环的运动微分方程。

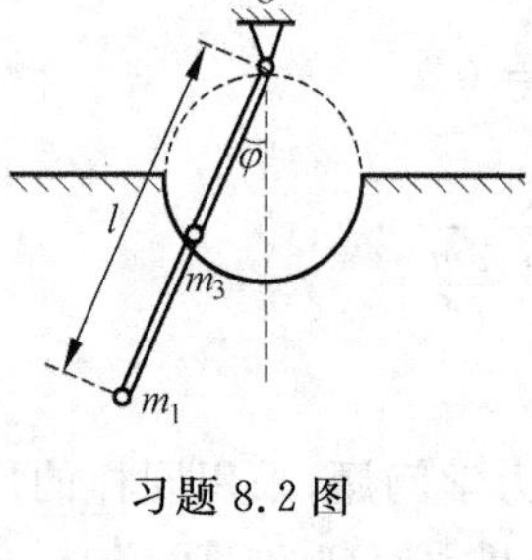

习题 8.2 图

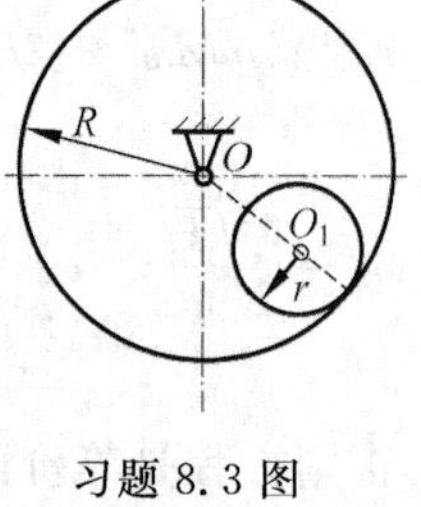

习题 8.3 图

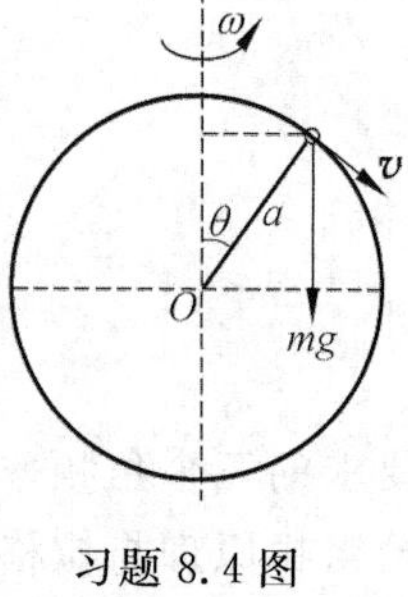

习题 8.4 图

8.5 试用哈密顿原理求复摆作微振动时的周期。

8.6 设质量为 m 的质点受重力作用，被约束在半顶角为 α 的圆锥面内运动，试以 r,θ 为广义坐标，分别由拉格朗日方程和哈密顿变分原理求此质点的运动微分方程。

8.7 一个质点在垂直平面内从一点无初速地沿某一条光滑曲线滑到给定的另一点，要所需的时间最短，求此光滑曲线满足的微分方程。

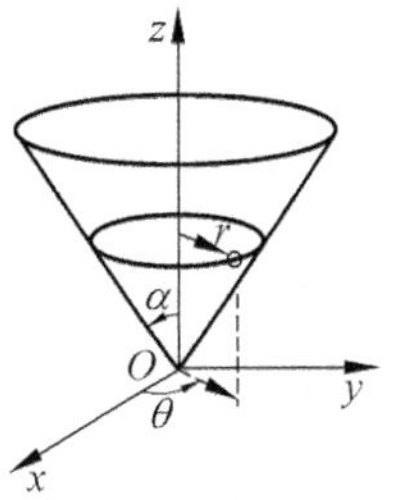

习题 8.6 图

8.8 试证明，在圆柱面上任意两点间最短曲线是螺旋线：$z=Ar\varphi+B$，其中 r,φ,z 是柱坐标，z 轴沿圆柱的对称轴，r 为圆柱的半径。A,B 由所给两点的 φ,z 值确定。

8.9 在 xy 平面上连接两给定点 (x_1,y_1) 和 (x_2,y_2) 的一条曲线绕 x 轴转动，绕出一个旋转曲面，设曲面面积为 A。(1)证明 $A=2\pi\int_{x_1}^{x_2} y\sqrt{1+y'^2}\,\mathrm{d}x$；(2)要使 A 为最小，求此曲线 $y=y(x)$ 满足的微分方程。

8.10 一系统的拉格朗日函数为 $L=\frac{1}{2}\dot{x}^2-\frac{1}{2}x^2$，(1)直接验证，对路径 $x=A\sin t$，有 $\delta\int_0^{\pi/8}L\mathrm{d}t=0$；(2)比较在 $t=0$ 和 $t=\frac{\pi}{8}$ 均有同样的 x 值的路径族 $x=A(\sin t+C\sin 8t)$，试证明当 $C=0$ 时，$\delta\int_0^{\pi/8}L\mathrm{d}t$ 有极小值。

部分习题答案

8.2 $\left(m_1l^2+\frac{1}{3}m_2l^2+4m_3R^2\right)\ddot{\varphi}+\frac{m_2+2m_1}{2}gl\sin\varphi+2m_3gR\sin2\varphi=0$

8.3 $T=\frac{1}{4}(2M+m)R^2\dot{\theta}^2+\frac{3}{4}m(R-r)^2\dot{\varphi}^2-\frac{1}{2}mR(R-r)\dot{\varphi}\dot{\theta}$；

$L=\frac{1}{4}(2M+m)R^2\dot{\theta}^2+\frac{3}{4}m(R-r)^2\dot{\varphi}^2-\frac{1}{2}mR(R-r)\dot{\varphi}\dot{\theta}+mg(R-r)\cos\varphi$；

$$\begin{cases}(2M+m)R\ddot{\theta}-m(R-r)\ddot{\varphi}=0\\ R\ddot{\theta}-3(R-r)\ddot{\varphi}-2g\sin\varphi=0\end{cases}$$

8.4 $\ddot{\theta}-\left(\omega^2\cos\theta+\frac{g}{a}\right)\sin\theta=0$

8.5 $T=2\pi\sqrt{\frac{I_0}{mgl}}$

8.6
$$\begin{cases}r^2\dot{\theta}=C & (1)\\ \ddot{r}-r\dot{\theta}^2\sin^2\alpha+g\sin\alpha\cos\alpha=0 & (2)\end{cases}$$

8.7 x 轴水平，y 轴铅直，则方程为 $2yy''+y'^2+1=0$

8.9 (2) $yy''-y'^2-1=0$

第9章 狭义相对论

本章详述了爱因斯坦的狭义相对论,并据此得到三个相对论结论和五个相对论公式。最后简要介绍了四维矢量和四维空间的概念。

相对论是20世纪物理学取得的两个最伟大的发现之一(另一个是量子论)。相对论分为广义和狭义两大类。关于惯性系的相关理论称为**狭义相对论**,而关于非惯性系的相关理论称为广义相对论。这里只讨论狭义相对论,而且只讨论其中的基本问题。

相对论主要是关于时空的理论,它揭示了旧时空观的局限性而建立了新的时空观,它把空间、时间和物质运动不可分割地联系在一起,从而使物理规律适用于一切惯性系。

经典力学认为空间、时间和质量都是与物体运动无关的不变量,相对论使这些概念发生了深刻的变革,提出了新的时空观,即认为空间、时间和质量都是与物体运动有关的量,随着物体的运动而发生着改变。通过前期的学习知道,经典力学只是适应于低速空间,即处理物体的低速运动,而对于高速空间如电磁波的传播、光的传播等高速物体的运动的描述就只能由相对论来解决。狭义相对论的提出很好地解释了迈克尔逊-莫雷实验,并为随后的大量的天体运动现象和数据所证实。不仅如此,它对于处理经典力学行之有效的低速运动,也能得到相同的结果。相对论已经成为许多基础学科和现代工程技术的理论基础。

麦克斯韦电磁理论虽然取得了很大的成功,但是在该理论赖以生存的时空关系上却遇到了严重的困难。因为按照经典理论的伽利略变换关系来说,物体的速度与惯性系的选择有关,这样真空中的光速就与惯性系的选择有关而不是常数。这就与麦克斯韦电磁理论得到的"真空中的光速是与参考系无关的常数"这个结论相矛盾。

经典力学的相对性原理即伽利略变换式是否能适用于麦克斯韦电磁理论呢?当时很多物理学家都倾向于保留以太这一绝对惯性系,来寻求问题的解决,并设计了一系列试图证明以太存在的实验。1887年,迈克尔逊和莫雷设计的实验最具有历史意义,因为实验的初衷是试图证明以太的存在,而实验的结论是以太并不存在。以太既然不存在,那么上述的矛盾该如何解决呢?人们试图修改伽利略变换,其中洛伦兹做的修改已经接近了真理的边缘,但是洛伦兹没有提出突破性的理论。

其实爱因斯坦并不知道迈克尔逊-莫雷实验的结论,但是他坚信麦克斯韦电磁理论是受到了经典力学时空观的束缚,因此他提出了新的时空观。新的时空观的理论变换式与洛伦兹修改的变换式相一致。

狭义相对论不仅正确地说明了电磁现象,而且还涵盖了力学中的各个现象,现在,狭义相对论是研究高能物理和微观粒子的重要理论基础。

9.1 牛顿的时空观(经典的时空观)和伽利略变换

9.1.1 伽利略变换式

集中反映旧时空观的是伽利略变换,这是关于惯性坐标系的变换。如图 9.1 所示,有两个惯性系 $S(Oxyz)$ 和 $S'(Ox'y'z')$,它们的原点重合,对应的坐标轴相互平行。现使 S' 系相对于 S 系以速度 $\boldsymbol{v}$ 沿 Ox 轴正方向运动,由经典力学可知,在时刻 t,闪光事件点 P 在这两个惯性参考系中的空间位置坐标有如下的对应关系:

$$\begin{cases} x' = x - vt \\ y' = y \\ z' = z \end{cases}$$

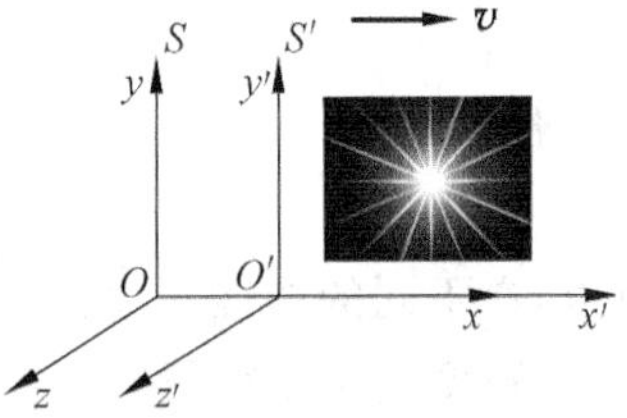

图 9.1

这就是经典力学中的伽利略位置坐标变换公式,这种变换的特征是空间、时间之间完全分离,毫无关系。

9.1.2 伽利略相对性原理(经典力学的相对性原理)

若在惯性系 $S'(Ox'y'z')$ 中沿 Ox' 轴放置一根细棒,此棒两端点在 S 和 S' 系中的坐标分别是 x_1, x_2 和 x'_1, x'_2,则不同参考系中坐标之间关系可由伽利略坐标变换式给出

$$x'_1 = x_1 - vt, \quad x'_2 = x_2 - vt$$

于是

$$x'_2 - x'_1 = x_2 - x_1$$

上式表明,由不同的惯性系分别量度同一物体的长度时,按伽利略坐标变换式所得到的量值是相同的,与两惯性系的相对速度 $\boldsymbol{v}$ 是无关的,所以经典力学认为,**空间的量度是绝对的,与参考系无关**。"在惯性系内的观察者不可能通过力学实验来测定此惯性系的运动状态"(伽利略语)。

同样,在经典力学中,时间的量度也是绝对的,与参考系无关,所以伽利略坐标变换式可以改写成下述的四维坐标形式:

$$\begin{cases} x' = x - vt \\ y' = y \\ z' = z \\ t' = t \end{cases} \quad \text{或者} \quad \begin{cases} x = x' + vt \\ y = y' \\ z = z' \\ t = t' \end{cases} \tag{9.1}$$

这就是著名的**伽利略时空变换式**。它以数学形式表达了经典力学的时空观,显然,这种表达方式是将时间当成空间的第四维,称之为**四维时空**。

将上式对时间求一阶导数,得到经典力学中的速度变换法则

$$\begin{cases} u'_x = u_x - v \\ u'_y = u_y \\ u'_z = u_z \end{cases} \tag{9.2}$$

上式为事件点 P 在 S 和 S' 系中的速度变换关系,称为**伽利略速度变换关系**,其矢量形式为

$$\boldsymbol{u}' = \boldsymbol{u} - \boldsymbol{v}$$

这正是在经典力学中学习过的**速度叠加原理**。式中 $\boldsymbol{u}'$和 $\boldsymbol{u}$ 分别是事件点 P 在 S 和 S'系中的速度，而 $\boldsymbol{v}$ 是经典力学中关于相对运动的牵连速度。

将上式再对时间求一阶导数，得到经典力学中的加速度变换法则

$$\begin{cases} a'_x = a_x \\ a'_y = a_y \\ a'_z = a_z \end{cases}$$

其矢量形式为

$$\boldsymbol{a}' = \boldsymbol{a}$$

所以，在不同的惯性系中，点 P 的加速度是相同的，即在伽利略变换里，对不同的惯性系来说，加速度是个不变量。

由于经典力学认为物体的质量是个与运动状态无关的不变量，由此可知，两个相互作匀速直线运动的惯性系中，牛顿运动定律的形式也应该是相同的，即有如下形式

$$\boldsymbol{F} = m\boldsymbol{a}, \quad \boldsymbol{F}' = m\boldsymbol{a}'$$

所以，牛顿运动定律在上述两个不同的惯性系中保持形式不变。不难推断，对于所有的惯性系来说，牛顿力学的形式都应该具有相同的形式，这就是**牛顿力学的相对性原理**。它说明一切惯性系对机械运动都是等价的，即：力学的运动规律在一切惯性系中应保持不变，又称**伽利略相对性原理为力学相对性原理**。

实验证明，牛顿力学的相对性原理在宏观、低速的范围内，与实验结果保持一致。

9.1.3 经典力学的绝对时空观

经典力学中这样定义空间、时间和物质。

空间：“绝对空间，就其本性而言，是与外界任何事物无关而永远是相同的和不动的。”

时间：“绝对的、真正的和数学的时间自身在流逝着，而且由于其本性而在均匀地与外界事物无关地流逝着。”

物质：“是由不变的、永远如此的、绝对不可分割的原子组成，其中含原子越多，它的质量越大。”

经典力学认为空间只是物质运动的场所，是与其中的物质完全无关而独立存在的，并且是永恒不变绝对静止的，时间是绝对的。由此，空间的量度就应当与惯性系无关而绝对不变，同时对于不同的惯性系就可以用同一个时间来讨论问题。例如，对于一个惯性系，两件事情是同时发生的，那么，从另一个惯性系来看，也应该是同时发生的，而两件事情所持续的时间不论从哪个惯性系来看也应该是相同的。

这种时空观出现在 20 世纪以前，它反映了人们把时间、空间、物质完全分割开来的一种观点。它产生的原因是人们还没有大量研究高速运动的物理现象，只是从低速力学现象中加以抽象的时空观。

然而，实践已经证明，绝对时空观是不正确的，需要由新的相对的时空观来代替，相对论就带来了这种时空观。

9.2 相对论的时空观和狭义相对论的两条假说

在物体低速运动的范围内，伽利略变换和牛顿力学相对性原理是符合实际情况的，利用伽利略变换原则和牛顿力学定律可以解决任何惯性系中低速运动的问题。

但是在涉及电磁现象尤其是光的传播时，伽利略变换原则和牛顿力学定律却遇到了不能逾越的障碍，牛顿的时空观遇到了困难。

因为迈克尔逊电磁理论所预言的电磁波在真空中的传播速度与光的传播速度是一样的，尤其是在赫兹实验证明电磁波真实存在之后，光作为电磁波的一种，从理论到实验都被确定下来，人们需要更加深入地了解光的知识。

由于机械波的传播需要弹性媒质的帮助，人们自然想到光的传播也需要一种弹性媒质作为载体。19 世纪的物理学家称这种媒质为**以太**，并通过类似于机械波传播的媒质的性质，测算到以太是一种具有非常大的弹性模量和非常小的质量密度的物质，即其应该是硬度超大却稀薄如真空的物质。尽管猜测以太应具有以上特性是难以琢磨的，但在当时还是被人们所接受，存在以太的假定是保持牛顿的时空观能适应于电磁学的构想下提出来的，是人们希望将力学和电磁学理论统一起来的一种尝试。为了证明以太的存在，历史上许多的实验被设计出来。

当时的物理学家认为以太充满整个空间，即使是真空也不例外，并且可以渗透到一切物质的内部中去。在相对以太静止的参考系中，光的速度在各个方向上都是相同的，这个参考系被称为**以太参考系**。这样以太参考系就可以作为**绝对参考系**。如果有一运动参考系，相对于绝对参考系的速度为 $\boldsymbol{v}$，那么，根据牛顿力学的相对性原理，光在运动参考系中的速度应为

$$\boldsymbol{c}' = \boldsymbol{c} - \boldsymbol{v}$$

其中 $\boldsymbol{c}$ 是光在绝对参考系中的速度。显然，由上式可得到结论：在运动参考系中，光的速度在各方向是不相同的。

不难看出，如果能借助某种方法测出运动参考系相对于以太的速度，那么，作为绝对参考系的以太也就可以被确定，历史上很多为寻找绝对参考系的实验都得到了否定的结果。其中，最著名的是迈克尔逊和莫雷所做的实验。

9.2.1 迈克尔逊-莫雷实验

1881 年迈克尔逊创制了一种干涉仪用以测定地球相对于以太的运动，后来人们将此仪器称为**迈克尔逊干涉仪**。此仪器实验装置的原理如图 9.2 所示。

从光源 S 射出的单色光以 45°的入射角射到涂有薄银层(半透半反膜)的半透明玻璃板 A 上，把入射光分成反射和透射互相垂直的两束光，透射光再通过与 A 平行的厚度相同的玻璃板 B(称为补偿板)，射到反射镜 M_1 上，原路返回，一部分经 A 反射进入望远镜 T；另一束反射光射到反射镜 M_2 上，原路返回至 A，一部分透射后和上述在 A 反射的那部分光会合，也射入望远镜 T，两路光形成干涉条纹。

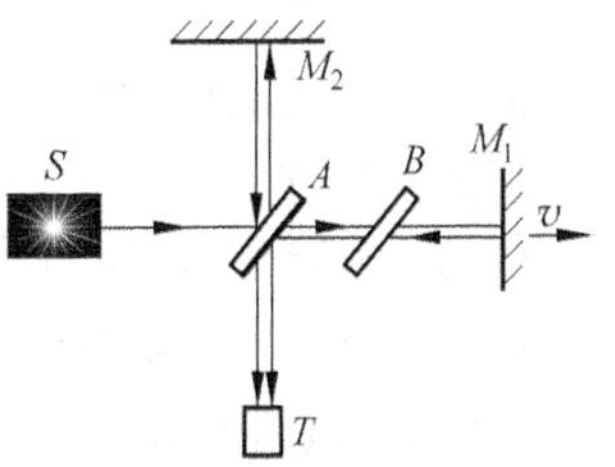

图 9.2

补偿板 B 起到补偿作用，使两束光通过玻璃板的光程相等。尽管两条光路的几何路程和光程设计的严格相等，但是由于两条线路的光速可能不同，所以就可能会有相位差。

设计此套光路于水平面上，形成稳定干涉条纹后转动整个实验装置至与原来的位置成90°，同样由于两条线路的光速可能不同，会造成相位差的改变，那么在观察屏幕上将会看到干涉条纹的移动。换言之，如果在转动装置后看到干涉条纹的移动，就说明在不同的传播方向上光速是不同的。因此，看到条纹移动是这个实验所期望的目标。

设对于太阳，以太相对是静止的，则固连于地球的实验装置将以地球公转的速率 $\boldsymbol{v}$（大小约为 3.0×10^4 m/s）相对于以太运动，地球自转的速率在赤道附近最大，为 5.0×10^2 m/s，与地球公转的速率相比可以忽略不计。

设从 A 到 M_1 的光的传播方向是地球公转速度的方向，则从 A 到 M_2 的光的传播方向与地球公转速度的方向相垂直，按照伽利略速度变换式的计算，这样两束光的传播速度就完全不相同。将该装置旋转 90°，使两臂互易位置，光源是固定在实验桌上的，也随之转动，转动后，从 A 到 M_1 的光的传播方向与地球公转速度的方向相垂直，而从 A 到 M_2 的光的传播方向变为地球公转速度的方向。在转动过程中由于光程差的改变使得干涉条纹发生了移动，条纹移动的数量经过计算大约为

$$N = 0.37$$

但是，实验结果是，人们并没有发现条纹的移动。

1887 年迈克尔逊和莫雷又再一次以更高的精度重做了这个实验，依然得不到预想要的结果。这种实验的“零”结果给人们带来了困惑，似乎相对性原理只适应于牛顿定律，而不能用于麦克斯韦的电磁场理论。这个实验的“零”结果，曾被开尔文先生称为物理学天空中的两朵乌云之一。

9.2.2 牛顿力学遇到的困难

综上所述，牛顿力学遇到的困难可归纳为以下几点：

(1) 电磁学的基本方程——麦克斯韦方程不遵从伽利略相对性原理，经典力学和电磁学没有一个统一的相对性原理是理论上的一大缺憾。

(2) 真空中的光速 C 不遵从经典力学的速度合成法则。

(3) 就以太假说而言，既看不见，又摸不着，赋予它各种性质又无法进行实验验证。认定它具有力学性质，又与物质只有电磁的相互作用，而没有力学的相互作用，自我矛盾。

(4) 牛顿力学有绝对的时空观，可是一切找寻绝对时空的努力又没有成功。

这时期，很多科学家都预感到物理观念上需要来一次变革，物理学上需要有新的理论出现。在洛伦兹、庞加莱等人为探求新理论而做了很多的工作之后，一位具有变革思想的青年学者——爱因斯坦，打破传统，创新性地提出了新的理论——**狭义相对论**，圆满地解决了当时面临的难题，而且由它作出的一切结论，均一一为而后的实验所证实。为物理学的发展树立了新的里程碑。

值得一提的是，在迈克尔逊-莫雷实验和狭义相对论发表后的近 100 年内，很多人在迈克尔逊-莫雷实验的基础上又提高了实验的精度和灵敏度，在不同的时间、不同的地点进行了多次实验，但是所有的实验都未能找到以太，也未发现光速随运动而变化的迹象。

除了迈克尔逊-莫雷实验外，科学家还做过其他实验和观察，例如菲佐实验、光行差现

象、对相互围绕旋转的双星的观察等，这些实验都不能在牛顿力学的绝对时空观和伽利略变换的框架下得到解释。

9.2.3　狭义相对论的两条假说

爱因斯坦在深入研究牛顿力学和麦克斯韦电磁理论的基础上，认为相对性原理具有普遍性，它应该既适应于牛顿力学还应适用于麦克斯韦电磁理论。此外，他还认为相对于以太的绝对运动是不存在的，光速应该是常数，与惯性系无关。

1905年，爱因斯坦在9月出版的德国《物理学年鉴》第17卷中发表了名为《论动体的电动力学》一文。在这篇文章中，爱因斯坦摒弃了以太假说和绝对参考系的假设，提出了两条狭义相对论的基本原理

1. 爱因斯坦的相对性原理

所有惯性参考系都是等价的，一切物理规律在所有惯性系中都是一样的。

这包含三层意思：

首先，"一切规律"不是指力学规律而是指所有物理规律；并且这里讲的是规律而不是指量值；其中"规律一样"是指在各自惯性系中的"物理规律"的形式都一样。

注意：不是指在第一个惯性系看第二个惯性系的"物理规律"与在第二个惯性系中观察同一个"物理规律"，二者运动形式一样。例如：在一个惯性系中作垂直上抛，在另一个惯性系看这个运动则不是垂直上抛了。

其次，爱因斯坦相对性原理还有另外一种表述：不论通过什么物理实验都无法测定所处的坐标系的"绝对运动"状态。

最后，在所有坐标系中，没有什么特殊的绝对惯性系，彼此是平等的，谁也不比谁优越，因此不存在绝对静止的"以太"及其相应的参考系。

2. 光速不变原理

真空中，光速对任何惯性系沿任何方向都不变，恒为常数，并与光源或观察者的运动无关。

这包含两层意思：

首先，与光源运动无关：这可用电磁波与辐射源无关(即电磁波可脱离辐射源而单独存在)的情况解释。

其次，与惯性系无关：这必须"脱离伽利略变换"来思考问题，这是一种思想观念的转换。

所以，读者在学习狭义相对论的时候要放下经典力学带来的经验结论，要以全新的观念和观点来学习，不能动不动就拿身边的事来衡量和评价相对论带来的结论，因为"身边"的事属于经典世界，应该用牛顿力学来解决。

伽利略相对性原理只适用于低速情况下的力学规律，狭义相对性原理适用于力学规律、电磁学规律及所有的物理学规律，比伽利略相对性原理广义得多。因为它只对一切惯性系而言，所以称之为"狭义"，而广义相对性原理是对一切参考系而言的，包括非惯性系。

这两条原理非常简明，但是它的意义尤其是所带来的革命性的观念改变却使得人们在短时间内难以接受，因为，狭义相对论的基本原理明摆着与伽利略变换和牛顿时空观相矛

盾。例如,对于一切惯性系,光速都是相同的,这就与伽利略的速度变换式相矛盾,在那里,速度应该叠加。在后来的大量实验事实证明下,人们才意识到狭义相对论的重要性。因为,证明狭义相对论的两条基本原理的正确性,最终是要由它们导出的结果与实验事实是否相符来决定。

狭义相对论连同量子论是 20 世纪初物理学的两项最伟大最深刻的变革,它以极大的创新性促进了 20 世纪的科学技术,尤其是能源科学、材料科学、生命科学和信息科学等巨大的发展。

9.3 洛伦兹变换及其结论

9.3.1 洛伦兹坐标变换式

伽利略变换式与狭义相对论不相容,因此需要寻找一个满足狭义相对论基本原理的变换式。为此,爱因斯坦从狭义相对论出发独立地推导出一个变换式,这个变换式与洛伦兹在 1904 年为研究电磁理论时推导的变换式相同,只是当时洛伦兹并未对其给出正确的解释,所以为了纪念洛伦兹,还原历史,人们还是以**洛伦兹变换式**来命名这个变换式。

与伽利略变换式类似,选择两个惯性系 $S(Oxyz)$ 和 $S'(Ox'y'z')$,以两个惯性系的原点相重合的瞬时为计时的起点,对应的坐标轴相互平行。现使 S' 系相对于 S 系以速度 v 沿 Ox 轴正方向运动,若有一个事件发生在点 P,那么,在惯性系 S 中测得点 P 的坐标是 x,y,z,时间是 t,而在惯性参考系 S' 中测得点 P 的坐标是 x',y',z',时间是 t'。由于此时不再有 $t=t'$ 的结论,所以,由狭义相对论的两条基本假设可以导出该事件在两个惯性系中的时空坐标有如下的对应关系

$$\begin{cases} x' = \dfrac{x - vt}{\sqrt{1-\dfrac{v^2}{c^2}}} \\ y' = y \\ z' = z \\ t' = \dfrac{t - \dfrac{v}{c^2}x}{\sqrt{1-\dfrac{v^2}{c^2}}} \end{cases} \tag{9.3}$$

或者

$$\begin{cases} x = \dfrac{x' + vt'}{\sqrt{1-\dfrac{v^2}{c^2}}} \\ y = y' \\ z = z' \\ t = \dfrac{t' + \dfrac{v}{c^2}x'}{\sqrt{1-\dfrac{v^2}{c^2}}} \end{cases} \tag{9.4}$$

一般地，称式(9.4)为洛伦兹坐标逆变换式。

若假设$\beta=\frac{v}{c}$，$\gamma=\frac{1}{\sqrt{1-\beta^2}}$，$c$为光速，则上式变为

$$\begin{cases}x'=\gamma(x-vt)\\y'=y\\z'=z\\t'=\gamma\left(t-\frac{v}{c^2}x\right)\end{cases}\quad\text{或者}\quad\begin{cases}x=\gamma(x'+vt')\\y=y'\\z=z'\\t=\gamma\left(t'+\frac{v}{c^2}x'\right)\end{cases}$$

洛仑兹变换是相对论基本原理所建立的新时空观的数学表达形式。与伽利略变换根本不同的是，在洛伦兹变换式中时间t和t'也都是依赖于空间的坐标。

在物体的运动速度远小于光速时，洛伦兹变换与伽利略变换是等效的，因为此时，$\beta=v/c$趋近于零，$\gamma=1$，洛伦兹变换式就转化为伽利略变换式。所以，伽利略变换式是只适应于低速运动物体的坐标变换式。

另外，为确保γ有意义，须有$v/c<1$，即两惯性系的相对速度v须小于光速c，所以一切实物粒子的速度极限为光速。

9.3.2　洛伦兹速度变换式

在牛顿力学中，速度变换式可以由伽利略变换式导出，而相对论已经用洛伦兹变换取代了伽利略变换，自然利用洛伦兹时空坐标变换式可以得到相对论的速度变换式，以替代伽利略速度变换式。

还是假设有两个惯性系$S(Oxyz)$和$S'(Ox'y'z')$，以两个惯性系的原点相重合的瞬时为计时的零点，对应的坐标轴相互平行。现使S'系相对于S系以速度v沿Ox轴正方向运动，若有一个事件发生在点P，那么，在惯性系S中测得点P的速度为$\boldsymbol{u}(u_x,u_y,u_z)$，时间是$t$，而在惯性参考系$S'$中测得点$P$的速度为$\boldsymbol{u}'(u_x',u_y',u_z')$，时间是$t'$。在经典力学(牛顿力学)中称$\boldsymbol{u}(u_x,u_y,u_z)$为绝对速度，$\boldsymbol{u}'(u_x',u_y',u_z')$为相对速度，$\boldsymbol{v}$为牵连速度。

通过速度的定义求微商，可得到它们速度分量之间的关系。具体地

$$\begin{cases}\mathrm{d}x=\dfrac{\mathrm{d}x'+v\mathrm{d}t'}{\sqrt{1-\beta^2}}\\\mathrm{d}y=\mathrm{d}y'\\\mathrm{d}z=\mathrm{d}z'\\\mathrm{d}t=\dfrac{\mathrm{d}t'+\frac{v}{c^2}\mathrm{d}x'}{\sqrt{1-\beta^2}}\end{cases}$$

计算之后得到

$$\begin{cases} u_x = \dfrac{\mathrm{d}x}{\mathrm{d}t} = \dfrac{\mathrm{d}x' + v\mathrm{d}t'}{\mathrm{d}t' + \frac{v}{c^2}\mathrm{d}x'} = \dfrac{\dfrac{\mathrm{d}x'}{\mathrm{d}t'} + v}{1 + \frac{v}{c^2}\dfrac{\mathrm{d}x'}{\mathrm{d}t'}} = \dfrac{u'_x + v}{1 + \frac{v}{c^2}u'_x} \\ u_y = \dfrac{\mathrm{d}y}{\mathrm{d}t} = \dfrac{\mathrm{d}y'}{\gamma(\mathrm{d}t' + \frac{v}{c^2}\mathrm{d}x')} = \dfrac{\dfrac{\mathrm{d}y'}{\mathrm{d}t'}}{\gamma\left(1 + \frac{v}{c^2}\dfrac{\mathrm{d}x'}{\mathrm{d}t'}\right)} = \dfrac{u'_y}{\gamma\left(1 + \frac{v}{c^2}u'_x\right)} \\ u_z = \dfrac{\mathrm{d}z}{\mathrm{d}t} = \dfrac{\mathrm{d}z'}{\gamma\left(\mathrm{d}t' + \frac{v}{c^2}\mathrm{d}x'\right)} = \dfrac{\dfrac{\mathrm{d}z'}{\mathrm{d}t'}}{\gamma\left(1 + \frac{v}{c^2}\dfrac{\mathrm{d}x'}{\mathrm{d}t'}\right)} = \dfrac{u'_z}{\gamma\left(1 + \frac{v}{c^2}u'_x\right)} \end{cases}$$

即

$$\begin{cases} u_x = \dfrac{u'_x + v}{1 + \frac{v}{c^2}u'_x} \\ u_y = \dfrac{u'_y}{\gamma\left(1 + \frac{v}{c^2}u'_x\right)} \\ u_z = \dfrac{u'_z}{\gamma\left(1 + \frac{v}{c^2}u'_x\right)} \end{cases} \tag{9.5}$$

或者

$$\begin{cases} u'_x = \dfrac{u_x - v}{1 - \frac{v}{c^2}u_x} \\ u'_y = \dfrac{u_y}{\gamma\left(1 - \frac{v}{c^2}u_x\right)} \\ u'_z = \dfrac{u_z}{\gamma\left(1 - \frac{v}{c^2}u_x\right)} \end{cases} \tag{9.6}$$

上面两式都叫做**洛伦兹速度变换式**。一般地，称式(9.5)为洛伦兹速度逆变换式。读者可以自己尝试推导式(9.6)的过程。

比较伽利略速度变换式和洛伦兹速度变换式可知，两者有着重要的不同。洛伦兹速度变换式不仅速度的 x 分量要变换，而且 y 分量和 z 分量都要变换；另外，当物体速度远小于光速，即 $v \ll c$ 时，洛伦兹速度变换式就转化成伽利略速度变换式。所以，伽利略速度变换式只能适用于低速运动的物体。

当物体速度接近光速时，或者直接讨论光的传播速度在不同惯性系中的行为时，由洛伦兹速度变换式可以知道，若光对 S 系的速度为 c 的话，那么光对 S' 系的速度也为 c，计算如下

$$u'_x = \frac{u_x - v}{1 - \frac{v}{c^2}u_x} = \frac{c - v}{1 - \frac{v}{c^2}c} = c \tag{9.7}$$

这是符合光速不变原理的，虽然不符合伽利略速度变换关系。

9.3.3　洛伦兹变换的结论

运用洛伦兹变换式可以得到许多与日常经验大相径庭的、令人惊奇的重要结论。这些结论后来被近代高能物理中的许多实验所证实。

例如，两点之间的距离或物体的长度随进行量度的惯性系的不同而不同，某一过程所经历的时间也随惯性系而异。

由洛伦兹时空变换式知道，由于空间坐标和时间坐标都与运动有关联，所以由坐标差带来的长度概念和时刻差带来的时间概念也与运动有关联，即在相对论时空观中，时间和空间都是相对的，甚至同时性也不再是绝对的。

9.4　狭义相对论的时空观

9.4.1　运动长度收缩

讨论时空观，首先要解决的是长度和时间的测量问题。

一根杆的长度，在伽利略变换中是不随惯性系的选择而变的。但是在洛伦兹变换中，在对它静止的惯性系中看它的长度和在对它有运动的惯性系中看它的长度可能是不一样的。

若有两个惯性系 $S(Oxyz)$ 和 $S'(Ox'y'z')$，对应的坐标轴相互平行，设在 S' 系中沿 Ox' 轴放置一根细杆，可以通过测量它的两端在 x' 轴上的坐标 x_1'，x_2' 来测定其杆长 l'，得到 $l'=x_2'-x_1'(x_2'>x_1')$，这是在相对于观察者静止的参考系中测得的长度，称为固有长度，也叫**原长**、**静长**，一般以 l_0 表示。现使 S' 系相对于 S 系以速度 $\boldsymbol{v}$ 沿 Ox 轴正方向运动，从 S 系中的观察者看来，杆随惯性系 S' 一起运动，在 S 系测量的杆长称为**运动长度**。与杆的固有长度不同，测量运动长度就应该在 S 系中同时测量杆的两端坐标 x_1，x_2，长度为 $l=x_2-x_1(x_2>x_1)$。

必须注意的是，这"同时"都是对 S 系而言的，即 $t_1=t_2$。原则上，在哪个坐标系中测量杆长，就必须在哪个坐标系中同时测量两端的坐标，杆对于 S 系来说是运动的，所以"同时"是必要条件；但是杆对于 S' 系来说是静止的，所以"同时"就不必要了（因为任何时刻测量，杆两端的坐标就是那两个值，什么时候测都可以）。运动长度与固有长度之间的关系可以通过洛伦兹坐标变换得到，具体地，根据式(9.3)，有

$$x_1'=\frac{x_1-vt_1}{\sqrt{1-\beta^2}},\quad x_2'=\frac{x_2-vt_2}{\sqrt{1-\beta^2}}$$

将上两式相减，并利用 $t_1=t_2$ 得到

$$x_2'-x_1'=\frac{x_2-x_1-v(t_2-t_1)}{\sqrt{1-\beta^2}}=\frac{x_2-x_1}{\sqrt{1-\beta^2}}$$

即

$$l'=\frac{l}{\sqrt{1-\beta^2}}$$

所以物体的运动长度为

$$l = l'\sqrt{1-\beta^2} = l_0\sqrt{1-\beta^2}$$

显见

$$l < l_0$$

即,从 S 系测得运动细杆的长度要比从相对细杆静止的 S' 系中所测得的长度缩短了,缩短至原长的 $1/\sqrt{1-\beta^2}$,物体这种沿运动方向发生的长度收缩称为**洛伦兹收缩**。

如果利用洛伦兹变换的逆变换式(9.4),得到

$$x_1 = \frac{x'_1 + vt'_1}{\sqrt{1-\beta^2}}, \quad x_2 = \frac{x'_2 + vt'_2}{\sqrt{1-\beta^2}}$$

计算结果将是相同的,只是依然要采用 $t_1 = t_2$ 这一必要条件才能做到。读者可以自行尝试计算一下。

对于运动长度收缩应注意几点:

(1) 只有纵向效应:只在相对运动的方向上长度收缩,长度收缩与相对运动的正反方向无关;

(2) 只是相对论效应:运动长度收缩,静止长度最长,只是相对论效应,并不代表物体的比重发生了实质性变化导致物质性质变化;

(3) 高速效应:当物体速度远小于光速,即 $v \ll c$ 时,物体的运动长度就转化为固有长度。表面上看,棒的相对收缩不符合日常经验,这是因为在日常生活和技术领域中所遇到的运动都比光速要慢得多,对于这些运动,运动长度收缩完全可以忽略不计。

9.4.2 运动时钟延缓

在狭义相对论中,如同长度不是绝对的,时间间隔也将不是绝对的。

设在 S' 系中有一只静止的钟,有两个事件先后发生在同一个地点 x',此钟记录的时刻分别为 t'_1, t'_2,于是在 S' 系中的钟所记录的两事件的时间间隔为 $\Delta t' = t'_2 - t'_1$,常称为**固有时间**(又叫**原时**),记为 τ_0。而 S 系中的钟所记录的时刻分别为 t_1, t_2,于是在 S 系中的钟所记录的两事件的时间间隔为 $\Delta t = t_2 - t_1$。若 S' 系以速度 v 沿 xx' 轴方向运动,则根据洛伦兹时空变换逆变换式知道

$$t_1 = \frac{t'_1 + \frac{v}{c^2}x'_1}{\sqrt{1-\beta^2}}, \quad t_2 = \frac{t'_2 + \frac{v}{c^2}x'_2}{\sqrt{1-\beta^2}}$$

因为在 S' 系中的两个事件先后发生在同一个地点 x',所以有 $\Delta x' = x'_2 - x'_1 = 0$。这样,$S$ 系中的钟所记录的两事件的时间间隔为

$$\Delta t = t_2 - t_1 = \frac{(t'_2 - t'_1) - \frac{v}{c^2}(x'_2 - x'_1)}{\sqrt{1-\beta^2}} = \frac{\tau_0}{\sqrt{1-\beta^2}}$$

显见,$\Delta t > \tau_0$,即 S 系中的钟记录 S' 系内某一个地点发生的两个事件的时间间隔,比 S' 系中的钟记录这两个事件的时间间隔要长些,所以说,运动的钟走慢了,这就是**时间延缓效应**(或者时间膨胀效应)。显然,原时是由同地钟所记录的。

在经典力学中,把发生两个事件的时间间隔,看作是量值不变的绝对量。而狭义相对论中,发生两事件的时间间隔,在不同的惯性系中是不相同的。这就是说,两事件之间的时间

间隔是相对的概念，它与惯性系有关，只有当运动速度远远小于光速时，运动时间才等于固有时间。即当 $v \ll c$ 时，$\Delta t = \tau_0$。所以，在日常生活中发生的两事件的时间间隔近似为一绝对量。

例 9.1　有一飞船从地球飞向距离地球 4.3×10^{16} m 的 α 星。若飞船相对于地球的速度为 $v = 0.999c$，按地球上的时钟计算要用多少年时间？若以飞船上的时钟计算要用多少年时间？

解　从地球上看，距离 $s = 4.3 \times 10^{16}$ m 为静止长度，故以地球上的时钟计算需用时间为

$$\Delta t = \frac{s}{v} = 4.5 \text{ 年}$$

考虑运动长度的概念，从飞船上看运动长度为

$$s' = s\sqrt{1 - \left(\frac{v}{c}\right)^2}$$

所以，以飞船上的时钟计算需用时间为

$$\Delta t' = \frac{s'}{v} = \frac{s}{v}\sqrt{1 - \left(\frac{v}{c}\right)^2} = \Delta t\sqrt{1 - \left(\frac{v}{c}\right)^2} = 0.2 \text{ 年}$$

或者，若以飞船上的时钟计算，飞船与时钟同体，所以 $\Delta t'$ 为原时，Δt 为运动时间，根据原时与运动时的关系得到

$$\Delta t = \frac{\Delta t'}{\sqrt{1 - \left(\frac{v}{c}\right)^2}}$$

所以，$\Delta t' = \Delta t\sqrt{1 - \left(\frac{v}{c}\right)^2} = 0.2$ 年，结果一致！

例 9.2　火箭相对于地球以 $v = 0.6c$ 的匀速度向上飞离地球，在火箭发射 $\Delta t' = 10$s 后（火箭上的钟），该火箭向地面发射一导弹，其速度相对于地面为 $v_1 = 0.3c$，问：若以地球上的钟计算，火箭发射后多长时间导弹到达地球？（计算中假设地球不动）

解　按地球的钟，导弹发射的时间在火箭发射后

$$\Delta t_1 = \frac{\Delta t'}{\sqrt{1 - (v/c)^2}} = \frac{10}{\sqrt{1 - (0.6c/c)^2}} = 12.5\text{s}$$

这段时间火箭在地面上飞行距离

$$s = v \cdot \Delta t_1 = 0.6c \times 12.5 = 2.25 \times 10^9 \text{m}$$

则导弹飞到地球的时间

$$\Delta t_2 = \frac{s}{v_1} = \frac{0.6c}{0.3c} \times 12.5 = 25\text{s}$$

则从火箭发射到导弹到达地面的时间是：

$$\Delta t = 12.5 + 25 = 37.5\text{s}$$

综上所述，狭义相对论指出了时间和空间的量度与惯性系的选择有关。时间与空间是相互联系的，并与物质有着不可分割的联系，不存在孤立的时间，也不存在孤立的空间。

9.4.3　同时和时序的相对性及因果关系的绝对性

在牛顿力学中，时间是绝对的，如果两个事件在惯性系 S 中是被同时观察到的，那么在

S'系中也一定会被同时观察到。但是在狭义相对论中，这两个事件在惯性系 S 中同时发生，那么在 S'系中观察，一般来说就不一定是同时的，这就是狭义相对论的**同时性的相对性**。

另外，在一个惯性系中看，事件 1 先发生，事件 2 后发生；而在另一个惯性系中看，可能时序不变，也可能时序颠倒，事件 2 先发生，事件 1 后发生，这就是**时序的相对性**。

但是有因果关系或可能具有因果关系的两个事件的发生就不会有先后次序的颠倒，否则就太荒谬了。

这一点很容易从洛伦兹时空变换式中得到。

因为

$$\begin{cases} x' = \gamma(x - vt) \\ t' = \gamma\left(t - \dfrac{v}{c^2}x\right) \end{cases} \quad \text{或者} \quad \begin{cases} x = \gamma(x' + vt') \\ t = \gamma\left(t' + \dfrac{v}{c^2}x'\right) \end{cases}$$

所以有

$$\begin{cases} \Delta x' = \gamma(\Delta x - v\Delta t) \\ \Delta t' = \gamma\left(\Delta t - \dfrac{v}{c^2}\Delta x\right) \end{cases} \quad \text{或者} \quad \begin{cases} \Delta x = \gamma(\Delta x' + v\Delta t') \\ \Delta t = \gamma\left(\Delta t' + \dfrac{v}{c^2}\Delta x'\right) \end{cases}$$

显见 $\Delta t'$是否为零，不仅取决于 Δt 的值，还取决于 Δx 的值。同理，Δt 是否为零，不仅取决于 $\Delta t'$的值，还取决于 $\Delta x'$的值。

说明：

(1) 两个事件在 S'系是同时发生的，即有 $t_1'=t_2'$。若此两事件在同地发生或者有 $x_1'=x_2'$，则在 S 系中，这两个事件也是同时发生的，即有 $t_1=t_2$；若此两事件不在同地发生或者没有 $x_1'=x_2'$，则在 S 系中这两个事件也不会同时发生，即有 $t_1\neq t_2$。这就说明了同时的相对性。也给出了在两个惯性系中都是同时发生的条件是两事件发生在同一地点或有相同的 x'坐标的两个地方。(x'轴取在有相对运动的方向)

(2) 在 S 系中，x_1，x_2 两处所发生的两个事件 $P_1(x_1,t_1)$。$P_2(x_2,t_2)$，若 $P_1(x_1,t_1)$先发生，$P_2(x_2,t_2)$后发生，即 $t_2>t_1$，由洛伦兹变换

$$t_2'-t_1'=\gamma\left[(t_2-t_1)-\frac{v}{c^2}(x_2-x_1)\right]$$

知道，若$(t_2-t_1)-\frac{v}{c^2}(x_2-x_1)<0$，则必有：$t_2'<t_1'$。这就是说，在 S'系中，两事件发生的次序与在 S 系中相反。而若$(t_2-t_1)-\frac{v}{c^2}(x_2-x_1)>0$，才有：$t_2'>t_1'$，此时，在两个惯性系中两事件发生的次序才一致。这说明了时序的相对性。

同样地，利用洛伦兹逆变换

$$t_2-t_1=\gamma\left[(t_2'-t_1')+\frac{v}{c^2}(x_2'-x_1')\right]$$

若 $t_2'>t_1'$，同时$(t_2'-t_1')+\frac{v}{c^2}(x_2'-x_1')<0$，则有 $t_2<t_1$，时序发生了颠倒。

(3) 将时序颠倒的条件

$$(t_2-t_1)-\frac{v}{c^2}(x_2-x_1)<0,\quad t_2>t_1;\quad (t_2'-t_1')+\frac{v}{c^2}(x_2'-x_1')<0,\quad t_2'>t_1'$$

改写为

$$\frac{v(x_2 - x_1)}{(t_2 - t_1)} > c^2, \quad -\frac{v(x'_2 - x'_1)}{(t'_2 - t'_1)} > c^2$$

因为 $v<c$，必有

$$\left|\frac{x_2 - x_1}{t_2 - t_1}\right| > c, \quad \left|\frac{x'_2 - x'_1}{t'_2 - t'_1}\right| > c$$

或者

$$|x_2 - x_1| > c|t_2 - t_1|, \quad |x'_2 - x'_1| > c|t'_2 - t'_1|$$

这就是发生时序颠倒的条件。

而对于有因果关系的两个事件，因为事件 P_1 发生，才有事件 P_2 的发生，那么，t_1 时刻发生于 x_1 处的 P_1 事件的信息，必须经 t_2-t_1 时间才能传到 x_2 处，即在 t_2 时刻 x_2 位置发生 P_2 事件。传递信息可以由乘坐交通工具的人完成，也可以通过电话、电报等发送无线电信息，甚至光信息。交通工具的速度小于光速 c，所以传播速度小于等于光速 c，也就是说，在 t_2-t_1 时间内，能传到的最远距离为 $c(t_2-t_1)$。所以有因果关系的两个事件 $P_1(x_1,t_1)$、$P_2(x_2,t_2)$ 必须满足关系式

$$|x_2 - x_1| \leqslant c|t_2 - t_1|$$

显然，这与时序颠倒的条件完全不符，也就说明，**有因果关系的两个事件的时序，不论用什么惯性系，时序决不会颠倒，这就是因果关系的绝对性。**

总之，时间、空间和运动之间的紧密联系，深刻地反映了时空的性质，这是正确认识自然界乃至人类社会所持有的基本观点。

例 9.3　乙乘飞行器相对甲沿 x 轴作匀速直线运动。甲测得两个事件的时空坐标为 $x_1=6\times10^4\,\mathrm{m}, y_1=z_1=0, t_1=2\times10^{-4}\,\mathrm{s}$；$x_2=12\times10^4\,\mathrm{m}, y_2=z_2=0, t_2=1\times10^{-4}\,\mathrm{s}$。如果乙测得这两个事件同时发生于 t' 时刻，求：(1)乙对于甲的运动速度是多少？(2)乙所测得的两个事件的空间间隔是多少？

解　(1) 设乙对甲的运动速度为 v，由洛仑兹变换知

$$t' = \frac{1}{\sqrt{1-\beta^2}}\left(t - \frac{v}{c^2}x\right)$$

得到

$$t'_2 - t'_1 = \frac{(t_2 - t_1) - \frac{v}{c^2}(x_2 - x_1)}{\sqrt{1-\beta^2}} = 0$$

即

$$(1\times10^{-4} - 2\times10^{-4}) - \frac{v}{c^2}(12\times10^4 - 6\times10^4) = 0$$

解得

$$v = -\frac{c}{2} < 0$$

同样利用由洛仑兹坐标变换，知

$$x' = \frac{1}{\sqrt{1-\beta^2}}(x - vt)$$

乙所测得的这两个事件的空间间隔为

$$x_2' - x_1' = \frac{(x_2 - x_1) - v(t_2 - t_1)}{\sqrt{1-\beta^2}} = 5.20 \times 10^4\,\mathrm{m} < 6 \times 10^4\,\mathrm{m}$$

说明，运动的长度会收缩。

例 9.4 设飞机以光速飞行，飞机上的灯光以光速向前传播。求：飞机上灯光对地球的速度。

解 由题意已知

$$u_x' = c,\quad v = c$$

由洛伦兹速度逆变换式，知

$$u_x = \frac{u_x' + v}{1 + \frac{v}{c^2}u_x'}$$

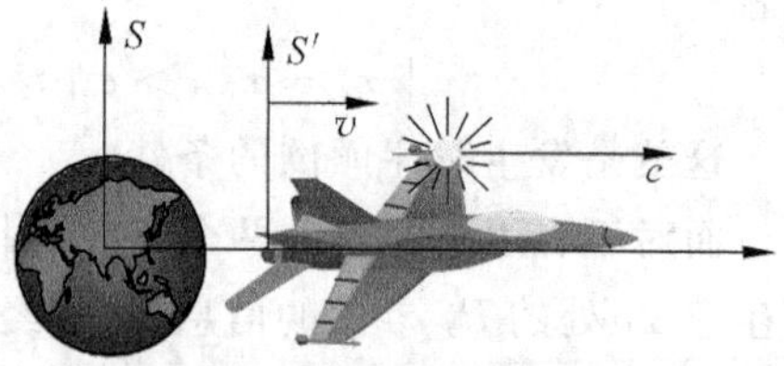

例 9.4 图

得到

$$u_x = \frac{c + c}{1 + \frac{c}{c^2}c} = c$$

例 9.5 飞船 A 及 B 分别相对地球以 $0.9c$ 的速度沿相反方向飞行。试求：飞船 A 相对于飞船 B 的速度。

解 由题意已知

$$u_x = 0.9c,\quad v = -0.9c$$

由洛伦兹速度变换式，得到

$$u_x' = \frac{u_x - v}{1 - \frac{v}{c^2}u_x} = \frac{0.9c + 0.9c}{1 + 0.9 \times 0.9} = 0.994c$$

若按伽利略速度变换，有

$$u_{AB} = u_{A地} - u_{B地}$$

将得到

$$u_x' = u_{AB} = 0.9c + 0.9c = 1.8c,\quad \text{显然不正确}$$

9.5 狭义相对论的动力学

牛顿力学遵从伽利略相对性原理，其定律及由它导出的所有力学规律在伽利略变换下保持相同的形式。同样，狭义相对论的动力学方程亦须在洛伦兹变换下保持相同的形式。在 $v \ll c$ 的情况下，牛顿力学理论足够精确，洛伦兹变换关系也近似为伽利略变换关系，因此，狭义相对论的动力学方程也必须在 $v \ll c$ 的情况下还原为牛顿力学的动力学方程。相对论动力学方程中的各物理量如质量、动量、动能等也应在 $v \ll c$ 的情况下还原成牛顿力学的形式，相对论的动力学方程还必须经得起实验和实践的检验。

9.5.1 动量和质量

在牛顿力学中，质点的动量定义为质量与速度的乘积，而且，物体运动的速度改变时，质量不会变化。如果要在满足动量守恒的情况下，在洛伦兹变换下对一切惯性系，动量守恒都成立且保持形式不变，就得抛弃牛顿力学中关于动量的定义或者质量不随物体运动而改变的说法。理论和实验都证实，采用形式上仍保留牛顿力学关于动量的定义形式，但是改变质量是常数的观点。而且，在低速空间 $v \ll c$ 中，相对论质量以牛顿力学质量为极限。基于此点，动量的表达形式应该有如下形式：

$$\boldsymbol{p} = \boldsymbol{m}(\boldsymbol{v})\boldsymbol{v} \tag{9.8}$$

按照狭义相对论的相对性原理和洛伦兹速度变换式，当动量守恒表达式在任意惯性系中都保持不变时，质点的动量表达式为

$$\boldsymbol{p} = \frac{m_0 \boldsymbol{v}}{\sqrt{1-\beta^2}}$$

式中，m_0 为质点静止时的质量，$\boldsymbol{v}$ 为质点相对于某惯性系运动时的速度。当质点的速率远小于光速，即 $\boldsymbol{v} \ll c$ 时，有 $\boldsymbol{p} = m_0 \boldsymbol{v}$，相对论的动量公式就转化为牛顿力学的动量表示形式。其中

$$m(\boldsymbol{v}) = \frac{m_0}{\sqrt{1-\beta^2}} \tag{9.9}$$

称为**相对论性质量**，式(9.9)又称为**质速关系式**。当质点的速率远小于光速时，即 $v \ll c$ 时，有 $m = m_0$，可以认为低速空间中物体质量可以看成一个常数。

对于宏观物体，由于它的速度比光速小得多，因而可以忽略质量的改变。但是对于微观粒子，如介子、质子、电子等，当它们的速度可以与光速很接近时，这时其质量和静质量就有显著的不同。例如，在加速器中被加速的质子，当它的速度达到 $0.9c$ 时，其质量可达到

$$m = \frac{m_0}{\sqrt{1-0.9^2}} = 2.3m_0$$

9.5.2 力和狭义相对论的基本方程

在牛顿力学中，作用于质点上的力等于质点动量的时间变化率

$$\boldsymbol{F} = \frac{\mathrm{d}\boldsymbol{p}}{\mathrm{d}t}$$

不涉及变质量质点问题时，质点的质量是恒量，上式又可写成

$$\boldsymbol{F} = m\frac{\mathrm{d}\boldsymbol{v}}{\mathrm{d}t} = m\boldsymbol{a}$$

在狭义相对论中，前面已看到，即使不涉及变质量问题，质点的质量也不再是恒量。显然，这里 $\boldsymbol{F} = m\boldsymbol{a}$ 已不成立。保留牛顿力学中力的定义 $\boldsymbol{F} = \frac{\mathrm{d}\boldsymbol{p}}{\mathrm{d}t}$ 形式不变，采用狭义相对论的质量、动量定义，当有外力 $\boldsymbol{F}$ 作用于质点时，可得

$$\boldsymbol{F} = \frac{\mathrm{d}\boldsymbol{p}}{\mathrm{d}t} = \frac{\mathrm{d}}{\mathrm{d}t}\left(\frac{m_0 \boldsymbol{v}}{\sqrt{1-\beta^2}}\right) \tag{9.10}$$

上式为**相对论力学的基本方程**。

当质点的运动速度远小于光速时，上式转化为

$$\boldsymbol{F} = \frac{\mathrm{d}\boldsymbol{p}}{\mathrm{d}t} = \frac{\mathrm{d}}{\mathrm{d}t}\left(\frac{m_0 \boldsymbol{v}}{\sqrt{1-\beta^2}}\right) = \frac{\mathrm{d}(m_0 \boldsymbol{v})}{\mathrm{d}t} = m_0\frac{\mathrm{d}\boldsymbol{v}}{\mathrm{d}t} = m_0\boldsymbol{a} \tag{9.11}$$

这正是经典力学中的牛顿第二定律。这表明，在物体的速度远小于光速的情况下，相对

论性质量 m 与净质量 m_0 一样,可视为常数,牛顿第二定律的形式 $\boldsymbol{F}=m_0\boldsymbol{a}$ 是成立的。

显然,若作用在质点系上的合外力为零,则系统的总动量应当不变,为一守恒量。由相对论性动量表达式可得系统的动量守恒定律为

$$\sum \boldsymbol{p}_i = \sum m_i \boldsymbol{v}_i = \sum \frac{m_{0i}}{\sqrt{1-\beta^2}}\boldsymbol{v}_i = \text{常矢量} \tag{9.12}$$

同样,当质点的运动速度远小于光速时,系统的总动量可写成

$$\sum \boldsymbol{p}_i = \sum m_i \boldsymbol{v}_i = \sum \frac{m_{0i}}{\sqrt{1-\beta^2}}\boldsymbol{v}_i = \sum m_{0i}\boldsymbol{v}_i = \text{常矢量} \tag{9.13}$$

这正是经典力学的动量守恒定律。

总之,相对论性的动量概念、质量概念,以及相对论的力学方程和动量守恒定律具有普遍的意义,而牛顿力学则只是相对论力学在物体低速运动条件下的很好的近似。

另外需要说明一点,加速度在牛顿力学的动力学方程中是一个很重要的物理量,质点的运动微分方程中少不了它。可它并不出现在狭义相对论的动力学方程中,加速度这个物理量在狭义相对论中不再具有重要性。

9.5.3 质点的动能

类似牛顿力学的方法,在动力学方程两边点乘 $v\mathrm{d}t$,在 $\mathrm{d}t$ 时间内外力作用于质点的功等于在此期间质点动能的增量,以 E_k 表示动能,则

$$\mathrm{d}E_\mathrm{k} = \boldsymbol{F}\cdot\boldsymbol{v}\mathrm{d}t = \frac{\boldsymbol{p}}{m}\cdot\mathrm{d}\boldsymbol{p}$$

而由式(9.9)可得

$$m^2c^2 - m^2v^2 = m_0^2c^2$$

则

$$m^2c^2 - m_0^2c^2 = m^2v^2 = \boldsymbol{p}^2 = \boldsymbol{p}\cdot\boldsymbol{p}$$

两边微分得到

$$\boldsymbol{p}\cdot\mathrm{d}\boldsymbol{p} = mc^2\mathrm{d}m$$

代回到动能表达式中得到

$$\Delta E_\mathrm{k} = \int\mathrm{d}E_\mathrm{k} = \int\frac{\boldsymbol{p}}{m}\cdot\mathrm{d}\boldsymbol{p} = \int c^2\mathrm{d}m = \Delta mc^2$$

质点静止时,动能为零,质点运动时,具有动能为

$$E_\mathrm{k} = mc^2 - m_0c^2 \tag{9.14}$$

式(9.14)为**狭义相对论的动能**表达式。

注:当物体速度远小于光速时($v\ll c$),上式可以转化为牛顿力学中的动能表达式,具体的

$$\begin{aligned}E_\mathrm{k} &= mc^2 - m_0c^2 = m_0\left(1-\frac{v^2}{c^2}\right)^{-\frac{1}{2}}c^2 - m_0c^2\\ &= m_0(1-\beta^2)^{-\frac{1}{2}}c^2 - m_0c^2\end{aligned}$$

因为 $\beta\to 0$,所以可以利用级数展开化简

$$(1-\beta^2)^{-\frac{1}{2}} = 1+\frac{\beta^2}{2}+\cdots$$

得到

$$E_k = m_0\left(1+\frac{\beta^2}{2}\right)c^2 - m_0c^2 = \frac{1}{2}m_0v^2$$

所以，在低速空间中，狭义相对论的动能表达式与牛顿力学的动能表达式是完全一致的。

例 9.6　用电子加速器将电子加速到 $u=0.8c$ 的速度，求电子动能。

解　因为，电子的速度为 $0.8c$，接近光速，所以不能利用牛顿力学的理论，只能利用相对论理论。设电子的静止质量为 m_0，则电子的运动质量为

$$m = \frac{m_0}{\sqrt{1-\beta^2}} = \frac{m_0}{\sqrt{1-0.8^2}} = \frac{5}{3}m_0$$

则电子的动能为

$$E_k = mc^2 - m_0c^2 = \frac{2}{3}m_0c^2 \approx 0.677m_0c^2$$

若错误地利用了牛顿力学理论，将得到错误的结果，如下：

$$\frac{1}{2}mu^2 = \frac{1}{2}\times\frac{5}{3}m_0\times 0.8^2 \approx 0.533m_0c^2$$

9.5.4　质点的能量及与动量的关系

由前面的讨论得到关系式

$$mc^2 = E_k + m_0c^2$$

动能是能量的组成部分，而 m_0c^2，mc^2 都具有能量的量纲。爱因斯坦对上述能量作出了具有深刻意义的说明，他认为 m_0c^2 是质点静止时具有的能量，称为**静止能量**；而 $mc^2=E_k+m_0c^2$ 是物体动能和静止能量的和，是物体具有速度 $\boldsymbol{v}$ 时所具有的总能量，记为

$$E = mc^2 \tag{9.15}$$

这就是著名的**质能关系式**，它是狭义相对论中一个重要结论。式(9.15)指出，能量和质量这两个重要的物理量之间有着密切的联系。如果一个物体或者物体系统的能量有 ΔE 的变化，则无论能量的形式如何，其质量必有相应的改变，其值为 Δm。它们之间的关系为

$$\Delta E = (\Delta m)c^2 \tag{9.16}$$

在日常现象中，观察系统能量的变化并不难，但其相应的质量变化却极微小，不易察觉到。例如，1kg 的水由 273K 加热到 373K 时所增加的能量为

$$\Delta E = 4.18\times10^3\times(373-273) = 4.18\times10^5\,\text{J}$$

相应地，质量却只增加了

$$\Delta m = \frac{\Delta E}{c^2} = 4.6\times10^{-12}\,\text{kg}$$

在研究核反应时，实验完全验证了质能关系式。从 1932 年的第一次实验验证成功后，之后做的所有核试验都验证了质能关系的正确性，也就验证了狭义相对论的正确性。同时，狭义相对论还把牛顿力学中的关于质量和能量的两条孤立的守恒定律结合成统一的质能守恒定律。

例 9.7　已知电子的静能量为 $E_0=0.511\text{MeV}$，用电子加速器加速电子，电子能量的增量为 $\Delta E=20\text{MeV}$。求：电子的质量与其静质量比。

解 电子的能量增量即电子的动能，即

$$\Delta E = E - E_0 = E_k$$

或者

$$\Delta E = mc^2 - m_0 c^2 = E_k$$

则有

$$\frac{m}{m_0} = \frac{\Delta E}{m_0 c^2} + 1 = \frac{\Delta E}{E_0} + 1 = \frac{20}{0.511} + 1 \approx 40$$

即此时电子的质量是其静质量的 40 倍。

另外，由质速关系式(9.9)可得

$$m^2 c^2 - m^2 v^2 = m_0^2 c^2$$

两边同乘以 c^2，得到

$$m^2 c^4 = p^2 c^2 + m_0^2 c^4$$

即

$$E^2 = p^2 c^2 + E_0^2 \tag{9.17}$$

这就是**相对论性能量和动量的关系**。为了便于记忆，它们间的关系可以用直角三角形的勾股定律来直观地描述。其中，E 代表直角三角形的斜边，E_0 和 pc 分别代表两个直角边。

当质点的总能量远远大于质点的静能量时，那么，上式可以表述为

$$E \simeq pc$$

特别地，对于像光子一类的净质量为零的粒子，上式为

$$E = pc$$

所以，对于能量为 $h\nu$ 的光子来说，其动量为

$$p = \frac{E}{c} = \frac{h\nu}{c} = \frac{h}{\lambda}$$

式中 ν，λ 分别是此束光的频率和波长。此即为光的波粒二向性表达。

例 9.8 一束能量为 $h\nu_0$、动量为$\frac{h\nu_0}{c}$ 的光子流，与一个静止电子作弹性碰撞，散射光子的能量为 $h\nu$，动量为$\frac{h\nu}{c}$。试证光子的散射角 φ 满足关系$\frac{c}{\nu} - \frac{c}{\nu_0} = \frac{h}{m_{e0} c}(1 - \cos\varphi)$。

解 这是康普顿散射的实验，满足能量守恒定律和动量守恒定律。

$$h\nu_0 + m_{e0} c^2 = h\nu + m_e c^2$$

$$\frac{h\nu_0}{c}\boldsymbol{e}_0 = \frac{h\nu_0}{c}\boldsymbol{e}_0 + m_e \boldsymbol{v}$$

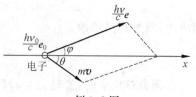

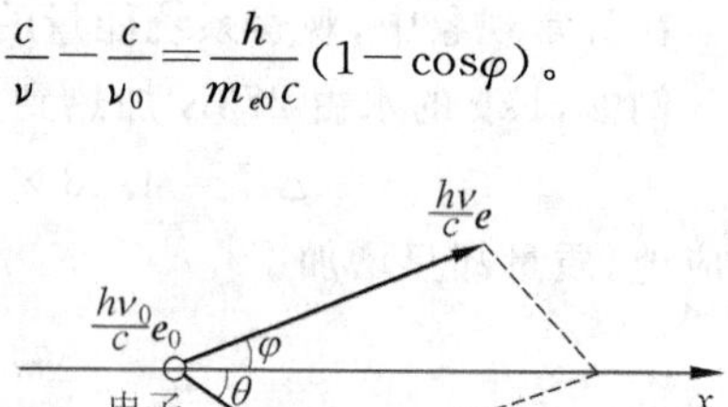

例 9.8 图

第二式可写成两个分量形式

$$\frac{h\nu_0}{c} = \frac{h\nu_0}{c}\cos\varphi + m_e v\cos\theta$$

$$\frac{h\nu_0}{c}\sin\varphi = m_e v\sin\theta$$

解上述三个分量方程可得所求。

9.5.5 质能公式在原子核变化中的应用

如同核反应一样，无论原子核的裂变（原子弹的原理），还是原子核的聚变（氢弹的原理）反应过程中，都有质量的缺失，能量的释放，并且遵守能量守恒定律，所释放的能量可用相对论的质能关系进行计算。

所谓**核裂变**，就是有些重原子核能分裂成两个较轻的核，同时释放出能量。其中最有代表性的反应就是铀原子核$^{235}_{92}U$遭到热中子轰击，裂变为两个新的原子核和两个中子，并释放出能量 Q 的反应，具体的反应式

$$^{235}_{92}U + ^{1}_{0}n \longrightarrow ^{139}_{54}Xe + ^{95}_{38}Sr + 2^{1}_{0}n$$

反应中，生成物的质量比$^{235}_{92}U$的静质量缺失了 0.22u（$1u=1.66\times10^{-27}$ kg），所以反应中释放出的能量为

$$Q = \Delta E = \Delta mc^2 = 0.22\times1.66\times10^{-27}\times(3\times10^8)^2$$
$$= 3.3\times10^{-11}J = 200MeV$$

1 克铀$^{235}_{92}U$含有的原子核数为 $6.02\times10^{23}/235=2.56\times10^{21}$ 个，所以，1 克铀$^{235}_{92}U$的原子核全部裂变时所释放的能量可达到

$$3.3\times10^{-11}\times2.56\times10^{21} = 8.5\times10^{10}J \tag{9.18}$$

显见，这个数量是惊人的。

另外，反应中将新生成两个新的中子，它们又可以去轰击新的铀核，从而有更多的裂变反应出现，这一系列的裂变反应称为**链式反应**。利用链式反应可制成各种型号和用途的反应堆。

1943 年世界第一座链式裂变反应堆建成；1945 年世界第一个原子弹完成；1954 年世界第一座核电站建成。1958 年我国建成第一座重水反应堆。

所谓**聚变**，就是由轻核结合在一起形成较大的核，同时也有能量释放出来的过程。典型的聚变过程是由两个氘核（$^{2}_{1}H$，氢的同位素）聚变为氦$^{3}_{2}He$核的反应，其反应式为

$$^{2}_{1}H + ^{2}_{1}H \longrightarrow ^{3}_{2}He + ^{1}_{0}n$$

反应中，生成物的质量与两个$^{2}_{1}H$核的静质量相比缺失的质量所释放出的能量为

$$Q' = 5.4\times10^{-13}J = 3.27MeV$$

1 克氘核$^{2}_{1}H$含有的原子核数为 $6.02\times10^{23}/2=3.01\times10^{23}$ 个，所以，1 克$^{2}_{1}H$的原子核全部聚变时所释放的能量可达到

$$5.4\times10^{-13}\times3.01\times10^{23}/2 = 8.15\times10^{10}J \tag{9.19}$$

表面上式(9.18)和式(9.19)两个值几乎相等，但是，就单位质量而言，氢核聚变释放出的能量比重核裂变所释放出的能量大很多。

特别要指出的是，由于两个氘核之间存在库伦斥力，所以核聚变的反应并不容易，只有当氘核具有 10keV 的动能时（温度达到 10^8K），才能克服库伦斥力带来的障碍。在太阳等恒星内部，温度达到 10^8K 以上，充斥着大量的**等离子体**（带正、负电的粒子群），而且太阳的强大引力把 10^8K 高温的等离子体控制在太阳的内部。所以，那里有剧烈的核聚变反应进行，从而放出大量的热量，为地球上的生命提供着能量。但是，在地球上的实验室里想把等离子体控制到一定范围却要困难得多。

*9.6 惯性系中质量、动量、能量和力的变换关系

前一节介绍了在一个惯性系中的动力学问题的处理，有时，为了方便还想利用其他惯性系。而从一个惯性系改用另一个惯性系，不仅速度要变化，与动力学方程有关的物理量如质量、动量、能量和力都要发生变化。两个惯性系间的速度变换式已经在前面给出，下面，要讨论一下质量、动量、能量和力的变换关系。

9.6.1 质量的变换公式

如何从 S 系中的质量 m 求出 S' 系中的质量 m'？

设静止质量为 m_0 的粒子，在 S 系中，速度为 u，质量为 m。而 S' 系相对于 S 系向 x 轴正向以速度 v 运动。所以在 S' 系中速度为 u'，质量为 m'。具体地，由质速关系式知

$$m'=\frac{m_0}{\sqrt{1-\frac{u'^2}{c^2}}},\quad m=\frac{m_0}{\sqrt{1-\frac{u^2}{c^2}}}$$

其中

$$1-\frac{u'^2}{c^2}=1-\frac{u'^2_x+u'^2_y+u'^2_z}{c^2}$$

利用速度变换式

$$\begin{cases} u'_x=\dfrac{u_x-v}{1-\dfrac{v}{c^2}u_x} \\ u'_y=\dfrac{u_y}{\gamma\left(1-\dfrac{v}{c^2}u_x\right)} \\ u'_z=\dfrac{u_z}{\gamma\left(1-\dfrac{v}{c^2}u_x\right)} \end{cases}$$

得到

$$\begin{aligned} 1-\frac{u'^2}{c^2}&=1-\frac{1}{c^2}\left[\frac{(u_x-v)^2+u_y^2\left(1-\frac{v^2}{c^2}\right)+u_z^2\left(1-\frac{v^2}{c^2}\right)}{\left(1-\frac{vu_x}{c^2}\right)^2}\right] \\ &=\frac{1}{\left(1-\frac{vu_x}{c^2}\right)^2}\left[\left(1-\frac{vu_x}{c^2}\right)^2-\frac{1}{c^2}(u_x-v)^2-\frac{1}{c^2}(u_y^2+u_z^2)\left(1-\frac{v^2}{c^2}\right)\right] \\ &=\frac{1}{\left(1-\frac{vu_x}{c^2}\right)^2}\left[\left(1-\frac{v^2}{c^2}\right)\left(1-\frac{u_x^2}{c^2}\right)-\frac{1}{c^2}(u_y^2+u_z^2)\left(1-\frac{v^2}{c^2}\right)\right] \\ &=\frac{1}{\left(1-\frac{vu_x}{c^2}\right)^2}\left[\left(1-\frac{v^2}{c^2}\right)\left(1-\frac{u_x^2+u_y^2+u_z^2}{c^2}\right)\right] \end{aligned}$$

$$= \frac{1}{\left(1-\frac{vu_x}{c^2}\right)^2}\left[\left(1-\frac{v^2}{c^2}\right)\left(1-\frac{u^2}{c^2}\right)\right] \tag{9.20}$$

代回质速关系式中，得到

$$m' = \frac{m_0}{\sqrt{1-\frac{u'^2}{c^2}}} = \frac{m_0}{\sqrt{\left(1-\frac{u^2}{c^2}\right)}} \frac{\left(1-\frac{vu_x}{c^2}\right)}{\sqrt{\left(1-\frac{v^2}{c^2}\right)}}$$

$$= m\frac{\left(1-\frac{vu_x}{c^2}\right)}{\sqrt{\left(1-\frac{v^2}{c^2}\right)}} \tag{9.21}$$

式(9.21)即**相对论质量变换式**，其逆变换为

$$m = m'\frac{\left(1+\frac{vu'_x}{c^2}\right)}{\sqrt{\left(1-\frac{v^2}{c^2}\right)}} \tag{9.22}$$

9.6.2　能量的变换式

将式(9.21)的两边同乘以 c^2 得到

$$m'c^2 = \frac{mc^2 - mc^2\frac{vu_x}{c^2}}{\sqrt{\left(1-\frac{v^2}{c^2}\right)}}$$

由质能关系式 $E=mc^2$ 知道

$$E' = \frac{E-\frac{E}{c^2}vu_x}{\sqrt{\left(1-\frac{v^2}{c^2}\right)}}$$

再利用动量的定义式 $p_x=mu_x=\frac{E}{c^2}u_x$，上式变为

$$E' = \frac{E-vp_x}{\sqrt{\left(1-\frac{v^2}{c^2}\right)}} \tag{9.23}$$

式(9.23)即**相对论能量变换式**，其逆变换为

$$E = \frac{E'+vp'_x}{\sqrt{\left(1-\frac{v^2}{c^2}\right)}} \tag{9.24}$$

9.6.3　动量的变换式

用质量的变换式、速度的变换式、质能关系式和动量的定义，立即可得动量的变换公式

$$\begin{cases} p'_x = m'u'_x = m\dfrac{\left(1-\dfrac{vu_x}{c^2}\right)}{\sqrt{\left(1-\dfrac{v^2}{c^2}\right)}}\dfrac{u_x - v}{1-\dfrac{v}{c^2}u_x} = \dfrac{mu_x - mv}{\sqrt{\left(1-\dfrac{v^2}{c^2}\right)}} = \dfrac{p_x - \dfrac{v}{c^2}E}{\sqrt{\left(1-\dfrac{v^2}{c^2}\right)}} \\ p'_y = m'u'_y = m\dfrac{\left(1-\dfrac{vu_x}{c^2}\right)}{\sqrt{\left(1-\dfrac{v^2}{c^2}\right)}}\dfrac{u_y}{\gamma\left(1-\dfrac{v}{c^2}u_x\right)} = mu_y = p_y \\ p'_z = m'u'_z = m\dfrac{\left(1-\dfrac{vu_x}{c^2}\right)}{\sqrt{\left(1-\dfrac{v^2}{c^2}\right)}}\dfrac{u_z}{\gamma\left(1-\dfrac{v}{c^2}u_x\right)} = mu_z = p_z \end{cases} \tag{9.25}$$

式(9.25)即**相对论动量变换式**，其逆变换为

$$\begin{cases} p_x = \dfrac{p'_x + \dfrac{v}{c^2}E'}{\sqrt{\left(1-\dfrac{v^2}{c^2}\right)}} \\ p_y = p'_y \\ p_z = p'_z \end{cases} \tag{9.26}$$

9.6.4 力的变换式

可以利用力的定义 $\boldsymbol{F}=\dfrac{\mathrm{d}\boldsymbol{p}}{\mathrm{d}t}$、动量的变换式、时间坐标的变换关系、总能量等于动能加静能 $E=E_\mathrm{k}+E_0$、动能定理 $\boldsymbol{F}\cdot\boldsymbol{v}=\dfrac{\mathrm{d}E_\mathrm{k}}{\mathrm{d}t}$ 直接求导数得力的变换公式。具体推导如下。

首先，时间坐标的变换关系为

$$\frac{\mathrm{d}t}{\mathrm{d}t'} = \frac{\mathrm{d}}{\mathrm{d}t'}\left(\frac{t'+\dfrac{v}{c^2}x'}{\sqrt{1-\dfrac{v^2}{c^2}}}\right) = \frac{1+\dfrac{v}{c^2}u'_x}{\sqrt{1-\dfrac{v^2}{c^2}}} = \frac{1}{\sqrt{1-\dfrac{v^2}{c^2}}}\left(1+\frac{v}{c^2}\frac{u_x - v}{1-\dfrac{v}{c^2}u_x}\right) = \frac{\sqrt{1-\dfrac{v^2}{c^2}}}{1-\dfrac{v}{c^2}u_x}$$

所以

$$\begin{aligned} F'_x &= \frac{\mathrm{d}p'_x}{\mathrm{d}t'} = \frac{\mathrm{d}}{\mathrm{d}t}\left(\frac{p_x - \dfrac{v}{c^2}E}{\sqrt{\left(1-\dfrac{v^2}{c^2}\right)}}\right)\frac{\mathrm{d}t}{\mathrm{d}t'} = \frac{1}{\sqrt{\left(1-\dfrac{v^2}{c^2}\right)}}\left(\frac{\mathrm{d}p_x}{\mathrm{d}t} - \frac{v}{c^2}\frac{\mathrm{d}E}{\mathrm{d}t}\right)\frac{\mathrm{d}t}{\mathrm{d}t'} \\ &= \frac{1}{\sqrt{\left(1-\dfrac{v^2}{c^2}\right)}}\left(F_x - \frac{v}{c^2}\frac{\mathrm{d}E_\mathrm{k}}{\mathrm{d}t}\right)\frac{\mathrm{d}t}{\mathrm{d}t'} \\ &= \frac{1}{\sqrt{\left(1-\dfrac{v^2}{c^2}\right)}}\left(F_x - \frac{v}{c^2}\boldsymbol{F}\cdot\boldsymbol{u}\right)\frac{\sqrt{1-\dfrac{v^2}{c^2}}}{1-\dfrac{v}{c^2}u_x} \end{aligned}$$

$$= \frac{F_x - \frac{v}{c^2}\boldsymbol{F} \cdot \boldsymbol{u}}{1 - \frac{v}{c^2}u_x}$$

同理，

$$F'_y = \frac{\mathrm{d}p'_y}{\mathrm{d}t'} = \frac{\mathrm{d}p_y}{\mathrm{d}t'} = \frac{\mathrm{d}p_y}{\mathrm{d}t}\frac{\mathrm{d}t}{\mathrm{d}t'} = F_y\frac{\sqrt{1 - \frac{v^2}{c^2}}}{1 - \frac{v}{c^2}u_x}$$

$$F'_z = \frac{\mathrm{d}p'_z}{\mathrm{d}t'} = \frac{\mathrm{d}p_z}{\mathrm{d}t'} = \frac{\mathrm{d}p_z}{\mathrm{d}t}\frac{\mathrm{d}t}{\mathrm{d}t'} = F_z\frac{\sqrt{1 - \frac{v^2}{c^2}}}{1 - \frac{v}{c^2}u_x}$$

其逆变换为

$$\begin{cases} F_x = \dfrac{F'_x + \frac{v^2}{c^2}\boldsymbol{F}' \cdot \boldsymbol{u}'}{1 + \frac{v}{c^2}u'_x} \\ F_y = F'_y\dfrac{\sqrt{1 - \frac{v^2}{c^2}}}{1 + \frac{v}{c^2}u'_x} \\ F_z = F'_z\dfrac{\sqrt{1 - \frac{v^2}{c^2}}}{1 + \frac{v}{c^2}u'_x} \end{cases}$$

上述为**相对论中力的变换式**。

注意：以上所述各物理量包括速度、加速度、质量、能量、动量和力在两个惯性系中的变换关系，要求两惯性系的相对运动速度沿 x 轴方向，且两惯性系各相应的坐标轴相互平行。若要采用的相对速度不只是有 x 分量，显然，不能直接利用上述公式。有两种解决方法，一是把变换公式修改为与相对速度相应的变换公式；二是改变 S 系的坐标取向，使 x 轴沿相对速度方向。显见，后者简单易行。

总之，狭义相对论的建立是物理学发展史上的一个里程碑，具有深远的意义。它揭露了时间和空间之间，以及时空与运动物质之间的深刻联系，这种相互联系把牛顿力学中认为互不相关的时间和空间结合成一种统一的运动物质的存在形式。

与经典物理学相比较，狭义相对论更客观、更真实地反映了自然的规律。目前，狭义相对论不但已经被大量的实验事实所证实，而且已经成为研究宇宙星体、粒子物理以及一系列工程物理（如反应堆中能量的释放、带电粒子加速器的设计）等问题的基础。

随着科学技术的不断发展，一定还会有新的、目前尚未知道的新发现，甚至还会有新的理论出现。然而，无论怎样发展，狭义相对论在科学中的地位是无法否定的，就如同低速、宏观物体的运动中，牛顿力学仍然表现得十分精彩一样。

*9.7 四维矢量 闵科夫斯基空间

洛伦兹变换给出了时空坐标的变换关系,空间三个坐标和时间构成了四维矢量,对于先前定义的坐标系的取法,关于坐标变换关系可以写成下列矩阵形式

$$\begin{pmatrix} x' \\ y' \\ z' \\ ct' \end{pmatrix} = \begin{pmatrix} \frac{1}{\sqrt{1-\frac{v^2}{c^2}}} & 0 & 0 & -\frac{\frac{v}{c}}{\sqrt{1-\frac{v^2}{c^2}}} \\ 0 & 1 & 0 & 0 \\ 0 & 0 & 1 & 0 \\ -\frac{\frac{v}{c}}{\sqrt{1-\frac{v^2}{c^2}}} & & & \frac{1}{\sqrt{1-\frac{v^2}{c^2}}} \end{pmatrix} \begin{pmatrix} x \\ y \\ z \\ ct \end{pmatrix}$$

动能、动量的变换关系也可写成矩阵形式

$$\begin{pmatrix} p'_x \\ p'_y \\ p'_z \\ \frac{E'}{c} \end{pmatrix} = \begin{pmatrix} \frac{1}{\sqrt{1-\frac{v^2}{c^2}}} & 0 & 0 & -\frac{\frac{v}{c}}{\sqrt{1-\frac{v^2}{c^2}}} \\ 0 & 1 & 0 & 0 \\ 0 & 0 & 1 & 0 \\ -\frac{\frac{v}{c}}{\sqrt{1-\frac{v^2}{c^2}}} & & & \frac{1}{\sqrt{1-\frac{v^2}{c^2}}} \end{pmatrix} \begin{pmatrix} p_x \\ p_y \\ p_z \\ \frac{E}{c} \end{pmatrix}$$

注意:ct 与 x,y,z 具有同样的量纲,$\frac{E}{c}$,p_x,p_y,p_z 具有同样的量纲。两个四维矢量的变换矩阵都是一样的。为了说明一些不变量在洛伦兹变换下的不变性,常取$(x,y,z,\mathrm{i}ct)$为四维的时空坐标矢量,这个四维空间被称为**闵科夫斯基空间**。四维时空坐标矢量的变换关系也可写成矩阵形式

$$\begin{pmatrix} x' \\ y' \\ z' \\ \mathrm{i}ct' \end{pmatrix} = \begin{pmatrix} \frac{1}{\sqrt{1-\frac{v^2}{c^2}}} & 0 & 0 & \frac{\mathrm{i}\frac{v}{c}}{\sqrt{1-\frac{v^2}{c^2}}} \\ 0 & 1 & 0 & 0 \\ 0 & 0 & 1 & 0 \\ -\frac{\mathrm{i}\frac{v}{c}}{\sqrt{1-\frac{v^2}{c^2}}} & & & \frac{1}{\sqrt{1-\frac{v^2}{c^2}}} \end{pmatrix} \begin{pmatrix} x \\ y \\ z \\ \mathrm{i}ct \end{pmatrix}$$

$\left(p_x, p_y, p_z, \frac{\mathrm{i}E}{c}\right)$为四维动量矢量，其变换关系也可写成矩阵形式

$$\begin{pmatrix} p'_x \\ p'_y \\ p'_z \\ \mathrm{i}\frac{E'}{c} \end{pmatrix} = \begin{pmatrix} \frac{1}{\sqrt{1-\frac{v^2}{c^2}}} & 0 & 0 & \frac{\mathrm{i}\frac{v}{c}}{\sqrt{1-\frac{v^2}{c^2}}} \\ 0 & 1 & 0 & 0 \\ 0 & 0 & 1 & 0 \\ -\frac{\mathrm{i}\frac{v}{c}}{\sqrt{1-\frac{v^2}{c^2}}} & & & \frac{1}{\sqrt{1-\frac{v^2}{c^2}}} \end{pmatrix} \begin{pmatrix} p_x \\ p_y \\ p_z \\ \mathrm{i}\frac{E}{c} \end{pmatrix}$$

从矩阵计算方法知道，从闵科夫斯基空间$(x,y,z,\mathrm{i}ct)\to(x',y',z',\mathrm{i}ct')$的转换过程中，有关系 $x^2+y^2+z^2+(\mathrm{i}ct)^2=x'^2+y'^2+z'^2+(\mathrm{i}ct')^2$ 不变，即点$(x,y,z,\mathrm{i}ct)$到原点的距离具有洛伦兹变换下不变的性质。

同理，发现在四维动量空间中的变换，也有动量空间中的点到原点的距离的平方不变的性质，即

$$p_x^2+p_y^2+p_z^2+\left(\mathrm{i}\frac{E}{c}\right)^2 = p'^2_x+p'^2_y+p'^2_z+\left(\mathrm{i}\frac{E'}{c}\right)^2$$

这个不变量正是能量动量关系

$$E^2 = c^2p^2+E_0^2$$

$$p_x^2+p_y^2+p_z^2+\left(\mathrm{i}\frac{E}{c}\right)^2 = -m_0^2c^2$$

还可以构造四维速度矢量、四维力矢量。在洛伦兹变换下，四维速度空间和四维力空间中的间隔保持不变。

四维速度和四维力的变换关系如下：

$$\begin{pmatrix} \frac{u'_x}{\sqrt{1-\frac{u'^2}{c^2}}} \\ \frac{u'_y}{\sqrt{1-\frac{u'^2}{c^2}}} \\ \frac{u'_z}{\sqrt{1-\frac{u'^2}{c^2}}} \\ \frac{\mathrm{i}c}{\sqrt{1-\frac{u'^2}{c^2}}} \end{pmatrix} = \begin{pmatrix} \frac{1}{\sqrt{1-\frac{v^2}{c^2}}} & 0 & 0 & \frac{\mathrm{i}\frac{v}{c}}{\sqrt{1-\frac{v^2}{c^2}}} \\ 0 & 1 & 0 & 0 \\ 0 & 0 & 1 & 0 \\ -\frac{\mathrm{i}\frac{v}{c}}{\sqrt{1-\frac{v^2}{c^2}}} & & & \frac{1}{\sqrt{1-\frac{v^2}{c^2}}} \end{pmatrix} \begin{pmatrix} \frac{u_x}{\sqrt{1-\frac{u^2}{c^2}}} \\ \frac{u_y}{\sqrt{1-\frac{u^2}{c^2}}} \\ \frac{u_z}{\sqrt{1-\frac{u^2}{c^2}}} \\ \frac{\mathrm{i}c}{\sqrt{1-\frac{u^2}{c^2}}} \end{pmatrix}$$

四维速度空间中间隔不变：

$$\left(\frac{u'_x}{\sqrt{1-\frac{u'^2}{c^2}}}\right)^2+\left(\frac{u'_y}{\sqrt{1-\frac{u'^2}{c^2}}}\right)^2+\left(\frac{u'_z}{\sqrt{1-\frac{u'^2}{c^2}}}\right)^2+\left(\frac{\mathrm{i}c}{\sqrt{1-\frac{u'^2}{c^2}}}\right)^2$$

$$= \left(\frac{u_x}{\sqrt{1-\frac{u^2}{c^2}}}\right)^2 + \left(\frac{u_y}{\sqrt{1-\frac{u^2}{c^2}}}\right)^2 + \left(\frac{u_z}{\sqrt{1-\frac{u^2}{c^2}}}\right)^2 + \left(\frac{\mathrm{i}c}{\sqrt{1-\frac{u^2}{c^2}}}\right)^2 = -c^2$$

四维力：

$$\begin{pmatrix} \dfrac{F'_x}{\sqrt{1-\frac{u'^2}{c^2}}} \\ \dfrac{F'_y}{\sqrt{1-\frac{u'^2}{c^2}}} \\ \dfrac{F'_z}{\sqrt{1-\frac{u'^2}{c^2}}} \\ \dfrac{\mathrm{i}\,\frac{\boldsymbol{F}'\cdot\boldsymbol{u}'}{c}}{\sqrt{1-\frac{u'^2}{c^2}}} \end{pmatrix} = \begin{pmatrix} \dfrac{1}{\sqrt{1-\frac{v^2}{c^2}}} & 0 & 0 & \dfrac{\mathrm{i}\,\frac{v}{c}}{\sqrt{1-\frac{v^2}{c^2}}} \\ 0 & 1 & 0 & 0 \\ 0 & 0 & 1 & 0 \\ -\dfrac{\mathrm{i}\,\frac{v}{c}}{\sqrt{1-\frac{v^2}{c^2}}} & & & \dfrac{1}{\sqrt{1-\frac{v^2}{c^2}}} \end{pmatrix} \begin{pmatrix} \dfrac{F_x}{\sqrt{1-\frac{u^2}{c^2}}} \\ \dfrac{F_y}{\sqrt{1-\frac{u^2}{c^2}}} \\ \dfrac{F_z}{\sqrt{1-\frac{u^2}{c^2}}} \\ \dfrac{\mathrm{i}\,\frac{\boldsymbol{F}\cdot\boldsymbol{u}}{c}}{\sqrt{1-\frac{u^2}{c^2}}} \end{pmatrix}$$

四维力空间中间隔不变：

$$\left(\frac{F'_x}{\sqrt{1-\frac{u'^2}{c^2}}}\right)^2 + \left(\frac{F'_y}{\sqrt{1-\frac{u'^2}{c^2}}}\right)^2 + \left(\frac{F'_z}{\sqrt{1-\frac{u'^2}{c^2}}}\right)^2 + \left(\frac{\mathrm{i}\,\frac{\boldsymbol{F}'\cdot\boldsymbol{u}'}{c}}{\sqrt{1-\frac{u'^2}{c^2}}}\right)^2$$

$$= \left(\frac{F_x}{\sqrt{1-\frac{u^2}{c^2}}}\right)^2 + \left(\frac{F_y}{\sqrt{1-\frac{u^2}{c^2}}}\right)^2 + \left(\frac{F_z}{\sqrt{1-\frac{u^2}{c^2}}}\right)^2 + \left(\frac{\mathrm{i}\,\frac{\boldsymbol{F}\cdot\boldsymbol{u}}{c}}{\sqrt{1-\frac{u^2}{c^2}}}\right)^2 = \text{常量}$$

总之，四维位矢、四维动量矢量、四维速度矢量、四维力矢量都是四维位置空间即闵科夫斯基空间的矢量，在洛伦兹变换下，它们的“长度”都是不变量，两个事件的时空间距在任何惯性系中都是一定的。而在牛顿力学中，伽利略变换不能表示成一个正交变换，没有类似的矢量“长度”的伽利略变换不变量。

粒子在不受外界影响下进行碰撞，根据动量、能量守恒，碰撞前后，其四维动量矢量相等，由此也可以判断碰撞前后系统的四维动量的“长度”的平方相等，系统的四维动量的各分量等于各粒子的相应分量的代数和。

*9.8 狭义相对论的拉格朗日方法和哈密顿方法

在 9.5 节中讨论了狭义相对论的质点动能表达式(9.14)，而分析力学中面对的是系统的动能，系统动能在狭义相对论中又是什么表示呢？

9.8.1 相对论性系统动能

设质点系的位置矢径 $\boldsymbol{r}_i$ 是广义坐标 q_α 和时间的函数，则根据功率方程可知系统的动能

T 可表示为

$$\frac{\mathrm{d}T}{\mathrm{d}t}=\sum_{i=1}(\boldsymbol{F}_i\cdot\dot{\boldsymbol{r}}_i)$$

化简

$$\begin{aligned}\frac{\mathrm{d}T}{\mathrm{d}t}&=\sum_{i=1}(\boldsymbol{F}_i\cdot\dot{\boldsymbol{r}}_i)=\sum_{i=1}\left(\frac{\mathrm{d}\boldsymbol{P}_i}{\mathrm{d}t}\cdot\dot{\boldsymbol{r}}_i\right)\\&=\sum_{i=1}\left[\frac{\mathrm{d}}{\mathrm{d}t}(m_i\dot{x}_i)\dot{x}_i+\frac{\mathrm{d}}{\mathrm{d}t}(m_i\dot{y}_i)\dot{y}_i+\frac{\mathrm{d}}{\mathrm{d}t}(m_i\dot{z}_i)\dot{z}_i\right]\\&=\sum_{i=1}\left[\frac{\mathrm{d}}{\mathrm{d}t}(m_i)(\dot{x}_i^2+\dot{y}_i^2+\dot{z}_i^2)+m(\dot{x}_i\ddot{x}_i+\dot{y}_i\ddot{y}_i+\dot{z}_i\ddot{z}_i)\right]\\&=\sum_{i=1}(\dot{m}_iv_i^2+mv_i\dot{v}_i)=\sum_{i=1}v_i\frac{\mathrm{d}}{\mathrm{d}t}(m_iv_i)\end{aligned}$$

积分得到

$$\begin{aligned}T&=\int\sum_{i=1}v_i\frac{\mathrm{d}}{\mathrm{d}t}(m_iv_i)\mathrm{d}t=\sum_{i=1}\int v_i\mathrm{d}(m_iv_i)\\&=\sum_{i=1}m_iv_i^2-\sum_{i=1}\int m_iv_i\mathrm{d}v_i\end{aligned}$$

令

$$T^*=\sum_{i=1}\int m_iv_i\mathrm{d}v_i=\sum_{i=1}\int m_i\boldsymbol{v}_i\cdot\mathrm{d}\boldsymbol{v}_i \tag{9.27}$$

则系统的相对性动能为

$$T=\sum_{i=1}m_iv_i^2-T^* \tag{9.28}$$

可以证明，对于一个质点组成的系统，其动能从式(9.28)自动回到式(9.14)。此时

$$T^*=m_0c^2\left(1-\sqrt{1-\frac{v^2}{c^2}}\right)$$

9.8.2 相对论性的拉格朗日函数和拉格朗日方程

类似的计算和相同的推导过程可将拉格朗日方程写为

$$\frac{\mathrm{d}}{\mathrm{d}t}\frac{\partial T^*}{\partial\dot{q}_\alpha}-\frac{\partial T^*}{\partial q_\alpha}=Q_\alpha,\quad \alpha=1,2,3,\cdots \tag{9.29}$$

其中广义力的定义依然为

$$Q_\alpha=\sum_{i=1}^{n}\boldsymbol{F}_i\cdot\frac{\partial\boldsymbol{r}_i}{\partial q_\alpha}$$

若系统为保守系，

$$Q_\alpha=-\frac{\partial V}{\partial q_\alpha}$$

则式(9.29)变为

$$\frac{\mathrm{d}}{\mathrm{d}t}\frac{\partial(T^*-V)}{\partial\dot{q}_\alpha}-\frac{\partial(T^*-V)}{\partial q_\alpha}=0\quad(\alpha=1,2,3,\cdots) \tag{9.30}$$

令 $L=T^*-V$，称其为**相对论性的拉格朗日函数**，将其代入方程(9.30)中得到拉格朗日方程的通用表达式

$$\frac{\mathrm{d}}{\mathrm{d}t}\frac{\partial L}{\partial \dot{q}_\alpha}-\frac{\partial L}{\partial q_\alpha}=0,\quad \alpha=1,2,3,\cdots$$

注：在相对论中，各质点质量不是常量，因此 T^* 不是非相对论性的动能，因此，相对论性的拉格朗日函数不是通常情况下的拉格朗日函数。

9.8.3 相对论性的哈密顿函数和哈密顿方程

因为 $L=T^*-V$，所以

$$p_\alpha=\frac{\partial L}{\partial \dot{q}_\alpha}=\frac{\partial T^*}{\partial \dot{q}_\alpha}=\sum_{i=1}^{n}\frac{m_i v_i \partial v_i}{\partial \dot{q}_\alpha}=\sum_{i=1}^{n}\frac{m_i \partial\left(\frac{1}{2}v_i^2\right)}{\partial \dot{q}_\alpha}$$

则

$$\sum_{\alpha=1}^{s}p_\alpha \dot{q}_\alpha=\sum_{\alpha=1}^{s}\sum_{i=1}^{n}\frac{m_i \partial\left(\frac{1}{2}v_i^2\right)}{\partial \dot{q}_\alpha}\dot{q}_\alpha=\sum_{i=1}\frac{m_i \partial\left(\frac{1}{2}v_i^2\right)}{\partial v_i}v_i=\sum_{i=1}m_i v_i^2$$

所以哈密顿函数可以写成如下形式

$$\begin{aligned}H&=\sum_{\alpha=1}^{s}p_\alpha \dot{q}_\alpha-L=\sum_{\alpha=1}^{s}p_\alpha \dot{q}_\alpha-T^*+V\\&=\sum_{i=1}^{n}m_i v_i^2-\sum_{i=1}^{n}\int m_i v_i\,\mathrm{d}\boldsymbol{v}_i+V\\&=T+V\end{aligned}\tag{9.31}$$

H 称为**系统的相对论性的哈密顿函数**，式(9.31)说明相对论性的哈密顿函数等于系统的总能量。

质点的**相对论性的哈密顿函数**为

$$H=T+V=m_0c^2\left(\frac{1}{\sqrt{1-\frac{v^2}{c^2}}}-1\right)+V\tag{9.32}$$

哈密顿正则方程的形式不变。

思考题

9.1 狭义相对论假说的主要内容是什么？它的数学依据或者数学基础是什么？

9.2 什么是伽利略相对性原理？它的数学依据或者数学基础是什么？

9.3 牛顿力学所对应的数学依据或者数学基础是什么？

9.4 伽利略坐标变换与洛伦兹坐标变换之间的联系与区别是什么？

9.5 关于“以太”以及对它的寻找你知道多少？

9.6 关于“麦克尔逊-莫雷实验”你知道多少？

9.7 狭义相对论的三个结论是什么？

9.8 狭义相对论中的动能公式与经典力学中的动能公式有何不同？有什么联系？

9.9 你能否分别用洛伦兹坐标正、逆变换各自推导出运动长度收缩这个结论？需要注意的必要条件是什么？

9.10 你能否分别用洛伦兹坐标正、逆变换各自推导出运动时钟走慢这个结论？需要注意的必要条件是什么？

9.11 狭义相对论中，下列说法中哪些是正确的？

(1) 一切运动物体相对于观察者的速度都不能大于真空中的光速；

(2) 质量、长度、时间的测量结果都是随物体与观察者的相对运动状态而改变的；

(3) 在一惯性系中发生于同一时刻、不同地点的两个事件在其他一切惯性系中也是同时发生的；

(4) 惯性系中的观察者观察一个与他作匀速相对运动的时钟时，会看到该时钟比与他相对静止的相同的时钟走得慢。

9.12 对某观察者来说，发生在某惯性系中同一地点、同一时刻的两个事件，对于相对该惯性系作匀速直线运动的其他惯性系中的观察者来说，它们是否同时发生？在某惯性系中发生于同一时刻、不同地点的两个事件，它们在其他惯性系中是否同时发生？

9.13 一个电子运动速度 $v=0.99c$，它的动能是多少？（电子的静止能量为 0.51MeV）

9.14 质子在加速器中被加速，当其动能为静止能量的 4 倍时，其质量为静止质量的多少倍？

9.15 α 粒子在加速器中被加速，当其质量为静止质量的 3 倍时，其动能为静止能量的多少倍？

9.16 令电子的速率为 v，则电子的动能 E_k 对于比值 v/c 的图线可用下列图中哪一个图表示？（c 表示真空中光速）。

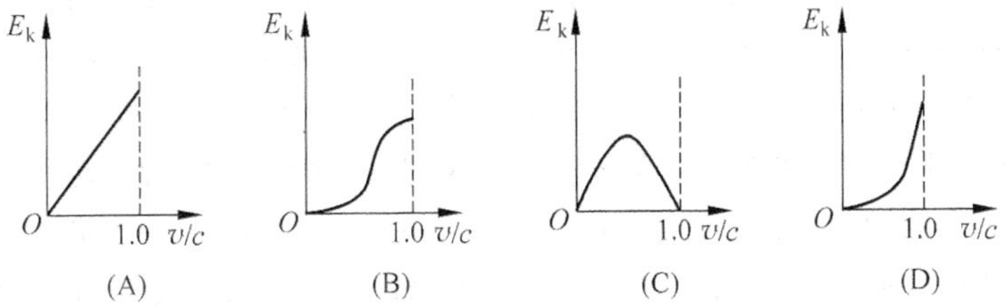

思考题 9.16 图

9.17 对于下列一些物理量：位移、质量、时间、速度、动量、动能，试问：

(1) 其中哪些物理量在经典物理和相对论中有不同的表达式？

(2) 哪些是经典物理中的不变量(即对于伽利略变换不变)？

(3) 哪些是相对论中的不变量(即对于洛伦兹变换不变)？

9.18 在惯性参考系 S 中，有两个静止质量都是 m_0 的粒子 A，B 分别以速率 v 在同一直线上相向运动，两者碰撞后合在一起成为一个静止质量为 M_0 的粒子，在求 M_0 时有一种解答如下：$M_0=m_0+m_0=2m_0$，这个解答对否？为什么？

习题

9.1 两只飞船相向运动，它们相对地面的速率都是 v。在 A 船中有一根米尺，米尺顺着飞船的运动方向放置。问 B 船中的观察者测得该米尺的长度是多少？

9.2 观察者 A 测得与他相对静止的 Oxy 平面上一个圆的面积是 12cm^2，另一观察者 B 相对于 A 以 $0.8c$(c 为真空中光速)平行于 Oxy 平面作匀速直线运动，B 测得这一图形为一椭圆，其面积是多少？

9.3 一体积为 V_0、质量为 m_0 的立方体沿其一棱的方向相对于观察者 A 以速度 v 运动。求：观察者 A 测得其密度是多少？

9.4 在惯性系 S 中，有两事件发生于同一地点，且第二事件比第一事件晚发生 $t=2\text{s}$；而在另一惯性系 S' 中，观测第二事件比第一事件晚发生 $t'=3\text{s}$。那么在 S' 系中发生两事件的地点之间的距离是多少？

9.5 地球的半径约为 $R_0=6376\text{km}$，它绕太阳的速率约为 $v=30\text{km}\cdot s^{-1}$，在太阳参考系中测量地球的半径在哪个方向上缩短得最多？缩短了多少？(假设地球相对于太阳系来说近似于惯性系)

9.6 一隧道长为 L、宽为 d、高为 h，拱顶为半圆。设想一列车以极高的速度 v 沿隧道长度方向通过隧道，若从列车上观测，(1)隧道的尺寸如何？(2)设列车的长度为 l_0，它全部通过隧道的时间是多少？

9.7 在 K' 系中有一质点作圆周运动，其轨道方程为 $x'^2+y'^2=a^2$，$z'=0$，试证明在 K 系中(K' 系以速度 v 相对于 K 系沿 x 轴正方向运动)，测得该质点的轨迹是一个在 Oxy 平面内的椭圆，椭圆的中心以速度 v 沿 x 方向运动。

9.8 假定在实验室中测得静止在实验室中的 μ 子(不稳定的粒子)的寿命为 $2.2\times10^{-6}\text{s}$，而当它相对于实验室运动时实验室中测得它的寿命为 $1.63\times10^{-5}\text{s}$。试问：这两个测量结果符合相对论的什么结论？$\mu$ 子相对于实验室的速度是真空中光速 c 的多少倍？

9.9 半人马星座 α 星是距离太阳系最近的恒星，它距离地球 $S=4.3\times10^{16}\text{m}$。设有一宇宙飞船自地球飞到半人马星座 α 星，若宇宙飞船相对于地球的速度为 $v=0.999c$，按地球上的时钟计算要用多少年时间？如以飞船上的时钟计算，所需时间又为多少年？

9.10 一艘宇宙飞船的船身固有长度为 $L_0=90\text{m}$，相对于地面以 $v=0.8c$(c 为真空中光速)的匀速度在地面观测站的上空飞过，(1)观测站测得飞船的船身通过观测站的时间间隔是多少？(2)宇航员测得船身通过观测站的时间间隔是多少？

9.11 试证明：

(1) 如果两个事件在某惯性系中是在同一地点发生的，则对一切惯性系来说这两个事件的时间间隔只有在此惯性系中最短；

(2) 如果两个事件在某惯性系中是同时发生的，则对一切惯性系来说这两个事件的空间距离只有在此惯性系中最短。

9.12 设有宇宙飞船 A 和 B，固有长度均为 $l_0=100\text{m}$，沿同一方向匀速飞行，在飞船 B 上观测到飞船 A 的船头、船尾经过飞船 B 船头的时间间隔为 $\Delta t=\dfrac{5}{3}\times10^{-7}\text{s}$，求飞船 B 相对于飞船 A 的速度的大小。

9.13 设 K' 系相对惯性系 K 以速率 u 沿 x 轴正向运动，K' 系和 K 系的相应坐标轴平行，如果从 K' 系中沿 y' 轴正向发出一光信号，求在 K 系中观察到该光信号的传播速率和传播方向。

9.14 火箭 A 以 $0.8c$ 的速率相对地球向正北方向飞行，火箭 B 以 $0.6c$ 的速率相对地球向正西方向飞行(c 为真空中光速),求在火箭 B 中观察火箭 A 的速度的大小和方向。

9.15 两个火箭相向运动,它们相对于静止观察者的速率都是 $\frac{3}{4}c$(c 为真空中的光速),试求火箭甲相对火箭乙的速率。

9.16 一电子以 $v=0.99c$(c 为真空中光速)的速率运动,试求:(1)电子的总能量是多少?(2)电子的经典力学的动能与相对论动能之比是多少?(电子静止质量 $m_e=9.11\times10^{-31}$ kg)

9.17 已知 μ 子的静止能量为 105.7MeV,平均寿命为 2.2×10^{-8} s,试求动能为 150MeV 的 μ 子的速度 v 是多少?平均寿命是多少?

9.18 要使电子的速度从 $v_1=1.2\times10^8$ m/s 增加到 $v_2=2.4\times10^8$ m/s 必须对它做多少功?(电子静止质量 $m_e=9.11\times10^{-31}$ kg)

9.19 在惯性系中,有两个静止质量都是 m_0 的粒子 A 和 B,它们以相同的速率 v 相向运动,碰撞后合成为一个粒子,求这个粒子的静止质量 M_0。

9.20 在实验室中测得电子的速度是 $0.8c$,c 为真空中的光速.假设一观察者相对实验室以 $0.6c$ 的速率运动,其方向与电子运动方向相同,试求该观察者测出的电子的动能和动量是多少?(电子的静止质量 $m_e=9.11\times10^{-31}$ kg)

9.21 两个质点 A 和 B,静止质量均为 m_0。质点 A 静止,质点 B 的动能为 $6m_0c^2$,设 A、B 两质点相撞并结合成为一个复合质点,求复合质点的静止质量。

9.22 试证:一粒子的相对论动量的大小可表示为 $p=\frac{\sqrt{2E_0E_k+E_k^2}}{c}$。式中 E_0 为粒子的静止能量,E_k 为粒子的动能,c 为真空中的光速。

部分思考题答案

9.11 (1),(2),(4)

9.12 同时;不同时

9.13 3.1MeV

9.14 5 倍

9.15 2 倍

9.16 图(D)

9.17 (1)质量 $m_0\rightarrow m_0\sqrt{1-v^2/c^2}$;动量 $m_0v\rightarrow m_0v\sqrt{1-v^2/c^2}$;动能 $\frac{1}{2}m_0v^2\rightarrow m_0c^2\left(\frac{1}{\sqrt{1-v^2/c^2}}-1\right)$;(2)质量,时间;(3)都不是

9.18 这个解答不对,理由如下:

由 A,B 的静止质量、运动速率都相同,故 $m_A=m_B$,又因两者相向运动,由动量守恒定律,合成粒子是静止的。由能量守恒定律得:$M_0c^2=m_Ac^2+m_Bc^2$,即 $M_0=m_A+m_B=\frac{2m_0}{\sqrt{1-(v/c)^2}}>2m_0$

部分习题答案

9.1 $l=\frac{c^2-v^2}{c^2+v^2}l_0$

9.2 7.2cm^2

9.3 $\rho=m/V=\frac{m_0}{V_0\left(1-\frac{v^2}{c^2}\right)}$

9.4 6.72×10^8m

9.5 在太阳参照系中测量地球的半径在它绕太阳公转的方向缩短得最多，为 3.2cm

9.6 隧道长度为 $L'=L\sqrt{1-\frac{v^2}{c^2}}$；列车全部通过隧道的时间为 $t'=\frac{L'}{v}+\frac{l_0}{v}$

9.8 它符合相对论的时间膨胀（或运动时钟变慢）的结论，$v=0.99c$

9.9 地球上的时钟计算为 $\Delta t=\frac{S}{v}\approx4.5$ 年；飞船上的时钟计算为 0.20 年

9.10 (1) $\Delta t_1=\frac{L}{v}=2.25\times10^{-7}$s；(2) $\Delta t_1=\frac{L_0}{v}=3.75\times10^{-7}$s

9.12 $v=\frac{l_0/\Delta t}{\sqrt{1+(l_0/c\Delta t)^2}}=2.68\times10^8$m/s

9.13 传播速率为 c，光信号传播方向与 x 轴的夹角为 $\alpha=\arccos\frac{v_x}{v}=\arccos\frac{u}{c}$

9.14 大小为 $|\boldsymbol{v}'|=0.877c$，与 x' 轴之间的夹角为 $46.83°$

9.15 两火箭的相对接近速率为 $0.96c$

9.16 5.8×10^{-13}J；$\frac{E_{k0}}{E_k}=8.04\times10^{-2}$J

9.17 $v=0.91c$，$\tau=\frac{\tau_0}{\sqrt{1-(v/c)^2}}=5.31\times10^{-8}$s

9.18 2.95×10^5eV

9.19 $M_0=\frac{2m_0}{\sqrt{1-v^2/c^2}}$

9.20 电子动能为 6.85×10^{-15}J；动量 $p=mv_x'=1.14\times10^{-22}$kg·m/s

9.21 $M_0=4m_0$

参 考 文 献

[1] 周衍柏，等. 理论力学教程[M]. 3版. 北京：高等教育出版社，2009.

[2] 强元棨. 经典力学[M]. 北京：科学出版社，2003.

[3] 王振发. 分析力学[M]. 北京：科学出版社，2003.